B. W. Gnedenko - A. N. Kolmogorov

Grenzverteilungen von Summen unabhängiger Zufallsgrößen

MATHEMATISCHE LEHRBÜCHER UND MONOGRAPHIEN

HERAUSGEGEBEN VON DER
DEUTSCHEN AKADEMIE DER WISSENSCHAFTEN ZU BERLIN
INSTITUTE FÜR MATHEMATIK

II. ABTEILUNG

MATHEMATISCHE MONOGRAPHIEN

BAND IX

GRENZVERTEILUNGEN VON SUMMEN UNABHÄNGIGER ZUFALLSGRÖSSEN

VON

B. W. GNEDENKO – A. N. KOLMOGOROV

AKADEMIE-VERLAG BERLIN

1960

B. W. GNEDENKO – A. N. KOLMOGOROV

GRENZVERTEILUNGEN VON SUMMEN UNABHÄNGIGER ZUFALLSGRÖSSEN

Wissenschaftliche Bearbeitung der deutschen Ausgabe
PROF. DR. JOSEF HEINHOLD, MÜNCHEN

Zweite, unveränderte Auflage

AKADEMIE-VERLAG BERLIN

1960

Предельные распределения
для сумм независимых случайных величин

Erschienen im Staatsverlag für technisch-theoretische Literatur
Moskau—Leningrad 1949

Durch die Deutsche Akademie der Wissenschaften zu Berlin,
Forschungsinstitut für Mathematik, besorgte Übersetzung

Erschienen im Akademie-Verlag GmbH, Berlin W 1, Leipziger Str. 3—4
Lizenz-Nr. 202 · 100/756/60

Satz und Druck: Druckhaus „Maxim Gorki", Altenburg
Bestellnummer: 5285
Printed in Germany
ES 19 B 5

VORWORT DES HERAUSGEBERS

Grenzwertsätze der Wahrscheinlichkeitsrechnung sind heute nicht allein von theoretischem Interesse. Sie haben insbesondere in der Statistik für die praktischen Anwendungen mehr und mehr an Bedeutung gewonnen. Voraussichtlich wird das künftig noch in erhöhtem Maße der Fall sein, da es die modernen, elektronischen Rechenautomaten gestatten, Zufallsprozesse unmittelbar nachzubilden. Aus diesem Grunde bin ich der Aufforderung des Verlages, die deutsche Ausgabe des bereits in russischer, ungarischer und englischer Sprache erschienenen Werkes zu übernehmen, gerne nachgekommen, um so mehr als damals im Jahre 1954 noch wenig moderne deutschsprachige Darstellungen der Wahrscheinlichkeitsrechnung vorlagen.

Der vorliegenden Ausgabe lag eine Rohübersetzung des Akademie-Verlages der von den Autoren verbesserten russischen Ausgabe zugrunde, bei deren Überarbeitung insbesondere hinsichtlich des russischen Textes mir Herr Studienreferendar K. HALLER wertvolle Hilfe leistete. Hierbei konnten wir auch von der 1954 erschienenen von K. L. CHUNG besorgten englischen Übersetzung profitieren.

In der vorliegenden Ausgabe wurden kleinere Versehen stillschweigend richtig gestellt, einige Unklarheiten im Einvernehmen mit dem einen Autor (GNEDENKO) beseitigt und nur an einzelnen Stellen Fußnoten des Herausgebers, durch einen Stern gekennzeichnet, beigefügt. Die Schreibweise der russischen Eigennamen folgt den Richtlinien des Verlages, bzw. Sonderwünschen der Autoren.

Meinem lieben Kollegen Professor Dr. H. RICHTER danke ich für manchen wertvollen Rat, insbesondere hinsichtlich der Terminologie, meinem Assistenten Herrn Dr. K.-W. GAEDE für die Durchsicht des Manuskriptes und das Lesen der Korrekturen, sowie Herrn Dr. BIERLEIN für die Durchsicht eines großen Teiles der Fahnen. Ganz besonderen Dank schulde ich Herrn Prof. B. GNEDENKO für seine in freundlicher Weise jederzeit gewährte Unterstützung sowie für das Lesen der Fahnenkorrekturen und für die Beifügung eines Nachtrages, welcher die Arbeiten des letzten Jahrzehntes berücksichtigt.

Schließlich danke ich dem Akademie-Verlag für das bereitwillige Eingehen auf geäußerte Wünsche und für die von ihm gezeigte Geduld.

München, im Juni 1959. HEINHOLD

VORWORT DER AUTOREN ZUR DEUTSCHEN AUSGABE

Seit dem Erscheinen der russischen Ausgabe des vorliegenden Buches sind fast neun Jahre vergangen. In diesem Zeitraum sind eine ganze Reihe Arbeiten im Druck erschienen, die gewisse Teile der Theorie der Summation unabhängiger Zufallsgrößen ergänzt haben. So erschien vor nicht langer Zeit ein Artikel (KEI LEI CHUNG [1]), in welchem auf die Fehlerhaftigkeit eines Satzes über die Faltung unimodaler Verteilungen hingewiesen wurde. Auf diesen Satz gründete sich gerade der Beweis für die Tatsache, daß alle Verteilungen der Klasse L unimodal seien. Auf Grund dieser Tatsachen wurden einige Änderungen und einige ergänzende Hinweise auf neue Arbeiten notwendig.

Die wesentlichste Änderung in der deutschen Ausgabe im Vergleich zur russischen (1949) und auch zur ungarischen (1951) betrifft den § 32, der im Zusammenhang mit der Bemerkung von KEI LEI CHUNG ganz gestrichen wurde. Einige Änderungen betreffen auch die §§ 36 und 37 (jetzt 35 und 36), die Eigenschaften der stabilen Verteilungen und ihrer Anziehungsgebiete berühren, die §§ 46, 47, 49 (jetzt 45, 46, 48), die den lokalen Grenzverteilungen gewidmet sind. Den Sätzen, die in den zuletzt erwähnten Paragraphen dargelegt sind, konnte jetzt eine einfache und abschließende Form gegeben werden.

Wir hoffen, daß die deutsche Ausgabe unseres Buches der weiteren Festigung der Freundschaft zwischen den Völkern und der Stärkung der wissenschaftlichen Zusammenarbeit der Länder dient.

GNEDENKO KOLMOGOROV

INHALTSVERZEICHNIS

EINLEITUNG

1.

Beim formalen Aufbau eines Lehrganges der Wahrscheinlichkeitsrechnung erscheinen die Grenzwertsätze als eine Art Überbau über den elementaren Kapiteln, in denen alle Probleme einen endlichen, rein arithmetischen Charakter haben. In Wirklichkeit jedoch wird erst durch die Grenzwertsätze die eigentliche Bedeutung der Wahrscheinlichkeitsrechnung offenbar. Ja es ist ohne diese Sätze gar nicht möglich, den realen Inhalt des Ausgangsbegriffes dieser Disziplin, den Begriff der Wahrscheinlichkeit, zu verstehen. Der greifbare Wert der Wahrscheinlichkeitsrechnung beruht darauf, daß gewisse große Mengen rein zufälliger Erscheinungen in ihrer Gesamtwirkung asymptotisch strenge, nicht zufällige Gesetzmäßigkeiten bedingen. Der Begriff der mathematischen Wahrscheinlichkeit wäre aber auch dann noch unfruchtbar, wenn er nicht seine Realisierung fände in der Häufigkeit des Auftretens eines Ereignisses bei der oftmaligen Wiederholung eines Versuches unter gleichartigen Bedingungen (eine Realisierung, die stets nur näherungsweise und nicht völlig sicher gilt, die jedoch im Prinzip beliebig genau und sicher wird, wenn die Anzahl der Wiederholungen hinreichend groß ist).

Man kann daher die elementaren arithmetischen Berechnungen der Wahrscheinlichkeiten bei Glücksspielen in den Arbeiten von PASCAL oder FERMAT nur als Vorgeschichte der Wahrscheinlichkeitsrechnung ansehen. Die moderne Geschichte beginnt erst mit den Grenzwertsätzen von BERNOULLI ([1], 1713) und DE MOIVRE ([1], 1730). Die grundlegende Bedeutung des MOIVREschen Ergebnisses wurde erst von LAPLACE ([1], 1812) entdeckt. An die Grenzwertsätze von BERNOULLI und MOIVRE-LAPLACE schließen sich als Haupterfolge der Wahrscheinlichkeitsrechnung vor TSCHEBYSCHEW noch drei Grenzwertsätze von POISSON an. Hiervon verallgemeinert einer den BERNOULLIschen, ein anderer den MOIVRE-LAPLACEschen Satz, der dritte führt auf das sogenannte POISSONsche Verteilungsgesetz. Zum besseren Verständnis des Folgenden ist es zweckmäßig, diese fünf Grenzwertsätze in einer etwas modernisierten Formulierung wiederzugeben.

Die ersten vier beziehen sich auf Folgen unabhängiger Ereignisse

$$\mathcal{E}_1,\ \mathcal{E}_2,\ \mathcal{E}_3,\ \ldots .$$

Wir bezeichnen mit

$$p_n = \mathsf{P}\left\{\mathcal{E}_n\right\}$$

die Wahrscheinlichkeiten dieser Ereignisse und mit μ_n die Anzahl der unter den

n ersten Ereignissen $\mathcal{E}_1, \mathcal{E}_2, \ldots, \mathcal{E}_n$ wirklich eintretenden Ereignisse. In den beiden ersten Sätzen sind alle p_n einander gleich, $p_n = p$ $(p \neq 0, \neq 1)$.

1. Der Bernoullische Satz:

Für beliebiges $\varepsilon > 0$ strebt mit $n \to \infty$

$$\mathsf{P}\left\{\left|\frac{\mu_n}{n} - p\right| > \varepsilon\right\} \to 0.$$

2. Der Laplacesche Satz:

Mit $n \to \infty$ strebt gleichmäßig bezüglich z_1 und z_2

$$\mathsf{P}\left\{z_1 < \frac{\mu_n - np}{\sqrt{np(1-p)}} < z_2\right\} \to \frac{1}{\sqrt{2\pi}} \int_{z_1}^{z_2} e^{-\frac{z^2}{2}}\, dz.$$

In den beiden folgenden Sätzen können die Wahrscheinlichkeiten p_n von n abhängen. Sie sollen jedoch noch der Bedingung unterliegen, daß die Reihe

$$\sum_{n=1}^{\infty} p_n(1 - p_n)$$

divergiert. Setzen wir

$$p_1 + p_2 + \ldots + p_n = A_n$$
$$p_1(1 - p_1) + p_2(1 - p_2) + \ldots + p_n(1 - p_n) = B_n^2,$$

so lautet

3. Das Gesetz der großen Zahlen in der Poissonschen Form:

Für beliebiges $\varepsilon > 0$ gilt

$$\mathsf{P}\left\{\left|\frac{\mu_n}{n} - \frac{A_n}{n}\right| > \varepsilon\right\} \to 0 \quad \text{für} \quad n \to \infty.$$

4. Der zentrale Grenzwertsatz in der Poissonschen Form:

Mit $n \to \infty$ strebt gleichmäßig bezüglich z_1 und z_2

$$\mathsf{P}\left\{z_1 < \frac{\mu_n - A_n}{B_n} < z_2\right\} \to \frac{1}{\sqrt{2\pi}} \int_{z_1}^{z_2} e^{-\frac{z^2}{2}}\, dz.$$

Der fünfte der uns interessierenden Sätze bezieht sich auf ein Schema von Ereignissen der folgenden Art:

$$\begin{array}{l} \mathcal{E}_{11} \\ \mathcal{E}_{21}, \mathcal{E}_{22} \\ \mathcal{E}_{31}, \mathcal{E}_{32}, \mathcal{E}_{33} \\ \ldots\ldots\ldots\ldots \\ \mathcal{E}_{n1}, \mathcal{E}_{n2}, \mathcal{E}_{n3}, \ldots \mathcal{E}_{nn} \\ \ldots\ldots\ldots\ldots\ldots\ldots \end{array}$$

Hierbei sind die Ereignisse einer jeden Zeile voneinander unabhängig und haben dieselbe Wahrscheinlichkeit p_n, die nur von dem Zeilenindex n abhängt. μ_n bezeichne die Anzahl der wirklich eingetretenen Ereignisse aus der n-ten Zeile. Dann besagt:

5. Der Poissonsche Grenzwertsatz für seltene Ereignisse:

Wenn mit $n \to \infty$ $np_n \to a$ strebt, dann geht

$$\mathsf{P}\{\mu_n = m\} \to \frac{a^m}{m!} e^{-a}.$$

Führt man die Zufallsgrößen ein

$$\xi_{\mathcal{E}} = \begin{cases} 1, \text{ falls } \mathcal{E} \text{ eintritt} \\ 0, \text{ falls } \mathcal{E} \text{ nicht eintritt,} \end{cases}$$

so kann man für μ_n in den Sätzen 1, 2, 3, 4

$$\mu_n = \xi_{\mathcal{E}_1} + \xi_{\mathcal{E}_2} + \cdots + \xi_{\mathcal{E}_n}$$

und in Satz 5

$$\mu_n = \xi_{\mathcal{E}_{n1}} + \xi_{\mathcal{E}_{n2}} + \cdots + \xi_{\mathcal{E}_{nn}}$$

setzen. Damit wird es möglich, die oben angeführten Grenzwertsätze als Spezialfälle von Grenzwertsätzen zu erhalten, die sich auf Summen unabhängiger Zufallsgrößen beziehen.

Die Vorstellung, daß die in den Sätzen 2 und 4 in der Grenze $n \to \infty$ sich ergebende Normalverteilung der Wahrscheinlichkeit

$$\mathsf{P}\{\zeta < z\} = \frac{1}{\sqrt{2\pi}} \int_{-\infty}^{z} e^{-\frac{t^2}{2}} dt$$

auch in einem allgemeineren Problem der Grenzverteilung von Summen einer großen Anzahl kleiner, unabhängiger Summanden auftreten muß, ist eine der wesentlichsten Ideen der von Gauss entwickelten Fehlerrechnung. Jedoch kam Gauss hinsichtlich strenger Beweise nicht zu Ergebnissen, die dem Satz von Moivre-Laplace äquivalent sind.

Effektive Methoden zum strengen Beweis der Grenzwertsätze, die sich auf Summen beliebig verteilter unabhängiger Summanden beziehen, wurden in der zweiten Hälfte des 19. Jahrhunderts von Tschebyschew geschaffen. Seine klassischen Arbeiten legten den Grundstein zu einer neuen Periode der Entwicklung der ganzen Wahrscheinlichkeitsrechnung.

Tschebyschew bemühte sich vor allem um die Lösung der folgenden beiden Probleme:

$$\xi_1, \xi_2, \ldots, \xi_n, \ldots$$

sei eine Folge unabhängiger Zufallsgrößen mit endlichen Erwartungswerten

$$a_n = \mathsf{E}\,\xi_n$$

und endlichen Streuungen

$$b_n^2 = \mathsf{D}^2\,\xi_n = \mathsf{E}\,(\xi_n - a_n)^2.$$

Setzt man

$$\zeta_n = \xi_1 + \xi_2 + \cdots + \xi_n$$
$$A_n = a_1 + a_2 + \cdots + a_n$$
$$B_n^2 = b_1^2 + b_2^2 + \cdots + b_n^2,$$

so lautet

Das erste Problem: Unter welchen zusätzlichen Voraussetzungen gilt das Gesetz der großen Zahlen: Für beliebiges ε strebt mit $n \to \infty$

$$\mathsf{P}\left\{\left|\frac{\zeta_n}{n} - \frac{A_n}{n}\right| > \varepsilon\right\} \to 0.$$

Das zweite Problem: Unter welchen zusätzlichen Voraussetzungen gilt der Zentrale Grenzwertsatz: Für $n \to \infty$ strebt gleichmäßig in z

$$\mathsf{P}\left\{\frac{\zeta_n - A_n}{B_n} < z\right\} \to \frac{1}{\sqrt{2\pi}} \int_{-\infty}^{z} e^{-\frac{t^2}{2}}\, dt.$$

Die von TSCHEBYSCHEW [1] 1867 entwickelte Methode erfordert angewandt auf das erste Problem lediglich die Bedingung

$$B_n = o\,(n).$$

Sie wird als MARKOWsche Bedingung bezeichnet, weil MARKOW als erster ausdrücklich auf die Tragweite der TSCHEBYSCHEWschen Überlegungen hinwies. Das Gesetz der großen Zahlen mit der MARKOWschen Bedingung umfaßt nicht nur die Sätze 1 und 3 von BERNOULLI und POISSON, sondern in der Mehrzahl der Anwendungen mehr oder weniger vollständig auch die Frage für Summen unabhängiger Summanden.

Die Lösung des zweiten Problems erwies sich als bedeutend schwieriger. Hierfür entwickelte TSCHEBYSCHEW die Methode der Momente, die eine seiner bedeutendsten Leistungen in der Mathematik darstellt. Die von TSCHEBYSCHEW [117] 1887 gegebene Lösung fußt auf einem Lemma, welches von MARKOW [1] erst 1898 bewiesen wurde. Bald danach löste LJAPUNOW ([1], 1900 und [2], 1901) das zweite TSCHEBYSCHEWsche Problem unter wesentlich allgemeineren Voraussetzungen nach völlig anderen Methoden. Ein wenig später gelang es MARKOW zu zeigen, daß man mit Hilfe der Methode der Momente ein ebenso allgemeines Resultat wie das LJAPUNOWsche erhalten kann. Die LJAPUNOWsche Methode erwies sich jedoch in der weiteren Entwicklung in Anwendung auf den ganzen Problemkreis, der die Grenzwertsätze für Summen unabhängiger Summanden betrifft, als bedeutend einfacher und wirksamer. Es handelt sich hier um die Methode der charakteristischen Funktionen, die in unserem Buch hauptsächlich angewandt wird.

Die von LJAPUNOW gegebene Lösung erfüllt alle Forderungen, die in der Regel in den Anwendungen gestellt werden. Wir können jedoch die LJAPUNOWsche Lösung des zweiten TSCHEBYSCHEWschen Problems in der Form des

Satzes 4, § 21, darstellen, weil die hierbei benutzte LINDEBERGsche Bedingung,

$$\lim_{n\to\infty}\sum_{k=1}^{n} \mathsf{P}\{\,|\,\xi_k - a_k\,| \geq \varepsilon B_n\} = 0$$

für beliebiges $\varepsilon > 0$, etwas umfassender als die LJAPUNOWsche ist. Sie ist ihrer logischen Struktur nach sogar einfacher als die LJAPUNOWsche Bedingung

$$\lim_{n\to\infty}\frac{C_n}{B_n^{2+\delta}} = 0$$

mit

$$C_n = c_1 + c_2 + \cdots + c_n$$

$$c_k = \mathsf{E}\,|\,\xi_k - a_k\,|^{2+\delta},\ \delta > 0.$$

3.

Kehren wir noch einmal zu dem einfachen Spezialfall einer Folge

$$\xi_1, \xi_2, \ldots, \xi_n, \ldots$$

unabhängiger identisch verteilter Zufallsgrößen zurück. In diesem Falle erfordert der Zentrale Grenzwertsatz lediglich die Existenz der Erwartungswerte

$$a_n = a$$

und der Streuungen

$$b_n^2 = b^2$$

(siehe Satz 4 von § 34). Es wäre jedoch irrig, hieraus zuschließen, daß Grenzwertsätzen bei identisch verteilten Summanden mit einer von der Normalverteilung verschiedenen Grenzverteilung keine reale Bedeutung zukomme.

Wir zeigen an einem Beispiel, daß eine solche falsche Anschauung nur auf Grund von Vorurteilen möglich ist. Hierzu betrachten wir das einfache und völlig klassische Schema der Irrfahrt eines Punktes auf einer Geraden. Dieses Schema entspricht den Bedingungen des Spieles „Kopf oder Wappen“:

$$\eta(0) = 0$$

$$\eta(t+1) = \begin{cases} \eta(t) + 1 & \text{mit der Wahrscheinlichkeit } 1/2 \\ \eta(t) - 1 & \text{mit der Wahrscheinlichkeit } 1/2 \end{cases}$$

unabhängig von den Werten

$$\eta(1), \eta(2), \ldots, \eta(t), \ldots .$$

Dieses Schema stellt bekanntlich das einfachste unter einer großen Zahl von Irrfahrtschemata dar, die eine große Bedeutung in den verschiedensten Anwendungen der Wahrscheinlichkeitsrechnung erlangten, Anwendungen, die mit Glücksspielen so gut wie nichts zu tun haben.

Wir numerieren in aufsteigender Reihenfolge alle jene t-Werte, für die

$$\eta(t) = 0$$

ist und erhalten so (mit Wahrscheinlichkeit Eins) eine unendliche Folge

$$0 = \tau_0 < \tau_1 < \tau_2 < \cdots < \tau_n < \cdots .$$

Die Differenzen

$$\xi_n = \tau_n - \tau_{n-1}$$

bilden eine Folge unabhängiger und identisch verteilter Zufallsgrößen. Jede Veränderliche ξ_n nimmt nur positive geradzahlige Werte $2m$ an mit den Wahrscheinlichkeiten

$$p_m = \mathsf{P}\{\xi_n = 2m\} = \frac{2m(2m-2)!}{2^{2m}(m!)^2}.$$

Da für $m \to \infty$ asymptotisch

$$p_m \sim \frac{1}{2\sqrt{\pi}\, m^{3/2}}$$

ist, wird der Erwartungswert

$$\mathsf{E}\,\xi_n = 2\sum_{m=1}^{\infty} m\, p_m$$

unendlich. Trotzdem sind bei entsprechender Normierung die Summen

$$\tau_n = \xi_1 + \xi_2 + \cdots + \xi_n$$

im Limes einem völlig bestimmten Verteilungsgesetz unterworfen:

$$\lim_{n\to\infty} \mathsf{P}\left\{\frac{2\,\tau_n}{\pi\, n^2} < z\right\} = \begin{cases} 0 & \text{für } z \le 0 \\ \dfrac{1}{\sqrt{2\pi}} \displaystyle\int_0^z e^{-\frac{1}{2u}}\, u^{-\frac{3}{2}}\, du & \text{für } z > 0 \end{cases}$$

(siehe hierzu Satz 5 von § 34 und den Schluß von § 33). Man beachte hier vor allem das n^2 im Nenner des Ausdruckes

$$\frac{2\,\tau_n}{\pi n^2}.$$

Im Falle von Summen ζ_n identisch verteilter unabhängiger Summanden mit endlicher Streuung hätte der Nenner des Ausdruckes

$$\frac{\zeta_n - A_n}{B_n}$$

im Zentralen Grenzwertsatz die Ordnung $\sqrt{n}$. Eine Gegenüberstellung dieser zwei Spezialfälle führt zu folgender **allgemeinen Fragestellung:** Unter welchen Voraussetzungen kann für Summen identisch verteilter unabhängiger Summanden

$$\xi_1, \xi_2, \ldots, \xi_n, \ldots$$

eine Limesbeziehung

$$\mathsf{P}\left\{\frac{\zeta_n - A_n}{B_n} < z\right\} \to V(z)$$

mit konstanten A_n und B_n gelten und welche Grenzverteilungen $V(z)$ können hierbei auftreten?

Die Frage nach der Klasse der möglichen Grenzverteilungen unter den angegebenen Verhältnissen wurde vollständig von A. J. CHINTSCHIN beantwortet. Es zeigte sich, daß diese Klasse bis auf lineare Transformationen aus der Normalverteilung, die eine Sonderstellung einnimmt, der uneigentlichen Verteilung

$$\varepsilon(x) = \begin{cases} 0 & \text{für} \quad x \leq 0 \\ 1 & \text{für} \quad x > 0 \end{cases}$$

und einer Familie der Verteilungen mit unendlichen Streuungen besteht, die von zwei Parametern abhängen (α und β in den Bezeichnungen von Kap. 7). Alle diese Verteilungsgesetze, auf die wir in § 32 näher eingehen werden, nennt man „stabil". Sie verdienen nach unserer Meinung eine ernsthafte Beachtung, denn wahrscheinlich wird der Bereich der angewandten Probleme, bei denen sie eine wesentliche Rolle spielen, im Laufe der Zeit sich als ziemlich groß erweisen.

4.

Der POISSONsche Grenzwertsatz für seltene Ereignisse legte den Gedanken nahe, daß auch im Falle endlicher Streuungen interessante und für die Praxis brauchbare Grenzwertsätze existieren könnten, die sich auf Summen unabhängiger Summanden beziehen und auf Verteilungen führen, die von der Normalverteilung wesentlich verschieden sind. Um sie zu erhalten, werden wir auf das Schema einer Doppelfolge von zufälligen Größen

$$(\xi_{n1}, \xi_{n2}, \ldots, \xi_{n\,m_n}) \quad n = 1, 2, 3, \ldots$$

zurückgreifen, wobei die Zufallsgrößen einer Zeile voneinander unabhängig sind, und die Summen

$$\zeta_n = \xi_{n1} + \xi_{n2} + \cdots + \xi_{n\,m_n}$$

betrachten.

Im einfachsten und zugleich wichtigsten Falle sind alle Größen ξ_{nk} identisch verteilt. Es ist, wie erwähnt, zu klären, unter welchen Bedingungen eine Limesbeziehung

$$\mathsf{P}\left\{ \frac{\zeta_n - A_n}{B_n} < z \right\} \to V(z)$$

möglich ist und welche Grenzverteilungen $V(z)$ hierbei auftreten können. Zweckmäßig werden dabei nur solche Fälle betrachtet, in denen

$$m_n \to \infty$$

strebt.

Besonders interessant ist der Fall, daß alle Zufallsgrößen ξ_{nk} in sämtlichen Zeilen nur zwei[1]) von den Indizes n und k unabhängige Werte x' und x'' an-

[1]) Der Fall einer beliebigen Anzahl N möglicher Werte ist in einer Arbeit von M. FISZ [1] untersucht worden. Interessante Verschärfungen, die mit Untersuchungen über Konvergenzgeschwindigkeiten gegen Grenzverteilungen zusammenhängen, sind für $N = 2$ in einem Artikel von J. W. PROCHOROW [4] enthalten.

nehmen können. Die bis auf eine lineare Transformation einzig möglichen Verteilungen sind hier: Die Normalverteilung, die uneigentliche Verteilung $\varepsilon(x)$ und die einparametrige Schar der POISSONschen Verteilungen (siehe KOSULJAJEW [11]).

Die Klasse der bei dieser Problemstellung möglichen Grenzverteilungen fällt gerade mit der Klasse der unbegrenzt teilbaren Verteilungen zusammen, die in Kapitel 3 näher untersucht wird. Sie enthält selbstverständlich alle stabilen Verteilungen und auch die POISSONsche Verteilung. Die entsprechenden Grenzwertsätze werden im Kapitel 4 bewiesen. Hier sei lediglich der Leser zum besseren Verständnis der anschaulichen Bedeutung dieser allgemeinen Sätze auf einen in dem Buch von A. J. CHINTSCHIN [5] unter dem Namen „verallgemeinerter POISSONscher Grenzwertsatz“ behandelten Spezialfall hingewiesen. Dieser elementare Grenzwertsatz führt nur zu unbegrenzt teilbaren Verteilungen mit charakteristischen Funktionen der Form

$$f(t) = \exp\left\{ c \int (e^{iut} - 1)\, d\,F(u) \right\}$$

(siehe § 16). Verteilungen dieses Typs haben genauso viele endliche Momente wie ihre erzeugende Verteilung $F(u)$. Viele physikalische und technische Probleme führen hierauf.

Von den unbegrenzt teilbaren Verteilungen, die weder zur Klasse der stabilen noch zu den eben erwähnten gehören, führen wir noch die in der mathematischen Statistik gut bekannte Familie von Verteilungen an, welche die unvollständige Γ-Funktion enthalten:

$$V(z) = \begin{cases} 0 & \text{für} \quad z \leq 0 \\ \dfrac{1}{\Gamma(\alpha)} \displaystyle\int_0^z u^{\alpha-1}\, e^{-u}\, du & \text{für} \quad z > 0. \end{cases}$$

Sie hängen von einem Parameter α ab (siehe Beispiel 4, § 17). Hierzu gehört speziell (für $\alpha = 1$) die exponentielle Verteilung

$$V(z) = \begin{cases} 0 & \text{für} \quad z \leq 0 \\ 1 - e^{-z} & \text{für} \quad z > 0. \end{cases}$$

Läßt man die Voraussetzung fallen, daß alle Zufallsgrößen einer Zeile dieselbe Verteilung besitzen, so ist die Aufgabe, alle möglichen Verteilungen $V(z)$ zu bestimmen, in der oben gewählten Formulierung inhaltslos. Die Verteilung $V(z)$ kann dann völlig willkürlich sein. Das ist auch klar, denn die Forderung $m_n \to \infty$ verliert ihre Bedeutung. Es könnte z. B. in jeder Zeile ein einziger Summand die dominierende Rolle spielen. Bedeutsame Resultate im ursprünglichen Sinne der klassischen Grenzwertsätze der Wahrscheinlichkeitsrechnung kann man nur durch zusätzliche Forderungen erhalten. Wir fordern daher für beliebiges $\varepsilon > 0$ die Existenz solcher Konstanten a_{nk}, daß für $n \to \infty$

$$\sup_{1 \leq k \leq m_n} \mathsf{P}\{ | \xi_{nk} - a_{nk} | \geq \varepsilon B_n \} \to 0.$$

Diese „Vernachlässigung“ der Variabilität eines jeden Summanden im Vergleich zu B_n in der Grenze $n \to \infty$ ist bei geeigneter Wahl der B_n für die Summen ζ_n eine ganz natürliche Forderung. Im § 20 werden wir diese Forderung für den Spezialfall $B_n = 1$ unter dem Namen „asymptotisch konstant“ einführen.

Fordert man eine solche Beschränkung, so können, wie A. J. CHINTSCHIN bewiesen hat, im Falle beliebig verteilter Summanden in der Grenze nur die unbegrenzt teilbaren Verteilungen von Summen mit identisch verteilten Summanden auftreten (siehe § 24). Es ist daher ganz natürlich, daß die unbegrenzt teilbaren Verteilungen den Schwerpunkt des ganzen ersten Teiles unseres Buches bilden. Nach unserer Meinung werden sie und die mit ihnen zusammenhängenden allgemeinen Grenzwertsätze in Zukunft die verschiedenartigsten Anwendungen erfahren. Einen Überblick über die schon gefundenen Anwendungen der stabilen und unbegrenzt teilbaren Verteilungen hofft einer der Autoren dieses Buches in Kürze in einem besonderen Artikel publizieren zu können.

5.

In allen praktischen Anwendungen verwendet man die Grenzwertsätze als Näherungsformeln bei endlichem, aber hinreichend großem n. Damit eine solche Anwendung der Grenzwertsätze auch völlig gerechtfertigt ist, müssen entsprechende Abschätzungen für die Restglieder vorhanden sein. Eine langsame Abnahme der Restglieder für $n \to \infty$ erfordert für endliches n eine Korrektur an der Grenzverteilung $V(z)$. Die wirksamste und allgemeinste Methode zur Bestimmung solcher Korrekturen ist die Untersuchung asymptotischer Entwicklungen für die Verteilungen

$$V_n(z) = \mathsf{P}\left\{\frac{\zeta_n - A_n}{B_n} < z\right\}.$$

Für den klassischen Fall war schon von TSCHEBYSCHEW ohne genaue Begründung eine solche asymptotische Entwicklung mit Gliedern der Ordnung

$$1, \frac{1}{\sqrt{n}}, \left(\frac{1}{\sqrt{n}}\right)^2, \left(\frac{1}{\sqrt{n}}\right)^3, \ldots$$

angegeben worden. Die Weiterentwicklung seiner Ideen in neueren Arbeiten wollen wir im Kapitel 8 verfolgen.

Im Kapitel 9 sollen diese Grenzwertsätze in verschiedenen Richtungen verschärft werden. Bisher sind wesentliche Fortschritte nur bei den klassischen Grenzwertsätzen hinsichtlich der Konvergenz gegen die Normalverteilung zu verzeichnen. Bei neuen Grenzwertsätzen konnte eine Verbesserung nur für die „lokalen“ Sätze über die Konvergenz gegen stabile Verteilungen erzielt werden (§ 48).

Das oben Gesagte umreißt hinreichend genau den Problemkreis, dem dieses Buch gewidmet sein soll. Wir werden bei solchen Problemen, in denen die bis jetzt erhaltenen Resultate einen endgültigen Wert zu besitzen scheinen, eine möglichst erschöpfende Darstellung anstreben. In Fragen aber, in denen bis heute nur Ergebnisse vorliegen, die wahrscheinlich in den nächsten Jahren verschärft werden können, oder von denen man annehmen kann, daß endgültige Formulierungen von großer Allgemeingültigkeit und weitgehender Einfachheit noch gefunden werden, beschränken wir uns auf die Betrachtung einfacher Spezialfälle, die den allgemeinen Charakter der Probleme erkennen lassen. Aus diesem Grunde untersuchen wir z. B. die Verschärfung der Grenzwertsätze und die lokalen Grenzwertsätze nur für identisch verteilte Summanden und verweisen im übrigen auf spezielle Artikel in Zeitschriften.

Verallgemeinerungen auf mehrere Dimensionen und auf Summen abhängiger Größen haben in diesem Buche keinen Platz mehr gefunden. Eine einigermaßen vollständige Darstellung der in diesen Richtungen von MARKOW, S. N. BERNSTEIN und ihren Schülern erzielten Resultate, einschließlich der mit den MARKOWschen Ketten zusammenhängenden Grenzwertsätze würden eine zweite Monographie desselben Umfanges erfordern.

Das Streben nach Allgemeinheit und logischer Vervollkommnung und nach gleichzeitig notwendigen und hinreichenden Bedingungen, das den modernen Untersuchungen in dem von uns gewählten Gebiet eigen ist, scheint uns wegen seiner zentralen Lage in der Wahrscheinlichkeitsrechnung gerechtfertigt. Man wird auf der Grundlage der klassischen Probleme und ihrer unmittelbaren natürlichen Verallgemeinerungen versuchen, den Untersuchungsmethoden die größtmögliche Schärfe zu geben. Daher besitzt auch unser Buch theoretischen Charakter: Die ausgewählten Probleme werden systematisch verfolgt, unabhängig davon, ob sie schon Bedeutung in den Anwendungen erlangt haben oder nicht.

Wir glauben jedoch, daß viele Grenzwertsätze, die in unserer Darstellung nur der logischen Vollständigkeit halber aufgenommen zu sein scheinen, im Laufe der Zeit die verschiedenartigsten Anwendungen erfahren werden. Einige diesbezügliche Hinweise wurden schon oben gegeben. Zweifellos ist im Vergleich mit den klassischen Werken der Vorrat an Grenzwertsätzen, die in einem Buch praktischen Charakters enthalten sein müssen, bedeutend zu erweitern. Dabei muß selbstverständlich eine zweckmäßige Auswahl getroffen werden. So wird man, um beispielsweise dem auf dem Gebiet der statistischen Physik Arbeitenden ein einigermaßen gutes Rüstzeug in die Hand zu geben, die „normale" Konvergenz gegen nichtnormale stabile Verteilungen (siehe § 34) in jedem größeren Werke behandeln. Hingegen wäre die Betrachtung der „nichtnormalen" Konvergenz mit irregulärer Normierung selbst im Falle einer normalen Grenzverteilung (siehe ebenda) nur eine überflüssige Belastung solcher praktisch orientierten Werke.

Wir heben noch hervor, daß wir uns überall auf Abschätzungen der Größenordnung von Restgliedern oder höchstens auf ihr asymptotisches Verhalten beschränken, ohne auf Abschätzungen durch genaue Ungleichungen einzugehen. Wollte man die Grenzwertsätze nach ihrer unmittelbaren praktischen Bedeutung einstufen, so wäre es nötig, diese Lücke noch zu schließen. Eine systematische Darlegung dieser Abschätzungen würde jedoch den Wert dieses Buches beeinträchtigen und es unnötig schwerfällig machen. Wir zogen es daher vor, darauf möglichst zu verzichten.

6.

Es bleibt noch zu erwähnen, daß diesem Buche Vorlesungen zugrunde liegen, die von uns an der Moskauer und der Lwowsker Universität gehalten wurden. Bei der Schlußredaktion leistete uns J. W. PROCHOROW, von dem eine große Zahl wesentlicher Verbesserungen von Formulierungen und Beweisen stammt, eine sehr große Hilfe, wofür wir ihm hiermit unseren Dank zum Ausdruck bringen.

I. EINFÜHRUNG

KAPITEL 1

WAHRSCHEINLICHKEITSVERTEILUNGEN. ZUFALLSGRÖSSEN UND ERWARTUNGSWERTE

§ 1. Vorbereitende Bemerkungen

In den grundlegenden Kapiteln dieses Buches werden ausschließlich Wahrscheinlichkeiten von Ereignissen betrachtet, deren Eintreten oder Nichteintreten durch die Werte einer endlichen Anzahl reeller Zufallsgrößen

$$\xi_1, \xi, \ldots, \xi_n$$

eindeutig bestimmt wird. Bei solchen Fragen kann man ohne einen allgemeineren Grundbegriff als den der Wahrscheinlichkeitsverteilung für die Lage eines zufälligen Punktes

$$\xi = (\xi_1, \xi_2, \ldots, \xi_n)$$

im n-dimensionalen euklidischen Raum R^n auskommen. Eine solche *Verteilung* wird am besten mit Hilfe der Mengenfunktion

$$P_\xi(A) = P_{\xi_1, \xi_2 \ldots \xi_n}(A),$$

$A \subseteq R^n$, gegeben. Sie gibt uns dann die Wahrscheinlichkeit des Ereignisses

$$\xi \in A.$$

Diese Funktion muß folgenden Bedingungen genügen:

α) Der Definitionsbereich $\mathfrak{S}_\xi$ der Funktion $P_\xi(A)$ ist ein BORELscher Körper von Teilmengen des R^n (siehe die Definition im § 2), der den R^n selbst als Element enthält.

β) Der Körper $\mathfrak{S}_\xi$ enthält alle offenen Mengen des R^n.

γ) Die Funktion $P_\xi(A)$ ist nicht negativ und totaladditiv[1]).

δ) Für beliebige Mengen A aus $\mathfrak{S}_\xi$ ist der Wert von $P_\xi(A)$ gleich der unteren Grenze der Werte von $P_\xi(G)$ für alle offenen Mengen G, die A enthalten.

ε) $$P_\xi(R^n) = 1.$$

Die ersten vier Forderungen drücken die gewöhnlichen Eigenschaften eines Maßes im R^n aus. Die fünfte Forderung besagt, daß das Maß der Wahrscheinlichkeit „normiert" sein soll.

---

[1]) σ-additiv.

Eine solche Auffassung einer n-dimensionalen Wahrscheinlichkeitsverteilung wurde z. B. in dem Buche von H. CRAMÉR [1] als axiomatische Grundlage für alle weiteren Betrachtungen gewählt. Diese Behandlungsweise weist jedoch selbst in einem sehr eng gefaßten Rahmen mit ausschließlichem Interesse für die endlichdimensionalen Verteilungen etliche Mängel auf. Hiervon kann man sich z. B. bei der Lektüre der §§ 14.2 und 14.5 des erwähnten CRAMÉRschen Buches überzeugen. Sein Axiom 3 zwingt zu der Annahme, daß das Grundobjekt, dessen Eigenschaften mit Hilfe von Axiomen festzulegen ist, eine nicht näher bezeichnete Gesamtheit aller Zufallsgrößen sein soll. Im § 14.5 wird sogar „bewiesen", daß eine beliebige BOREL-meßbare Funktion einer Zufallsgröße selbst eine zufällige Größe ist. Es bleibt dabei aber noch ungeklärt, ob eine solche Zufallsgröße gemeint ist, auf die sich die Axiome 1, 2 und 3 beziehen oder ob es sich um eine zufällige Größe in einem völlig neuen Sinne handelt. Diese Unklarheit wäre auf Kosten einer stärkeren Einschränkung zu vermeiden. Man könnte stets von einer gewissen Ausgangsverteilung der Wahrscheinlichkeiten $P_\xi(A)$ einer gewissen „Grundmenge" von Zufallsgrößen

$$\xi_1, \xi_2, \ldots, \xi_n$$

ausgehen und sie streng von den „abgeleiteten" Zufallsgrößen

$$\eta = f(\xi_1, \xi_2, \ldots, \xi_n)$$

unterscheiden, für die die Verteilungsgesetze aus der Grundverteilung $P_\xi(A)$ berechnet werden.

Eine weitere Perspektive und die Möglichkeit, alle zu betrachtenden Zufallsgrößen als gleichberechtigt anzunehmen, eröffnet sich nur bei einer allgemeineren Behandlung des Problems. Einen Weg hierzu hat A. N. KOLMOGOROV [3] angegeben. Dort werden alle betrachteten Zufallsgrößen als Funktionen

$$\xi = \xi(u)$$

eines gewissen abstrakten Arguments u angesehen. Diesen Weg werden auch wir beschreiten. Die §§ 2 bis 4 enthalten alle notwendigen Daten aus der allgemeinen Theorie der Wahrscheinlichkeitsverteilungen auf beliebigen Mengen. Die Darlegungen in diesen Paragraphen sind, verglichen mit KOLMOGOROV [3], sogar noch etwas vervollkommnet.

Die wesentlichste Änderung im Vergleich zu KOLMOGOROV [3] hängt mit der Verwendung eines neuen Begriffes, des „perfekten" Maßes, zusammen. Er wird im § 3 eingeführt. Dieser abstrakte Begriff ermöglicht es, die allgemeine Theorie in größere Übereinstimmung mit den gewöhnlichen Darstellungen der Verteilungen in konkreten Räumen (R^1, R^n usw.) zu bringen. Die Beweise aller im § 3 formulierten Behauptungen findet der Leser in dem Buch von A. N. KOLMOGOROV [7]. Hierauf sei auch hinsichtlich aller Erklärungen verwiesen, die sich auf die Maßtheorie und das LEBESGUEsche Integral beziehen.

Gleichzeitig mit einer Verteilung

$$P_{\xi_1 \xi_2 \ldots \xi_n}(A) = \mathsf{P}\{(\xi_1, \xi_2, \ldots, \xi_n) \in A\}$$

benutzen wir oft beim Studium eines Systems von n Zufallsgrößen $\xi_1, \xi_2, \ldots, \xi_n$ auch die sogenannte „*Verteilungsfunktion*"

$$F_{\xi_1 \xi_2 \ldots \xi_n}(a_1, a_2, \ldots, a_n) = \mathsf{P}\{\xi_1 < a_1, \xi_2 < a_2, \ldots, \xi_n < a_n\}.$$

Sie ist nichts anderes als der Wert $P_{\xi_1 \xi_2 \ldots \xi_n}(A)$ für den Teil des Raumes R^n, in welchem die Ungleichungen

$$x_k < a_k, \quad k = 1, 2, \ldots, n$$

erfüllt werden. Die Verwendung solcher n-dimensionaler Verteilungsfunktionen ist im Grunde ein Anachronismus. Er stammt noch aus der Zeit, in der der Begriff einer Mengenfunktion noch nicht genügend ausgearbeitet war.

Im eindimensionalen Falle erweist sich jedoch die Verwendung der Verteilungsfunktionen

$$F_\xi(a) = \mathsf{P}(\xi < a) = P_\xi\{-\infty; a\}$$

oft als recht bequem und auch als recht natürlich. An die Eigenschaften der eindimensionalen Verteilungsfunktionen, die aus den elementaren Lehrbüchern bekannt sind, wird im § 6 noch einmal erinnert.

Wir definieren den „*Erwartungswert*" einer Zufallsgröße durch die Formel

$$\mathsf{E}\xi = \int_U \xi \, d\mathsf{P}.$$

Rechts steht ein LEBESGUEsches Integral über die Menge U aller „Elementarereignisse". Hieraus können wir auch leicht andere Schreibweisen für den Erwartungswert ableiten:

$$\mathsf{E}\,\xi = \int_{R^1} x\, P_\xi(dx) = \int x\, dF_\xi(x)$$

und im Falle $\xi = f(\eta)$, wo η eine Hilfszufallsgröße ist,

$$\mathsf{E}\,\xi = \int_{R^1} f(y)\, P_\eta(dy) = \int f(y)\, dF_\eta(y).$$

Durch die Verwendung des allgemeinen LEBESGUEschen Integrals (über einer beliebigen Menge und mit einem beliebigen Maß) sind wir in der Lage, ohne die Theorie des elementaren STIELTJESschen Integrals auszukommen. Das ist unserer Meinung nach ein großer Vorzug, weil eine vollständige Darstellung dieser Theorie, mit all den Einzelheiten, die für die exakte Begründung ihrer Anwendung auf die Wahrscheinlichkeitsrechnung notwendig sind, sehr schwierig ist (und soviel uns bekannt ist, noch nirgends gegeben worden ist). Wir haben dabei folgende Tatsachen im Auge: a) Zur Herleitung der Formel für die Faltung von Verteilungsfunktionen bei der Addition unabhängiger Summanden, ist die in den allgemeinen Lehrbüchern der Analysis am weitesten verbreitete Definition des Stieltjesschen Integrals unzureichend (siehe hierzu die §§ 8 und 10 und den Anhang I im Buche von W. I. GLIWENKO [1]). b) Integrale mit uneigentlichen Grenzen, die in der Wahrscheinlichkeitsrechnung eine wesentliche Rolle spielen, erfordern bei elementarer Behandlung ergänzende Einschränkungen. c) Der Beweis der Gleichung

$$\mathsf{E}\,\xi = \int x\,dF_\xi(x) = \int f(y)\,dF_\eta(y)$$

für $\xi = f(\eta)$ ist in der elementaren Theorie stets eine schwierige Angelegenheit. Um aus der Existenz des Integrals auf der rechten Seite dieser Gleichung auf die Existenz des Integrals auf der linken Seite zu schließen, muß man nach der Definition des Integrals mit uneigentlichen Grenzen Beschränkungen mit in Kauf nehmen, die dem Wesen der elementaren Theorie solcher Integrale fremd sind (siehe W. I. GLIWENKO [2]). d) Die elementare Theorie der mehrfachen STIELTJESschen Integrale ist erst sehr wenig ausgearbeitet. In ihr sind die eben hervorgehobenen Probleme a), b) und c) noch nicht einmal in der Zeitschriftenliteratur mit gebührender Ausführlichkeit analysiert worden. Bei der Anwendung der Theorie des LEBESGUEschen Integrals fällt die Notwendigkeit solcher speziellen und zeitraubenden Untersuchungen fort. Da eine Verteilung $P(A)$ eindeutig durch die Verteilungsfunktion $F(a)$ (siehe § 6) definiert wird, werden wir aus Tradition die Bezeichnung

$$\int_{R^1} f(x)\,P(dx) = \int f(x)\,dF(x)$$

beibehalten. In § 6 wird dann gezeigt, daß dieses Integral unter gewissen Voraussetzungen ein Grenzwert STIELTJESscher Summen ist. Zur Berechnung und Abschätzung von Integralen sind diese Summen oft sehr nützlich. Für den Aufbau der Integraltheorie spielen sie allerdings bei uns keine Rolle.

In § 7 werden wir den Satz über die Faltung von Verteilungsfunktionen bei der Addition unabhängiger Summanden beweisen. Der Beweis, der auf dem Satz von FUBINI fußt, ist auch ohne jede Änderung auf den Fall der Addition unabhängiger zufälliger Vektoren und auch in noch allgemeineren Fällen anwendbar.

§ 8 enthält alle notwendigen Bemerkungen über Integrale

$$\int_A f(x)\,\varphi(dx) \quad \text{und} \quad \int_a^b f(x)\,d\Phi(x),$$

wenn $\varphi(A)$ negative Werte annimmt und die Funktionen $\Phi(x)$ nicht monoton sind.

§ 2. Maße

In diesem Paragraphen wollen wir den Leser an die Grunddefinitionen der Maßtheorie erinnern. In Übereinstimmung mit den Erfordernissen unserer Theorie beschränken wir uns hierbei auf endliche Maße.

Definition 1. Ein Mengensystem $\mathfrak{P}$ heißt ein „*Mengenkörper*", wenn a) ein $U \in \mathfrak{P}$ existiert, so daß aus $A \in \mathfrak{P}$ sich $A \subseteq U$ ergibt, b) mit $A \in \mathfrak{P}$ und $B \in \mathfrak{P}$ auch $A \setminus B \in \mathfrak{P}$ ist[1])*.

[1])* $A \setminus B$ bedeutet: „Die Menge der Punkte in A aber nicht in B".

Es ist leicht zu sehen, daß U durch den Mengenkörper eindeutig definiert wird. Man nennt U die „*Eins*" des Körpers $\mathfrak{P}$ und schreibt auch $U_{\mathfrak{P}}$. In jedem Körper ist die leere Menge

$$N = U \setminus U$$

enthalten. Aus a) und b) ergibt sich ferner, daß die Vereinigungsmenge und der Durchschnitt endlich vieler Mengen des Körpers wieder zum Körper gehören.

Definition 2. Ein Mengenkörper $\mathfrak{P}$ heißt „*Borelsch*", wenn die Vereinigungsmenge eines jeden abzählbaren Mengensystems aus $\mathfrak{P}$ auch wieder in $\mathfrak{P}$ liegt.

Dann läßt sich aber auch leicht beweisen, daß der Durchschnitt abzählbar vieler Mengen aus einem BORELschen Körper $\mathfrak{P}$ wieder zu $\mathfrak{P}$ gehört.

Um Mißverständnisse zu vermeiden, wollen wir noch hervorheben, daß Mengen $\{u\}$, die nur aus einem einzigen Element

$$u \in U_{\mathfrak{P}}$$

bestehen, im allgemeinen nicht zum Körper $\mathfrak{P}$ gehören können.

Wir weisen schließlich noch darauf hin, daß sich die Möglichkeit, viele Probleme auf Untersuchungen in BORELschen Körpern zurückzuführen, darauf gründet, daß jedes System $\mathfrak{S}$ von Untermengen irgendeiner Menge U enthalten ist in einem eindeutig bestimmten minimalen BORELschen Körper mit der Einheit U.

Diesen Minimalkörper

$$\mathfrak{P} = \mathfrak{B}_U(\mathfrak{S})$$

nennt man die „*Borelsche Erweiterung des Systems $\mathfrak{S}$ bezüglich U*".

Definition 3. Als „*Maß*" bezeichnet man jede reelle nichtnegative Mengenfunktion $\mu(A)$, für die gilt:

(μ1) der Definitionsbereich $\mathfrak{M}_\mu$ ist ein BORELscher Mengenkörper;

(μ2) bei beliebiger Vorgabe von endlich oder abzählbar unendlich vielen paarweise fremden Mengen $A_n \in \mathfrak{M}_\mu$

$$\mu\left(\bigcup_n A_n\right) = \sum_n \mu(A_n)$$

ist;

(μ3) aus $\mu(A) = 0$ und $B \subseteq A$ folgt $B \in \mathfrak{M}_\mu$[1]).

Die Menge

$$U_\mu = U_{\mathfrak{M}_\mu}$$

bezeichnet man als den „*Träger*" des Maßes μ.

In der Wahrscheinlichkeitsrechnung, wo die verschiedenartigsten Verteilungen von Zufallsgrößen, Zufallsvektoren und zufälligen Funktionen aus der Grundverteilung der Wahrscheinlichkeit $\mathsf{P}(A)$ auf der Menge U der elementaren Ereignisse abgeleitet werden, hat eine sehr wesentliche Bedeutung die folgende

Definition 4. Die eindeutige Funktion

$$u' = \xi(u)$$

---

[1]) Es handelt sich demnach um ein sog. „vollständiges" Maß.

bilde U_μ auf eine gewisse Menge U' ab. Als „*Maß auf U', welches aus dem Maß μ durch die Abbildung ξ erzeugt wird*", bezeichnet man die Mengenfunktion

$$\mu'(A') = \mu\overset{U'}{\underset{\xi}{}}(A'),$$

für die

1. der Definitionsbereich $\mathfrak{M}'_{\mu'}$ aus allen Mengen

$$A' \subseteq U'$$

mit den vollen Urbildern[1])

$$\xi^{-1}(A') \in \mathfrak{M}_\mu$$

besteht:

2. $$\mu'(A') = \mu(\xi^{-1}(A')).$$

Es läßt sich leicht beweisen, daß die Funktion μ' tatsächlich ein Maß im Sinne der Definition 3 ist, wobei

$$U_{\mu'} = U'.$$

Ist die Menge U' ein metrischer (oder topologischer) Raum, so verdienen die Abbildungen ξ, die bezüglich μ' meßbar sind, besondere Aufmerksamkeit, d. h. die Abbildungen, bei der alle Urbilder

$$\xi^{-1}(G')$$

der offenen Mengen $G' \subseteq U'$ in $\mathfrak{M}_\mu$ liegen. Also enthält das Mengensystem $\mathfrak{M}'_{\mu'}$ im Falle einer meßbaren Abbildung ξ alle offenen Mengen des Raumes U', und gleichzeitig wegen der Eigenschaft (μ 1) eines Maßes auch alle Borelschen Mengen dieses Raumes. Diese Bemerkung wollen wir zum Ausgangspunkt der Untersuchungen des folgenden Paragraphen machen.

§ 3. Perfekte Maße

Beim Studium der Maße in metrischen (oder topologischen) Räumen beschränkt man sich gewöhnlich auf die Untersuchung von Maßen, die außer den Eigenschaften (μ1), (μ2) und (μ3) der abstrakten Maße noch die folgenden Eigenschaften besitzen:

(μ4) Alle offenen Mengen des Raumes U_μ liegen in $\mathfrak{M}_\mu$.

(μ5) Das Maß $\mu(A)$ einer beliebigen Menge $A \in \mathfrak{M}_\mu$ ist gleich der unteren Grenze der Maße $\mu(G)$ aller offenen, A umfassenden Mengen G.

Diese beiden Forderungen verlieren bei Maßen auf einer abstrakten Menge U_μ ihren Sinn. Am Schluß des letzten Paragraphen sahen wir jedoch, daß ein Maß μ', welches durch eine bezüglich μ meßbare Abbildung der abstrakten Menge U_μ in einem metrischen Raum U' erzeugt wurde, stets die Eigenschaft (μ4) besitzt. Zur Erreichung einer vollkommenen Harmonie zwischen der abstrakten Maßtheorie und der Maßtheorie in metrischen Räumen wäre es wünschenswert, daß bei meßbaren Abbildungen des Trägers U_μ eines abstrakten Maßes in

[1]) Hierbei wird das volle Urbild $\xi^{-1}(A')$ einer Menge $A' \subseteq U'$, in die kein Element aus U_μ abgebildet wird, gleich der leeren Menge N gesetzt.

metrische Räume Maße erhalten werden, die nicht nur die Eigenschaft (μ4) sondern auch die Eigenschaft (μ5) besitzen. Wir sehen nun, daß mit Hilfe einer gewissen Beschränkung der zur Betrachtung zugelassenen abstrakten Maße dieser Wunsch erfüllt werden kann, wenigstens bei Abbildungen in die häufigsten und wichtigsten metrischen Räume. Die geforderte Einschränkung[1]) erreicht man mit Hilfe der folgenden

Definition. Ein Maß μ heißt „*perfekt*", wenn für jede meßbare Abbildung ξ einer Menge U_μ in die Zahlengerade R^1 das Maß

$$\mu' = \mu_\xi^{R^1}$$

die Eigenschaft (μ5) besitzt.

Die Zweckmäßigkeit dieser Definition wird durch die zwei folgenden Sätze unterstrichen;

Satz 1. *Ist U_μ ein vollständiger metrischer Raum mit abzählbarer Basis, und hat das Maß μ die Eigenschaft (μ4), so ist es dann und nur dann perfekt, wenn es die Eigenschaft (μ5) besitzt.*

Satz 2. *Eine meßbare Abbildung ξ des Trägers U_μ eines perfekten Maßes in eine beliebige Menge U' erzeugt in Übereinstimmung mit Definition 4 ein perfektes Maß μ'.*

Wenn eine Abbildung ξ in einem metrischen Raume U' meßbar ist, so besitzt das Maß μ' sicher die Eigenschaft (μ4). Ein Vergleich der beiden Sätze 1 und 2 ergibt daher die

Folgerung. *Wenn ein Maß μ perfekt ist, dann erzeugt jede meßbare Abbildung ξ einer Menge U_μ in einen vollständigen metrischen Raum U' mit abzählbarer Basis in diesem Raum ein Maß μ' mit den Eigenschaften (μ4) und (μ5).*

§ 4. Das Lebesguesche Integral

Die bezüglich eines Maßes μ meßbaren Abbildungen ξ einer Menge U_μ in die Zahlengerade bezeichnet man gewöhnlich als (bezüglich μ) „*meßbare Funktionen*". Wir wollen die Grundeigenschaften des Lebesgue*schen Integrals*

$$\int \xi(u)\, \mu(du) \tag{1}$$

von Funktionen über einer Menge A, welche zum System $\mathfrak{M}_\mu$ gehören, als bekannt voraussetzen. (Man spricht auch von dem System der „*μ-meßbaren Mengen*"). Alle weiteren notwendigen Einzelheiten über das Lebesguesche Integral findet der Leser im Buche von A. N. Kolmogorov [7]. Hier wollen wir nur noch an einige weniger bekannte Tatsachen erinnern, die aber für die Wahrscheinlichkeitsrechnung besonders wichtig sind. Hervorgehoben sei ferner noch, daß in allen weiteren Ausführungen stets endliche Lebesguesche

[1]) Diese Einschränkung ist, wie J. L. Doob im Anhang I der von R. L. Chung aus dem Russischen ins Englische übersetzten Ausgabe bemerkt, bequem, aber für die Zwecke dieses Buches nicht notwendig.

Integrale gemeint sind. Wenn von einem Integral (1) gesagt wird, daß es „*existiert*", so bedeutet das, daß auch das Integral

$$\int_A |\xi(u)|\, \mu(du)$$

einen ganz bestimmten endlichen Wert haben soll.

Satz 1. *Eine Abbildung* φ *einer Menge* U_μ *auf eine Menge* U' *erzeuge in* U' *das Maß* μ'. *Ferner möge die Menge* $A' \subseteq U'$ *zu* $\mathfrak{M}_{\mu'}$ *gehören und eine reelle Funktion* $\xi'(u')$ *auf* U' *definiert und bezüglich* μ' *meßbar sein,*

$$\xi(u) = \xi'(\varphi(u)) \quad \textit{und} \quad A = \varphi^{-1}(A').$$

Dann ist

$$\int_A \xi(u)\, \mu(du) = \int_{A'} \xi'(u')\, \mu'(du'),$$

wobei beide Integrale gleichzeitig existieren oder nicht existieren.

Satz 2. *Auf einer Menge* U_μ *sei*

$$\xi(u) \geq 0,$$

und es existiere das Integral $\int_{U_\mu} \xi(u)\, \mu(du)$,

dann ist die Mengenfunktion

$$\lambda(A) = \int_A \xi(u)\, \mu(du)$$

ein Maß mit

$$U_\lambda = U_\mu, \ \mathfrak{M}_\lambda \supseteq \mathfrak{M}_\mu.$$

Eine beliebige μ*-meßbare Funktion* $\varphi(u)$ *ist auch* λ*-meßbar, und es gilt*

$$\int_A \varphi(u)\, \lambda(du) = \int_A \xi(u)\, \varphi(u)\, \mu(du),$$

wobei beide Integrale gleichzeitig existieren oder nicht existieren.

Satz 3. *Wenn in den Voraussetzungen des Satzes 2 auf* U_μ *überall* $\xi(u) > 0$ *ist, dann ist*

$$\mathfrak{M}_\lambda = \mathfrak{M}_\mu$$

und für beliebige $A \in \mathfrak{M}_\lambda = \mathfrak{M}_\mu$ *gilt*

$$\mu(A) = \int_A \frac{\lambda(du)}{\xi(u)}.$$

Die Klassen der Funktionen $\varphi(u)$, *die bezüglich* λ *und bezüglich* μ *meßbar sind fallen zusammen, und es gilt*

$$\int_A \varphi(u)\, \mu(du) = \int_A \frac{\varphi(u)}{\xi(u)}\, \lambda(du),$$

wobei beide Integrale gleichzeitig existieren oder nicht existieren.

§ 5. Mathematische Grundlagen der Wahrscheinlichkeitsrechnung

Nach den Vorbereitungen im vorhergehenden Paragraphen können wir jetzt die Voraussetzungen, die zur Entwicklung der Theorie der Wahrscheinlichkeitsrechnung notwendig sind, sehr kurz fassen:

Die Wahrscheinlichkeit $\mathsf{P}(A)$ ist ein perfektes Maß mit der zusätzlichen „Normierungsbedingung".

$$\mathsf{P}(U_{\mathsf{P}}) = 1.$$

Diese kurze Formulierung ersetzt die ganze „Axiomatik" der Wahrscheinlichkeitsrechnung.

Die Elemente der Grundmenge

$$U = U_{\mathsf{P}}$$

nennt man in der Wahrscheinlichkeitsrechnung „*Elementarereignisse*", und eine Menge A des Systems

$$\mathfrak{S} = \mathfrak{M}_{\mathsf{P}}$$

heißt ein „*zufälliges Ereignis*". Hieraus ergibt sich sofort, daß die „Elementarereignisse" keine „zufälligen Ereignisse" sind (und auch dann nicht, wenn die nur aus einem einzigen Elementarereignis u bestehende Menge $\{u\}$ zum System $\mathfrak{S}$ gehört).

Beim Vergleich mit KOLMOGOROV [3] oder anderen Darstellungen der Wahrscheinlichkeitsrechnung, die auf demselben Prinzip aufgebaut sind, enthält die oben angeführte zwei neue Einschränkungen; a) Die Wahrscheinlichkeit muß die Forderung ($\mu 3$), die in der Definition des Maßes von § 2 enthalten ist, erfüllen. b) Die Wahrscheinlichkeit wird als perfekt im Sinne des § 3 angenommen. Diese beiden Einschränkungen werden uns beim weiteren Aufbau der Theorie sehr dienlich sein, aber gleichzeitig das Gebiet für konkrete interessante Anwendungen nicht einengen.

Die „*bedingte Wahrscheinlichkeit*" eines zufälligen Ereignisses A unter der Voraussetzung, daß ein zufälliges Ereignis B mit $\mathsf{P}(B) > 0$ schon eingetreten ist, definieren wir durch die Gleichung

$$\mathsf{P}(A \mid B) = \frac{\mathsf{P}(A \cap B)}{\mathsf{P}(B)}.$$

Es läßt sich leicht beweisen (siehe KOLMOGOROV [3]), daß die bedingte Wahrscheinlichkeit bei festem B auch sämtliche Eigenschaften der gewöhnlichen, „unbedingten" Wahrscheinlichkeit besitzt.

Bezüglich P meßbare Funktionen $\xi(u)$ der Elementarereignisse u bezeichnet man als „*zufällige Größen*" oder „*Zufallsgrößen*".

Auf Grund der Definition einer meßbaren Funktion (siehe § 4) kann eine Zufallsgröße nur reelle Werte annehmen.

Bei den weiteren allgemeinen Untersuchungen dieses Kapitels werden stets nur solche reellen Zufallsgrößen betrachtet. Die Übertragung der Definitionen und der einfachsten Eigenschaften des Erwartungswertes auf komplexe

Zufallsgrößen, d. h. auf meßbare Abbildungen einer Grundmenge U in die komplexe Zahlenebene, bereitet keine weiteren Schwierigkeiten.

Den „*Erwartungswert*" und den „*bedingten Erwartungswert*" definiert man mittels der Formeln

$$\mathsf{E}\,\xi = \int_U \xi(u)\,\mathsf{P}(du), \qquad \mathsf{E}(\xi \mid B) = \int_U \xi(u)\,\mathsf{P}(du \mid B).$$

Im folgenden bezeichnen wir Zufallsgrößen stets mit griechischen Buchstaben ξ, η, ζ und lassen das Argument u der Einfachheit halber weg. Ferner werden wir an Stelle von $\mathsf{P}(du)$ immer $d\mathsf{P}$ schreiben. In dieser vereinfachten Schreibweise lautet somit der Erwartungswert:

$$\mathsf{E}\,\xi = \int_U \xi\,d\mathsf{P}$$

Alle Rechnungen mit bedingten Erwartungswerten lassen sich auf Grund der leicht beweisbaren Gleichung

$$\mathsf{E}(\xi \mid B) = \frac{1}{\mathsf{P}(B)} \int_B \xi\,d\mathsf{P} \tag{1}$$

bequem ausführen.

Wir erwähnen schließlich noch, daß in den Ausdrücken

$$\mathsf{P}(\ldots) \quad \text{oder} \quad \int_{(\ldots)} \xi\,d\mathsf{P}$$

das Symbol $(\ldots)$ stets die Menge der Elementarereignisse bedeutet, welche die in den Klammern oder unter dem Integralzeichen stehenden Beziehungen erfüllen. Zum Beispiel bedeutet

$$\int_{|\xi|<a} \xi\,d\mathsf{P}$$

das Integral von $\xi(u)$ über die Menge der u, für die $|\xi(u)| < a$ ist.

§ 6. Wahrscheinlichkeitsverteilungen im R^1 und im R^n

n beliebige Zufallsgrößen

$$\xi_1, \xi_2, \ldots, \xi_n$$

kann man als einen n-dimensionalen „*Zufallsvektor*"

$$\xi = (\xi_1, \xi_2, \ldots, \xi_n)$$

auffassen. Offensichtlich bildet ein n-dimensionaler Zufallsvektor die Grundmenge U in den n-dimensionalen Raum R^n ab. Das von dieser Abbildung nach Definition 4, § 2 erzeugte Maß

$$P_\xi = \mathsf{P}_\xi^{R^n}$$

wird als „*Wahrscheinlichkeitsverteilung des Zufallsvektors* ξ" oder als „*gemeinsame Verteilung*" der Zufallsgrößen $\xi_1, \xi_2, \ldots, \xi_n$ bezeichnet. Ausführlicher geschrieben.:

$$P_\xi(A) = P_{\xi_1 \xi_2 \ldots \xi_n}(A).$$

Man beweist leicht, daß jeder Zufallsvektor U auf den R^n in meßbarer Weise abbildet, d. h., der Definitionsbereich

$$\mathfrak{S}_\xi = \mathfrak{M}_{P_\xi}$$

der Wahrscheinlichkeitsverteilung P_ξ enthält alle offenen und folglich auch alle BORELschen Mengen des Raumes R^n. Nach § 3 ergibt sich nun hieraus, daß das Maß P_ξ auch die Eigenschaft (μ5) besitzt. Umgekehrt kann man jedes Maß μ mit

$$U_\mu = R^n.$$

welches die Eigenschaften (μ4) und (μ5) besitzt und die Bedingung

$$\mu(R^n) = 1 \tag{*}$$

erfüllt, als Wahrscheinlichkeitsverteilung eines n-dimensionalen Zufallsvektors auffassen. Für den Beweis dieser Behauptung genügt es als Menge U den R^n selbst zu nehmen,

$$\mathsf{P} = \mu$$

zu setzen und für die Abbildung ξ die identische Abbildung

$$\xi(u) = u$$

zu nehmen.

Maße im R^n, welche die Eigenschaften (μ4) und (μ5) besitzen und die Normierungsbedingung (*) erfüllen, wollen wir „*n-dimensionale Verteilungen*" nennen und mit P bezeichnen.

Von größter praktischer Bedeutung sind zwei spezielle Klassen von n-dimensionalen Verteilungen: die stetigen und die diskreten Verteilungen.

Eine Verteilung P im R^n nennt man „*stetig*", wenn sie in der Form

$$P(A) = \int_A p(x)\, dx \tag{1}$$

darstellbar ist, wobei das Zeichen dx die Integration nach dem gewöhnlichen n-dimensionalen Lebesgueschen Maß bedeutet, und die Funktion $p(x)$ als Funktion des Punktes (Vektors) $x \in R^n$ im LEBESGUEschen Sinne summierbar sein soll. Bekanntlich wird die Funktion $p(x)$ durch die Verteilung P bis auf Werte auf einer Menge vom Maße Null eindeutig definiert. Man bezeichnet sie als die „*Dichte*" der entsprechenden Verteilung. Wenn $P = P_\xi$ eine Wahrscheinlichkeitsverteilung eines Zufallsvektors ξ ist, dann heißt

$$p(x) = p_\xi(x)$$

die „*Wahrscheinlichkeitsdichte*" des entsprechenden Vektors ξ. In ausführlicher Form kann man die Wahrscheinlichkeitsdichte eines Vektors $\xi = (\xi_1, \xi_2, \ldots, \xi_n)$ auch

$$p_\xi(x) = p_{\xi_1 \xi_2 \ldots \xi_n}(x_1, x_2, \ldots, x_n)$$

schreiben und als „*Wahrscheinlichkeitsdichte des Systems von Zufallsgrößen* ξ_1, $\xi_2, \ldots, \xi_n$" bezeichnen.

Eine Verteilung heißt „*diskret*", wenn sie in der Form

$$P(A) = \sum_{x^{(k)} \in A} p_k \tag{2}$$

darstellbar ist, wobei $x^{(k)}$ endlich oder abzählbar unendlich viele vorgegebene Punkte des R^n sind und p_k nichtnegative Zahlen bedeuten (deren Summe gleich Eins sein muß).

Ist eine Wahrscheinlichkeitsverteilung P_ξ eines gewissen Zufallsvektors ξ diskret, so nennt man alle Punkte x, für die

$$\mathsf{P}\{\xi = x\} > 0$$

ist, die „*möglichen Werte*" des Zufallsvektors ξ. Offensichtlich können nur diese eine wesentliche Rolle in der Formel (2) spielen.

Wir gehen jetzt zu Verteilungen auf der Zahlengeraden R^1 über, d. h. zu Wahrscheinlichkeitsverteilungen P_ξ einer einzelnen zufälligen Größe ξ. Auf diesen Spezialfall $n = 1$ ist selbstverständlich alles anwendbar, was über die Verteilungen im R^n für beliebiges n gesagt wurde. Wie schon im § 1 erwähnt, erweist es sich im eindimensionalen Fall oft als zweckmäßig, die Werte der Funktion $P_\xi(A)$ speziell für eine Menge A zu betrachten, die aus allen Punkten der Zahlengeraden, links von einem festen Punkt a besteht, d. h. im (uneigentlichen) Intervall

$$(-\infty; a).$$

Man faßt diese Werte als Funktion von a auf und erhält so die „*Verteilungsfunktion*"

$$F_\xi(a) = P_\xi\{-\infty; a\} = \mathsf{P}\{\xi < a\}$$

der Zufallsgröße ξ.

Bei KOLMOGOROV findet man noch die Beweise der folgenden zwei Behauptungen;

I. Eine eindimensionale Verteilung $P(A)$ wird durch die ihr entsprechenden Verteilungsfunktionen

$$F(a) = P\{-\infty; a\}$$

eindeutig definiert[1]).

II. Damit eine Funktion $F(a)$ eine Verteilungsfunktion ist, ist notwendig und hinreichend, daß sie für alle a nichtfallend, linksseitig stetig ist und die Grenzwerte

$$F(-\infty) = 0,$$
$$F(+\infty) = 1$$

besitzt.

Somit ist die einer stetigen Verteilung P entsprechende Verteilungsfunktion in der Form

$$F(a) = \int_{-\infty}^{a} p(x)\, dx. \tag{3}$$

---

[1]) Der Beweis von I) basiert auf der Eigenschaft (μ5) eines Maßes $P(A)$, d. h. auf der Annahme, daß $\mathsf{P}(A)$ ein perfektes Maß ist.

darstellbar. Dabei ist das Integral, wie schon betont wurde, im LEBESGUEschen Sinne zu verstehen.

Im diskreten Falle erhält die angegebene Formel (2) die Gestalt

$$F(a) = \sum_{x^{(k)} < a} p_k. \tag{4}$$

Offenbar ist hierbei

$$p_k = F(x^{(k)} + 0) - F(x^{(k)}).$$

Für eine willkürliche Verteilung $P_\xi(A)$ gilt die analoge Formel

$$\mathsf{P}\{\xi = x\} = F_\xi(x + 0) - F_\xi(x).$$

Da die Summe der Wahrscheinlichkeiten gegenseitig sich ausschließender Ereignisse Eins nicht übersteigt, kann die Anzahl der Punkte, für die

$$F(x + 0) - F(x) > 0$$

ist, d. h. die Anzahl der Unstetigkeitspunkte der Funktion $F(x)$ höchstens abzählbar sein. Gilt für ein gewisses x die Gleichung $F(x + 0) - F(x) = 1$, dann nennt man die Verteilung „*uneigentlich*". Jede von der uneigentlichen verschiedenen Verteilung bezeichnet man auch als „*eigentlich*".

Wahrscheinlichkeitsverteilungen werden zur Berechnung der mathematischen Erwartung benötigt. Wenn eine zufällige Größe ξ in Form einer BOREL-meßbaren Funktion

$$\xi = f(\eta_1, \eta_2, \ldots, \eta_n)$$

anderer zufälliger Größen $\eta_1, \eta_2, \ldots, \eta_n$ darstellbar ist, dann gilt nach Satz 1 des § 4

$$\mathsf{E}\xi = \int_U \xi \, d\,\mathsf{P} = \int_{R^n} f(y)\, P_{\eta_1 \eta_2 \ldots \eta_n}(dy). \tag{5}$$

Ist eine gemeinsame Verteilung der Größen $\eta_1, \eta_2, \ldots, \eta_n$ stetig, dann schreibt sich (5) wegen Satz 2 des § 4 als[1])

$$\mathsf{E}\,\xi = \int_{R^n} f(y)\, p_{\eta_1 \eta_2 \ldots \eta_n}(y)\, dy. \tag{6}$$

Ist $P(A)$ eine eindimensionale Verteilung mit einer Verteilungsfunktion $F(x)$, so bezeichnet

$$\int_a^b f(x)\, P(dx) = \int_a^b f(x)\, dF(x)$$

das Integral

$$\int_{[a;\,b)} f(x)\, P(dx)$$

über das halboffene Interval

$$[a;\, b) = \{a \leq x < b\}$$

---

[1]) Das n-dimensionale Maß über den ganzen R^n ist unendlich. Wie in KOLMOGOROV [3] gezeigt wird, sind die Sätze des § 4 auch auf Maße anwendbar, die unendliche Werte zulassen.

(falls $a = -\infty$ ist, dann über das offene Intervall $-\infty < x < b$). Hierbei erweist sich das Integral

$$\int_a^b f(x)\, dF(x)$$

stets als eine linksseitig stetige Funktion der oberen Grenze b, und es bleibt die gewohnte Beziehung

$$\int_a^b f(x)\, dF(x) + \int_b^c f(x)\, dF(x) = \int_a^c f(x)\, dF(x)$$

erhalten.

Ist die Funktion $f(x)$ im abgeschlossenen Intervall $[a; b]$ stetig, so kann das Integral

$$I = \int_a^b f(x)\, dF(x)$$

mit Hilfe der STIELTJESschen Summen

$$S_n = \sum_{k=1}^{n} f(x_k)\,[F(a_k) - F(a_{k-1})]$$

berechnet werden, wobei

$$a = a_0 \leq x_1 \leq a_1 \leq x_2 \leq \cdots \leq x_n \leq a_n = b$$

ist. Für

$$\max (a_k - a_{k-1}) \to 0$$

streben die Summen S_n gegen das Integral I. Das Integral

$$\int_{R^1} f(x)\, P(dx) = \int f(x)\, dF(x)$$

kann, wenn es existiert, berechnet werden durch

$$\lim_{\substack{a \to -\infty \\ b \to +\infty}} \int_a^b f(x)\, dF(x).$$

Diese klassischen Verfahren zur Berechnung der Integrale

$$\int_{R^1} f(x)\, P(dx)$$

werden auch wir manchmal zweckmäßig verwenden.

§ 7. Unabhängigkeit. Faltung von Verteilungen

Funktionen

$$\xi_1, \xi_2, \ldots, \xi_n$$

eines Elementarereignisses u nennt man „*unabhängig*“, wenn für beliebige

$$A_k \in \mathfrak{S}_{\xi_k}, \qquad k = 1, 2, \ldots, n$$

die Gleichung

$$\mathsf{P}\{\bigcap_{k=1}^{n} (\xi_k \in A_k)\} = \prod_{k=1}^{n} \mathsf{P}\{\xi_k \in A_k\} \tag{1}$$

gilt.

Diese Definition ist auch auf Funktionen ξ_k anwendbar, deren Werte beliebiger Natur sind. Sie können beispielsweise reelle, komplexe oder vektorielle Funktionen des Arguments u sein.

Uns wird nun speziell der Fall beschäftigen, daß die ξ_k reelle Zufallsgrößen, d. h. meßbare Abbildungen einer Menge U auf die Zahlengerade R^1 sind.

Satz 1. *Sind die Zufallsgrößen $\xi_1, \xi_2, \ldots, \xi_n$ unabhängig, so wird ihre gemeinsame Verteilung $P_{\xi_1 \xi_2 \ldots \xi_n}$ eindeutig durch die Verteilungen*

$$P_{\xi_k}, \qquad k = 1, 2, \ldots, n$$

definiert. Das Maß im

$$R^n = R^1 \times R^1 \times \cdots \times R^1$$

ist das Produkt

$$P_{\xi_1 \xi_2 \ldots \xi_n} = P_{\xi_1} \times P_{\xi_2} \times \cdots \times P_{\xi_n} \tag{2}$$

der Maße P_{ξ_k} im R^1.

Beweis. Für eine beliebige Menge $A \in R^n$ der Form

$$A = A_1 \times A_2 \times \cdots \times A_n,$$

wobei

$$A_k \in \mathfrak{S}_{\xi_k}, \; k = 1, 2, \ldots, n$$

ist, liefert Gleichung (1) unmittelbar die Formel

$$P_{\xi_1 \xi_2 \ldots \xi_n}(A) = P_{\xi_1}(A_1)\, P_{\xi_2}(A_2) \ldots P_{\xi_n}(A_n). \tag{3}$$

Alle Parallelepipede im R^n,

$$a_k < x_k < b_k, \qquad k = 1, 2, \ldots, n$$

lassen sich auf Mengen dieser Art zurückführen.

Durch die Werte von $P_{\xi_1 \xi_2 \ldots \xi_n}(A)$ auf solchen Parallelepipeden wird aber das Maß $P_{\xi_1 \xi_2 \ldots \xi_n}(A)$ in seinem ganzen Definitionsbereich $\mathfrak{S}_{\xi_1 \xi_2 \ldots \xi_n}$ [wie jedes Maß, welches die Eigenschaften (μ4) und (μ5) besitzt] eindeutig bestimmt. Die Formel (2) ist lediglich eine Schreibweise für die eben dargestellte Konstruktion des Maßes $P_{\xi_1 \xi_2 \ldots \xi_n}(A)$ aus den Maßen P_{ξ_k} (siehe KOLMOGOROV [3]).

Sind alle Verteilungen P_{ξ_k} stetig, so geht die Formel (2) in die klassische Multiplikationsformel für die Dichten über:

$$p_{\xi_1 \xi_2 \ldots \xi_n}(x_1, x_2, \ldots, x_n) = \prod_{k=1} p_{\xi_k}(x_k). \tag{4}$$

In Übereinstimmung mit dem Grundthema dieses Buches ist für uns nicht die n-dimensionale Verteilung der Größen $\xi_1, \xi_2, \ldots, \xi_n$, sondern die eindimensionale Verteilung ihrer Summen

$$\zeta_n = \xi_1 + \xi_2 + \cdots + \xi_n$$

von besonderem Interesse.

Da im Falle der Unabhängigkeit aller Summanden $\xi_1, \xi_2, \ldots, \xi_n$ der Summand ξ_{k+1} von der Summe

$$\zeta_k = \xi_1 + \xi_2 + \cdots + \xi_k$$

unabhängig ist, kann man die Verteilung der Summen ζ_n Schritt für Schritt berechnen mit Hilfe des folgenden Satzes über die Verteilung der Summe zweier unabhängiger Summanden.

Satz 2. *Sind die Zufallsgrößen ξ und η voneinander unabhängig, so wird die Verteilung ihrer Summe*

$$\zeta = \xi + \eta$$

durch die Formel

$$P_\zeta (A) = \int_{R^1} P_\xi (A - y)\, P_\eta (dy) \tag{5}$$

gegeben. Hier soll $A - y$ die Menge der x bedeuten, für die

$$x + y \in A$$

ist.

Zum Beweis dieses Satzes genügt es zu bemerken, daß

$$P_\zeta (A) = \mathsf{P} (\xi + \eta \in A) = P_{\xi\eta} (B)$$

ist, wobei B die Menge der Punkte (x, y) der Ebene R^2 ist, für die

$$x + y \in A.$$

Nach dem Satz von FUBINI wird

$$P_{\xi\eta} (B) = \int_{R^1} P_\xi (B_y)\, P_\eta (dy), \tag{*}$$

wo B_y die Menge der x ist, für die

$$(x, y) \in B.$$

In unserem Falle ist

$$B_y = A - y.$$

Aus (*) folgt daher (5).

Da

$$(-\infty; z) - y = (-\infty; z - y)$$

ist, ergibt sich aus (5) für

$$F_\zeta (z) = P_\xi (-\infty; z)$$

die Beziehung

$$F_\zeta (z) = \int F_\xi (z - y)\, dF_\eta (y). \tag{6}$$

Sind die Verteilungen P_ξ und P_η stetig, so geht (6) über in

$$p_\zeta (z) = \int p_\xi (z - y)\, p_\eta (y)\, dy. \tag{7}$$

Die Operation

$$P (A) = \int_{R^1} P_1 (A - y)\, P_2 (dy)$$

bzw.

$$F (z) = \int F_1 (z - y)\, dF_2 (y),$$

$$p (z) = \int p_1 (z - y)\, p_2 (y)\, dy$$

nennen wir „*Faltung*" der Verteilungen bzw. Verteilungsfunktionen bzw. Dichten und bezeichnen sie durch

$$P = P_1 \ast P_2$$
$$F = F_1 \ast F_2$$
$$p = p_1 \ast p_2 .$$

Diese Operation wird vor allem in der Analysis außerhalb des Zusammenhangs mit der Wahrscheinlichkeitsrechnung studiert. Wir werden gemischte Methoden verwenden, d. h., wir werden die verschiedenen Eigenschaften für die Faltung von Verteilungen teils rein analytisch und teils unter Heranziehung der Eigenschaften unabhängiger Zufallsgrößen herleiten. Dieses Vorgehen ist möglich, weil man für beliebige endliche Gesamtheiten von Verteilungen

$$P_1, P_2, \ldots, P_n$$

eine Verteilung

$$P = P_1 \times P_2 \times \cdots \times P_n$$

im R^n einführen kann.

Wie schon im § 5 erwähnt, wollen wir als Menge U der Elementarereignisse den R^n annehmen und postulieren

$$\mathsf{P} = P$$

$$\xi_k (u_1, u_2, \ldots, u_n) = u_k .$$

Wir erhalten dann Zufallsgrößen $\xi_1, \xi_2, \ldots, \xi_k$ mit der gemeinsamen Verteilung

$$P_{\xi_1 \xi_2 \ldots \xi_n} = P.$$

Auf Grund der Definition einer Verteilung P sind diese Zufallsgrößen voneinander unabhängig und haben die Verteilungen

$$P_{\xi_k} = P_k .$$

Aus dem Gesagten ergibt sich insbesondere, daß *die Faltung von Verteilungen eine kommutative und assoziative Operation ist.* Vom wahrscheinlichkeitstheoretischen Standpunkt ist dies offensichtlich. Der rein analytische Beweis dieser Behauptung ist aber auch nicht kompliziert.

§ 8. Das Stieltjessche Integral

Ein beträchtlicher Teil der Theorie des Lebesgueschen Integrals kann auch auf ein etwas allgemeineres Integral

$$\int_A f(x)\, \varphi(dx)$$

übertragen werden. Hierbei soll $\varphi(A)$ eine totaladditive, reelle Mengenfunktion sein, die im Gegensatz zu einem Maß auch negative Werte annehmen kann.

Man verlangt gewöhnlich, daß diese totaladditive Mengenfunktion φ auf einem gewissen Borelschen Mengenkörper $\mathfrak{M}_\varphi$ definiert ist, dessen Einheit wir mit U_φ

(siehe KOLMOGOROV [7]) bezeichnen wollen. Setzt man nun für jede Menge $A \subseteq U_\varphi$

$$\mu_1^*(A) = \sup_{B \subseteq A} \varphi(B), \quad \mu_2^*(A) = \sup_{B \subseteq A} [-\varphi(B)],$$

wobei die obere Grenze über alle Mengen $B \subseteq A$ aus $\mathfrak{M}_\varphi$ genommen wird, so erweisen sich diese neuen Mengenfunktionen $\mu_1^*(A)$ und $\mu_2^*(A)$ stets als endlich, nichtnegativ und besitzen die Eigenschaften eines äußeren Maßes[1]). Auf den Systemen $\mathfrak{M}_{\mu_1}$ und $\mathfrak{M}_{\mu_2}$ der bezüglich μ_1^* bzw. μ_2^* meßbaren Mengen A betrachtet, verwandeln sie sich in die Maße $\mu_1(A)$ und $\mu_2(A)$. Stets ist

$$\mathfrak{M}_\varphi \subseteq \mathfrak{M}_{\mu_1} \cap \mathfrak{M}_{\mu_2}$$

und auf $\mathfrak{M}_\varphi$

$$\varphi(A) = \mu_1(A) - \mu_2(A). \tag{1}$$

Nach Definition ist

$$\int_A f(x)\,\varphi(dx) = \int_A f(x)\,\mu_1(dx) - \int_A f(x)\,\mu_2(dx), \tag{2}$$

wo μ_1 und μ_2 die Maße der kanonischen Zerlegung der Funktion φ sind. Das Integral auf der linken Seite existiert (nach Definition) dann und nur dann, wenn beide Integrale der rechten Seite existieren. Bei einer beliebigen Zerlegung (1) gilt die Formel (2) auch, wenn beide Integrale auf der rechten Seite existieren, hingegen kann das Integral auf der linken Seite auch dann vorhanden sein, wenn die rechts stehenden Integrale nicht existieren.

Im eindimensionalen Fall ist U_φ die Zahlengerade. Falls hier die Maße μ_1 und μ_2 die Forderungen (μ4) und (μ5) erfüllen und die Menge A ein halboffenes Intervall $[a, b)$ [oder das Intervall $(-\infty; b)$ im Falle $a = -\infty$] ist, schreibt man das Integral (2) in der Form

$$\int_a^b f(x)\,d\Phi(x),$$

wobei

$$\Phi(x) = \varphi(-\infty; x)$$

ist.

Da

$$\Phi(x) = M_1(x) - M_2(x)$$

ist, wobei

$$M_1(x) = \mu_1(-\infty; x), \quad M_2(x) = \mu_2(-\infty; x)$$

monotone Funktionen mit

$$M_1(-\infty) = M_2(-\infty) = 0, \quad M_1(+\infty) = \mu_1(R^1), \quad M_2(+\infty) = \mu_2(R^1)$$

sind, ist Φ auf der ganzen Zahlengeraden von beschränkter Schwankung, in jedem Punkte linksseitig stetig und besitzt die Grenzwerte

$$\Phi(-\infty) = 0, \quad \Phi(+\infty) = \varphi(R^1).$$

---

1) Sie werden als „*positive*" bzw. „*negative Variation*" der Funktion $\varphi(A)$ bezeichnet. Ihre Summe $\mu_1^*(A) + \mu_2^*(A)$ nennt man die „*Totalvariation*" von $\varphi(A)$.

Ist $f(x)$ eine stetige Funktion, dann kann man die Integrale (2) mit Hilfe der STIELTJESschen Summen berechnen, wie bereits am Schluß von § 6 gezeigt wurde.

In der vorliegenden Darstellung bezeichnet man zweckmäßig alle Integrale

$$\int_A f(x)\,\varphi(dx),$$

in denen φ ein Maß, d. h. eine nichtnegative totaladditive Mengenfunktion ist, als LEBESGUEsche Integrale und verwendet die Bezeichnung STIELTJESsches Integral für den allgemeineren Fall, daß φ auch negative Werte annehmen kann.

KAPITEL 2

VERTEILUNGEN IM R^1 UND IHRE CHARAKTERISTISCHEN FUNKTIONEN

§ 9. Die schwache Konvergenz von Verteilungen

Wir sahen, daß vom allgemein mathematischen Standpunkt aus eine Wahrscheinlichkeitsverteilung (oder, wie wir weiterhin einfach sagen werden, eine „*Verteilung*") auf der Zahlengeraden R^1 ein Spezialfall eines *Maßes* ist, welches über dem R^1 erklärt ist und die Eigenschaften (μ 1)—(μ 5) besitzt. Aus der Gesamtheit dieser Maße treten die Verteilungen durch die Normierungsbedingung

$$\mu(R^1) = 1$$

hervor.

Wir wollen noch an eine in der Funktionalanalysis übliche Definition erinnern.

Definition. Wenn die Maße

$$\mu_1, \mu_2, \ldots, \mu_n, \ldots$$

und μ in ein und demselben metrischen Raum U definiert sind und die Eigenschaften (μ 1)—(μ 5) besitzen, so sagt man, die Folge der μ_n „*konvergiert schwach*" gegen μ, wenn für jede auf U erklärte, beschränkte stetige Funktion $f(x)$ die Beziehung gilt:

$$\int_U f(u)\, \mu_n(du) \;\to\; \int_U f(u)\, \mu(du).$$

Diese Definition auf Verteilungen im R^1 angewandt ergibt einen Konvergenztypus für Verteilungen, der in diesem Buche eine wesentliche Rolle spielen wird. Die schwache Konvergenz der μ_n gegen μ wollen wir durch die Schreibweise

$$\mu_n \Rightarrow \mu$$

kennzeichnen.

Wir bringen zunächst einen Satz, den wir später brauchen werden:

Satz. *Wenn $\mu_n \Rightarrow \mu$ geht, $g(x)$ eine beschränkte und stetige Funktion und*

$$\lambda_n(A) = \int_A g(x)\, \mu_n(dx), \quad \lambda(A) = \int_A g(x)\, \mu(dx)$$

ist, dann konvergiert $\lambda_n \Rightarrow \lambda$.

Zum Beweis bemerken wir, daß für jede beschränkte und stetige Funktion $f(x)$ aus $\mu_n \Rightarrow \mu$

$$\int_U f(x)\, g(x)\, \mu_n(dx) \to \int_U f(x)\, g(x)\, \mu(dx)$$

folgt. Nach Satz 2, § 4 bedeutet das, daß

$$\int_U f(x)\, \lambda_n(dx) \to \int_U f(x)\, \lambda(dx).$$

Bei eindimensionalen Verteilungen werden wir häufig die ihnen entsprechenden Verteilungsfunktionen

$$F(x) = P(-\infty; x)$$

betrachten und dann statt $P_n \Rightarrow P$ stets

$$F_n \Rightarrow F$$

schreiben. Eine anschaulichere Vorstellung von der schwachen Konvergenz gibt im eindimensionalen Falle der folgende Satz:

Satz 1. *Für die schwache Konvergenz von $F_n \Rightarrow F$ ist jede der drei folgenden Bedingungen notwendig und hinreichend:*

(I) $F_n(x) \to F(x)$ *in jedem Stetigkeitspunkte x der Grenzverteilungsfunktion $F(x)$.*

(II) $F_n(x) \to F(x)$ *auf einer überall dichten Menge C von Punkten der Zahlengeraden.*

(III) $L(F_n, F) \to 0$, *wobei der Abstand $L(G, F)$ zweier Verteilungsfunktionen G und F als untere Grenze der h definiert ist, für die für alle x*

$$F(x-h) - h \leq G(x) \leq F(x+h) + h$$

ist.

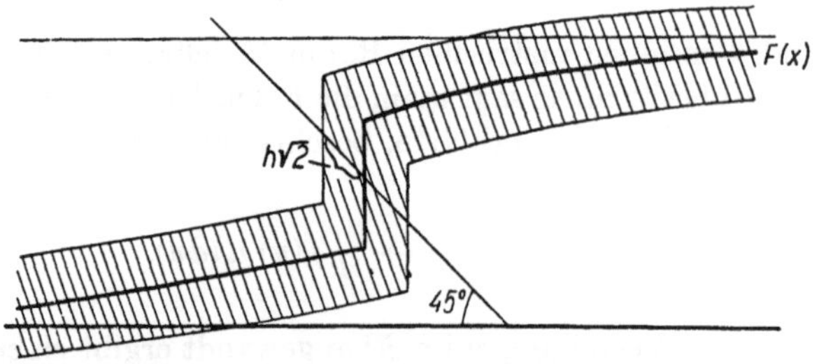

Abb. 1

Der Begriff des Abstandes $L(G, F)$ zweier Verteilungsfunktionen wurde von P. Lévy eingeführt. In Abb. 1 ist ein Streifen eingezeichnet, in dem das Bild von $G(x)$ sich befinden muß, damit die Ungleichung

$$L(G, F) \leq h$$

erfüllt wird.

Ganz elementar beweist man, daß unsere Abstandsdefinition die Axiome eines metrischen Raumes befriedigt:

1. $L(G, F) = 0$ dann und nur dann, wenn $G = F$ ist,
2. $L(G, F) = L(F, G)$,
3. $L(G, H) \leq L(G, F) + L(F, H)$.

Den Beweis des Satzes 1 führen wir auf die folgende Weise: Wir bezeichnen die Aussage der schwachen Konvergenz $F_n \Rightarrow F$ mit (IV) und beweisen die folgenden Beziehungen zwischen den Behauptungen (I), (II), (III) und (IV):

$$(\mathrm{I}) \to (\mathrm{II}) \begin{array}{c} \nearrow (\mathrm{III}) \searrow \\ \\ \searrow (\mathrm{IV}) \nearrow \end{array} (\mathrm{I}).$$

Die Behauptung (I) → (II) ist offensichtlich. Daher gehen wir sofort zum Beweis der Aussage (II) → (III) über. Wir wählen uns irgendein $\varepsilon > 0$ und wählen $a \in C$ und $b \in C$, so daß

$$F(a) \leq \frac{\varepsilon}{2}, \quad 1 - F(b) \leq \frac{\varepsilon}{2}$$

ist und zerlegen das Intervall $[a, b]$ durch die Teilpunkte

$$a = a_0 < a_1 < \cdots < a_s = b,$$

die sämtlich zu C gehören, in Intervalle $[a_{k-1}, a_k]$, deren Länge kleiner als ε ist. Dann gibt es ein N, so daß für alle $n \geq N$ in allen Punkten a_k die Ungleichung

$$| F_n(a_k) - F(a_k) | \leq \frac{\varepsilon}{2}$$

erfüllt wird. Wir beweisen jetzt, daß für beliebiges x und $n \geq N$

$$F(x - \varepsilon) - \varepsilon \leq F_n(x) \leq F(x + \varepsilon) + \varepsilon \tag{1}$$

ist.

Hierbei betrachten wir verschiedene Fälle: Wenn

$$a_{k-1} \leq x \leq a_k$$

ist, dann wird

$$F_n(x) \leq F_n(a_k) \leq F(a_k) + \frac{\varepsilon}{2} \leq F(x + \varepsilon) + \frac{\varepsilon}{2},$$

$$F_n(x) \geq F_n(a_{k-1}) \geq F(a_{k-1}) - \frac{\varepsilon}{2} \geq F(x - \varepsilon) - \frac{\varepsilon}{2},$$

Ist aber

$$x \leq a_0,$$

so wird

$$F_n(x) \leq F_n(a_0) \leq F(a_0) + \frac{\varepsilon}{2} \leq \varepsilon \leq F(x) + \varepsilon,$$

$$F_n(x) \geq 0 \geq F(a_0) - \frac{\varepsilon}{2} \geq F(x) - \frac{\varepsilon}{2}.$$

Für

$$x \geq a_s$$

gilt

$$F_n(x) \leq 1 \leq F(a_s) + \frac{\varepsilon}{2} \leq F(x) + \frac{\varepsilon}{2},$$

$$F_n(x) \geq F_n(a_s) \geq F(a_s) - \frac{\varepsilon}{2} \geq 1 - \varepsilon \geq F(x) - \varepsilon.$$

Da nun $\varepsilon > 0$ beliebig war, folgt aus der Ungleichung (1), die man auch in der Form

$$L(F, F_n) \leq \varepsilon$$

schreiben kann, unsere Behauptung.

Analog beweist man die Aussage (II) → (IV). Wir bezeichnen mit M die obere Grenze von $|f(x)|$ und wählen $a \in C$ und $b \in C$ derart, daß

$$F(a) \leq \varepsilon, \; 1 - F(b) \leq \varepsilon.$$

Da eine auf einem abgeschlossenen Intervall $[a, b]$ stetige Funktion $f(x)$ dort auch gleichmäßig stetig ist, gibt es in diesem Intervall Punkte $a_k \in C$

$$a = a_0 < a_1 < a_2 < \cdots < a_s = b,$$

für die stets

$$|f(x) - f(a_k)| < \varepsilon$$

ist mit

$$a_k \leq x < a_{k+1}; \quad k = 0, 1, 2, \ldots, s-1.$$

Wir konstruieren eine Hilfsfunktion

$$f_\varepsilon(x) = \begin{cases} f(a_k) & \text{für} \quad a_k \leq x < a_{k+1};\ k = 0, 1, 2, \ldots, s-1, \\ 0 & \text{für} \quad x < a_0 \text{ und } x \geq a_s. \end{cases}$$

Offenbar ist für eine beliebige Verteilungsfunktion $G(x)$

$$\int f_\varepsilon(x)\, dG(x) = \sum_{k=0}^{s-1} f(a_k)\,[G(a_{k+1}) - G(a_k)].$$

Da in den Punkten $x = a_k$ für $n \to \infty$ $F_n(x) \to F(x)$ geht, strebt

$$\int f_\varepsilon(x)\, dF_n(x) \;\to\; \int f_\varepsilon(x)\, dF(x). \tag{2}$$

Gleichzeitig gilt für beliebige Verteilungsfunktionen $G(x)$

$$\int |f(x) - f_\varepsilon(x)|\, dG(x) = \int_{-\infty}^{a} |f(x) - f_\varepsilon(x)|\, dG(x) + \int_a^b |f(x) - f_\varepsilon(x)|\, dG(x) +$$

$$+ \int_b^\infty |f(x) - f_\varepsilon(x)|\, dG(x) \leq M G(a) + \varepsilon\,[G(b) - G(a)] + M\,[1 - G(b)]$$

Wir verwenden diese Abschätzung für $G(x) = F(x)$ und für $G(x) = F_n(x)$ und erhalten, da $F_n(a)$ und $F_n(b)$ gegen $F(a)$ bzw. $F(b)$ konvergieren für hinreichend großes n, wie man leicht feststellt:

$$\int |f(x) - f_\varepsilon(x)|\, dF(x) \leq (2M + 1)\,\varepsilon$$

und

$$\int |f(x) - f_\varepsilon(x)|\, dF_n(x) \leqq (2M + 2)\,\varepsilon.$$

Zusammen mit (2) ergibt das für hinreichend großes n

$$\left| \int f(x)\, dF_n(x) - \int f(x)\, dF(x) \right| \leq (4M + 4)\,\varepsilon.$$

Da aber $\varepsilon > 0$ willkürlich war, ist unsere Behauptung bewiesen.

Wir beweisen jetzt die Aussage (III) → (I). Sei x_0 ein Stetigkeitspunkt von $F(x)$. Dann gibt es zu jedem $\varepsilon > 0$ ein $\delta > 0$ derart, daß für $|x - x_0| \leq \delta$

$$|F(x) - F(x_0)| < \varepsilon$$

ist. Sei

$$H = \min(\varepsilon, \delta)$$

und n so groß, daß $L(F_n, F) < H$ wird. Dann ist leicht zu sehen, daß auch

$$F_n(x_0) \geq F(x_0 - H) - H \geq F(x_0) - 2\varepsilon \text{ und}$$

$$F_n(x_0) \leq F(x_0 + H) + H \leq F(x_0) + 2\varepsilon.$$

Da $\varepsilon > 0$ willkürlich wählbar war, ist unsere Behauptung bewiesen.

Schließlich beweisen wir (IV) → (I). x_0 sei wieder ein Stetigkeitspunkt von $F(x)$ und es gelte

$$F_n \Rightarrow F.$$

Wir wählen nun ein $\delta > 0$ derart, daß für $|x - x_0| < \delta$

$$|F(x) - F(x_0)| < \varepsilon$$

ist und konstruieren die Funktionen (Abb. 2)

$$f_1(x) = \begin{cases} 1 & \text{für } x \leq x_0 - \delta \\ \dfrac{x_0 - x}{\delta} & \text{für } x_0 - \delta \leq x \leq x_0 \\ 0 & \text{für } x \geq x_0; \end{cases}$$

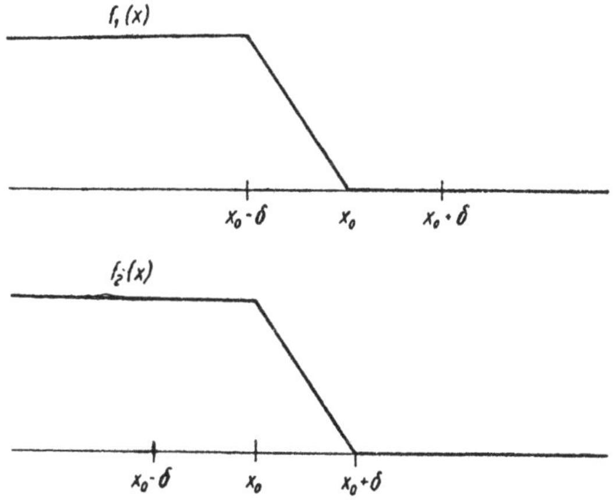

Abb. 2

$$f_2(x) = \begin{cases} 1 & \text{für } x \leq x_0 \\ 1 - \dfrac{x - x_0}{\delta} & \text{für } x_0 \leq x \leq x_0 + \delta \\ 0 & \text{für } x \geq x_0 + \delta. \end{cases}$$

Man verifiziert leicht, daß

$$\left.\begin{aligned} \int f_1(x)\, dF(x) &\geq \int_{-\infty}^{x_0-\delta} 1\, dF(x) = F(x_0-\delta) \leq F(x_0) - \varepsilon, \\ \int f_2(x)\, dF(x) &\leq \int_{-\infty}^{x_0+\delta} 1\, dF(x) = F(x_0+\delta) \geq F(x_0) + \varepsilon, \end{aligned}\right\} \quad (3)$$

$$\left.\begin{aligned} \int f_1(x)\, dF_n(x) &\leq \int_{-\infty}^{x_0} 1\, dF_n(x) = F_n(x_0), \\ \int f_2(x)\, dF_n(x) &\geq \int_{-\infty}^{x_0} 1\, dF_n(x) = F_n(x_0). \end{aligned}\right\} \quad (4)$$

Für genügend großes n ist dann

$$\left.\begin{aligned} \left| \int f_1(x)\, dF_n(x) - \int f_1(x)\, dF(x) \right| &< \varepsilon, \\ \left| \int f_2(x)\, dF_n(x) - \int f_2(x)\, dF(x) \right| &< \varepsilon. \end{aligned}\right\} \quad (5)$$

Aus (3), (4) und (5) ergibt sich dann

$$F(x_0) - 2\varepsilon \leq F_n(x_0) \leq F(x_0) + 2\varepsilon.$$

Da wiederum $\varepsilon > 0$ beliebig war, ist auch die Behauptung (IV) → (I) bewiesen. Damit ist auch gleichzeitig der Beweis von Satz 1 abgeschlossen.

Satz 2. *Der metrische Raum $\mathfrak{R}^1$ der eindimensionalen Verteilungen mit dem Abstand $L(F, G)$ ist vollständig.*

Die Folge $F_1, F_2, \ldots, F_n, \ldots$ erfülle die CAUCHYsche Bedingung

$$L(F_n, F_m) \to 0 \quad (6)$$

mit $n \to \infty$, $m \to \infty$. Wir wählen eine überall dichte Menge

$$C = \{x_1, x_2, \ldots, x_s, \ldots\}$$

von Punkten der Zahlengeraden. Da die Werte $F_n(x_s)$ beschränkt sind, beweist man mit Hilfe des bekannten Diagonalverfahrens die Existenz einer Teilfolge

$$F_{n1}(x), F_{n2}(x), \ldots, F_{n_k}(x), \ldots,$$

die in jedem Punkte $x = x_s$ konvergiert. Der Grenzwert

$$v(x_s) = \lim_{k\to\infty} F_{n_k}(x_s)$$

ist auf C definiert und dort eine nichtabnehmende Funktion.

Wir setzen jetzt

$$F(x) = \sup_{x_s < x} v(x_s).$$

$F(x)$ ist auf der ganzen Zahlengeraden definiert, nichtabnehmend und linksseitig stetig. Aus (6) folgt leicht, daß

$$F(-\infty) = 0 \quad \text{und} \quad F(+\infty) = 1.$$

In der Tat gibt es für jedes $\varepsilon > 0$ ein n derart, daß für $m \geq n$ $L(F_n, F_m) < \varepsilon$

ist. Man kann also ein z bestimmen, so daß $F_n(z) < \varepsilon$ wird. Dann gilt für $x_s < z - \varepsilon$

$$F_{n_k}(x_s) \leq F_n(z) + \varepsilon \leq 2\varepsilon \quad \text{für} \quad n_k \geq n$$

und daher

$$v(x_s) \leq 2\varepsilon.$$

Da $\varepsilon > 0$ beliebig ist, ergibt sich hieraus $F(-\infty) = 0$. Analog beweist man $F(+\infty) = 1$.

Es ist leicht zu sehen, daß $F_{n_k}(x)$ in jedem Stetigkeitspunkt von $F(x)$ gegen $F(x)$ konvergiert. Daher konvergiert

$$\lim_{k\to\infty} L(F_{n_k}, F) \to 0.$$

Hieraus folgt zusammen mit (6) $\lim\limits_{n\to\infty} L(F_n, F) \to 0$.

Satz 3. *Damit eine Menge S von Verteilungen in $\mathfrak{R}^1$ relativ kompakt ist, ist notwendig und hinreichend, daß innerhalb S die Bedingungen*

$$F(x) \to 0 \quad \text{für} \quad x \to -\infty$$

$$F(x) \to 1 \quad \text{für} \quad x \to +\infty$$

gleichmäßig erfüllt werden.

Beweis: Es sei eine Folge von Verteilungsfunktionen $F_n(x)$ aus S gegeben. Wie im Beweis des Satzes 2 wählen wir eine auf der Zahlengeraden überall dichte Menge C und eine Teilfolge

$$F_{n_1}(x), F_{n_2}(x), \ldots, F_{n_k}(x), \ldots,$$

die gegen eine nichtabnehmende, linksseitig stetige Funktion $F(x)$ in jedem Stetigkeitspunkte dieser letzteren konvergiert. Die Voraussetzungen des Satzes garantieren, daß die Grenzfunktion $F(x)$ die Forderungen

$$F(-\infty) = 0, \; F(+\infty) = 1$$

erfüllt, d. h. eine Verteilungsfunktion ist.

Die Definition der schwachen Konvergenz war zu Beginn dieses Kapitels für Maße μ ohne die Normierungsbedingung

$$\mu(R^1) = 1,$$

die für eine Wahrscheinlichkeitsverteilung charakteristisch ist, formuliert worden. Wie im § 8 erwähnt, entspricht jedem Maß μ im R^1 eine nichtabnehmende, linksseitig stetige Funktion

$$M(x) = \mu(-\infty; x)$$

$$M(-\infty) = 0, \; M(+\infty) = \mu(R^1).$$

In Übereinstimmung mit § 8 setzen wir daher

$$\int\limits_{R^1} f(x)\, \mu(dx) = \int f(x)\, dM(x)$$

und statt von der schwachen Konvergenz $\mu_n \Rightarrow \mu$ sprechen wir von der schwachen Konvergenz der entsprechenden Funktionen $M(x)$: $M_n \Rightarrow M$.

Der Leser verifiziert leicht, daß die Sätze 1, 2, und 3 auch in diesem Falle in der folgenden Form (siehe KOLMOGOROV [7]) gelten:

Satz 1a. *Für die schwache Konvergenz von $M_n \Rightarrow M$ ist jede der drei folgenden Bedingungen notwendig und hinreichend:*

(I) $M_n(x) \to M(x)$ *in jedem Stetigkeitspunkte x der Grenzfunktion $M(x)$ und außerdem $M_n(+\infty) \to M(+\infty)$.*

(II) $M_n(x) \to M(x)$ *auf einer gewissen überall dichten Menge C von Punkten der Zahlengeraden und $M_n(+\infty) \to M(+\infty)$.*

(III) $L(M_n, M) \to 0$, *wobei der Abstand $L(M_1, M_2)$ zweier Funktionen M_1 und M_2 als untere Grenze der h definiert ist, für die für alle x*

$$M_1(x-h) - h \leq M_2(x) \leq M_1(x+h) + h$$

ist.

Satz 2a. *Der Raum $\mathfrak{M}^1$ der Funktionen $M(x)$ mit dem Abstand $L(M_1, M_2)$ ist vollständig.*

Satz 3a. *Damit die Menge S im $\mathfrak{M}^1$ relativ kompakt ist, ist notwendig und hinreichend, daß die Werte $M(+\infty)$ auf der Menge S beschränkt sind und die Bedingungen*

$$M(x) \to 0 \quad \text{für} \quad x \to -\infty$$

$$M(x) \to M(+\infty) \quad \text{für} \quad x \to +\infty$$

gleichmäßig erfüllt werden.

§ 10. Typen von Verteilungen

Oft ist es zweckmäßig, neben einer Zufallsgröße ξ noch eine weitere Zufallsgröße η, die von ihr linear abhängig ist, zu betrachten,

$$\eta = a\xi + b$$

(a, b konstant, $a > 0$). Bekanntlich bedeutet diese Transformation geometrisch eine Maßstabänderung und eine Nullpunktverschiebung. Die Verteilungsfunktionen der Größen ξ und η sind, wie leicht zu erkennen ist, durch die Gleichung

$$F_\xi(x) = F_\eta(ax + b)$$

miteinander verknüpft.

Es sei z. B. bei der Lösung eines gewissen Problems als gesuchte Verteilung eine „*Normalverteilung*"

$$F(x) = \frac{1}{\sigma\sqrt{2\pi}} \int_{-\infty}^{x} e^{-\frac{(z-a)^2}{2\sigma^2}} dz$$

aufgetreten. Zur numerischen Berechnung brauchen wir dann keine spezielle Tabelle für diese Funktion aufzustellen, sondern wir können die bekannte Tabelle der Funktion

$$\Phi(x) = \frac{1}{\sqrt{2\pi}} \int_{-\infty}^{x} e^{-\frac{z^2}{2}} dz$$

verwenden, da $F(x)$ und $\Phi(x)$ durch die Gleichung

$$F(x) = \Phi\left(\frac{x-a}{\sigma}\right)$$

miteinander gekoppelt sind. Diese Überlegungen legen folgende Definition nahe:

Definition. Verteilungsfunktionen $F_1(x)$ und $F_2(x)$ *„gehören zum selben Typus"*, wenn für gewisse Konstanten $a > 0$ und b die Gleichung

$$F_2(x) = F_1(ax + b)$$

oder, was dasselbe ist, die Gleichung

$$F_1(x) = F_2\left(\frac{x}{a} - \frac{b}{a}\right)$$

gilt.

Da die Typeneigenschaft symmetrisch und transitiv ist, kann die Gesamtheit aller Verteilungsfunktionen disjunkt in Typen zerlegt werden.

Es ist leicht zu sehen, daß alle normalen Verteilungsgesetze einen Typ, den Normaltyp bilden. Alle uneigentlichen Verteilungen bilden den *„uneigentlichen"* Typ.

Jeder Typ von Verteilungsfunktionen, der von dem uneigentlichen verschieden ist, wird *„eigentlich"* genannt.

Die Wichtigkeit dieses Typusbegriffes für die weiterhin darzulegende Theorie wird durch den folgenden Satz (CHINTSCHIN [24]) besonders beleuchtet.

Satz 1. *Konvergiert eine Folge $\{F_n(x)\}$ von Verteilungsfunktionen für $n \to \infty$ gegen eine eigentliche Verteilungsfunktion $F(x)$, dann kann die Folge $\{F_n(a_n x + b_n)\}$ bei beliebiger Wahl der Konstanten $a_n > 0$ und b_n nur dann gegen eine eigentliche Verteilungsfunktion konvergieren, wenn diese vom gleichen Typus wie $F(x)$ ist.*

Beweis. Wir setzen voraus, daß für $n \to \infty$ $F_n(x) \Rightarrow F(x)$ und $F_n(a_n x + b_n) \Rightarrow F^*(x)$ konvergieren, wobei F und F^* eigentlich sein sollen und haben zu beweisen, daß es Konstanten $a > 0$ und b gibt, so daß

$$F^*(x) = F(ax + b). \tag{1}$$

Zunächst wählen wir eine Folge ganzer Zahlen $n_1 < n_2 < \cdots < \cdots n_n < \cdots$ aus, so daß die Grenzwerte $\lim\limits_{k\to\infty} a_{n_k} = a$, $\lim\limits_{k\to\infty} b_{n_k} = b$ $(0 \leq a \leq +\infty$, $-\infty \leq b \leq +\infty)$ existieren.

Wir werden weiterhin nur noch diese Folge der Indizes betrachten und zur Vereinfachung der Bezeichnung (ohne Beschränkung der Allgemeinheit) annehmen, daß

$$\lim_{k\to\infty} a_k = a \quad \text{und} \quad \lim_{k\to\infty} b_k = b$$

ist.

Sodann beweisen wir die Beziehung $0 < a < +\infty$. Hierzu nehmen wir zunächst an, daß $a = +\infty$ ist. u sei die obere Grenze der x, für die

$$\overline{\lim_{n\to\infty}}\,(a_n x + b_n) < +\infty$$

ist. Da für $v < x < u$

$$\overline{\lim_{n\to\infty}}\,(a_n v + b_n) \leq \overline{\lim_{n\to\infty}}\,(v - x)a_n + \overline{\lim_{n\to\infty}}\,(a_n x + b_n)$$

ist, wird auf Grund der Voraussetzungen für jedes $v < u$

$$\lim_{n\to\infty} (a_n v + b_n) = -\infty$$

und folglich $F^*(v) = 0$ für $v < u$. Für $v > u$ ergibt sich

$$\overline{\lim_{n\to\infty}} (a_n v + b_n) = \infty$$

und daher $F^*(v) = 1$.

Die Annahme $a = +\infty$ widerspricht der Voraussetzung, daß $F^*(x)$ eigentlich sein sollte und ist daher zu verwerfen.

Hieraus folgt unmittelbar, daß auch b endlich sein muß. In der Tat führen die Annahmen

$$\lim_{n\to\infty} (a_n x + b_n) = +\infty, \quad \lim_{n\to\infty} (a_n x + b_n) = -\infty$$

im ersten Falle zu $F^*(x) \equiv 1$, im zweiten zu $F^*(x) \equiv 0$.

Nehmen wir $a = 0$ an, so ist für beliebiges x und $\varepsilon > 0$ bei genügend großem n

$$b - \varepsilon \leq a_n x + b_n \leq b + \varepsilon.$$

Hieraus folgt

$$F_n(b - \varepsilon) \leq F_n(a_n x + b_n) \leq F_n(b + \varepsilon),$$

und wenn ε so gewählt wird, daß die Funktion $F(x)$ in den Punkten $b - \varepsilon$ und $b + \varepsilon$ stetig ist, gilt

$$F(b - \varepsilon) \leq F^*(x) \leq F(b + \varepsilon).$$

Da aber x willkürlich ist, muß

$$F(b - \varepsilon) = 0, \quad F(b + \varepsilon) = 1$$

sein, d. h., $F(x)$ ist uneigentlich, was aber den Voraussetzungen des Satzes widerspricht.

Schließlich sei x so gewählt, daß $F(x)$ im Punkte $ax + b$ und $F^*(x)$ im Punkte x stetig sind. Dann ist einerseits

$$\lim_{n\to\infty} F_n(a_n x + b_n) = F^*(x)$$

und andererseits

$$\lim_{n\to\infty} F_n(a_n x + b_n) = F(ax + b).$$

Die letzte Gleichung bedarf noch einer Erklärung. Da

$$\lim_{n\to\infty} (a_n x + b_n) = ax + b$$

ist, wird für genügend großes n

$$ax + b - \varepsilon \leq a_n x + b_n \leq ax + b + \varepsilon,$$

wobei $\varepsilon > 0$ so gewählt wurde, daß F in den Punkten $ax + b - \varepsilon$ und $ax + b + \varepsilon$ stetig ist. Hieraus folgt

$$F_n(ax + b - \varepsilon) \leq F_n(a_n x + b_n) \leq F_n(ax + b + \varepsilon)$$

und in der Grenze für $n \to \infty$

$$F(ax+b-\varepsilon) \leq \varliminf_{n\to\infty} F_n(a_n x + b_n) \leq \varlimsup_{n\to\infty} F_n(a_n x + b_n) \leq F(ax+b+\varepsilon).$$

Da $ax+b$ ein Stetigkeitspunkt von $F(x)$ und ε beliebig klein war, erhalten wir aus der letzten Ungleichung die Gleichung (1). Damit ist der Satz bewiesen.

Für unsere weiteren Überlegungen benötigen wir auch noch den folgenden (B. W. GNEDENKO [6])

Satz 2. *Für eine Folge von Verteilungsfunktionen $F_n(x)$ gelten die Beziehungen*

$$F_n(b_n x + a_n) \Rightarrow F(x), \tag{2}$$

$$F_n(\beta_n x + \alpha_n) \Rightarrow F(x), \tag{3}$$

für $n \to \infty$ mit reellen Konstanten $b_n > 0$, $\beta_n > 0$, a_n, α_n und einer eigentlichen Verteilungsfunktion $F(x)$ dann und nur dann gleichzeitig, wenn mit $n \to \infty$

$$\frac{\beta_n}{b_n} \to 1, \quad \frac{\alpha_n - a_n}{b_n} \to 0 \tag{4}$$

konvergieren.

Beweis. Wir beweisen zuerst: Aus (2) und (4) folgt (3).

x_1, x und x_2 seien Stetigkeitspunkte von $F(x)$, wobei $x_1 < x < x_2$ ist, dann wird wegen (4) für genügend großes n

$$x_1 < \frac{\beta_n}{b_n} x + \frac{\alpha_n - a_n}{b_n} < x_2,$$

d. h.

$$b_n x_1 + a_n < \beta_n x + \alpha_n < b_n x_2 + a_n.$$

Hieraus schließen wir weiterhin:

$$F_n(b_n x_1 + a_n) \leq F_n(\beta_n x + \alpha_n) \leq F_n(b_n x_2 + a_n).$$

Beim Grenzübergang ergibt sich somit

$$F(x_1) \leq \varliminf_{n\to\infty} F_n(\beta_n x + \alpha_n) \leq \varlimsup_{n\to\infty} F_n(\beta_n x + \alpha_n) \leq F(x_2).$$

Für $x_1 \to x$ und $x_2 \to x$ geht die Ungleichungskette in die Beziehung (3) über.

Wir beweisen jetzt, daß sich umgekehrt aus den Beziehungen (2) und (3) die Relation (4) ergibt. Zu diesem Zweck führen wir die Bezeichnungen $B_n = \frac{\beta_n}{b_n}$; $A_n = \frac{\alpha_n - a_n}{b_n}$; $G_n(x) = F_n(b_n x + a_n)$ ein. Nach einer leichten Rechnung erhalten die Beziehungen (2) und (3) in der neuen Bezeichnungsweise die folgende Form:

$$G_n(x) \Rightarrow F(x),$$

$$G_n(B_n x + A_n) \Rightarrow F(x),$$

für $n \to \infty$. Wie beim Beweis des vorhergehenden Satzes wählen wir eine Folge $n_1 < n_2 < \cdots < n_k < \cdots$, so daß

$$A_{n_k} \to A, \quad B_{n_k} \to B$$

für $k \to \infty$. Die dort durchgeführten Überlegungen beweisen, daß A und B endliche Zahlen ($B > 0$) sind, und daß die Gleichung

$$F(x) = F(Bx + A) \tag{5}$$

gelten muß. Wir setzen voraus, daß $B \neq 1$ ist und untersuchen die beiden möglichen Fälle.

Der Fall $B < 1$. Eine n-malige Anwendung der Gleichung (5) führt auf die Beziehung

$$F(x) = F(B^n x + A(1 + B + \cdots + B^{n-1})).$$

Da n beliebig und $\lim\limits_{n\to\infty} B^n = 0$ ist, schließen wir, daß für beliebiges x

$$F(x) = F\left(\frac{A}{1-B}\right)$$

ist. Für eine Verteilungsfunktion ist diese Gleichung aber unmöglich.

Der Fall $B > 1$ führt auf den eben behandelten, weil (5) auch in der Form

$$F(x) = F\left(\frac{1}{B}x - \frac{A}{B}\right)$$

geschrieben werden kann. Somit muß B also gleich Eins sein.

Wenn nun $A \neq 0$ ist, folgt aus (5):

$$F(x) = F(x + nA),$$

wo n beliebig ist. Hieraus finden wir aber, daß für beliebiges x

$$F(-\infty) = \lim_{An\to-\infty} F(x + nA) = F(x) = \lim_{An\to+\infty} F(x + nA) = F(+\infty)$$

ist. Da diese Gleichungen für eine Verteilungsfunktion ebenfalls unmöglich sind, muß $A = 0$ sein.

Damit ist bewiesen, daß für $k \to \infty$

$$A_{n_k} \to 0, \quad B_{n_k} \to 1$$

konvergieren. Darüber hinaus beweisen wir:

$$A_n \to 0, \quad B_n \to 1 \quad (n \to \infty). \tag{6}$$

Wir nehmen das Gegenteil an. Dann gibt es ein $\delta > 0$ und eine Folge von Indizes n'_k, so daß wenigstens eine der Ungleichungen

$$\lim_{k\to\infty} |B_{n'_k} - 1| \geq \delta, \quad \lim_{k\to\infty} |A_{n'_k}| \geq \delta \tag{7}$$

erfüllt wird.

Ohne Beschränkung der Allgemeinheit können wir diese Indexfolge so wählen, daß für $k \to \infty$

$$A_{n'_k} \to A', \quad B_{n'_k} \to B'.$$

Nach dem Vorangegangenen ist klar, daß $A' = 0$ und $B' = 1$ sein muß. Diese Gleichungen widersprechen aber (7). Damit ist die Beziehung (6) und somit auch (4) bewiesen.

§ 11. Definition und einfachste Eigenschaften der charakteristischen Funktionen

Aus den Elementen der Wahrscheinlichkeitsrechnung ist bekannt, welch große Bedeutung beim Studium von Summen unabhängiger Zufallsgrößen die „*Streuung*“

$$\sigma^2 = \mathsf{D}^2\xi = \mathsf{E}(\xi - \mathsf{E}\xi)^2$$

hat[1]). Die Anwendung der Streuungen (z. B. beim Beweis des TSCHEBYSCHEWschen Satzes) gründet sich auf der Haupteigenschaft, daß sich die Streuungen im Falle unabhängiger Summanden ξ_k addieren:

$$\mathsf{D}^2(\xi_1 + \xi_2 + \cdots + \xi_n) = \mathsf{D}^2\xi_1 + \mathsf{D}^2\xi_2 + \cdots + \mathsf{D}^2\xi_n.$$

Diese Eigenschaft der Streuungen einer Summe unabhängiger Summanden ist analog der Eigenschaft des Erwartungswertes einer Summe

$$\mathsf{E}(\xi_1 + \xi_2 + \cdots + \xi_n) = \mathsf{E}\xi_1 + \mathsf{E}\xi_2 + \cdots + \mathsf{E}\xi_n$$

(für die Erwartungswerte ist die Forderung der Unabhängigkeit der Summanden bekanntlich überflüssig). Daher ist die allgemeine Frage nach weiteren Charakteristiken $A\xi$ von Zufallsgrößen mit der „*additiven*“ Eigenschaft

$$A(\xi_1 + \xi_2 + \cdots + \xi_n) = A\xi_1 + A\xi_2 + \cdots + A\xi_n$$

naheliegend. Der Fortschritt wäre hierbei vollständig, wenn die erwähnten Charakteristiken für alle zufälligen Größen bestimmte endliche Werte hätten, zum Unterschied von der mathematischen Erwartung und der Streuung, deren Existenz eine zusätzliche Einschränkung ist.

Eine Antwort auf diese Frage wird durch die Einführung des Begriffes der „*charakteristischen Funktion*“ einer zufälligen Größe ξ

$$f_\xi(t) = \mathsf{E}\, e^{it\xi} = \int e^{itx}\, dF_\xi(x) \tag{1}$$

(siehe dazu auch den § 15) gegeben. Die hier verwendete Übertragung der Begriffe des Erwartungswertes und des Integrals auf Funktionen mit komplexen Werten bietet keine neuen Schwierigkeiten. Wenn $w(x) = u(x) + iv(x)$ ist, so setzt man

$$\int_A w(x)\,\mu(dx) = \int_A u(x)\,\mu(dx) + i\int_A v(x)\,\mu(dx).$$

Da

$$|e^{it\xi}| = 1 \tag{2}$$

ist, ist die Funktion $f_\xi(t)$ für alle reellen t und für beliebige Verteilungsfunktionen $F_\xi(x)$ definiert. Wir bezeichnen Verteilungsfunktionen und die ihnen zugeordneten charakteristischen Funktionen mit den einander entsprechenden großen und kleinen Buchstaben.

Satz 1. *Eine charakteristische Funktion ist auf der ganzen Geraden gleichmäßig stetig und erfüllt die Bedingungen*

$$f(0) = 1, \; |f(t)| \leq 1 \; (-\infty < t < +\infty). \tag{3}$$

[1]) Im Deutschen wird „Streuung“ vielfach als übergeordneter Begriff verwendet und σ^2 als „*Varianz*“ bezeichnet.

Beweis. Die Beziehungen (3) ergeben sich unmittelbar aus der Definition der charakteristischen Funktionen (1). Wir haben somit nur noch die gleichmäßige Stetigkeit der Funktionen $f(x)$ zu beweisen. Zu diesem Zweck führen wir eine Ungleichung an, die uns auch später noch von Nutzen sein wird: Wenn

$$F(A) - F(-A) \geq 1 - \varepsilon$$

ist, dann wird

$$|f(t'') - f(t')| \leq A\,|t'' - t'| + 2\varepsilon. \tag{4}$$

Für reelle z' und z'' gelten nämlich die Ungleichungen

$$|e^{iz''} - e^{iz'}| \leq 2 \quad \text{und} \quad |e^{iz''} - e^{iz'}| \leq |z'' - z'|, \quad \text{weil} \quad \left|\frac{d}{dz} e^{iz}\right| = 1.$$

Daher wird

$$|f(t'') - f(t')| \leq \int\limits_{|x| \leq A} + \int\limits_{|x| > A} |e^{it''x} - e^{it'x}|\, dF(x) \leq \int\limits_{|x| \leq A} |it''x - it'x|\, dF(x) +$$
$$+ 2\,[F(-A) + 1 - F(A)] \leq A\,|t'' - t'| + 2\,\varepsilon,$$

w. z. b. w.

Satz 2. *Ist $\eta = a\xi + b$, $a, b = const$, so gilt für die charakteristischen Funktionen die Beziehung*

$$f_\eta(t) = f_\xi(a\,t)\, e^{ibt}.$$

Ist ferner $a > 0$, dann genügen ihre Verteilungsfunktionen der Gleichung

$$F_\eta(x) = F_\xi\left(\frac{x - b}{a}\right).$$

Beweis. Tatsächlich ist

$$f_\eta(t) = \mathsf{E}\, e^{it\eta} = \mathsf{E}\, e^{it(a\xi + b)} = e^{itb}\, \mathsf{E}\, e^{ita\xi} = e^{itb} f_\xi(a\,t),$$

und für $a > 0$

$$F_\eta(x) = \mathsf{P}\{a\xi + b < x\} = \mathsf{P}\left\{\xi < \frac{x - b}{a}\right\} = F_\xi\left(\frac{x - b}{a}\right).$$

Die vorteilhafte Anwendung charakteristischer Funktionen beruht hauptsächlich auf folgenden Eigenschaften.

Satz 3. *Die charakteristische Funktion der Summe zweier unabhängiger Zufallsgrößen ist gleich dem Produkt ihrer charakteristischen Funktionen.*

Beweis. Offensichtlich sind mit ξ und η auch die Zufallsgrößen $e^{it\xi}$ und $e^{it\eta}$ voneinander unabhängig. Daher ist[1])

$$\mathsf{E}\, e^{it(\xi + \eta)} = \mathsf{E}\,(e^{it\xi} \cdot e^{it\eta}) = \mathsf{E}\, e^{it\xi} \cdot \mathsf{E}\, e^{it\eta}.$$

Folgerung 1. *Ist $\xi = \xi_1 + \xi_2 + \cdots + \xi_n$ und ist jeder Summand ξ_k von der Summe der vorhergehenden Summanden $\xi_1 + \xi_2 + \cdots + \xi_{k-1}$ unabhängig, dann wird die charakteristische Funktion von ξ gleich dem Produkt der charakteristischen Funktionen der Summanden.*

---

[1]) Der Erwartungswert eines Produktes unabhängiger Zufallsgrößen ist gleich dem Produkt der Erwartungswerte.

Folgerung 2. *Das Quadrat des Betrages einer charakteristischen Funktion ist wieder eine charakteristische Funktion.*

Beweis. Es seien ξ und η voneinander unabhängige Zufallsgrößen mit demselben Verteilungsgesetz und der zugehörigen charakteristischen Funktion $f(t)$. Dann wird nach Satz 2

$$f_{-\eta}(t) = f(-t) = \overline{f(t)}$$

und nach Satz 3

$$f_{\xi-\eta}(t) = f_\xi(t) \cdot f_{-\eta}(t) = f(t) \cdot \overline{f(t)} = |f(t)|^2, \quad \text{w. z. b. w.}$$

Beispiel 1. Die Zufallsgröße ξ sei normalverteilt mit dem Erwartungswert a und der Streuung σ^2. Die charakteristische Funktion der Größe ξ ist gleich

$$\varphi(t) = \int e^{itx} \frac{1}{\sqrt{2\pi}} e^{-\frac{(x-a)^2}{2\sigma^2}} \, dx.$$

Durch die Substitution

$$z = \frac{x-a}{\sigma} - it\sigma$$

wird $\varphi(t)$ auf die Gestalt

$$\varphi(t) = e^{-\frac{t^2\sigma^2}{2} + iat} \frac{1}{\sqrt{2\pi}} \int_{-\infty - it\sigma}^{\infty - it\sigma} e^{-\frac{z^2}{2}} \, dz$$

gebracht. Für beliebiges reelles α ist bekanntlich

$$\int_{-\infty - i\alpha}^{\infty - i\alpha} e^{-\frac{z^2}{2}} \, dz = \sqrt{2\pi}$$

und folglich

$$\varphi(t) = e^{ita - \frac{1}{2} t^2 \sigma^2}.$$

Beispiel 2. Eine Zufallsgröße ξ nehme nur ganzzahlige nichtnegative Werte an, wobei

$$\mathsf{P}\{\xi = k\} = \frac{\lambda^k}{k!} e^{-\lambda} \quad (k = 0, 1, 2, \ldots)$$

ist. $\lambda > 0$ ist eine Konstante (POISSONsche Verteilung).

Die charakteristische Funktion dieser Zufallsgröße ξ ist gleich

$$f(t) = \mathsf{E}\, e^{it\xi} = \sum_{k=0}^{\infty} e^{itk} \mathsf{P}\{\xi = k\} = \sum_{k=0}^{\infty} e^{itk} \frac{\lambda^k}{k!} e^{-\lambda} = e^{-\lambda} \sum_{k=0}^{\infty} \frac{(\lambda e^{it})^k}{k!} =$$

$$= e^{-\lambda} e^{\lambda e^{it}} = e^{\lambda(e^{it} - 1)}.$$

Man überzeugt sich leicht davon, daß

$$\mathsf{E}\,\xi = \lambda, \quad \mathsf{D}^2 \xi = \lambda.$$

Beispiel 3. Eine Zufallsgröße μ sei gleich der Anzahl der Eintritte eines Ereignisses A bei n unabhängigen Versuchen. In jedem dieser Versuche möge die Wahrscheinlichkeit des Eintretens des Ereignisses A gleich p sein.

Die Größe μ kann man dann als eine Summe

$$\mu = \mu_1 + \mu_2 + \cdots + \mu_n$$

n unabhängiger Zufallsgrößen darstellen. Jede dieser Zufallsgrößen kann nur zwei Werte 0 und 1 mit den Wahrscheinlichkeiten $q = 1 - p$ bzw. p annehmen. Die Größe μ_k nimmt den Wert 1 an, wenn das Ereignis A im k-ten Versuch eintritt und den Wert 0, wenn das Ereignis A im k-ten Versuch nicht eintritt.

Die charakteristische Funktion der Größe μ_k ist gleich

$$f_k(t) = \mathsf{E}\, e^{it\mu_k} = e^{it0} q + e^{it} p = q + p e^{it}.$$

Gemäß Satz 3 ist die charakteristische Funktion der Größe μ dann

$$f(t) = \prod_{k=1}^{n} f_k(t) = (q + p e^{it})^n.$$

Wir suchen nun die charakteristische Funktion der Zufallsgröße $\eta = \frac{\mu - np}{\sqrt{npq}}$. Nach Satz 2 ergibt sich für sie

$$f_\eta(t) = e^{-it\sqrt{\frac{np}{q}}} f\left(\frac{t}{\sqrt{npq}}\right) = e^{-it\sqrt{\frac{np}{q}}} \left(q + p e^{i\frac{t}{\sqrt{npq}}}\right)^n =$$

$$= \left(q e^{-it\sqrt{\frac{p}{nq}}} + p e^{it\sqrt{\frac{q}{np}}}\right)^n.$$

Zum Abschluß dieses Paragraphen wollen wir noch erwähnen, daß die Definition einer charakteristischen Funktion in der Form

$$f(t) = \int_{R^1} e^{itx} \varphi(dx) = \int e^{itx} d\Phi(x)$$

auch dann verwendet wird, wenn $\varphi(A)$ irgendeine volladditive Mengenfunktion und $\Phi(x)$ die ihr entsprechende Funktion (siehe § 8)

$$\Phi(x) = \varphi(-\infty; x)$$

ist. Hierbei gilt der Satz 3 auch in der folgenden Formulierung:

Satz 3a. *Wenn*

$$\varphi = \varphi_1 * \varphi_2, \quad \Phi = \Phi_1 * \Phi_2 \tag{4}$$

ist, dann gilt für alle t

$$f(t) = f_1(t) f_2(t). \tag{5}$$

Hier bedeutet (4)

$$\varphi(A) = \int_{R^1} \varphi_1(A - y)\, \varphi_2(dy),$$

$$\Phi(x) = \int \Phi_1(x - y)\, d\Phi_2(y).$$

Den Beweis dieses Satzes findet man in den Lehrbüchern über FOURIER-Transformationen. Wir führen ihn vorteilhafter mit Hilfe des Satzes 3. Dazu genügt es zu bemerken, daß jede volladditive Mengenfunktion $\varphi(A)$ in der Form

$$\varphi(A) = aP(A) + bQ(A)$$

darstellbar ist, wobei P und Q Verteilungen und a und b Konstanten sind (siehe § 8).

§ 12. Umkehrformel und Eindeutigkeitssatz

Wir beweisen jetzt, daß die im § 11 aufgestellte Beziehung zwischen eindimensionalen Verteilungen und ihren charakteristischen Funktionen eine umkehrbar eindeutige ist.

Satz 1. *$f(t)$ und $F(x)$ seien charakteristische Funktion und Verteilungsfunktion einer Zufallsgröße ξ. Sind x_1 und x_2 Stetigkeitspunkte von $F(x)$, dann gilt*[1])

$$F(x_2) - F(x_1) = \frac{1}{2\pi} \lim_{c \to \infty} \int_{-c}^{c} \frac{e^{-itx_1} - e^{-itx_2}}{it} f(t)\, dt. \tag{1}$$

Beweis. Wir nehmen $x_1 < x_2$ an und setzen

$$I_c = \frac{1}{2\pi} \int_{-c}^{c} \frac{e^{itx_1} - e^{itx_2}}{it} f(t)\, dt.$$

Für $f(t)$ den entsprechenden Ausdruck eingesetzt und die Reihenfolge der Integrationen vertauscht, ergibt

$$I_c = \frac{1}{2\pi} \int \left[\int_{-c}^{+c} \frac{e^{it(z-x_1)} - e^{it(z-x_2)}}{it}\, dt \right] dF(z) =$$

$$= \frac{1}{\pi} \int \int_{0}^{c} \left[\frac{\sin t(z-x_1)}{t} - \frac{\sin t(z-x_2)}{t} \right] dt\, dF(z).$$

Für beliebiges α und c gilt aber

$$\left| \frac{1}{\pi} \int_{0}^{c} \frac{\sin \alpha t}{t}\, dt \right| = \left| \frac{1}{\pi} \int_{0}^{\alpha c} \frac{\sin s}{s}\, ds \right| < 1 \tag{2}$$

und für $c \to \infty$

$$\frac{1}{\pi} \int_{0}^{c} \frac{\sin \alpha t}{t}\, dt \to \begin{cases} \frac{1}{2} & \text{für } \alpha > 0, \\ -\frac{1}{2} & \text{für } \alpha < 0, \end{cases} \tag{3}$$

wobei diese Konvergenz in jedem Gebiet $\alpha > \delta > 0$ (entsprechend $\alpha < -\delta < 0$) gleichmäßig bezüglich α erfolgt.

---

[1]) Die Gleichung (1) bezeichnet man als „*Umkehrformel*".

Wir wählen jetzt δ so klein, daß $x_1 + \delta < x_2 - \delta$ ist und zerlegen I_c in eine Summe von fünf Integralen

$$I_c = \int_{-\infty}^{x_1-\delta} + \int_{x_1-\delta}^{x_1+\delta} + \int_{x_1+\delta}^{x_2-\delta} + \int_{x_2-\delta}^{x_2+\delta} + \int_{x_2+\delta}^{\infty} \psi(c, z; x_1, x_2)\, dF(z),$$

wobei

$$\psi(c, z; x_1, x_2) = \frac{1}{\pi} \int_0^c \left\{ \frac{\sin t(z - x_1)}{t} - \frac{\sin t(z - x_2)}{t} \right\} dt$$

ist.

Nach (3) konvergieren gleichmäßig in z für $c \to \infty$

$$\psi(c, z; x_1, x_2) \to 0 \quad \text{für} \quad z < x_1 - \delta \quad \text{und} \quad z > x_2 + \delta$$

sowie

$$\psi(c, z; x_1, x_2) \to 1 \quad \text{für} \quad x_1 + \delta < z < x_2 - \delta.$$

In den Integralen über $(x_1 - \delta, x_1 + \delta)$ und $(x_2 - \delta, x_2 + \delta)$ ist

$$|\psi(c, z; x_1, x_2)| \leq 2.$$

Aus diesen Beziehungen schließen wir für beliebiges $\delta > 0$

$$\lim_{c\to\infty} I_c = F(x_2 - \delta) - F(x_1 + \delta) + R(\delta, x_1, x_2), \tag{4}$$

wobei

$$|R(\delta, x_1, x_2)| \leq 2\{F(x_1 + \delta) - F(x_1 - \delta) + F(x_2 + \delta) - F(x_2 - \delta)\}$$

ist. Die linke Seite von (4) hängt nicht von δ ab, und der Limes der rechten Seite für δ gegen Null ist auf Grund der Auswahl der Punkte x_1 und x_2 gleich $F(x_2) - F(x_1)$, w. z. b. w.

Satz 2. *Eine Verteilungsfunktion wird durch ihre charakteristische Funktion eindeutig bestimmt.*

Beweis. Aus Satz 1 ergibt sich unmittelbar, daß in jedem Stetigkeitspunkte x der Funktion $F(x)$ die Formel

$$F(x) = \frac{1}{2\pi} \lim_{y\to-\infty} \lim_{c\to\infty} \int_{-c}^{c} \frac{e^{-ity} - e^{-itx}}{it} f(t)\, dt \tag{5}$$

anwendbar ist. Der Limes ist hier also auf der Menge der Punkte y zu betrachten, die Stetigkeitspunkte von $F(y)$ sind.

Die Sätze 1 und 2 gelten auch dann noch, wenn $F(x)$ eine beliebige linksseitig stetige Funktion beschränkter Schwankung ist, die außerdem der Forderung $F(-\infty) = 0$ genügt.

Man kann in der Tat eine solche Funktion stets in der Form

$$F(x) = a_1 F_1(x) + a_2 F_2(x)$$

darstellen, wo F_1 und F_2 Verteilungsfunktionen sind[1]). Für die charakteristischen Funktionen erhält man offenbar eine entsprechende Gleichung:

$$f(x) = a_1 f_1(x) + a_2 f_2(x).$$

[1]) Siehe § 8.

Aus den Gleichungen (1) und (5), die auf F_1 und F_2 einzeln anwendbar sind, erhält man unmittelbar die Gleichungen (1) und (5) für F.

Wir betrachten einige Anwendungsbeispiele für diese Sätze.

Beispiel 1. *Sind die unabhängigen Zufallsgrößen ξ_1 und ξ_2 normal verteilt, so ist auch ihre Summe $\xi = \xi_1 + \xi_2$ normal verteilt.*

In der Tat, ist $\mathsf{E}\,\xi_1 = a_1$; $\mathsf{D}^2\xi_1 = \sigma_1^2$; $\mathsf{E}\,\xi_2 = a_2$; $\mathsf{D}^2\xi_2 = \sigma_2^2$, so sind die charakteristischen Funktionen der Größen ξ_1 und ξ_2 gleich

$$f_1(t) = e^{i a_1 t - \frac{1}{2}\sigma_1^2 t^2} \quad \text{bzw.} \quad f_2(t) = e^{i a_2 t - \frac{1}{2}\sigma_2^2 t^2}.$$

Die charakteristische Funktion $f(t)$ der Summe $\xi = \xi_1 + \xi_2$ ist nach Satz 3, § 11 gleich

$$f(t) = f_1(t) \cdot f_2(t) = e^{it(a_1 + a_2) - \frac{1}{2}(\sigma_1^2 + \sigma_2^2)t^2}.$$

Das ist aber gerade die charakteristische Funktion einer Normalverteilung mit dem Erwartungswert $a = a_1 + a_2$ und der Streuung $\sigma^2 = \sigma_1^2 + \sigma_2^2$. Auf Grund des Eindeutigkeitssatzes können wir nun schließen, daß auch die Verteilungsfunktion der Zufallsgröße ξ normal ist.

Interessant ist noch, daß auch die umgekehrte Behauptung richtig ist: Wenn die Summe zweier unabhängiger Zufallsgrößen normal verteilt ist, dann ist auch jeder einzelne Summand normal[1]) verteilt.

Beispiel 2. *Die unabhängigen Zufallsgrößen ξ_1 und ξ_2 nehmen nur ganzzahlige nichtnegative Werte mit*

$$\mathsf{P}\{\xi_1 = k\} = \frac{\lambda_1^k e^{-\lambda_1}}{k!} \quad \textit{und} \quad \mathsf{P}\{\xi_2 = k\} = \frac{\lambda_2^k e^{-\lambda_2}}{k!} \qquad (k \geq 0)$$

an.

Im Beispiel 2 des vorigen Paragraphen fanden wir, daß die charakteristischen Funktionen der Größen ξ_1 und ξ_2 entsprechend gleich

$$f_1(t) = e^{\lambda_1(e^{it}-1)} \quad \text{und} \quad f_2(t) = e^{\lambda_2(e^{it}-1)}$$

sind.

Die charakteristische Funktion der Summe $\xi = \xi_1 + \xi_2$ ist gleich

$$f(t) = f_1(t) \cdot f_2(t) = e^{(\lambda_1 + \lambda_2)(e^{it}-1)},$$

d. h., es handelt sich um die charakteristische Funktion einer POISSONschen Verteilung. Nach dem Eindeutigkeitssatz besitzt die Größe ξ eine POISSONsche Verteilung mit dem Parameter $\lambda = \lambda_1 + \lambda_2$:

$$\mathsf{P}\{\xi = k\} = \frac{(\lambda_1 + \lambda_2)^k e^{-(\lambda_1 + \lambda_2)}}{k!} \qquad (k \geq 0).$$

D. A. RAIKOW [1] bewies auch die umgekehrte Aussage: Ist eine Summe unabhängiger Summanden POISSON verteilt, so trifft dies auch für jeden einzelnen Summanden zu.

---

1) H. CRAMÉR [3].

Beispiel 3. *Die charakteristische Funktion einer Zufallsgröße ξ ist dann und nur dann reell, wenn die Verteilungsfunktion der Größe ξ symmetrisch ist, d. h. wenn für jedes x die Beziehung gilt*

$$F(x) = 1 - F(-x + 0).$$

Ist die Verteilungsfunktion symmetrisch, so wird

$$f_\xi(t) = \int_{-\infty}^{-0} e^{itx} dF(x) + \int_{-0}^{+0} e^{itx} dF(x) + \int_{+0}^{\infty} e^{itx} dF(x) =$$

$$= \int_{+0}^{\infty} e^{-itx} d\,[1 - F(-x)] + \int_{0}^{\infty} e^{itx} dF(x) + [F(+0) - F(0)] =$$

$$= 2\int_{+0}^{\infty} \cos tx\, dF(x) + [F(+0) - F(0)].$$

Zum Beweis der Umkehrung betrachten wir eine Zufallsgröße $\eta = -\xi$. Die Verteilungsfunktion der Größe η ist dann gleich

$$\mathsf{P}\{\eta < x\} = \mathsf{P}\{\xi > -x\} = 1 - F(-x + 0).$$

Nach Satz 2 von § 11 sind die charakteristischen Funktionen der Größen ξ und η durch die Gleichung

$$f_\eta(t) = \overline{f_\xi(t)}$$

miteinander verknüpft. Da $f_\xi(t)$ reell ist, wird $f_\xi(t) = \overline{f_\xi(t)}$ und somit

$$f_\eta(t) = f_\xi(t).$$

Aus dem Eindeutigkeitssatz schließen wir nun, daß die Verteilungsfunktionen der Größen ξ und η zusammenfallen, d. h. daß

$$F(x) = 1 - F(-x + 0)$$

ist, w. z. b. w.

§ 13. Stetigkeit der Zuordnung zwischen Verteilungen und charakteristischen Funktionen

Im § 9 war festgestellt worden, daß die Gesamtheit der eindimensionalen Verteilungen mit dem Abstand $L(F, G)$ ein vollständiger metrischer Raum ist. Die Konvergenz $F_n \Rightarrow F$ im Sinne von

$$L(F_n, F) \to 0$$

erhielt im § 9 noch eine Reihe anderer Deutungen. Auf Grund des Eindeutigkeitssatzes gibt es eine umkehrbar eindeutige Zuordnung zwischen den Verteilungsfunktionen und ihren charakteristischen Funktionen:

$$f(t) = \int e^{itx} dF(x).$$

Daher kann man durch die Festsetzung

$$\varrho(f, g) = L(F, G),$$

wo F und G Verteilungsfunktionen sind, die den charakteristischen Funktionen f und g zugeordnet sind, die Gesamtheit der charakteristischen Funktionen sofort zu einem metrischen Raum machen. Die Konvergenz $f_n \Rightarrow f$ im Sinne von

$$\varrho(f_n, f) \to 0$$

wird dann offenbar der Konvergenz $F_n \Rightarrow F$ der zugeordneten Verteilungsfunktionen äquivalent.

Es muß jetzt natürlich noch geklärt werden, was die auf diese Weise eingeführte Konvergenz $f_n \Rightarrow f$ vom Standpunkt der Eigenschaften der Funktionen f_n und f bedeutet. Die Antwort wird durch die folgenden Sätze gegeben, die für unsere weiteren Überlegungen grundlegend sind:

Satz 1. *Wenn $f_n(t)$ und $f(t)$ die charakteristischen Funktionen der Verteilungen $P_n(A)$ und $P(A)$ sind und $P_n \Rightarrow P$ konvergiert, dann konvergiert*

$$f_n(t) \to f(t)$$

gleichmäßig in jedem beschränkten Intervall

$$|t| \leq T.$$

Satz 2. *Ist $f_n(t)$ die charakteristische Funktion der Verteilung $P_n(A)$ und konvergiert $f_n(t)$ für $n \to \infty$ für alle t gegen eine gewisse stetige Funktion $f(t)$, dann konvergiert die Verteilung $P_n(A)$ schwach gegen eine gewisse Verteilung $P(A)$ mit der charakteristischen Funktion $f(t)$.*

Aus den Sätzen 1 und 2 ergibt sich, daß man die Konvergenz $f_n \Rightarrow f$ als eine in jedem endlichen Intervall gleichmäßige Konvergenz definieren kann. Man kann sie aber auch als Konvergenz in jedem Punkte t ohne jede Gleichmäßigkeitsforderung auffassen: *Innerhalb der Klasse der charakteristischen Funktionen sind beide Definitionen äquivalent*[1]).

B e w e i s v o n S a t z 1. Es konvergiere $P_n \Rightarrow P$. Aus der Definition der schwachen Konvergenz folgt $f_n(t) \to f(t)$ für jedes t. Da $P_n \Rightarrow P$ konvergiert, bilden die P_n eine im Sinne der schwachen Konvergenz relativ kompakte Menge. Aus dem Satz 3, § 9 und der Ungleichung (3) § 11 schließen wir nun, daß die zugeordneten charakteristischen Funktionen $f_n(t)$ gleichgradig stetig sind. Außerdem sind die $f_n(t)$ gleichmäßig beschränkt. Daher muß die Konvergenz $f_n(t) \to f(t)$ in jedem endlichen Intervall eine gleichmäßige sein (da der Satz von Arzela auf $\{f_n(t)\}$ in jedem endlichen Intervall anwendbar ist[2])*.

Bevor wir zum Beweis des Satzes 2 übergehen, leiten wir erst noch eine Ungleichung ab.

---

[1]) Für eine willkürliche Funktionenfolge $f_n(t)$ *definieren wir die Konvergenz* $f_n(t) \Rightarrow f(t)$ *als eine in jedem endlichen t-Intervall gleichmäßige.*

[2])* Anm. d. H.: Der Beweis kann mit einfacheren Mitteln geführt werden, siehe z. B. Cramér [4], S. 30.

Es sei $\tau > 0$, $X > 0$ *und* $\frac{1}{\tau X} < 1$. *Dann ist*

$$P\{-X; +X\} \geq \frac{\left|\frac{1}{2\tau}\int\limits_{-\tau}^{\tau} f(t)\,dt\right| - \frac{1}{\tau X}}{1 - \frac{1}{\tau X}} \tag{1}$$

insbesondere

$$P\left\{-\frac{2}{\tau};\ \frac{2}{\tau}\right\} \geq 2\left|\frac{1}{2\tau}\int\limits_{-\tau}^{\tau} f(t)\,dt\right| - 1. \tag{2}$$

Beweis.

$$\left|\frac{1}{2\tau}\int\limits_{-\tau}^{\tau} f(t)\,dt\right| = \left|\frac{1}{2\tau}\int\limits_{-\tau}^{\tau}\left(\int e^{itx}\,dP\right)dt\right| = \left|\int\left(\int\limits_{-\tau}^{\tau}\frac{1}{2\tau}e^{itx}\,dt\right)dP\right| \leq \left|\int\limits_{|x|\leq X}\right| +$$

$$+ \left|\int\limits_{|x|>X}\frac{1}{\tau x}\sin\tau x\,dP\right| \leq P\{-X; X\} + \frac{1}{\tau X}(1 - P\{-X; X\}). \tag{3}$$

(Bei der Abschätzung der Integrale benutzen wir die Ungleichungen

$$\left.\left|\frac{\sin\tau x}{\tau x}\right| \leq 1, \left|\frac{\sin\tau x}{\tau x}\right| \leq \frac{1}{\tau x}.\right)$$

(3) ist, wie man leicht einsieht, mit (1) äquivalent.

Es seien jetzt die Voraussetzungen des Satzes 2 erfüllt. Dann gibt es für jedes $\varepsilon > 0$ ein $\tau > 0$ derart, daß

$$\left|\frac{1}{2\tau}\int\limits_{-\tau}^{\tau} f(t)\,dt - 1\right| < \frac{\varepsilon}{2}$$

ist. Folglich wird

$$\left|\frac{1}{2\tau}\int\limits_{-\tau}^{\tau} f_n(t)\,dt - 1\right| \leq \left|\frac{1}{2\tau}\int\limits_{-\tau}^{\tau}(f_n(t) - f(t))\,dt\right| + \left|\frac{1}{2\tau}\int\limits_{-\tau}^{\tau} f(t)\,dt - 1\right| \leq$$

$$\leq \frac{\varepsilon}{2} + \frac{1}{2\tau}\int\limits_{-\tau}^{\tau}|f_n(t) - f(t)|\,dt.$$

Nun konvergiert $f_n(t) \to f(t)$ und es ist $|f_n(t) - f(t)| \leq 2$. Daher gilt nach dem Satze von LEBESGUE für festes $\varepsilon > 0$ und $\tau > 0$ und für $n \geq n(\varepsilon, \tau)$

$$\left|\frac{1}{2\tau}\int\limits_{-\tau}^{\tau} f_n(t)\,dt - 1\right| \leq \frac{\varepsilon}{2} + \frac{\varepsilon}{2} = \varepsilon.$$

Da $P_n(-X, +X)$ mit wachsendem X nicht abnimmt, schließen wir mit Hilfe der Ungleichung (2) und des Satzes 3 von § 9, daß die Menge der Verteilungen $\{P_n\}$ relativ kompakt ist.

Für jede konvergente Teilfolge $\{P_{n_k}\}$ konvergieren die f_{n_k} nach Satz 1 gegen eine gewisse stetige Funktion $f_*(t)$.

Dann muß aber $f_*(t)$ mit $f(t)$ übereinstimmen. Folglich hat die relativkompakte Menge $\{P_n\}$ einen einzigen Häufungspunkt, und das besagt gerade, daß

$$P_n \Rightarrow P \qquad (n \to \infty).$$

Als Anwendungsbeispiel für die Sätze 1 und 2 beweisen wir den Integralsatz von MOIVRE-LAPLACE.

Im Beispiel 3, § 11 bestimmten wir die charakteristische Funktion $f_n(t)$ für die Zufallsgröße $\eta = \frac{\mu - np}{\sqrt{npq}}$

$$f_n(t) = \left(q e^{-it\sqrt{\frac{p}{nq}}} + p e^{it\sqrt{\frac{q}{np}}}\right)^n.$$

Unter Benutzung der TAYLORschen Entwicklung von e^z finden wir

$$q e^{-it\sqrt{\frac{p}{nq}}} + p e^{it\sqrt{\frac{q}{np}}} = 1 - \frac{t^2}{2n}(1 + R_n),$$

wobei

$$R_n = 2\sum_{k=3}^{\infty} \frac{1}{k!}\left(\frac{it}{\sqrt{n}}\right)^{k-2} \frac{p q^k + q(-p)^k}{\sqrt{(pq)^k}}$$

ist. Da R_n in jedem endlichen t-Intervall für $n \to \infty$ gleichmäßig gegen Null konvergiert, ergibt sich für $n \to \infty$

$$f_n(t) = \left[1 - \frac{t^2}{2n}(1 + R_n)\right]^n \Rightarrow e^{-\frac{t^2}{2}}.$$

Nach Satz 2 folgt hieraus, daß für beliebiges x und $n \to \infty$

$$\mathsf{P}\left\{\frac{\mu - np}{\sqrt{npq}} < x\right\} \Rightarrow \frac{1}{\sqrt{2\pi}} \int_{-\infty}^{x} e^{-\frac{z^2}{2}} dz.$$

Offensichtlich ist diese Beziehung der üblichen Formulierung des MOIVRE-LAPLACEschen Integralsatzes äquivalent.

§ 14. Einige spezielle Sätze über charakteristische Funktionen

Wir benötigen später noch eine Reihe einfacher Eigenschaften der charakteristischen Funktionen. Ihre Herleitung wollen wir jetzt vornehmen.

Satz 1. *Ist $f(t)$ eine charakteristische Funktion, dann gilt für beliebiges t*

$$1 - \operatorname{Re} f(2t) \leq 4\,(1 - \operatorname{Re} f(t)).$$

Beweis. Es ist

$$\operatorname{Re} f(t) = \int \cos t\,x\, dF(x)$$

und folglich

$$1 - \operatorname{Re} f(2t) = \int (1 - \cos 2xt)\, dF(x) = 2 \int \sin^2 xt\, dF(x)$$
$$= 2 \int (1 - \cos xt)(1 + \cos xt)\, dF(x)$$
$$\leq 4 \int (1 - \cos xt)\, dF(x) = 4\,(1 - \operatorname{Re} f(t)).$$

Wir wollen noch hervorheben, daß die bewiesene Ungleichung für eine reelle charakteristische Funktion $f(t)$ übergeht in

$$1 - f(2t) \leq 4(1 - f(t)),$$

woraus wir für beliebige charakteristische Funktionen $v(t)$ auf Grund der Folgerung 2 zum Satz 3 von § 11

$$1 - |v(2t)|^2 \leq 4\,(1 - |v(t)|^2) \tag{1}$$

erhalten.

Satz 2. *Ist $f(t)$ eine charakteristische Funktion und gilt für eine gewisse Nullfolge $t_1, t_2, \ldots, t_n, \ldots$*

$$|f(t_k)| = 1,$$

dann gibt es eine reelle Zahl α, so daß

$$f(t) = e^{i\alpha t},$$

also $f(t)$ die charakteristische Funktion einer uneigentlichen Verteilung ist.

Beweis. Wir nehmen das Gegenteil an. Es sei

$$f(t) = \int e^{itx}\, dF(x),$$

wobei $F(x)$ eine eigentliche Verteilungsfunktion ist. Da nach Voraussetzung

$$f(t_k) = e^{i\lambda_k}$$

mit reellen λ_k ist, wird

$$1 = f(t_k)\, e^{-i\lambda_k} = \int e^{i(t_k x - \lambda_k)}\, dF(x).$$

Hieraus schließen wir, daß

$$\int (1 - \cos(t_k x - \lambda_k))\, dF(x) = 0$$

ist. Um diese Gleichung zu erfüllen, ist es offenbar notwendig, daß die Funktion $F(x)$ in jedem x-Intervall konstant bleibt, in dem $\cos(t_k x - \lambda_k)$ verschieden von Eins ist. Mit anderen Worten, $F(x)$ kann nur zunehmen in den Punkten

$$x = \frac{2\pi s + \lambda_k}{t_k} \qquad (s \text{ ganzzahlig}).$$

Da $F(x)$ aber als eigentliche Verteilungsfunktion angenommen war, muß es wenigstens zwei Punkte x_1 und x_2 geben, in denen $F(x)$ zunimmt. Gemäß dem vorhergehenden wird also

$$x_1 t_k - \lambda_k = 2\pi s_1, \quad x_2 t_k - \lambda_k = 2\pi s_2,$$

wo s_1 und s_2 voneinander verschiedene ganze Zahlen sind. Hieraus folgt aber

$$|(x_1 - x_2)\, t_k| = |2\pi (s_1 - s_2)| \geq 2\pi .$$

Auf Grund unserer Voraussetzungen können wir t_k jedoch so klein auswählen, daß die erhaltene Ungleichung zu einem Widerspruch führt. Also kann $F(x)$ nur in einem Punkt zunehmen. Damit ist der Satz bewiesen.

Bemerkung 1. Die Voraussetzungen des Satzes werden offenbar auch erfüllt, wenn in einem gewissen Intervall $0 \leq t \leq a$ $(a > 0)$ $|f(t)| = 1$ ist.

Bemerkung 2. Ist für eine gewisse Nullfolge $\{t_k\}$ stets $f(t_k) = 1$, so wird $f(t) \equiv 1$ und somit auch

$$F(x) = \varepsilon(x) = \begin{cases} 0 & \text{für} \quad x \leq 0, \\ 1 & \text{für} \quad x > 0. \end{cases}$$

Satz 3. *Damit für eine gewisse Folge von Konstanten* α_n

$$F_n(x - \alpha_n) \Rightarrow \varepsilon(x) \tag{2}$$

für $n \to \infty$ *konvergiert, ist notwendig und hinreichend, daß mit* $n \to \infty$

$$|f_n(t)| \Rightarrow 1 \tag{3}$$

geht.

(Hier soll $F_n(x)$ eine Verteilungsfunktion und $f_n(t)$ ihre charakteristische Funktion bezeichnen.)

Beweis. Die Notwendigkeit der Voraussetzungen dieses Satzes ist fast offensichtlich. In der Tat, die charakteristischen Funktionen der Verteilungsfunktionen $F_n(x - \alpha_n)$ sind nach Satz 2, § 11 gleich

$$e^{-it\alpha_n} f_n(t).$$

Dann hat die Voraussetzung

$$F_n(x - \alpha_n) \Rightarrow \varepsilon(x)$$

nach Satz 1, § 13

$$e^{-it\alpha_n} f_n(t) \Rightarrow 1$$

zur Folge und damit auch

$$|f_n(t)| \Rightarrow 1.$$

Wir beweisen jetzt die umgekehrte Aussage. Aus (3) folgt, daß für $n \to \infty$

$$|f_n(t)|^2 \Rightarrow 1$$

geht. Mit anderen Worten: Die charakteristische Funktion einer Differenz unabhängiger Zufallsgrößen ξ_n und η_n, die nach dem Gesetz $F_n(x)$ verteilt sind, strebt für $n \to \infty$ gegen die charakteristische Funktion von $\varepsilon(x)$. Das bedeutet, daß für beliebiges $\varepsilon > 0$

$$\mathsf{P}\{|\xi_n - \eta_n| \geq \varepsilon\} \to 0 \tag{4}$$

geht. Wir wählen Zahlen α_n derart, daß

$$\mathsf{P}\{\xi_n \leq \alpha_n\} \geq \frac{1}{2} \geq \mathsf{P}\{\xi_n < \alpha_n\}$$

wird. Dann wird für beliebiges $\varepsilon > 0$

$$\begin{aligned} \mathsf{P}\{\xi_n - \eta_n \geq \varepsilon\} &= \mathsf{P}\{(\xi_n - \alpha_n) - (\eta_n - \alpha_n) \geq \varepsilon\} \geq \mathsf{P}\{\xi_n - \alpha_n \geq \varepsilon, \\ \eta_n - \alpha_n \leq 0\} &= \mathsf{P}\{\xi_n \geq \alpha_n + \varepsilon\}\,\mathsf{P}\{\eta_n \leq \alpha_n\} \geq \frac{1}{2}(1 - F_n(\alpha_n + \varepsilon)) \end{aligned} \tag{5}$$

und genauso

$$\mathsf{P}\{\xi_n - \eta_n \leq -\varepsilon\} \geq \frac{1}{2} F_n(\alpha_n - \varepsilon).$$

Hieraus folgt wegen (4) und (5) für beliebiges $\varepsilon > 0$ und $n \to \infty$

$$1 - F_n(\alpha_n + \varepsilon) + F_n(\alpha_n - \varepsilon) \leqq 2\,\mathsf{P}\{|\xi_n - \eta_n| > \varepsilon\} \to 0.$$

Diese Beziehung ist aber offensichtlich mit (2) äquivalent.

Satz 4. *Konvergiert für eine gewisse Folge ganzer Zahlen* $n_1 < n_2 < \cdots < n_k < \cdots$ *für* $k \to \infty$

$$f_k^{n_k}(t) \Rightarrow f(t), \tag{6}$$

wo $f(t)$ *eine stetige Funktion und* $f_k(t)$ $(k = 1, 2, \ldots)$ *charakteristische Funktionen sind, so geht für* $k \to \infty$

$$f_k(t) \Rightarrow 1 \tag{7}$$

und somit

$$F_k(x) \Rightarrow \varepsilon(x).$$

Beweis. Da $f(0) = 1$ und $f(t)$ stetig ist, gibt es ein $a > 0$ derart, daß

$$|f(t)| > 0 \quad \text{für} \quad |t| \leq a.$$

Aus (6) ist klar, daß in diesem Bereich

$$f_k(t) \to 1$$

geht. Hieraus und aus der im Satz 1 dieses Paragraphen angeführten Ungleichung

$$1 - \operatorname{Re} f_k(2t) \leq 4(1 - \operatorname{Re} f_k(t))$$

schließen wir, daß

$$\operatorname{Re} f_k(2t) \to 1 \quad \text{für} \quad |t| \leq a$$

und daher

$$f_k(t) \to 1 \quad \text{für} \quad |t| \leq 2a.$$

Die Möglichkeit der Verdopplung eines beliebigen abgeschlossenen Intervalles, in dem $f_k(t) \to 1$ geht, führt offenbar auf die Aussage dieses Satzes.

Wir nennen eine diskrete Verteilung einer Zufallsgröße ξ „*gitterförmig*", wenn es Zahlen a und $h > 0$ gibt, so daß jeder mögliche Wert von ξ in der Form $a + kh$ darstellbar ist, wobei k ganzzahlige Werte (aber nicht notwendig alle) durchläuft. Die Zahl h bezeichnen wir als eine „*Schrittweite der Verteilung*".

Viele wichtige Verteilungen der Wahrscheinlichkeitsrechnung gehören zur Klasse der gitterförmigen Verteilungen (z. B. die BERNOULLIsche und die POISSONsche Verteilung).

Wir sagen, h ist eine „*maximale Schrittweite*" *der Verteilung*, wenn man für keine Werte b und $h_1 > h$ die möglichen Werte von ξ in der Form $b + kh_1$ darstellen kann.

Die Bedingung dafür, daß eine Schrittweite maximal ist, kann man auch anders ausdrücken. Zum Beispiel ist eine Schrittweite h einer Verteilung dann und nur dann maximal, wenn der größte gemeinsame Teiler der paarweisen, durch h dividierten Differenzen aller möglichen ξ-Werte gleich Eins ist. Etwas später werden wir noch eine dritte Definition dafür angeben, daß eine Schrittweite einer Verteilung maximal ist. Wir wollen jetzt erst zur Aufstellung einer charakteristischen Eigenschaft der gitterförmigen Verteilungen übergehen.

Satz 5. *Damit eine zufällige Größe ξ eine gitterförmige Verteilung besitzt, ist notwendig und hinreichend, daß für einen gewissen von Null verschiedenen Wert des Arguments der Betrag der charakteristischen Funktion von ξ gleich Eins wird.*

Beweis. Die Notwendigkeit der Bedingungen beweist man durch eine unmittelbare Rechnung. Sei ξ eine gitterförmige Verteilung und

$$p_k = \mathsf{P}\{\xi = a + k h\}.$$

Dann ist die charakteristische Funktion von ξ gleich

$$f(t) = e^{iat} \sum_{k=-\infty}^{+\infty} e^{ikht} p_k. \tag{8}$$

Der zweite Faktor ist eine periodische Funktion der Periode $\frac{2\pi}{h}$. Da $f(0) = 1$ ist, wird selbstverständlich

$$\left| f\left(\frac{2\pi}{h}\right) \right| = 1.$$

Wir setzen nun voraus, daß für $t_0 \neq 0$

$$|f(t_0)| = 1$$

ist. Mit anderen Worten, wir setzen voraus, daß für ein gewisses reelles a

$$f(t_0) = e^{it_0 a}$$

ist. In expliziter Form kann diese Gleichung auch wie folgt geschrieben werden:

$$\int e^{it_0(x-a)}\, dF(x) = 1,$$

woraus offenbar

$$\int \cos t_0 (x - a)\, dF(x) = 1$$

folgt. Damit diese Gleichung gilt, muß notwendig $F(x)$ überall bis auf die x konstant sein, für die

$$\cos t_0 (x - a) = 1$$

ist. Alle x, für die die letzte Gleichung gilt, haben die Form

$$x = a + k \frac{2\pi}{t_0}, \tag{9}$$

wobei k eine ganze Zahl ist. Damit ist der Satz bewiesen.

Folgerung 1. *Ist eine charakteristische Funktion $f(t)$ so beschaffen, daß für zwei inkommensurable Werte des Arguments die Gleichungen*

$$|f(t_0)| = 1 \quad \textit{und} \quad |f(t_1)| = 1$$

gelten, so wird

$$|f(t)| \equiv 1.$$

Ist insbesondere der Betrag einer charakteristischen Funktion $f(t)$ in irgendeinem Intervall $a \leq t \leq b$ gleich Eins, dann ist er für alle t gleich Eins.

Der Satz 5 gibt uns auch noch die Möglichkeit, das folgende wichtige Resultat zu formulieren:

Folgerung 2. *Eine Schrittweite h einer Verteilung wird dann und nur dann maximal, wenn der Betrag der charakteristischen Funktion der Größe ξ im Intervall $0 < |t| < \frac{2\pi}{h}$ kleiner als Eins und für $t = \frac{2\pi}{h}$ gleich Eins wird.*

Beweis. Wenn für ein gewisses t_1 mit $0 < |t_1| < \frac{2\pi}{h}$

$$|f(t_1)| = 1$$

wäre, so wäre nach (9) die Größe $\frac{2\pi}{|t_1|}$ eine Schrittweite der Verteilung. Da aber nach Annahme

$$h < \frac{2\pi}{|t_1|}$$

ist, kann h keine maximale Schrittweite sein.

Hieraus folgern wir, daß man für jede Gitterverteilung bei beliebigen $\varepsilon > 0$ ein $c > 0$ $(c = c(\varepsilon))$ finden kann, so daß, falls h eine maximale Schrittweite ist, für $\varepsilon < |t| < \frac{2\pi}{h} - \varepsilon$ die Ungleichung

$$|f(t)| < e^{-c}$$

gilt.

Für unsere weiteren Überlegungen benötigen wir noch zwei elementare Formeln. Wir multiplizieren beide Seiten der Gleichung (8) mit $e^{-iat-irth}$ (r ganz) und integrieren von $-\frac{\pi}{h}$ bis $\frac{\pi}{h}$. Da

$$\int_{-\frac{\pi}{h}}^{\frac{\pi}{h}} e^{it(k-r)h}\, dt = \begin{cases} 0 & \text{für} \quad k \neq r \\ \frac{2\pi}{h} & \text{für} \quad k = r \end{cases}$$

ist, erhalten wir

$$p_r = \frac{h}{2\pi} \int_{-\frac{\pi}{h}}^{\frac{\pi}{h}} f(t)\, e^{-iat-irth}\, dt. \tag{10}$$

Mit Hilfe der so erhaltenen Gleichung können wir die Umkehrformel für gitterförmige Verteilungen noch ein wenig anders als früher schreiben. Wir setzen

$$x_1 = a + mh - \frac{1}{2}h, \quad x_2 = a + nh + \frac{1}{2}h \quad (n \geq m)$$

und beweisen, daß

$$F(x_2) - F(x_1) = \frac{h}{2\pi} \int_{-\frac{\pi}{h}}^{\frac{\pi}{h}} f(t) \frac{e^{-itx_1} - e^{-itx_2}}{2\,i \sin \frac{th}{2}}\, dt \tag{11}$$

ist. Es ist in der Tat

$$F(x_2) - F(x_1) = \sum_{r=m}^{n} p_r = \frac{h}{2\pi} \sum_{r=m}^{n} \int_{-\frac{\pi}{h}}^{\frac{\pi}{h}} f(t)\, e^{-ita - itrh}\, dt$$

und

$$\sum_{r=m}^{n} e^{-ita - irth} = e^{-ita} \frac{e^{-itmh} - e^{-it(n+1)h}}{1 - e^{-ith}} =$$

$$= e^{-ita} \frac{e^{-ith\left(m - \frac{1}{2}\right)} - e^{-ith\left(n + \frac{1}{2}\right)}}{2 \sin \frac{th}{2}} = \frac{e^{-itx_1} - e^{-itx_2}}{2 \sin \frac{th}{2}}.$$

Aus der Folgerung 2 ergibt sich die

Folgerung 3. *Jede von der uneigentlichen verschiedene gitterförmige Verteilung besitzt eine, und nur eine maximale Schrittweite.*

Die Folgerung 3 kann man auch auf ganz elementarem arithmetischem Wege ableiten.

§ 15. Momente und Semiinvarianten

Auf Grund des Eindeutigkeitssatzes im § 12 ist die Verteilungsfunktion $F(x)$ völlig durch die Gesamtheit der Werte einer charakteristischen Funktion

$$f(t) = \int e^{itx}\, dF(x)$$

für alle t bestimmt. Daher kann man erwarten, daß sich alle anderen Zahlencharakteristika der eindimensionalen Verteilungen (oder Verteilungsfunktionen) durch ihre charakteristischen Funktionen ausdrücken lassen. Wir werden alsbald sehen, daß

$$\mathsf{E}\,\xi = -\,i f'_\xi(0), \tag{1}$$

$$\mathsf{D}^2 \xi = -f''_\xi(0) - [f'_\xi(0)]^2 \tag{2}$$

ist. Zu Beginn dieses Paragraphen wollen wir von diesem Standpunkt aus die gebräuchlichsten Zahlencharakteristika der eindimensionalen Verteilungen untersuchen: Die Momente und Semiinvarianten.

Als „*Moment der Ordnung s*“ einer zufälligen Größe ξ bezeichnen wir die Zahl

$$\alpha_s = \mathsf{E}\,\xi^s = \int x^s\, dF_\xi(x). \tag{3}$$

In Übereinstimmung mit § 4 ist für die Existenz eines Momentes α_s notwendig und hinreichend die Existenz des „*absoluten Momentes*“ der Ordnung s:

$$\beta_s = \mathsf{E}\,|\xi|^s = \int |x|^s\, dF_\xi(x). \tag{4}$$

Aus der Grundvorlesung über Wahrscheinlichkeitsrechnung ist ferner bekannt das

Lemma 1. *Existiert das Moment β_s einer Zufallsgröße ξ, dann existieren auch die Momente β_k für $k < s$ und es ist*

$$\beta_1 \le \beta_2^{\frac{1}{2}} \le \beta_3^{\frac{1}{3}} \le \cdots \le \beta_s^{\frac{1}{s}}. \tag{5}$$

Was die Momente α_0 und β_0 der nullten Ordnung betrifft, so wird ihre Existenz immer angenommen und ihre Werte sind normiert

$$\alpha_0 = \beta_0 = 1. \tag{6}$$

Nach Definition ist

$$\alpha_1 = \mathsf{E}\,\xi.$$

Für $s > 1$ werden neben den Momenten α_s und β_s die „*zentralen Momente*‘

$$\mu_s = \mathsf{E}\,(\xi - \mathsf{E}\,\xi)^s = \int (x - \alpha_1)^s\, dF_\xi(x) \tag{7}$$

und die „*zentralen absoluten Momente*“

$$\nu_s = \mathsf{E}\,|\xi - \mathsf{E}\,\xi|^s = \int |x - \alpha_1|^s\, dF_\xi(x)$$

betrachtet. Aus den Ungleichungen

$$|\xi|^s \le 2^s \{|\xi - \alpha_1|^s + |\alpha_1|^s\},$$
$$|\xi - \alpha_1|^s \le 2^s \{|\xi|^s + |\alpha_1|^s\}$$

folgt leicht, daß die Existenz der Momente μ_s und ν_s der Existenz der Momente α_s und β_s äquivalent ist. Daher werden wir weiterhin nur von den Existenzbedingungen der Momente s-ter Ordnung sprechen, ohne konkret auf sie einzugehen.

Man rechnet sich leicht aus, daß die Momente α_s und μ_s durch die Relationen

$$\left.\begin{aligned}
&\mu_0 = 1,\\
&\mu_1 = 0,\\
&\mu_2 = \alpha_2 - \alpha_1^2,\\
&\mu_3 = \alpha_3 - 3\alpha_1\alpha_2 + 2\alpha_1^3,\\
&\mu_4 = \alpha_4 - 4\alpha_1\alpha_3 + 6\alpha_1^2\alpha_2 - 3\alpha_1^4,\\
&\cdots\cdots\cdots\cdots\cdots\cdots
\end{aligned}\right\} \tag{9}$$

miteinander verknüpft sind. Diese Beziehungen können bis zu einem beliebigen s fortgesetzt werden und lassen auch eine Umkehrung zu[1]):

$$\left.\begin{aligned} \alpha_0 &= 1, \\ \alpha_1 &= \alpha_1, \\ \alpha_2 &= \mu_2 + \alpha_1^2, \\ \alpha_3 &= \mu_3 + 3\alpha_1\mu_2 + \alpha_1^3 \\ \alpha_4 &= \mu_4 + 4\alpha_1\mu_3 + 6\alpha_1^2\mu_2 + \alpha_1^4, \\ &\ldots\ldots\ldots\ldots\ldots \end{aligned}\right\} \tag{10}$$

Den Zusammenhang zwischen einer charakteristischen Funktion und den Momenten bestimmt das

Lemma 2. *Besitzt eine Zufallsgröße ξ ein Moment der Ordnung k, dann hat ihre charakteristische Funktion $f(t)$ stetige Ableitungen bis zur k-ten Ableitung einschließlich, und es gilt*

$$\alpha_s = \frac{1}{i^s}\left[\frac{d^s}{dt^s} f_\xi(t)\right]_{t=0} \qquad (s = 1, 2, \ldots, k). \tag{11}$$

Beweis. Nach Definition ist

$$f_\xi(t) = \int e^{itx}\, dF_\xi(x).$$

Wir differenzieren diese Gleichung formal k-mal:

$$\frac{d^k}{dt^k} f_\xi(t) = i^k \int x^k e^{itx}\, dF_\xi(x). \tag{12}$$

Da nach Voraussetzung

$$\int |x|^k\, dF_\xi(x) < \infty$$

ist, existiert das auf der rechten Seite der Gleichung (12) stehende Integral. Die Gleichung (12) kann dann mittels iterierter Integration nach t auf der rechten Seite bewiesen werden (die Vertauschung der Integrationsreihenfolge nach x und nach t darf auf Grund des Satzes von Fubini vorgenommen werden). Dies beweist aber auch die Rechtmäßigkeit der Differentiation. Setzt man in der Gleichung (12) für t den Wert Null ein, so ergibt sich die Beziehung (11).

Mit der Abkürzung $\eta = \xi - \alpha_1$ erhalten wir für das zentrale Moment μ_s der Größe ξ den Ausdruck

$$\mu_s = \mathsf{E}\eta^s = \frac{1}{i^s}\left[\frac{d^s}{dt^s} f_\eta(t)\right]_{t=0}$$

und wegen

$$f_\eta(t) = e^{-it\alpha_1} f_\xi(t)$$

auch

$$\mu_s = \frac{1}{i^s}\left[\frac{d^s}{dt^s} e^{-it\alpha_1} f_\xi(t)\right]_{t=0}. \tag{13}$$

---

[1]) Nach den Formeln (10) läßt sich α_s durch $\alpha_1, \mu_2, \mu_3, \ldots, \mu_s$ ausdrücken.

Eine Gegenüberstellung von (11) und (13) gestattet wiederum die Ableitung der Beziehungen (9) und (10).

Die Momente der Summe zweier unabhängiger Zufallsgrößen

$$\xi = \xi^{(1)} + \xi^{(2)}$$

kann man wie folgt berechnen:

$$\left.\begin{aligned} \alpha_1 &= \alpha_1^{(1)} + \alpha_1^{(2)} \\ \alpha_2 &= \alpha_2^{(1)} + 2\alpha_1^{(1)}\alpha_1^{(2)} + \alpha_2^{(2)} \\ \alpha_3 &= \alpha_3^{(1)} + 3\alpha_2^{(1)}\alpha_1^{(2)} + 3\alpha_1^{(1)}\alpha_2^{(2)} + \alpha_3^{(2)} \\ &\dots\dots\dots\dots \end{aligned}\right\} \tag{14}$$

$$\left.\begin{aligned} \mu_2 &= \mu_2^{(1)} + \mu_2^{(2)} \\ \mu_3 &= \mu_3^{(1)} + \mu_3^{(2)} \\ \mu_4 &= \mu_4^{(1)} + 6\mu_2^{(1)}\mu_2^{(2)} + \mu_4^{(2)} \\ &\dots\dots\dots\dots \end{aligned}\right\} \tag{15}$$

Aus diesen Formeln ersehen wir auch, daß

$$\alpha_1 = \mathsf{E}\xi,\ \mu_2 = \mathsf{D}^2\xi \quad \text{und} \quad \mu_3$$

sich bei Addition unabhängiger Summanden addieren. Im § 11 war schon die Frage gestellt worden, ob für eine Verteilung noch irgendwelche anderen Zahlencharakteristika existieren, die ebensolche Eigenschaften besitzen. Die Antwort auf diese Frage liegt im wesentlichen schon in der Grundeigenschaft der charakteristischen Funktionen:

$$f_\xi(t) = f_{\xi_1}(t) \cdot f_{\xi_2}(t).$$

Hieraus ergibt sich die Beziehung

$$\log f_\xi(t) = \log f_{\xi_1}(t) + \log f_{\xi_2}(t). \tag{16}$$

Hier und auch fernerhin wollen wir unter $\log f(t)$ den **Hauptwert** des Logarithmus der charakteristischen Funktion verstehen, d. h. die Funktion, die nur für solche reellen t definiert ist, für die $f(t)$ von Null verschieden ist, die weiterhin im Punkte t selbst und zwischen t und Null stetig ist und für $t = 0$ den Wert

$$\log 1 = 0$$

annimmt. Unter diesen Voraussetzungen ist der Hauptwert des Logarithmus von $f(t)$, wie man sich leicht überzeugt, eindeutig definiert. In diesem Paragraphen werden wir nur Werte von $\log f(t)$ in einer gewissen Umgebung des Nullpunktes betrachten.

Hat eine Zufallsgröße ξ ein Moment s-ter Ordnung, so existieren nach Lemma 2 für $t = 0$ die ersten s-Ableitungen von $f_\xi(t)$ und $\log f_\xi(t)$. Wir setzen zur Abkürzung

$$\varkappa_r = \frac{1}{i^r}\left[\frac{d^r}{dt^r}\log f_\xi(t)\right]_{t=0},$$

und können daher auch schreiben:

$$\log f_\xi(t) = \sum_{r=1}^{s} \frac{\varkappa_r}{r!} (it)^r + o(t^s). \tag{17}$$

Aus (16) und (17) ergibt sich wiederum, daß sich die Koeffizienten $\varkappa_r$ bei der Addition unabhängiger Summanden addieren,

$$\varkappa_r = \varkappa_r^{(1)} + \varkappa_r^{(2)}. \tag{18}$$

Die Koeffizienten $\varkappa_r$ in (17) nennt man die „*Semiinvarianten*" einer Zufallsgröße ξ (oder ihrer Verteilung). Die Semiinvarianten bis zur Ordnung s einschließlich existieren, wenn das Moment β_s vorhanden ist.

Die Semiinvarianten bis zur s-ten Ordnung lassen sich durch die Momente bis zur s-ten Ordnung eindeutig bestimmen. Man setzt

$$w = it$$

und erinnert sich daran, daß bei Existenz eines Momentes α_s wegen (1)

$$f_\xi(t) = \sum_{r=0}^{s} \frac{\alpha_r}{r!} (it)^r + o(t^s) \tag{19}$$

ist; dann können wir die Relationen zwischen den Semiinvarianten und den Momenten in Gestalt einer formalen Gleichung zwischen Potenzreihen

$$\sum_{r=1}^{\infty} \frac{\varkappa_r}{r!} w^r = \log \sum_{r=0}^{\infty} \frac{\alpha_r}{r!} w^r \tag{20}$$

auffassen. Hieraus entnehmen wir die Beziehungen

$$\left.\begin{aligned}
\varkappa_1 &= \alpha_1 = \mathsf{E}\,\xi, \\
\varkappa_2 &= \alpha_2 - \alpha_1^2 = \mathsf{D}^2\xi, \\
\varkappa_3 &= \alpha_3 - 3\alpha_1\alpha_2 + 2\alpha_1^3, \\
\varkappa_4 &= \alpha_4 - 3\alpha_2^2 - 4\alpha_1\alpha_3 + 12\alpha_1^2\alpha_2 - 6\alpha_1^4, \\
&\ldots\ldots\ldots\ldots\ldots\ldots
\end{aligned}\right\} \tag{21}$$

und

$$\left.\begin{aligned}
\alpha_1 &= \varkappa_1, \\
\alpha_2 &= \varkappa_2 + \varkappa_1^2, \\
\alpha_3 &= \varkappa_3 + 3\varkappa_1\varkappa_2 + \varkappa_1^3 \\
\alpha_4 &= \varkappa_4 + 3\varkappa_2^2 + 4\varkappa_1\varkappa_3 + 6\varkappa_1^2\varkappa_2 + \varkappa_1^4 \\
&\ldots\ldots\ldots\ldots\ldots\ldots
\end{aligned}\right\} \tag{22}$$

Aus (17) und (19) ersehen wir, daß $\frac{\varkappa_r}{r!}$ für jedes $r \leq s$ der Koeffizient von z^r in der Potenzreihenentwicklung von $\log\left(1 + \sum_{k=1}^{r} \frac{\alpha_k}{k!} z^k\right)$ ist. Wegen (5) ist

$$-\log\left[1 - \sum_{k=1}^{\infty} \frac{\left(\beta_r^{\frac{1}{r}} z\right)^k}{k!}\right] = \sum_{k=1}^{\infty} \frac{1}{k} \left(e^{\beta_r^{\frac{1}{r}} \cdot z} - 1\right)^k$$

eine Majorante dieser Reihe. Folglich ist

$$\frac{|\varkappa_r|}{r!} \leq \sum_{k=1}^{r} \frac{1}{k} \frac{k^r \beta_r}{r!} \leq \frac{r^r \beta_r}{r!},$$

d. h.

$$|\varkappa_r| \leq r^r \beta_r. \tag{23}$$

Zweckmäßigerweise verwendet man nun die Beziehung

$$e^{-it\alpha_1} f_\xi(t) = 1 + \sum_{r=2}^{s} \frac{\mu_r}{r!} (it)^r + o(t^s), \tag{24}$$

und schreibt den Zusammenhang zwischen den Semiinvarianten und den zentralen Momenten in Gestalt der formalen Gleichung

$$\sum_{r=1}^{\infty} \frac{\varkappa_r}{r!} w^r = \alpha_1 w + \log\left[1 + \sum_{r=2}^{\infty} \frac{\mu_r}{r!} w^r\right]. \tag{25}$$

Das gibt:

$$\left.\begin{aligned}
\varkappa_1 &= \alpha_1 = \mathsf{E}\xi,\\
\varkappa_2 &= \mu_2 = \mathsf{D}^2\xi,\\
\varkappa_3 &= \mu_3,\\
\varkappa_4 &= \mu_4 - 3\mu_2^2,\\
\varkappa_5 &= \mu_5 - 10\mu_2\mu_3,\\
\varkappa_6 &= \mu_6 - 15\mu_2\mu_4 - 10\mu_3^2 + 30\mu_2^3,\\
&\ldots\ldots\ldots\ldots\ldots\ldots
\end{aligned}\right\} \tag{26}$$

Betrachtet man als Hauptcharakteristika einer Wahrscheinlichkeitsverteilung ihre Semiinvarianten, so ergibt sich als einfachste Verteilung mit vorgegebenen

$$\varkappa_1 = \mathsf{E}\xi, \quad \varkappa_2 = \mathsf{D}^2\xi$$

die mit der charakteristischen Funktion

$$f(t) = e^{i\varkappa_1 t - \frac{\varkappa_2}{2} t^2},$$

d. h. die Normalverteilung mit der Dichte

$$p(x) = \frac{1}{\sqrt{2\pi\varkappa_2}} e^{-\frac{(x-\varkappa_1)^2}{2\varkappa_2}}.$$

KAPITEL 3

UNBEGRENZT TEILBARE VERTEILUNGEN

§ 16. Problemstellung. Zufällige Funktionen mit unabhängigem Zuwachs

Die klassischen Grenzwertsätze, deren Verallgemeinerung und Vertiefung der Hauptinhalt dieses Buches ist, beschäftigen sich mit Summen

$$\zeta_n = \xi_1 + \xi_2 + \cdots + \xi_n$$

wachsender Gliederzahl einer Folge $\xi_1, \xi_2, \ldots, \xi_n, \ldots$ unabhängiger Zufallsgrößen.

Man kann sich auch ein analoges Schema denken, in welchem der Index n, der hier nur natürliche Zahlen annimmt, durch einen sich stetig ändernden Parameter λ ersetzt wird. Die elementaren Summanden ξ_n werden hierbei allerdings nicht mehr auftreten, es bleibt aber die aus der Unabhängigkeit der Summanden im diskreten Fall sich ergebende Forderung, daß die Differenzen

$$\zeta_{n_2} - \zeta_{n_1}, \zeta_{n_3} - \zeta_{n_2}, \ldots, \zeta_{n_k} - \zeta_{n_{k-1}}$$

für $n_1 < n_2 < \cdots < n_k$ stets voneinander unabhängig sind.

Wir wollen uns auf das stetige Analogon des Falles beschränken, in dem alle elementaren Summanden ξ_n das gleiche Verteilungsgesetz haben. In diesem Falle hängt das Verteilungsgesetz eines Zuwachses $\zeta_m - \zeta_n$ nur ab von der in ihn eingehenden Anzahl der Summanden, d. h. von der Größe der Differenz $m - n$.

Unser stetiges Schema wird also wie folgt aussehen: Jedem reellen $\lambda \geq 0$ entspricht eine Zufallsgröße ζ_λ, wobei

1. ζ_0 identisch Null ist;

2. das Verteilungsgesetz der Differenz $\zeta_{\lambda_2} - \zeta_{\lambda_1}$, für $\lambda_2 > \lambda_1$ nur von der Differenz $\lambda_2 - \lambda_1$ abhängig ist;

3. für $\lambda_1 < \lambda_2 < \cdots < \lambda_k$ die Differenzen

$$\zeta_{\lambda_2} - \zeta_{\lambda_1}, \zeta_{\lambda_3} - \zeta_{\lambda_2}, \ldots, \zeta_{\lambda_k} - \zeta_{\lambda_{k-1}}$$

voneinander unabhängig sind.

Die Aufgabe dieses Kapitels wird es nun sein, die Verteilungen der Größen ζ_λ zu studieren, die mit dem oben dargelegten Schema verträglich sind. Aus den

Bedingungen 1, 2 und 3 ergibt sich, daß ζ_λ für jedes natürliche n als Summe

$$\zeta_\lambda = \eta_1 + \eta_2 + \cdots + \eta_n$$

von n identisch verteilten unabhängigen Summanden

$$\eta_k = \zeta_{\frac{k}{n}\lambda} - \zeta_{\frac{k-1}{n}\lambda}$$

darstellbar ist. Diese Tatsache legen wir auch der formalen Definition der „unbegrenzt teilbaren" Verteilungen im § 17 zugrunde.

Im Kapitel 4 wird sich herausstellen, daß die unbegrenzt teilbaren Verteilungen eine bedeutende Rolle in der klassischen Problematik der Grenzverteilungsgesetze für diskrete Summen unabhängiger Summanden spielen. In den weiteren Paragraphen dieses Kapitels werden dann die Eigenschaften der unbegrenzt teilbaren Verteilungen studiert. Die Untersuchungsmethoden werden vornehmlich rein analytischer Natur sein. Wir werden uns im wesentlichen auf die charakteristischen Funktionen stützen. Fast alle Resultate dieses Kapitels wurden zuerst heuristisch gefunden, wobei man ausging von dem eben dargelegten Schema einer *„zufälligen Funktion"* ζ_λ mit unabhängigen Inkrementen, die von dem stetigen Argument λ abhängen.

Bis zum Aufbau einer allgemeinen Theorie waren zwei elementare Grundtypen von zufälligen Funktionen bekannt:

1. Der Normaltyp, bei dem die charakteristische Funktion $f_\lambda(t)$ einer Zufallsgröße ζ_λ durch die Formel

$$\log f_\lambda(t) = \lambda\left(i\gamma t - \frac{\sigma^2}{2}t^2\right) \tag{1}$$

gegeben wird.

2. Der POISSONsche Typ, in dem die charakteristische Funktion $f_\lambda(t)$ die Form

$$\log f_\lambda(t) = \lambda c\,(e^{iht} - 1) \tag{2}$$

hat.

Man kann zeigen, daß der Normaltyp gewissermaßen der natürlichere ist. Er tritt auf, wenn ζ_λ als Funktion von λ mit der Wahrscheinlichkeit Eins stetig ist (siehe § 26) (eine etwas schwächere Behauptung wurde im § 22 des Buches von GLIWENKO [1] bewiesen). Der POISSONsche Typ wird dann auftreten, wenn ζ_λ als Funktion von λ mit der Wahrscheinlichkeit Eins eine nicht abnehmende Treppenfunktion ist, die nur solche Werte annimmt, die ein Vielfaches einer „Schrittweite" h sind. (Dieser Fall eines diskreten sprunghaften Zufallsprozesses wurde im § 21 des Buches von GLIWENKO [1] behandelt.)

Natürlich wird man versuchen, eine solche Funktion ζ_λ aufzustellen, die diese beiden Typen miteinander kombiniert, wobei nicht Sprünge einer festen Schrittweite h, sondern von beliebiger Größe zugelassen sein sollen. Wir wollen annehmen, daß in einem Intervall $(\lambda, \lambda + d)$ Sprünge mit der Wahrscheinlichkeit $c\,d\lambda$ vorkommen, und die Verteilungsfunktion der Sprunggröße

$$\mathsf{P}\{h < u\} = F(u)$$

sei. Durch Kombination von (1) und (2) erhalten wir dann eine Formel, die zuerst von DE FINETTI [1] angegeben wurde:

$$\log f_\lambda(t) = \lambda\left\{i\gamma t - \frac{\sigma^2}{2}t^2 + c\int (e^{iut} - 1)\,dF(u)\right\}. \tag{3}$$

Die Formel (3) liefert jedoch noch keinesfalls die allgemeine Lösung des Problems. Für den Fall, daß ζ_λ eine endliche Streuung besitzt, wurde die allgemeine Lösung von A. N. KOLMOGOROV (siehe dazu auch den § 18) gefunden. Hierbei waren vor allem zwei Schwierigkeiten zu überwinden. Zunächst war zu berücksichtigen, daß kleine Sprünge in großer Zahl auftreten können und damit die „Sprungdichte" unendlich werden kann. Da „große" Sprünge aber nicht mit einer unendlichen Dichte auftreten können, wird es möglich, zwei Funktionen $M(u)$ und $N(u)$ einzuführen mit folgender Bedeutung: In dem Intervall $(\lambda, \lambda + d\lambda)$ kommt ein Sprung der Höhe h,

$$h < u < 0$$

mit einer Wahrscheinlichkeit $M(u)\,d\lambda$ und ein Sprung

$$h > u > 0$$

mit einer Wahrscheinlichkeit $N(u)\,d\lambda$ vor. Für $u = 0$ können diese Funktionen auch unendlich werden. Die Formel (3) erhält jetzt die Form

$$\log f_\lambda(t) = \lambda\left\{i\gamma t - \frac{\sigma^2}{2}t^2 + \int_{-\infty}^{0}(e^{iut} - 1)\,dM(u) + \int_{0}^{\infty}(e^{iut} - 1)\,dN(u)\right\}, \tag{4}$$

wobei die Integrale als die folgenden Grenzwerte zu verstehen sind[1]):

$$\int_{-\infty}^{0}(e^{iut} - 1)\,dM(u) = \lim_{a\to -0}\int_{-\infty}^{a}(e^{iut} - 1)\,dM(u),$$

$$\int_{0}^{\infty}(e^{iut} - 1)\,dN(u) = \lim_{a\to +0}\int_{a}^{\infty}(e^{iut} - 1)\,dN(u).$$

Die zweite Schwierigkeit besteht nun darin, daß es Funktionen ζ_λ gibt, für die die Integrale

$$\int_{-a}^{0} u\,dM(u) \qquad \text{und} \qquad \int_{0}^{a} u\,dN(u) \qquad a > 0,$$

[1]) Zu dem Integral

$$\int_{a}^{\infty}(e^{iut} - 1)\,dN(u), \quad a > 0$$

ist noch zu bemerken, daß es als

$$\int_{u>a}(e^{iut} - 1)\,\mu(du)$$

zu verstehen ist, wobei das Maß $\mu(A)$ definiert wird durch die Bedingung

$$\mu(u;\,\infty) = -N(u).$$

und folglich auch die Integrale in der Formel (4) divergieren. Das bedeutet aber, daß der Erwartungswert der Summe der kleinen Sprünge $|h| \leq a$ unendlich sein kann. Grob gesprochen kann man diese Unbeschränktheit durch die Einführung eines Gliedes $\lambda i\gamma t$ mit unendlichem γ in den Ausdruck für $\log f_\lambda(t)$ kompensieren. In strenger Weise wird diese Kompensation durch Einführung eines zu it proportionalen Gliedes in die Integranden jener Integrale erreicht, deren Divergenz man zu kompensieren hat. Das führt schließlich auf die Formel

$$\log f_\lambda(t) = \lambda \left\{ i\gamma t - \frac{\sigma^2}{2} t^2 + \int_{-\infty}^{0} (e^{iut} - 1 - itu)\, dM(u) + \int_{0}^{\infty} (e^{iut} - 1 - itu)\, dN(u) \right\}, \tag{5}$$

die schon eine allgemeine Form für den Logarithmus der charakteristischen Funktion von Größen ζ_λ mit endlicher Streuung darstellt.

Um auch die Größen mit unendlicher Streuung zu erfassen, muß man das Korrekturglied in die Integranden mit sehr großer Vorsicht einführen. Das wurde von P. Lévy ausgeführt, der für $\log f_\lambda(t)$ eine Formel angab, die auch im allgemeinsten Falle gilt:

$$\log f_\lambda(t) = \lambda \left\{ i\gamma t - \frac{\sigma^2}{2} t^2 + \int_{-\infty}^{0} \left(e^{iut} - 1 - \frac{iut}{1+u^2}\right) dM(u) + \int_{0}^{\infty} \left(e^{iut} - 1 - \frac{iut}{1+u^2}\right) dN(u) \right\}. \tag{6}$$

Die Lévy-Chintschin*sche Formel*

$$\log f_\lambda(t) = \lambda \left\{ i\gamma t + \int \left(e^{itu} - 1 - \frac{itu}{1+u^2}\right) \frac{1+u^2}{u^2}\, dG(u) \right\} \tag{7}$$

ergibt sich aus (6) durch Einführung einer Funktion $G(u)$ mit den Eigenschaften

1. $\dfrac{1+u^2}{u^2}\, dG(u) = dM(u)$ für $u < 0$,

2. $\dfrac{1+u^2}{u^2}\, dG(u) = dN(u)$ für $u > 0$,

3. $G(u)$ springt im Punkte $u = 0$ um σ^2. Für den Integranden setzen wir in $u = 0$ aus Gründen der Stetigkeit

$$\left[\left(e^{itu} - 1 - \frac{itu}{1+u^2}\right)\frac{1+u^2}{u^2}\right]_{u=0} = -\frac{t^2}{2}.$$

Die Funktion $G(u)$ hat keinen einfachen anschaulichen Sinn, ist aber für die Beweise wesentlich handlicher als die Funktionen $M(u)$ und $N(u)$.

§ 17. Definition und Haupteigenschaften

Wir sagen, eine „*Zufallsgröße ξ ist unbegrenzt teilbar*", wenn sie für jede natürliche Zahl n als Summe

$$\xi = \xi_{n_1} + \xi_{n_2} + \cdots + \xi_{n_n}$$

von n voneinander unabhängigen identisch verteilten Zufallsgrößen ξ_{n_1}, ξ_{n_2}, $\ldots$, ξ_{n_n} dargestellt werden kann.

Die *Verteilungsfunktion* einer unbegrenzt teilbaren Zufallsgröße soll ebenfalls „*unbegrenzt teilbar*" heißen.

Offenbar ist eine Verteilungsfunktion $F(x)$ dann und nur dann unbegrenzt teilbar, wenn ihre charakteristische Funktion $f(t)$ für jedes natürliche n die n-te Potenz einer gewissen charakteristischen Funktion $f_n(t)$ ist[1*] (die natürlich von n abhängt):

$$f(t) = [f_n(t)]^n. \tag{1}$$

Die Formel

$$f_n(t) = \sqrt[n]{f(t)}$$

bestimmt die Werte von $f_n(t)$ noch nicht eindeutig durch die Werte von $f(t)$ (eine Wurzel n-ten Grades hat bekanntlich n verschiedene Werte). Die ergänzenden Forderungen

1. $f_n(0) = 1$ und
2. $f_n(t)$ stetig

gestatten jedoch, $f_n(t)$ für jedes t-Intervall, welches den Punkt $t = 0$ enthält und in dem $f(t)$ nicht identisch verschwindet, in eindeutiger Weise zu definieren. Wir werden im Folgenden nur diesen „*Hauptwert*" $\sqrt[n]{f(t)}$ verwenden. Es stellt sich bald heraus, daß die charakteristische Funktion einer beliebigen unbegrenzt teilbaren Verteilung (für reelle t) nirgends verschwinden kann. Daher sind $f_n(t)$ und auch die entsprechende Verteilungsfunktion $F_n(x)$ durch $f(t)$ [bzw. $F(x)$] eindeutig bestimmt.

Wir bringen einige Beispiele.

Beispiel 1. *Eine normal verteilte Zufallsgröße ξ ist unbegrenzt teilbar.*

In der Tat, ist $\mathsf{E}\,\xi = a$ und $\mathsf{D}^2\,\xi = \sigma^2$, dann wissen wir, daß die charakteristische Funktion von ξ gleich

$$f(t) = e^{iat - \frac{\sigma^2}{2}t^2}$$

ist. Da für $n > 0$

$$f_n(t) = e^{i\frac{a}{n}t - \frac{\sigma^2}{2n}t^2}$$

[1*]) Doob weist in dem in der Fußnote von § 3 zitierten Anhang darauf hin, daß neben dieser Forderung noch zu fordern ist, daß der zugrunde gelegte Maßraum komplex genug sein muß, um n identisch verteilte unabhängige Zufallsgrößen mit der Summe ξ zu liefern.

wiederum die charakteristische Funktion einer Normalverteilung darstellt, ist unsere Behauptung schon bewiesen.

Beispiel 2. *Eine Zufallsgröße ξ mit* POISSONscher *Verteilung ist unbeschränkt teilbar.*

Die möglichen Werte von ξ seien von der Form $a + kh$ $(k = 0, 1, 2, \ldots)$, wobei

$$\mathsf{P}\{\xi = a + kh\} = \frac{\lambda^k e^{-\lambda}}{k!} \qquad (\lambda > 0)$$

ist. Dann ist die charakteristische Funktion von ξ gleich

$$f(t) = e^{iat + \lambda(e^{ith} - 1)}$$

Hieraus schließen wir, daß für beliebiges natürliches $n > 0$

$$\sqrt[n]{f(t)} = e^{i\frac{a}{n}t + \frac{\lambda}{n}(e^{ith} - 1)}$$

die charakteristische Funktion einer gewissen Zufallsgröße ist, die ebenfalls eine POISSONsche Verteilung besitzt. Damit ist unsere Behauptung bewiesen.

Beispiel 3. *Eine Zufallsgröße mit* CAUCHY*scher*[1]) *Verteilung ist unbegrenzt teilbar*

$$F(x) = \frac{1}{\pi}\left(\frac{\pi}{2} + \operatorname{arc\,tg}\frac{x - b}{a}\right) \qquad (a > 0).$$

In der Tat, man kann berechnen, daß hierfür

$$f(t) = e^{ibt - a|t|}$$

ist. Das beweist aber unsere Behauptung.

Beispiel 4. *Eine Zufallsgröße ξ mit der Wahrscheinlichkeitsdichte*

$$p(x) = \begin{cases} 0 & \text{für} \quad x \leq 0, \\ \dfrac{\beta^\alpha}{\Gamma(\alpha)} x^{\alpha-1} e^{-\beta x} & \text{für} \quad x > 0, \end{cases}$$

wobei $\alpha > 0$ und $\beta > 0$ beliebige Konstanten sind, ist unbegrenzt teilbar.

Die charakteristische Funktion von ξ ist gleich

$$f(t) = \left(1 - \frac{it}{\beta}\right)^{-\alpha}.$$

Für jedes natürliche n ist

$$\sqrt[n]{f(t)} = \left(1 - \frac{it}{\beta}\right)^{-\frac{\alpha}{n}} \tag{2}$$

wiederum die charakteristische Funktion einer Verteilung desselben Typus, wie ihn die Ausgangsform hatte.

---

[1]) Die CAUCHYsche Verteilung tritt das erstemal bei CAUCHY [1] auf.

Die von uns betrachtete Verteilung begegnet uns in dem System der PEARSONschen Kurven als 3. und 10. Typus. Diese Verteilung ist auch in der Statistik unter dem Namen χ^2-Verteilung bekannt, wenn $\beta = 1$ und 2α eine ganze Zahl ist.

Satz 1. *Die charakteristische Funktion einer unbegrenzt teilbaren Verteilung verschwindet nirgends.*

Beweis. Die Behauptung des Satzes ist offensichtlich eine Folgerung der Formel (1) und des Satzes 4, § 14.

Man kann sich auch leicht davon überzeugen, daß es beliebig viele nicht verschwindende charakteristische Funktionen gibt, die nicht unbegrenzt teilbar sind. Betrachten wir z. B. eine diskrete Zufallsgröße ξ, die die Werte -1, 0 und 1 mit den Wahrscheinlichkeiten 1/8, 3/4, 1/8 annimmt. Ihre charakteristische Funktion

$$f(t) = \frac{1}{8} e^{-it} + \frac{3}{4} + \frac{1}{8} e^{it} = \frac{3 + \cos t}{4}$$

ist positiv und wird niemals Null. Die Zufallsgröße ξ ist jedoch nicht nur nicht unbegrenzt teilbar, sondern nicht einmal in eine Summe zweier identisch verteilter Summanden zerlegbar. In der Tat setzen wir voraus, daß

$$\xi = \xi_1 + \xi_2$$

ist, wobei ξ_1 und ξ_2 voneinander unabhängig und identisch verteilt sind. Es ist ohne weiteres klar, daß jeder der Summanden nur zwei Werte a_1 und a_2 $(a_1 < a_2)$ mit der Wahrscheinlichkeit p bzw. $q = 1 - p$ annehmen kann. Die möglichen Werte von $\xi = \xi_1 + \xi_2$ sind die Zahlen $2a_1$, $a_1 + a_2$ und $2a_2$. Die Wahrscheinlichkeiten dieser Werte sind dann entsprechend p^2, $2pq$ und q^2. Auf Grund unserer Voraussetzung ist $2a_1 = -1$, $a_1 + a_2 = 0$, $2a_2 = 1$, ferner $1/8 = p^2$, $3/4 = 2pq$ und $1/8 = q^2$. Wir stoßen auf einen Widerspruch, denn die letzten drei Gleichungen sind unverträglich.

Satz 2. *Die Verteilungsfunktion einer Summe endlich vieler unabhängiger unbegrenzt teilbarer Zufallsgrößen ist unbegrenzt teilbar.*

Beweis. Offensichtlich genügt es, wenn wir uns beim Beweis auf den Fall zweier Summanden ξ und η beschränken. $f(t)$ und $g(t)$ seien die charakteristischen Funktionen dieser Summanden. Dann gilt auf Grund der Voraussetzungen des Satzes für beliebige natürliche n

$$f(t) = \{f_n(t)\}^n, \quad g(t) = \{g_n(t)\}^n,$$

wo $f_n(t)$ und $g_n(t)$ charakteristische Funktionen sind. Die charakteristische Funktion $h(t)$ der Summe $\zeta = \xi + \eta$ erfüllt für beliebige n die Gleichung

$$h(t) = f(t) \cdot g(t) = \{f_n(t) \cdot g_n(t)\}^n,$$

die offenbar den Satz beweist.

Wir weisen darauf hin, daß die umgekehrte Behauptung nicht richtig ist. Man kann Beispiele nicht unbegrenzt teilbarer Zufallsgrößen angeben, deren

Summe eine unbegrenzt teilbare Zufallsgröße ergibt. Die Betrachtung eines solchen Beispiels soll noch bis zum nächsten Paragraphen zurückgestellt werden (Beispiel 1).

Beispiel 5. *Die Funktion*

$$\varphi(t) = \left(1 + \frac{t^2}{\beta^2}\right)^{-\alpha}$$

mit beliebigem $\alpha > 0$ *und* $\beta > 0$ *ist die charakteristische Funktion einer unbegrenzt teilbaren Verteilung.*

In der Tat, es ist

$$\varphi(t) = \left(1 + \frac{it}{\beta}\right)^{-\alpha} \left(1 - \frac{it}{\beta}\right)^{-\alpha}.$$

Die Funktion

$$f(t) = \left(1 + \frac{it}{\beta}\right)^{-\alpha}$$

ist gemäß Beispiel 4 eine unbegrenzt teilbare charakteristische Funktion. Aus demselben Grunde ist aber auch

$$\overline{f(t)} = \left(1 - \frac{it}{\beta}\right)^{-\alpha}$$

eine charakteristische Funktion und unbegrenzt teilbar. Aus Satz 2 folgt dann unsere Behauptung.

Wie man leicht nachrechnet, wird die Wahrscheinlichkeitsdichte der charakteristischen Funktion $\varphi(t)$ durch die Gleichungen

$$\pi(-x) = \pi(x)$$

und

$$\pi(x) = \frac{\beta^{2\alpha}}{\Gamma^2(\alpha)} \int_0^\infty (z - x)^{\alpha-1} z^{\alpha-1} e^{-\beta(2z-x)}\, dz \quad \text{für } x < 0$$

definiert.

Die Verteilung

$$\pi_1(x) = \frac{\beta}{2} e^{-\beta|x|},$$

die man für $\alpha = 1$ erhält, bezeichnet man als LAPLACEsche Verteilung. Somit ist die LAPLACEsche Verteilung unbegrenzt teilbar.

Satz 3. *Eine Verteilungsfunktion, die Grenzwert unbegrenzt teilbarer Verteilungsfunktionen im Sinne der schwachen Konvergenz ist, ist ebenfalls unbegrenzt teilbar.*

Beweis. Seien $F^{(k)}(x)$ unbegrenzt teilbare Verteilungsfunktionen und konvergiere für $k \to \infty$

$$F^{(k)}(x) \Rightarrow F(x),$$

wo $F(x)$ eine Verteilungsfunktion ist. Sind $f^{(k)}(t)$ die charakteristischen Funktionen von $F^{(k)}(x)$ und $f(t)$ von $F(x)$, so gilt

$$f^{(k)}(t) \Rightarrow f(t). \tag{3}$$

Auf Grund der Voraussetzungen des Satzes sind die Funktionen

$$f_n^{(k)}(t) = \sqrt[n]{f^{(k)}(t)}$$

für beliebiges n charakteristisch und verschwinden für kein t. Aus (3) schließen wir daher, daß für jedes n

$$f_n^{(k)}(t) \Rightarrow f_n(t) \qquad (k \to \infty).$$

Wegen Satz 2, § 13, ist $f_n(t)$ eine charakteristische Funktion. Da nun für jedes natürliche n die Gleichung

$$f(t) = \{f_n(t)\}^n$$

gilt, ist der Satz bewiesen.

Satz 4. *Wenn $f(t)$ die charakteristische Funktion einer unbegrenzt teilbaren Verteilung ist, dann ist auch die Funktion $\{f(t)\}^c$ für beliebiges $c > 0$ eine charakteristische Funktion.*

Beweis. In der Tat, für $c = \frac{1}{n}$, wo n eine natürliche Zahl ist, folgt die Behauptung aus der Definition einer unbegrenzt teilbaren Zufallsgröße. Nach dem Multiplikationssatz für charakteristische Funktionen ist die Behauptung damit auch für beliebige rationale $c > 0$ richtig. Für irrationale $c > 0$ kann die Funktion $\{f(t)\}^c$ in jedem endlichen t-Intervall gleichmäßig durch Funktionen $\{f(t)\}^{c_1}$ approximiert werden, wobei die c_1 rationale Zahlen sind. Hieraus folgt aber auf Grund des vorhergehenden Satzes unsere Behauptung.

Satz 5. *Die Gesamtheit der unbegrenzt teilbaren Verteilungen stimmt mit der Gesamtheit der Verteilungen überein, die als Faltung einer endlichen Anzahl von* POISSON*schen Verteilungen und als deren Grenzwerte im Sinne der schwachen Konvergenz auftreten.*

Beweis. Daß eine Faltung endlich vieler POISSONscher Verteilungen und Grenzwerte POISSONscher Verteilungen wieder unbegrenzt teilbar sind, folgt aus den Sätzen 2 und 3. Wir müssen also die Umkehrung beweisen. Sei $f(t)$ die charakteristische Funktion einer gewissen unbegrenzt teilbaren Verteilung. Nach Voraussetzung ist

$$f_n(t) = \sqrt[n]{f(t)}$$

eine charakteristische Funktion. Also ist

$$f_n(t) = \int e^{itx} dF_n(x), \tag{4}$$

wobei $F_n(x)$ eine gewisse Verteilungsfunktion ist. Es konvergiert[1])

$$n(f_n(t) - 1) \Rightarrow \log f(t) \qquad \text{für} \qquad n \to \infty, \tag{5}$$

[1]) Diese Beziehung kann man etwa auf folgendem Wege beweisen:

$$n(\sqrt[n]{a} - 1) = n\left(e^{\frac{1}{n}\log a} - 1\right) = n\left(1 + \frac{1}{n}\log a + o\left(\frac{1}{n}\right) - 1\right) \to \log a.$$

und somit

$$e^{n(f_n(t)-1)} \Rightarrow f(t), \qquad n \to \infty. \tag{6}$$

Jetzt stellen wir das Integral (4) in Form eines Grenzwertes einer STIELTJESschen Summe für $m \to \infty$ dar:

$$\sum_{k=1}^{m} e^{itc_k}[F_n(c_k) - F_n(c_{k-1})] \Rightarrow f_n(t). \tag{7}$$

Wir setzen

$$a_k = n[F_n(c_k) - F_n(c_{k-1})]$$

und erhalten, indem wir (6) und (7) vergleichen:

$$e^{\sum\limits_{k=1}^{m} a_k(e^{itc_k}-1)} \Rightarrow f(t), \qquad \text{w. z. b. w.}$$

Wir verwenden den letzten Satz zur Konstruktion von Beispielen unbegrenzt teilbarer Verteilungen.

Beispiel 6. *Man sagt, eine zufällige Größe, die nichtnegative ganzzahlige Werte mit den Wahrscheinlichkeiten*

$$p_0 = \mathsf{P}\{\xi = 0\} = (1 + \alpha\lambda)^{-\frac{1}{\alpha}},$$

$$p_k = \mathsf{P}\{\xi = k\} = \left(\frac{\lambda}{1 + \alpha\lambda}\right)^k \frac{(1 + \alpha)\ldots(1 + (k-1)\alpha)}{k!} p_0$$

($\alpha > 0$ *und* $\lambda > 0$) *annimmt, besitzt eine* POLYA*sche Verteilung. Wir zeigen, daß die* POLYA*sche Verteilung unbegrenzt teilbar ist.*

Ohne große Rechnung überzeugt man sich davon, daß die charakteristische Funktion der POLYAschen Verteilung gleich

$$f(t) = [1 + \alpha\lambda(1 - e^{it})]^{-\frac{1}{\alpha}}$$

ist. Damit ist aber auch sofort klar, daß sie für keinen t-Wert verschwindet. Eine leichte Rechnung ergibt

$$\log f(t) = \frac{1}{\alpha} \sum_{s=1}^{\infty} \frac{1}{s} \left(\frac{\alpha\lambda}{1 + \alpha\lambda}\right)^s (e^{ist} - 1).$$

Da die einzelnen Summanden dieser Summe Logarithmen charakteristischer Funktionen gewisser POISSONscher Verteilungen sind, ist die Behauptung bewiesen.

Die POISSONsche Verteilung ist als Grenzfall für $\alpha \to 0$ in der POLYAschen Verteilung enthalten. Für $\alpha = 1$ geht die POLYAsche Verteilung in die PASCALsche Verteilung über. Daraus folgt sofort, daß auch die PASCALsche Verteilung unbegrenzt teilbar ist.

Beispiel 7[1]. *Sei* $\zeta(s) = \zeta(\sigma + it)$ *die* RIEMANN*sche* ζ*-Funktion. Sie möge für* $\sigma > 1$ *mit Hilfe der Reihe*

$$\zeta(s) = \sum_{n=1}^{\infty} n^{-s}$$

[1]) A. J. CHINTSCHIN [11], S. 35.

oder des EULER*schen Produkts*

$$\zeta(s) = \prod_p (1 - p^{-s})^{-1},$$

welches über alle Primzahlen erstreckt wird, definiert sein.

Wir beweisen, daß für beliebiges konstantes $\sigma > 1$ die Funktion

$$f(t) = \frac{\zeta(\sigma + it)}{\zeta(\sigma)}$$

die charakteristische Funktion einer gewissen unbeschränkt teilbaren Verteilung ist. In der Tat ist

$$\log f(t) = \sum_p [\log(1 - p^{-\sigma}) - \log(1 - p^{-\sigma - it})] = \sum_p \sum_{m=1}^{\infty} \frac{p^{-m\sigma}(p^{-imt} - 1)}{m}$$

$$= \sum_p \sum_{m=1}^{\infty} \frac{p^{-m\sigma}(e^{-imt\log p} - 1)}{m},$$

wobei das Symbol $\sum_p$ bedeutet, daß die Summation über alle Primzahlen zu erstrecken ist.

Jeder Summand dieser Summe ist Logarithmus der charakteristischen Funktion einer POISSONschen Verteilung. Nach Satz 5 ist $f(t)$ eine unbegrenzt teilbare charakteristische Funktion.

§ 18. Kanonische Darstellung

Satz 1. *Eine Funktion $f(t)$ ist dann und nur dann die charakteristische Funktion einer unbegrenzt teilbaren Verteilung, wenn ihr Logarithmus in der Form*

$$\log f(t) = i\gamma t + \int \left\{e^{itu} - 1 - \frac{itu}{1 + u^2}\right\} \frac{1 + u^2}{u^2} \, dG(u) \tag{1}$$

darstellbar ist. Dabei ist γ eine reelle Konstante, $G(u)$ eine nichtabnehmende Funktion beschränkter Schwankung und der Integrand für $u = 0$ durch die Gleichung

$$\left[\left\{e^{itu} - 1 - \frac{itu}{1 + u^2}\right\} \frac{1 + u^2}{u^2}\right]_{u=0} = -\frac{t^2}{2}$$

definiert. Die Darstellung von $\log f(t)$ *durch die Formel* (1) *ist eindeutig.*

Beweis der Notwendigkeit. Wir setzen voraus, daß $F(x)$ unbeschränkt teilbar und $f(t)$ ihre charakteristische Funktion ist. Dann gilt für beliebiges $n > 0$

$$f(t) = [f_n(t)]^n,$$

wo $f_n(t)$ eine charakteristische Funktion ist. Wegen $f(t) \neq 0$ haben wir nach Formel (5), § 17

$$n[f_n(t) - 1] = n \int (e^{itx} - 1) \, dF_n(x) \Rightarrow \log f(t).$$

Dabei ist $F_n(x)$ die der charakteristischen Funktion $f_n(t)$ zugeordnete Verteilungsfunktion.

Wir setzen

$$G_n(u) = n\int_{-\infty}^{u} \frac{x^2}{1+x^2}\, dF_n(x)$$

und

$$I_n(t) = \int (e^{itu} - 1)\frac{1+u^2}{u^2}\, dG_n(u). \tag{2}$$

Dann kann die obige Beziehung wegen Satz 2, § 4 auch in der Form

$$I_n(t) \Rightarrow \log f(t) \tag{3}$$

geschrieben werden.

Hieraus schließen wir, daß

$$\operatorname{Re} I_n(t) = \int (\cos ut - 1)\frac{1+u^2}{u^2}\, dG_n(u) \Rightarrow \int \log |f(t)|$$

konvergiert.

Wir beweisen nun, daß $G_n(+\infty)$ beschränkt ist. Dazu betrachten wir die Ausdrücke

$$A_n = \int_{|u|\le 1} dG_n(u), \qquad B_n = \int_{|u|>1} dG_n(u), \qquad C_n = A_n + B_n = \int dG_n(u).$$

Es sei $0 \le t \le 2$. Offenbar ist für beliebiges $\varepsilon > 0$ und hinreichend großes n

$$-\log |f(t)| + \varepsilon \ge \int_{|u|\le 1} (1 - \cos tu)\frac{1+u^2}{u^2}\, dG_n(u)$$

und

$$-\log |f(t)| + \varepsilon \ge \int_{|u|>1} (1 - \cos tu)\frac{1+u^2}{u^2}\, dG_n(u).$$

Da für $|u| \le 1$

$$\frac{1-\cos u}{u^2} > \frac{1}{3}$$

ist, ergibt die erste der oben angegebenen Ungleichungen

$$-\log |f(1)| + \varepsilon > \frac{1}{3} A_n. \tag{4}$$

Wir mitteln im Intervall $0 \le t \le 2$ über die Funktionen, die auf der rechten bzw. linken Seite der zweiten Ungleichung stehen und erhalten

$$-\frac{1}{2}\int_0^2 \log |f(t)|\, dt + \varepsilon \ge \int_{|u|>1} \left(1 - \frac{\sin 2u}{2u}\right) dG_n(u) \ge \frac{1}{2} B_n. \tag{5}$$

Da die Größen $\log |f(1)|$ und $\frac{1}{2}\int_0^2 \log |f(t)|\, dt$ endlich sind, folgt aus den Beziehungen (4) und (5), daß $G_n(+\infty)$ beschränkt ist.

Wir beweisen jetzt, daß

$$\int\limits_{|u|>T} dG_n(u) \to 0 \qquad \text{für} \qquad T \to \infty$$

gleichmäßig in n konvergiert.

In der Tat gilt für beliebiges $\varepsilon > 0$ und genügend großes n

$$-\log|f(t)| + \varepsilon \geq \int\limits_{|u|\geq T} (1 - \cos tu)\, dG_n(u).$$

Wir nehmen das Mittel von beiden Seiten der Ungleichung im Intervall $0 \leq t \leq \frac{2}{T}$ $(T \geq 1)$ und erhalten

$$-\frac{T}{2}\int\limits_0^{\frac{2}{T}} \log|f(t)|\, dt + \varepsilon \geq \int\limits_{|u|\geq T} \left(1 - \frac{T \sin \frac{2u}{T}}{2u}\right) dG_n(u),$$

also für $|u| \geq T$

$$1 - \frac{T \sin \frac{2u}{T}}{2u} \geq \frac{1}{2}$$

und für $T \geq T_0$

$$\left|\frac{T}{2}\int\limits_0^{\frac{2}{T}} \log|f(t)|\, dt\right| \leq \max_{0\leq t\leq \frac{2}{T}} \big|\log|f(t)|\big| < \varepsilon.$$

Daher wird für $T \geq T_0$

$$\int\limits_{|u|\geq T} dG_n(u) \leq 4\varepsilon.$$

Jetzt können wir auf Grund des Satzes 3a, § 9 aus der Folge $G_n(u)$ eine konvergente Teilfolge auswählen

$$G_{n_k}(u) \Rightarrow G(u).$$

Wir setzen

$$\gamma_{n_k} = \int \frac{dG_{n_k}(u)}{u} = n_k \int \frac{x}{1+x^2}\, dF_{n_k}(x).$$

Dann folgt aus (3)

$$I_{n_k}(t) = \int \left\{e^{itu} - 1 - \frac{itu}{1+u^2}\right\} \frac{1+u^2}{u^2}\, dG_{n_k}(u) + it\gamma_{n_k}.$$

Das auf der rechten Seite dieser Gleichung stehende Integral konvergiert für $k \to \infty$ gegen

$$\int \left\{e^{itu} - 1 - \frac{itu}{1+u^2}\right\} \frac{1+u^2}{u^2}\, dG(u).$$

Aus (3) schließen wir nun, daß die γ_{n_k} für $k \to \infty$ gegen eine gewisse Größe γ konvergieren müssen.

Damit ist der zweite Teil des Satzes bewiesen. Wir beweisen nun:

Die Bedingung ist hinreichend. Es gelte die Darstellung (1). Nach § 6 können wir das auf der rechten Seite von (1) stehende Integral als Grenzwert einer STIELTJESschen Summe auffassen (die c_k wählen wir alle von Null verschieden)

$$\sum_{k=1}^{m}\left(e^{itc_k}-1-\frac{itc_k}{1+c_k^2}\right)\frac{1+c_k^2}{c_k^2}[G(c_k)-G(c_{k-1})]$$
$$\Rightarrow\int\left(e^{itu}-1-\frac{itu}{1+u^2}\right)\frac{1+u^2}{u^2}dG(u).$$

Jeder Summand der Summe links ist Logarithmus der charakteristischen Funktion einer gewissen POISSONschen Verteilung.

Aus Satz 5 von § 17 folgt, daß $f(t)$ eine unbegrenzt teilbare charakteristische Funktion ist.

Jetzt haben wir nur noch die Eindeutigkeit der Darstellung des Logarithmus einer unbegrenzt teilbaren charakteristischen Funktion durch die Formel (1) zu beweisen. Aus (1) ergibt sich leicht:

$$-v(t)=\int_{t-1}^{t+1}\log f(z)\,dz-2\log f(t)=-2\int e^{itu}\left(1-\frac{\sin u}{u}\right)\frac{1+u^2}{u^2}dG(u).$$

Wir setzen

$$V(u)=2\int_{-\infty}^{u}\left(1-\frac{\sin v}{v}\right)\frac{1+v^2}{v^2}dG(v)$$

und finden

$$v(t)=\int e^{itu}dV(u).$$

Die Funktion $V(u)$ ist nichtabnehmend. Daher wird sie nach Satz 2, § 12 durch ihre charakteristische Funktion $v(t)$ eindeutig bestimmt.

Da für alle v

$$\left(1-\frac{\sin v}{v}\right)\frac{1+v^2}{v^2}>0$$

ist, wird die Funktion $G(v)$ gemäß Satz 3, § 4 eindeutig durch $V(u)$ bestimmt, w. z. b. w.

Die Darstellung (1) werden wir, wie schon im § 16 erwähnt worden war, als LÉVY-CHINTSCHINsche Formel (siehe P. LÉVY [2] und A. J. CHINTSCHIN [8]) bezeichnen.

Folgerung. *Wenn der Logarithmus einer gewissen charakteristischen Funktion eine Darstellung* (1) *gestattet, wobei $G(u)$ eine (nicht notwendig nichtabnehmende) Funktion beschränkter Schwankung ist, dann ist diese Darstellung eindeutig.*

Beweis. Angenommen es gäbe zwei Darstellungen von $f(t)$ in der Form (1) mit Funktionen $G_1(u)$, $G_2(u)$ und Konstanten γ_1 und γ_2.

$G_1'(G_2')$ sei die positive, $G_1''(G_2'')$ die negative Variation der Funktion $G_1(G_2)$ und $h(t, u)$ der Integrand von (1).

Dann erhalten wir [siehe (2), § 8]:

$$i\gamma_1 t + \int h(t, u)\, dG_1(u) = i\gamma_1 t + \int h(t, u)\, dG_1'(u) - \int h(t, u)\, dG_1''(u)$$
$$= i\gamma_2 t + \int h(t, u)\, dG_2(u)$$
$$= i\gamma_2 t + \int h(t, u)\, dG_2'(u) - \int h(t, u)\, dG_2''(u),$$

woraus

$$i\gamma_1 t + \int h(t, u)\, d(G_1'(u) + G_2''(u)) = i\gamma_2 t + \int h(t, u)\, d(G_1''(u) + G_2'(u))$$

folgt.

Die Funktionen $G_1'(u) + G_2''(u)$ und $G_1''(u) + G_2'(u)$ sind nichtabnehmend. Daher muß in der angegebenen Gleichung, *die den Logarithmus der charakteristischen Funktion einer unbegrenzt teilbaren Verteilung darstellt*,

$$\gamma_1 = \gamma_2$$

und

$$G_1'(u) + G_2''(u) \equiv G_1''(u) + G_2'(u),$$

also

$$G_1'(u) - G_1''(u) \equiv G_2'(u) - G_2''(u)$$

sein.

Diese letzte Aussage ist aber mit

$$G_1 \equiv G_2$$

äquivalent, w. z. b. w.

Wir benutzen die LÉVY-CHINTSCHINsche Formel zur Konstruktion von Beispielen für unbegrenzt teilbare charakteristische Funktionen.

Beispiel 1. Wir betrachten die Funktion

$$f(t) = \frac{1-\beta}{1+\alpha} \cdot \frac{1+\alpha e^{-it}}{1-\beta e^{it}} \qquad (0 < \alpha \leq \beta < 1).$$

Da diese Funktion stetig, $f(0) = 1$ und

$$f(t) = \frac{1-\beta}{1+\alpha}\left[\alpha e^{-it} + (1+\alpha\beta) \sum_{n=0}^{\infty} \beta^n e^{int}\right]$$

ist, wird $f(t)$ die charakteristische Funktion einer Zufallsgröße ξ, die alle ganzzahligen Werte von -1 bis $+\infty$ annimmt, wobei

$$\mathsf{P}\{\xi = -1\} = \frac{1-\beta}{1+\alpha}\alpha; \quad \mathsf{P}\{\xi = n\} = \frac{1-\beta}{1+\alpha}(1+\alpha\beta)\beta^n \qquad [n = 0, 1, 2, \ldots]$$

ist.

Wir vergewissern uns, daß $f(t)$ keine unbegrenzt teilbare charakteristische Funktion ist, denn es ist

$$\log f(t) = \sum_{n=1}^{\infty}\left[(-1)^{n-1}\frac{\alpha^n}{n}(e^{-int} - 1) + \frac{\beta^n}{n}(e^{int} - 1)\right]$$
$$= i\gamma t + \int\left(e^{itu} - 1 - \frac{itu}{1+u^2}\right)\frac{1+u^2}{u^2}\, dG(u).$$

Hier ist, wie man unschwer nachrechnet,

$$\gamma = \sum_{n=1}^{\infty} \frac{\beta^n + (-1)^n \alpha^n}{1 + n^2}$$

und $G(u)$ eine Funktion beschränkter Schwankung, die an den Stellen

$$u = \pm 1, \pm 2, \pm 3, \ldots$$

Sprünge von der Größe

$$\frac{n\beta^n}{n^2 + 1} \qquad \text{für} \quad u = +n$$

bzw.

$$(-1)^{n-1} \frac{n\alpha^n}{n^2 + 1} \qquad \text{für} \quad u = -n$$

besitzt.

Somit ist $G(u)$ nichtmonoton. Nach der Folgerung aus Satz 1 dieses Paragraphen kann also $f(t)$ nicht die charakteristische Funktion einer unbegrenzt teilbaren Verteilung sein, w. z. b. w.

Die Funktion

$$\overline{f(t)} = \frac{1 - \beta}{1 + \alpha} \cdot \frac{1 + \alpha e^{it}}{1 - \beta e^{-it}}$$

ist ebenfalls eine charakteristische Funktion. Für sie ist

$$\log \overline{f(t)} = \sum_{n=1}^{\infty} \left[\frac{\beta^n}{n} (e^{-int} - 1) + (-1)^{n-1} \frac{\alpha^n}{n} (e^{int} - 1) \right].$$

Wir beweisen jetzt, daß

$$g(t) = f(t) \overline{f(t)} = |f(t)|^2$$

die charakteristische Funktion einer unbegrenzt teilbaren Verteilung ist.

In der Tat ist

$$\log g(t) = \sum_{n=1}^{\infty} \frac{1}{n} (\beta^n + (-1)^{n-1} \alpha^n)(e^{-int} - 1) +$$

$$+ \sum_{n=1}^{\infty} \frac{1}{n} (\beta^n + (-1)^{n-1} \alpha^n)(e^{int} - 1)$$

$$= \int \left\{ e^{itx} - 1 - \frac{itx}{1 + x^2} \right\} \frac{1 + x^2}{x^2} \, dG(x),$$

wo $G(x)$ eine nichtabnehmende Funktion mit Sprüngen in den Punkten ± 1, ± 2, $\pm 3, \ldots$ ist. Die Sprünge in den Punkten $+n$ und $-n$ sind einander gleich. Ihre Größe ist

$$\frac{n}{1 + n^2} (\beta^n + (-1)^{n-1} \alpha^n).$$

Interessant ist folgende Bemerkung: $f(t)$ ist eine charakteristische Funktion, sie ist jedoch nicht unbegrenzt teilbar. Ihr Betrag $|f(t)|$ ist eine unbegrenzt teilbare charakteristische Funktion. Die unbegrenzt teilbare charakteristische Funktion $|f(t)|^2$ läßt sich in ein Produkt zweier nicht unbegrenzt teilbarer Funktionen $f(t)$ und $\overline{f(t)}$ zerlegen.

Beispiel 2. Wir konstruieren jetzt ein Beispiel einer unbegrenzt teilbaren charakteristischen Funktion $f(t)$ mit noch bemerkenswerteren Eigenschaften Die Funktion $f(t)$ läßt sich in ein Produkt einer unbegrenzt teilbaren Funktion und einer charakteristischen Funktion aufspalten, die sich nicht mehr in ein Produkt charakteristischer Funktionen zerlegen läßt. (Das angeführte Beispiel ist eine leichte Abänderung eines von J. A. CHINTSCHIN [9] stammenden Beispiels. In dem Beispiel von J. A. CHINTSCHIN wird $f(t)$ in ein Produkt von drei Faktoren zerlegt. Einer ist eine unbegrenzt teilbare charakteristische Funktion und die beiden anderen können nicht in ein Produkt charakteristischer Funktionen zerlegt werden.

Die Funktion

$$f(t) = \frac{2 + e^{it}}{3}$$

ist die charakteristische Funktion einer Zufallsgröße, welche die Werte 0 und 1 mit den Wahrscheinlichkeiten 2/3 bzw. 1/3 annimmt. Diese Funktion ist stets von Null verschieden. Man sieht leicht, daß

$$\log f(t) = \sum_{s=1}^{\infty} \frac{(-1)^{s+1}}{s \cdot 2^s} (e^{ist} - 1) = \sum_{s=1}^{\infty} a_s (e^{i(2s-1)t} - 1) - \sum_{s=1}^{\infty} b_s (e^{i2st} - 1)$$

ist mit

$$a_s = \frac{1}{(2s-1)\, 2^{2s-1}}, \qquad b_s = \frac{1}{2s \cdot 2^{2s}}.$$

Daraus folgt:

$$\prod_{s=1}^{\infty} e^{a_s(e^{i(2s-1)t}-1)} = \frac{2 + e^{it}}{3} \prod_{s=1}^{\infty} e^{b_s(e^{i2st}-1)}.$$

Die unendlichen Produkte, die auf beiden Seiten der letzten Gleichung stehen, sind als Produkte charakteristischer Funktionen gewisser POISSONscher Verteilungen unbegrenzt teilbare charakteristische Funktionen. Der Faktor $\frac{2 + e^{it}}{3}$ ist dagegen nicht mehr in ein Produkt charakteristischer Funktionen zerlegbar.

Wir erhalten somit: Man kann ein Beispiel für eine unbegrenzt teilbare Zufallsgröße angeben, die als Summe zweier unabhängiger Summanden darstellbar ist, von denen der eine unbegrenzt teilbar und der andere überhaupt nicht in unabhängige Summanden zerlegbar ist.

Wir definieren Funktionen $M(u)$ und $N(u)$ und eine Konstante σ^2 mittels der Beziehungen

$$\left.\begin{aligned} M(u) &= \int_{-\infty}^{u} \frac{1+z^2}{z^2}\, dG(z) \qquad \text{für} \quad u < 0 \\ N(u) &= -\int_{u}^{\infty} \frac{1+z^2}{z^2}\, dG(z) \qquad \text{für} \quad u > 0 \\ \sigma^2 &= G(+0) - G(-0). \end{aligned}\right\} \tag{6}$$

Die Funktionen $M(u)$ und $N(u)$ sind:

1. nichtabnehmend in den entsprechenden Intervallen

$$(-\infty; 0), \qquad (0; +\infty);$$

2. stetig in den und nur den Punkten, in denen $G(u)$ stetig ist;

3. befriedigen die nachstehenden Bedingungen

$$M(-\infty) = N(+\infty) = 0,$$

und

$$\int_{-\varepsilon}^{0} u^2 dM(u) + \int_{0}^{\varepsilon} u^2 dN(u) < +\infty, \quad \text{für beliebige endliche} \quad \varepsilon > 0.$$

Umgekehrt definieren je zwei Funktionen $M(u)$ und $N(u)$, welche die Bedingungen 1. und 3. erfüllen und eine Konstante $\sigma > 0$ gemäß Formel (6) bestimmen, die charakteristische Funktion einer gewissen unbegrenzt teilbaren Verteilung. Mittels der Funktionen $M(u)$ und $N(u)$ kann man die Formel (1) auch in folgender Form schreiben [siehe (6) § 16]:

$$\log f(t) = i\gamma t - \frac{\sigma^2}{2} t^2 + \int_{-\infty}^{0} \left(e^{iut} - 1 - \frac{iut}{1+u^2}\right) dM(u) + \\ + \int_{0}^{\infty} \left(e^{iut} - 1 - \frac{iut}{1+u^2}\right) dN(u). \tag{7}$$

Die Formel (7) bezeichnet man auch als „LÉVY*sche Formel*".

Der Formel (1) für den Logarithmus einer charakteristischen Funktion kann man auch die folgende Form geben:

$$\log f(t) = i\gamma(\tau) t - \frac{\sigma^2}{2} t^2 + \int_{-\infty}^{-\tau} (e^{iut} - 1)\, dM(u) + \int_{\tau}^{\infty} (e^{iut} - 1)\, dN(u) + \\ + \int_{-\tau}^{0} (e^{iut} - 1 - iut)\, dM(u) + \int_{0}^{\tau} (e^{iut} - 1 - iut)\, dN(u), \tag{8}$$

wo $M(u)$ und $N(u)$ dieselbe Bedeutung haben wie in Formel (6) und τ eine willkürliche Konstante ist. τ wird derart ausgewählt, daß τ und $-\tau$ Stetigkeitspunkte der Funktionen $M(u)$ bzw. $N(u)$ sind. Man findet leicht den Zusammenhang zwischen $\gamma(\tau)$ und γ in Formel (1):

$$\gamma(\tau) = \gamma + \int_{|u|<\tau} u\,dG(u) - \int_{|u|\geq\tau} \frac{1}{u}\,dG(u). \tag{9}$$

Die LÉVYsche und die LÉVY-CHINTSCHINsche Formel sind Verallgemeinerungen der Formel, die im Jahre 1932 von KOLMOGOROV [2] für den Fall gefunden wurde, daß $F(x)$ eine endliche Streuung besitzt. Es zeigt sich, daß das $F(x)$ in diesem Falle dann und nur dann unbegrenzt teilbar ist, wenn

$$\log f(t) = i\gamma t + \int \{e^{itu} - 1 - itu\} \frac{1}{u^2}\,dK(u) \tag{10}$$

ist, wobei γ eine Konstante und $K(u)$ $[K(-\infty) = 0]$ eine nichtabnehmende Funktion beschränkter Schwankung bedeutet. Die Darstellung von $\log f(t)$ durch diese Formel ist eindeutig.

Die Formel (10) werden wir als die „KOLMOGOROV*sche Formel*“ bezeichnen. Eine leichte Rechnung zeigt, daß in diesem Falle

$$\left[\frac{d}{dt}\log f(t)\right]_{t=0} = i\,\mathsf{E}\,\xi = i\gamma, \quad \left[\frac{d^2}{dt^2}\log f(t)\right]_{t=0} = -\mathsf{D}^2\,\xi = -\int dK(u)$$

ist, woraus

$$\gamma = \mathsf{E}\xi \quad \text{und} \quad K(+\infty) = \mathsf{D}^2\xi \tag{11}$$

folgt.

Diese Formeln erklären die wahrscheinlichkeitstheoretische Bedeutung der Konstanten γ und der Variation von $K(u)$ in der Formel (10).

Man kann die KOLMOGOROVsche Formel auch als Spezialfall aus der LÉVY-CHINTSCHINschen Formel durch die Festsetzung

$$K(u) = \int_{-\infty}^{u} (1 + v^2)\,dG(v)$$

erhalten. Natürlich ist auch derselbe Weg wie bei der Einführung der LÉVY-CHINTSCHINschen Formel gangbar.

Für unsere weiteren Betrachtungen ist es wichtig, die Darstellungen für eine Normalverteilung und für eine POISSONsche Verteilung mittels der Formeln (1), (7) und (10) zu kennen. Eine leichte Rechnung liefert für die Normalverteilung

$$\Phi(x) = \frac{1}{\sigma\sqrt{2\pi}} \int_{-\infty}^{x} e^{-\frac{(z-a)^2}{2\sigma^2}}\,dz \tag{12}$$

in den Formeln (1) und (10)

$$\gamma = a; \qquad K(u) = G(u) = \begin{cases} 0 & \text{für} \quad u \leq 0, \\ \sigma^2 & \text{für} \quad u > 0 \end{cases} \tag{13}$$

und in Formel (7)

$$\gamma = a, \quad M(u) = 0, \quad N(u) = 0, \quad \sigma = \sigma. \tag{13'}$$

Für Zufallsgrößen, die eine POISSONsche Verteilung mit der charakteristischen Funktion

$$f(t) = e^{\lambda(e^{it}-1)}$$

besitzen, muß man in der Formel (1)

$$\gamma = \frac{\lambda}{2}, \quad G(u) = \begin{cases} 0 & \text{für} \quad u \leq 1, \\ \frac{\lambda}{2} & \text{für} \quad u > 1, \end{cases} \tag{14}$$

in Formel (7)

$$\gamma = \frac{\lambda}{2}, \quad \sigma = 0, \quad M(u) = 0, \quad N(u) = \begin{cases} -\lambda & \text{für} \quad u \leq 1, \\ 0 & \text{für} \quad u > 1 \end{cases} \tag{14'}$$

und in Formel (10)

$$\gamma = \lambda, \quad K(u) = \begin{cases} 0 & \text{für} \quad u \leq 1, \\ \lambda & \text{für} \quad u > 1 \end{cases} \tag{14''}$$

setzen.

Wir erwähnen noch, daß das Aussehen der Funktion $G(u)$ in der LÉVY-CHINTSCHINschen Formel für eine Normalverteilung und eine POISSONsche Verteilung zu folgender Behauptung Anlaß gibt:

Ist die Faltung zweier unbegrenzt teilbarer Verteilungen eine Normal-(POISSONsche)verteilung, dann muß jede der Komponenten eine Normal-(POISSONsche)verteilung sein.

In der Tat, wenn $G_1(u)$ und $G_2(u)$ zwei nichtabnehmende Funktionen und

$$G_1(u) + G_2(u) = G(u)$$

ist, wo $G(u)$ mittels Formel (13) [oder (14) für ein POISSONsches Gesetz] definiert wird, dann kann jeder der Summanden nur im Punkte $u = 0$ (oder im Punkte $u = 1$) anwachsen.

Wir berechnen jetzt die Funktion $K(u)$ in der KOMOLGOROVschen Formel für eine Verteilung, die wir schon im Beispiel 4, § 17 untersuchten. Zu diesem Zweck führen wir für dieses Beispiel alle Rechnungen aus, die beim Beweis der Formel (1) durchgeführt wurden. Und zwar setzen wir

$$K_n(x) = n \int_{-\infty}^{x} z^2 p_n(z)\, dz,$$

wo $p_n(x)$ die Wahrscheinlichkeitsdichte ist, deren charakteristische Funktion durch die Formel (1), § 17 gegeben wird, d. h.

$$p_n(x) = \begin{cases} 0 & \text{für} \quad x \leq 0, \\ c_n x^{\frac{\alpha}{n}-1} e^{-\beta x} & \text{für} \quad x > 0 \end{cases} \tag{15}$$

mit $c_n = \dfrac{\beta^{\frac{\alpha}{n}}}{\Gamma\left(\frac{\alpha}{n}\right)}$.

Daher ist

$$K_n(x) = \begin{cases} 0 & \text{für} \quad x \leq 0, \\ nc_n \int\limits_0^x z^{1+\frac{\alpha}{n}} e^{-\beta z} dz & \text{für} \quad x > 0. \end{cases}$$

Wir bemerken, daß

$$nc_n = \frac{\alpha \beta^{\frac{\alpha}{n}}}{\frac{\alpha}{n} \Gamma\left(\frac{\alpha}{n}\right)} = \frac{\alpha \beta^{\frac{\alpha}{n}}}{\Gamma\left(1 + \frac{\alpha}{n}\right)} \to \alpha \quad \text{für} \quad n \to \infty$$

geht und für jedes $x > 0$

$$K_n(x) \to \alpha \int^x z e^{-\beta z} dz = K(x) \qquad (n \to \infty) \qquad \text{konvergiert.}$$

Außerdem geht für $n \to \infty$

$$K_n(+\infty) = nc_n \int\limits_0^\infty z^{1+\frac{\alpha}{n}} e^{-\beta z} dz = nc_n \frac{\Gamma\left(2 + \frac{\alpha}{n}\right)}{\beta^{2+\frac{\alpha}{n}}} \to \frac{\alpha}{\beta^2} = K(+\infty).$$

Wir berechnen noch

$$\gamma = \mathsf{E}\,\xi = c \int\limits_0^\infty x^\alpha e^{-\beta x} dx = \frac{c\Gamma(\alpha + 1)}{\beta^{\alpha+1}} = \frac{\alpha}{\beta}$$

Also gilt gemäß Formel (10) die Gleichung

$$\log f(t) = -\alpha \log\left(1 - \frac{it}{\beta}\right) = i\frac{\alpha}{\beta} t + \alpha \int\limits_0^\infty \{e^{itx} - 1 - itx\} \frac{e^{-\beta x}}{x} dx.$$

§ 19. Konvergenzbedingungen für unbegrenzt teilbare Verteilungen

Satz 1[1]). *Für die Konvergenz einer Folge $\{F_n(x)\}$ unbegrenzt teilbarer Verteilungen gegen eine Grenzverteilung $F(x)$ ist notwendig und hinreichend, daß mit $n \to \infty$*

1. $G_n(x) \Rightarrow G(x)$,
2. $\int\limits_{|x|>c} dG_n(x) \to 0$ *für* $c \to \infty$

gleichmäßig bezüglich n,

3. $\gamma_n \to \gamma$,

---

[1]) B. W. Gnedenko [3].

dabei werden die Funktionen $G_n(x)$ und $G(x)$ sowie die Konstanten γ_n und γ nach der LÉVY-CHINTSCHIN*schen Formel für $F_n(x)$ und $F(x)$ bestimmt.*

Beweis. Notwendig. Wir setzen voraus, daß $F_n(x) \Rightarrow F(x)$ konvergiert. Gemäß Satz 1, § 13 konvergiert auch $f_n(t) \Rightarrow f(t)$, und da $f_n(t)$ und $f(t)$ für kein t verschwinden, gilt für $n \to \infty$

$$I_n(t) = i\gamma_n t + \int\left(e^{iut} - 1 - \frac{iut}{1+u^2}\right)\frac{1+u^2}{u^2}\,dG_n(u) \Rightarrow$$

$$\Rightarrow i\gamma t + \int\left(e^{iut} - 1 - \frac{iut}{1+u^2}\right)\frac{1+u^2}{u^2}\,dG(u).$$

Hieraus schließen wir, daß

$$\operatorname{Re} I_n(t) = \int(\cos ut - 1)\frac{1+u^2}{u^2}\,dG_n(u) \Rightarrow \int(\cos ut - 1)\frac{1+u^2}{u^2}\,dG(u).$$

Ebenso wie beim Beweis des Satzes 1, § 18 schließen wir, daß die Menge $\{G_n(x)\}$ kompaktisierbar ist.

Wir nehmen nun eine beliebige konvergente Teilfolge

$$G_{n_k}(x) \Rightarrow G^*(x).$$

Dann ist

$$\int\left(e^{itu} - 1 - \frac{itu}{1+u^2}\right)\frac{1+u^2}{u^2}\,dG_{n_k}(u) \Rightarrow \int\left(e^{itu} - 1 - \frac{itu}{1+u^2}\right)\frac{1+u^2}{u^2}\,dG^*(u).$$

Da aber andererseits

$$i\gamma_{n_k} t + \int\left(e^{itu} - 1 - \frac{itu}{1+u^2}\right)\frac{1+u^2}{u^2}\,dG_{n_k}(u) \Rightarrow ,$$

$$\Rightarrow i\gamma t + \int\left(e^{itu} - 1 - \frac{itu}{1+u^2}\right)\frac{1+u^2}{u^2}\,dG(u)$$

geht, besitzt die Teilfolge γ_{n_k} den Grenzwert γ^* und wegen der Eindeutigkeit der Darstellung der unbeschränkt teilbaren Verteilungen durch die LÉVY-CHINTSCHINsche Formel muß $\gamma^* = \gamma$ und $G^*(u) \equiv G(u)$ sein.

Hinreichend. Aus den Voraussetzungen des Satzes folgt sofort, daß

$$\log f_n(t) \to \log f(t)$$

für jedes t konvergiert, d. h.

$$f_n(t) \Rightarrow f(t),$$

w. z. b. w.

Den Satz 1 werden wir später noch in etwas anderer Form brauchen (B. W. GNEDENKO [3]).

Satz 2. *Für die Konvergenz unbegrenzt teilbarer Verteilungsfunktionen $F_n(x)$ gegen eine Grenzverteilung $F(x)$ ist notwendig und hinreichend, daß für $n \to \infty$*

1. *in den Stetigkeitspunkten der Funktionen $M(u)$ und $N(u)$*

$$M_n(u) \to M(u) \quad \text{und} \quad N_n(u) \to N(u),$$

2. $\gamma_n(\tau) \to \gamma(\tau)$ *konvergiert,*

3. $$\lim_{\varepsilon \to 0} \overline{\lim_{n \to \infty}} \left\{ \int_{-\varepsilon}^{0} u^2 dM_n(u) + \sigma_n^2 + \int_0^{\varepsilon} u^2 dN_n(u) \right\} =$$

$$\lim_{\varepsilon \to 0} \underline{\lim_{n \to \infty}} \left\{ \int_{-\varepsilon}^{0} u^2 dM_n(u) + \sigma_n^2 + \int_0^{\varepsilon} u^2 dN_n(u) \right\} = \sigma^2,$$

wobei $M_n(u)$, $N_n(u)$, $M(u)$, $N(u)$ *und die Konstanten* σ_n, σ, $\gamma_n(\tau)$, $\gamma(\tau)$ *durch die Formeln* (6) *und* (9) *von* § 18 *für die Verteilungsfunktionen* $F_n(x)$ *und* $F(x)$ *definiert sind.*

Beweis. Es konvergiere $F_n \Rightarrow F$.

Die Notwendigkeit der Bedingungen 1. und 2. folgt unmittelbar aus der Notwendigkeit der Bedingung $G_n \Rightarrow G$ des vorigen Satzes, den Formeln zur Bestimmung der Funktionen $M(u)$, $N(u)$ und $\gamma(\tau)$ und dem Satz zu Beginn des § 9.

Weiterhin seien $-\varepsilon$ und $+\varepsilon$ Stetigkeitspunkte der Funktionen $M_n(u)$, $M(u)$, $N_n(u)$ und $N(u)$; dann ergibt sich mit den Abkürzungen

$$I_n(\varepsilon) = G_n(\varepsilon) - G_n(-\varepsilon) = \int_{-\varepsilon}^{0} \frac{u^2}{1+u^2} dM_n(u) + \sigma_n^2 + \int_0^{\varepsilon} \frac{u^2}{1+u^2} dN(u),$$

$$I(\varepsilon) = G(\varepsilon) - G(-\varepsilon) = \int_{-\varepsilon}^{0} \frac{u^2}{1+u^2} dM(u) + \sigma^2 + \int_0^{\varepsilon} \frac{u^2}{1+u^2} dN(u)$$

die Beziehung

$$I_n(\varepsilon) \to I(\varepsilon) \quad (n \to \infty). \tag{1}$$

Auf Grund der Relationen

$$\frac{1}{1+\varepsilon^2} \int_{-\varepsilon}^{0} u^2 dM_n(u) \leq \int_{-\varepsilon}^{0} \frac{u^2}{1+u^2} dM_n(u) \leq \int_{-\varepsilon}^{0} u^2 dM_n(u)$$

und

$$\frac{1}{1+\varepsilon^2} \int_0^{\varepsilon} u^2 dN_n(u) \leq \int_0^{\varepsilon} \frac{u^2}{1+u^2} dN_n(u) \leq \int_0^{\varepsilon} u^2 dN_n(u)$$

schließen wir, daß

$$\frac{1}{1+\varepsilon^2} \left\{ \int_{-\varepsilon}^{0} u^2 dM_n(u) + \sigma_n^2 + \int_0^{\varepsilon} u^2 dN_n(u) \right\} \leq I_n(\varepsilon) \leq$$

$$\leq \left\{ \int_{-\varepsilon}^{0} u^2 dM_n(u) + \sigma_n^2 + \int_0^{\varepsilon} u^2 dN_n(u) \right\} \tag{2}$$

ist.

Aus (1) und (2) entnehmen wir schließlich die Beziehung[1])

$$\overline{\lim_{n\to\infty}} \frac{1}{1+\varepsilon^2}\left\{ \int_{-\varepsilon}^{0} u^2 dM_n(u) + \sigma_n^2 + \int_{0}^{\varepsilon} u^2 dN_n(u)\right\} \leq I(\varepsilon) \leq$$

$$\leq \overline{\lim_{n\to\infty}} \left\{ \int_{-\varepsilon}^{0} u^2 dM_n(u) + \sigma_n^2 + \int_{0}^{\varepsilon} u^2 dN_n(u)\right\}.$$

Für gegen Null strebendes ε haben die rechte und die linke Seite der Ungleichung ein und denselben Grenzwert, und zwar

$$\lim_{\varepsilon\to 0} I(\varepsilon) = \sigma^2.$$

Damit ist also die Notwendigkeit der Bedingung 3 bewiesen.

Wir beweisen jetzt, daß die Voraussetzungen des Satzes auch hinreichend sind. Dazu zeigen wir, daß sie die Erfüllung der Voraussetzungen des Satzes 1 nach sich ziehen.

Wegen des Satzes zu Beginn des § 9 konvergiert in den Stetigkeitspunkten von $M(u)$ [und folglich auch in den Stetigkeitspunkten der Funktion $G(u)$]

$$G_n(u) = \int_{-\infty}^{u} \frac{z^2}{1+z^2} dM_n(z) \to \int_{-\infty}^{u} \frac{z}{1+z^2} dM(z) = G(u); \quad u < 0; \quad (n \to \infty). \tag{3}$$

Hieraus erhalten wir

$$\lim_{\varepsilon\to 0} \lim_{n\to\infty} G_n(-\varepsilon) = G(-0). \tag{3'}$$

Wegen (2) haben wir nun

$$G_n(-\varepsilon) + \frac{1}{1+\varepsilon^2}\left\{ \int_{-\varepsilon}^{0} u^2 dM_n(u) + \sigma_n^2 + \int_{0}^{\varepsilon} u^2 dN_n(u)\right\} \leq G_n(+\varepsilon) \leq$$

$$\leq G_n(-\varepsilon) + \left\{ \int_{-\varepsilon}^{0} u^2 dM_n(u) + \sigma_n^2 + \int_{0}^{\varepsilon} u^2 dN_n(u)\right\},$$

woraus nach (3′) und der dritten Voraussetzung des Satzes

$$\lim_{\varepsilon\to 0} \overline{\lim_{n\to\infty}} G_n(+\varepsilon) = \lim_{\varepsilon\to 0} \underline{\lim_{n\to\infty}} G_n(+\varepsilon) = G(-0) + \sigma^2 = G(+0)$$

folgt. Da für beliebige Stetigkeitspunkte $u_1 > 0$ und $u_2 > 0$ von $G(u)$

$$\int_{u_1}^{u_2} \frac{u^2}{1+u^2} dN_n(u) \to \int_{u_1}^{u_2} \frac{u^2}{1+u^2} dN(u) \tag{4}$$

---

[1]) Selbstverständlich gelten entsprechende Ungleichungen auch für den unteren Limes.

konvergiert, wird [ε ist ein Stetigkeitspunkt von $N(u)$]

$$\overline{\lim_{n\to\infty}}\, G_n(u) = \lim_{\varepsilon\to 0}\, \overline{\lim_{n\to\infty}} \left(G_n(\varepsilon) + \int_{\varepsilon}^{u} \frac{u^2}{1+u^2}\, d N_n(u) \right) =$$

$$= \lim_{\varepsilon\to 0}\, \underline{\lim_{n\to\infty}} \left(G_n(\varepsilon) + \int_{\varepsilon}^{u} \frac{u^2}{1+u^2}\, d N_n(u) \right) = \underline{\lim_{n\to\infty}}\, G_n(u) = G(u)$$

$$(u > 0). \qquad (5)$$

Also haben wir bewiesen, daß

$$G_n(u) \to G(u) \quad (n \to \infty)$$

in allen Stetigkeitspunkten von $G(u)$ konvergiert.

Jetzt ist also

$$G_n(+\infty) = \int_{-\infty}^{-\varepsilon} \frac{u^2}{1+u^2}\, d M_n(u) + \int_{\varepsilon}^{\infty} \frac{u^2}{1+u^2}\, d N_n(u) +$$

$$+ \int_{-\varepsilon}^{0} \frac{u^2}{1+u^2}\, d M_n(u) + \sigma_n^2 + \int_{0}^{\varepsilon} \frac{u^2}{1+u^2}\, d N_n(u). \qquad (6)$$

Aus den Gleichungen (3), (4), (5) und (6) ziehen wir nun den Schluß, daß für $n \to \infty$

$$G_n(+\infty) \to G(+\infty)$$

konvergiert.

Schließlich folgt die Voraussetzung (2) des Satzes 1 aus den Voraussetzungen von Satz 2 auf Grund des Satzes zu Beginn des § 9, der abgeleiteten Resultate und der Formeln, die $\gamma(\tau)$ definieren.

Satz 3. *Für die Konvergenz einer Folge $F_n(x)$ unbegrenzt teilbarer Verteilungsfunktionen mit endlichen Streuungen gegen eine Normalverteilung sowie die Konvergenz ihrer Streuungen gegen die Streuung der Grenzverteilung ist notwendig und hinreichend, daß für $n \to \infty$*

1. $K_n \Rightarrow K$,

2. $\int\limits_{|x|>c} d K_n(x) \to 0$

für $c \to \infty$ gleichmäßig bezüglich n

3. $\gamma_n \to \gamma$

konvergieren, wobei die Funktionen $K_n(u)$ und $K(u)$ und die Konstanten γ_n und γ durch die Kolmogorov*sche Formel* (10) *des* § 18 *für $F_n(x)$ und $F(x)$ gegeben sind.*

Beweis. Daß die Beziehungen für die Konvergenz hinreichend sind, ergibt sich unmittelbar aus dem Satz 2, § 13 und der Formel (10) § 18.

Wir wollen jetzt die Notwendigkeit beweisen.

Konvergiere $F_n(x) \Rightarrow F(x)$. Das ist aber wegen Satz 1, § 13 mit der Beziehung

$$f_n(t) \Rightarrow f(t)$$

und folglich auch mit

$$\log f_n(t) = i\gamma_n t + \int \{e^{iut} - 1 - iut\} \frac{1}{u^2} dK_n(u)$$

$$\Rightarrow \log f(t) = i\gamma t + \int \{e^{iut} - 1 - iut\} \frac{1}{u^2} dK(u) \tag{7}$$

äquivalent.

Auf Grund der Voraussetzungen des Satzes konvergieren die Streuungen der $F_n(x)$ gegen die Streuung der Grenzverteilung. Hieraus folgt nach Formel (11) § 18

$$K_n(+\infty) \to K(+\infty). \tag{8}$$

Offenbar gilt für alle von Null verschiedenen t die Beziehung

$$i\gamma_n + \int \{e^{iut} - 1 - iut\} \frac{1}{tu^2} dK_n(u) \to i\gamma + \int \{e^{iut} - 1 - iut\} \frac{1}{tu^2} dK(u)$$

$$(n \to \infty).$$

Es möge jetzt $t \to 0$ konvergieren. Die Integrale streben hierbei bezüglich n [1]) gleichmäßig gegen Null. Wir erhalten also

$$\gamma_n \to \gamma.$$

Wie beim Beweis des Satzes 2 § 9 wählen wir aus der Folge $\{K_n(u)\}$ eine Teilfolge $\{K_{n_k}(u)\}$ aus, die gegen eine gewisse nichtabnehmende Funktion $\bar{K}(u)$ konvergiert, und zwar in jedem Stetigkeitspunkt der letzteren.

Damit zeigen wir, daß

$$\int \{e^{itu} - 1 - iut\} \frac{1}{u^2} dK_{n_k}(u) \Rightarrow \int \{e^{iut} - 1 - iut\} \frac{1}{u^2} d\bar{K}(u) \tag{9}$$

konvergiert.

---

[1]) In der Tat, es ist leicht zu beweisen, daß $|e^{itu} - 1 - itu| \leq \frac{1}{2} t^2 u^2$. Daher ist

$$\left| \int \{e^{iut} - 1 - iut\} \frac{1}{tu^2} dK_n(u) \right| \leq \frac{|t|}{2} \int dK_n(u).$$

Der Faktor bei $\frac{|t|}{2}$ auf der rechten Seite der Gleichung ist beschränkt.

Wenn die Funktion $K(u)$ in den Punkten $-B$ und $+B$ stetig ist, dann gilt auf Grund des Satzes zu Beginn des § 9 bei festem t und genügend großem B

$$\left|\int_{-B}^{+B}\{e^{iut}-1-iut\}\frac{1}{u^2}dK_{n_k}(u)-\int_{-B}^{+B}\{e^{iut}-1-iut\}\frac{1}{u^2}d\bar{K}(u)\right|<\frac{\varepsilon}{2}. \quad (10)$$

Andererseits ist

$$L_k=\left|\int_{|u|\geq B}\{e^{iut}-1-iut\}\frac{1}{u^2}dK_{n_k}\right|\leq 2|t|\int_{|u|\geq B}\frac{1}{|u|}dK_{n_k}(u)\leq\frac{2|t|}{B}\sup_k K_{n_k}(+\infty)$$

und

$$L=\left|\int_{|u|\geq B}(e^{iut}-1-iut)\frac{1}{u^2}d\bar{K}(u)\right|\leq\frac{2|t|}{B}\bar{K}(+\infty).$$

$K_n(+\infty)$ ist beschränkt. Wie $\varepsilon>0$ und t auch gewählt werden, für hinreichend großes B können wir stets

$$|L_k|<\frac{\varepsilon}{4}, \qquad |L|<\frac{\varepsilon}{4} \quad (11)$$

machen.

(9) folgt nun unmittelbar aus (10) und (11).

Wegen der Eindeutigkeit der Darstellung durch die KOLMOGOROVsche Formel schließen wir, daß

$$\bar{K}(u)=K(u)$$

ist. Aus (8) folgt nun, daß auch

$$K_{n_k}(u)\Rightarrow K(u)$$

konvergiert, d. h. daß jede schwach gegen $K(u)$ konvergierende Teilfolge $K_{n_k}(u)$ gegen $K(u)$ konvergiert. Hieraus folgt die Konvergenz der gesamten Folge $K_n(u)$ gegen $K(u)$. Damit ist dann die Notwendigkeit der ersten Voraussetzung des Satzes bewiesen.

II. ALLGEMEINE GRENZWERTSÄTZE

KAPITEL 4
ALLGEMEINE GRENZWERTSÄTZE FÜR SUMMEN UNABHÄNGIGER SUMMANDEN

§ 20. Problemstellung. Summen infinitesimaler Summanden

Die allgemeinste Problemstellung über die Natur der Grenzverteilungsfunktionen für Summen unabhängiger Zufallsgrößen kann etwa folgendermaßen formuliert werden: Gegeben ist eine Folge von Zufallsgrößen $\zeta_1, \zeta_2, \ldots, \zeta_n, \ldots$. Jede dieser Größen ist ihrerseits Summe einer gewissen Anzahl unabhängiger Zufallsgrößen:

$$\zeta_n = \xi_{n1} + \xi_{n2} + \cdots + \xi_{n k_n}.$$

Die Verteilungsfunktionen der Größen $\zeta_n - A_n$ mögen bei geeigneter Wahl der Konstanten A_n gegen eine gewisse Grenzfunktion konvergieren. Es wird nach den Eigenschaften gefragt, die die Grenzverteilungsfunktion besitzt.

Eine solch allgemeine Fragestellung ist jedoch uninteressant. Unterwirft man nämlich die ξ_{nk} nicht noch irgendwelchen zusätzlichen Bedingungen, so kann jede Verteilungsfunktion $F(x)$ als Limes der Verteilungsfunktionen der Summen

$$\xi_{n1} + \xi_{n2} + \cdots + \xi_{n k_n} - A_n \tag{1}$$

auftreten.

Diese Tatsache läßt sich z. B. dadurch belegen, daß man für den ersten Summanden in jeder Summe (1) eine Verteilungsfunktion $F(x)$ nimmt, die restlichen Summanden mit der Wahrscheinlichkeit Eins Null werden läßt und die A_n gleich Null setzt.

Probleme der mathematischen Statistik und der theoretischen Physik, die in mathematischer Formulierung auf das Studium des Grenzverhaltens von Summen von Zufallsgrößen führen, lassen gewisse vernünftige allgemeine Beschränkungen zu, die wir daher bei unserer Problemstellung berücksichtigen werden. Hierzu sei noch einmal daran erinnert, daß die spezifischen Eigenschaften der Grenzverteilungsfunktionen durch die Tatsache bestimmt werden, daß letztere Grenzverteilungen von Summen einer wachsenden Anzahl unabhängiger Zufallsgrößen sind, wobei der Einfluß der einzelnen Summanden für $n \to \infty$ verschwindend klein sein muß.

Unter dieser zusätzlichen Einschränkung (wir haben sie bisher nur rein qualitativ formuliert) wurde das von uns angeführte Problem in den Arbeiten von G. M. BAWLI [1] und A. J. CHINTSCHIN [10] gelöst. Sie bewiesen, daß jede Verteilungsfunktion, die als Grenzwert von Verteilungsfunktionen von Summen (1) darstellbar ist, unbegrenzt teilbar ist. Dieses wichtige Resultat werden wir für Summanden mit endlicher Streuung im § 21 und für den allgemeinen Fall im § 24 dieses Kapitels herleiten. Der Beweis wird allerdings auf einer anderen Grundtatsache der dargelegten Theorie fußen, und zwar darauf, daß sich die Verteilungsfunktionen von Summen (1) wegen der angeführten Beschränkung durch Verteilungsfunktionen von Summen

$$\bar{\xi}_{n1} + \bar{\xi}_{n2} + \cdots + \bar{\xi}_{nk_n} - A_n$$

mit besonders konstruierten unbegrenzt teilbaren Summanden annähern lassen. Der Beweis des Satzes bildet den Inhalt des § 24.

Im § 25 werden wir dann verschiedene Formulierungen notwendiger und hinreichender Bedingungen für die Existenz einer Grenzverteilung für Folgen von Summen (1) angeben. Wir wollen jetzt aber schon hervorheben, daß diese Sätze auch zur Herleitung von Bedingungen für die Konvergenz gegen jede vorgegebene Grenzverteilung benutzt werden können.

Eine quantitative Aussage über den verschwindend kleinen Einfluß der einzelnen Summanden in den Summen ζ_n kann man etwa mittels der folgenden Definition machen: Die Größen ξ_{nk} nennt man „*infinitesimal*", wenn für beliebiges $\varepsilon > 0$ mit $n \to \infty$

$$\sup_{1 \leq k \leq k_n} \mathsf{P}\{|\xi_{nk}| \geq \varepsilon\} \to 0 \tag{2}$$

konvergiert.

Wir werden sehen, daß es genügt, wenn wir für unsere weiteren Folgerungen etwas weniger fordern. Die von uns zu benutzende Einschränkung wird die folgende Form haben:

Definition. Die Größen ξ_{nk} sollen „*asymptotisch konstant*" heißen, wenn man Konstanten a_{nk} derart auswählen kann, daß für beliebiges $\varepsilon > 0$

$$\sup_{1 \leq k \leq k_n} \mathsf{P}\{|\xi_{nk} - a_{nk}| \geq \varepsilon\} \to 0 \tag{3}$$

für $n \to \infty$ konvergiert.

Lemma 1. *Sind die ξ_{nk} asymptotisch konstant, dann kann man in* (3) $a_{nk} = m_{nk}$ *setzen; dabei sind die m_{nk} „Mediane" der zufälligen Größen ξ_{nk}, d. h. Zahlen, für die*

$$\mathsf{P}\{\xi_{nk} \geq m_{nk}\} \geq \frac{1}{2}, \quad \mathsf{P}\{\xi_{nk} \leq m_{nk}\} \geq \frac{1}{2}$$

ist[1]).

[1]) Es kann auch mehrere Zahlen geben, die die angegebenen Ungleichungen erfüllen. Unter Mediane soll dann eine beliebige von ihnen verstanden werden.

Beweis. Wir bemerken zunächst: Ist die Wahrscheinlichkeit, daß ξ in ein gewisses Intervall fällt, größer als $\frac{1}{2}$, dann liegt jede Mediane $m\,\xi$ in diesem Intervall.

Die ξ_{nk} seien asymptotisch konstant. Es genügt, wenn wir beweisen können, daß für $n \to \infty$

$$\sup_{1 \leq k \leq k_n} |m_{nk} - a_{nk}| \to 0$$

geht.

Für beliebiges $\varepsilon > 0$ läßt sich ein solches $n(\varepsilon)$ angeben, daß für $n \geq n(\varepsilon)$

$$\sup_{1 \leq k \leq k_n} \mathsf{P}\{|\xi_{nk} - a_{nk}| > \varepsilon\} < \frac{1}{2},$$

d. h.

$$\inf_{1 \leq k \leq k_n} \mathsf{P}\{|\xi_{nk} - a_{nk}| \leq \varepsilon\} > \frac{1}{2}$$

wird. Dann muß aber auf Grund der anfangs gemachten Bemerkung

$$\sup_{1 \leq k \leq k_n} |m_{nk} - a_{nk}| \leq \varepsilon$$

für $n \geq n(\varepsilon)$ sein, was mit dem Geforderten gleichwertig ist.

Lemma 2. *Die Größen ξ_{nk} sind dann und nur dann infinitesimal, wenn für $n \to \infty$*

$$\sup_{1 \leq k \leq k_n} \int \frac{x^2}{1 + x^2}\, dF_{nk}(x) \to 0 \tag{4}$$

konvergiert.

Beweis. Aus (2) folgt (4).

In der Tat ist $0 < \varepsilon < 1/2$ und n genügend groß, so wird

$$\sup_{1 \leq k \leq k_n} \int \frac{x^2}{1 + x^2}\, dF_{nk}(x) \leq \sup_{1 \leq k \leq k_n} \left[\int_{|x| < \varepsilon} x^2\, dF_{nk}(x) + \int_{|x| \geq \varepsilon} dF_{nk}(x) \right]$$

$$\leq \varepsilon^2 + \sup_{1 \leq k \leq k_n} \mathsf{P}\{|\xi_{nk}| \geq \varepsilon\} \leq \frac{\varepsilon}{2} + \frac{\varepsilon}{2} = \varepsilon.$$

Umgekehrt folgt (2) aus (4) wegen der Ungleichungskette

$$\sup_{1 \leq k \leq k_n} \int \frac{x^2}{1 + x^2}\, dF_{nk}(x) \geq \sup_{1 \leq k \leq k_n} \int_{|x| \geq \varepsilon} \frac{x^2}{1 + x^2}\, dF_{nk}(x) \geq$$

$$\frac{\varepsilon^2}{1 + \varepsilon^2} \sup_{1 \leq k \leq k_n} \int_{|x| \geq \varepsilon} dF_{nk}(x) = \frac{\varepsilon^2}{1 + \varepsilon^2} \sup_{1 \leq k \leq k_n} \mathsf{P}\{|\xi_{nk}| \geq \varepsilon\}.$$

Die Bedingung, daß die Größen ξ_{nk} asymptotisch konstant sind, können wir jetzt auch in folgender Form schreiben: Für $n \to \infty$ konvergiert

$$\sup_{1 \leq k \leq k_n} \int \frac{x^2}{1 + x^2}\, dF_{nk}(x + m_{nk}) \to 0.$$

Für unsere weiteren Ausführungen benötigen wir noch den

Satz 1. *Damit Zufallsgrößen ξ_{nk} infinitesimal sind, muß notwendig für $n \to \infty$*

$$\sup_{1 \leq k \leq k_n} |f_{nk}(t) - 1| \Rightarrow 0$$

konvergieren.

Beweis. In der Tat wird für beliebiges $\varepsilon > 0$

$$\sup_{1 \leq k \leq k_n} |f_{nk}(t) - 1| = \sup_{1 \leq k \leq k_n} \left| \int (e^{itx} - 1)\, dF_{nk}(x) \right| \leq$$

$$\leq \sup_{1 \leq k \leq k_n} \int_{|x| < \varepsilon} |e^{itx} - 1|\, dF_{nk}(x) + 2 \sup_{1 \leq k \leq k_n} \int_{|x| \geq \varepsilon} dF_{nk}(x)$$

oder, unter Berücksichtigung der für reelle z richtigen Ungleichung $|e^{iz} - 1| \leq |z|$,

$$\sup_{1 \leq k \leq k_n} |f_{nk}(t) - 1| \leq \varepsilon |t| + 2 \sup_{1 \leq k \leq k_n} \mathsf{P}\{|\xi_{nk}| \geq \varepsilon\}.$$

Hieraus erhalten wir für infinitesimale ξ_{nk} sofort das Geforderte.

§ 21. Grenzverteilungen mit endlichen Streuungen

In diesem Paragraphen wollen wir Doppelfolgen

$$\xi_{n1}, \xi_{n2}, \ldots, \xi_{nk_n}$$

von Zufallsgrößen ξ_{nk} betrachten, die in jeder Zeile voneinander unabhängig sind und die folgenden Voraussetzungen erfüllen:

α) $\sup\limits_{1 \leq k \leq k_n} \mathsf{P}\{|\xi_{nk} - \mathsf{E}\xi_{nk}| \geq \varepsilon\} \to 0,$

für $n \to \infty$ und beliebiges $\varepsilon > 0$.

β) Die ξ_{nk} haben endliche Streuungen, und es ist

$$\mathsf{D}^2\left(\sum_{k=1}^{k_n} \xi_{nk}\right) = \sum_{k=1}^{k_n} \mathsf{D}^2 \xi_{nk} \leq C,$$

wo C eine von n unabhängige Konstante ist.

Es ist fast selbstverständlich, daß beim Studium der Grenzverteilungen von Summen

$$\zeta_n = \xi_{n1} + \xi_{n2} + \cdots + \xi_{nk_n} - A_n, \tag{1}$$

in denen die A_n geeignet ausgewählte Konstanten sind und die Größen ξ_{nk} endliche Streuungen haben, gerade der Fall das größte Interesse bietet, in dem nicht nur die Verteilungen der Summen (1) gegen eine Grenzverteilung, sondern auch die Streuungen der Summen gegen die Streuung der Grenzverteilung konvergieren. Wir wollen unsere Ausführungen auf diesen Fall beschränken. Damit wird auch die Bildung und der Sinn der Bedingung β) verständlich.

Außer der selbständigen Bedeutung, die die Resultate dieses Paragraphen haben, besitzen sie für uns noch einen besonderen Wert. Sie erläutern uns die Beweisidee der allgemeinen Sätze der folgenden Paragraphen.

Satz 1[1]. *Damit bei geeigneter Wahl von Konstanten A_n die Verteilungsfunktionen der Summen*

$$\zeta_n = \xi_{n1} + \xi_{n2} + \cdots + \xi_{n k_n} - A_n \tag{2}$$

unabhängiger Zufallsgrößen, die den Bedingungen α) und β) genügen, gegen eine Grenzverteilung konvergieren, ist notwendig und hinreichend, daß gewisse unbegrenzt teilbare Verteilungen[2] *gegen eine Grenzverteilung konvergieren. Die Logarithmen der charakteristischen Funktionen dieser begleitenden Verteilungen bestimmen sich durch die Formel*

$$\psi_n(t) = -iA_n t + \sum_{k=1}^{k_n} \left\{ it\,\mathsf{E}\,\xi_{nk} + \int (e^{itx} - 1)\, dF_{nk}(x + \mathsf{E}\,\xi_{nk}) \right\}. \tag{3}$$

Dabei ist $F_{nk}(x)$ die Verteilungsfunktion von ξ_{nk}.

Die Grenzgesetze der beiden Folgen von Verteilungsfunktionen stimmen überein.

Beweis. Die charakteristische Funktion von ζ_n ist gleich

$$f_n(t) = e^{-itA_n} \prod_{k=1}^{k_n} f_{nk}(t).$$

Nach Satz 1 und 2 von § 13 ist für die Konvergenz der Verteilungen der Summen (2) gegen eine Grenzverteilung notwendig und hinreichend, daß für $n \to \infty$

$$f_n(t) \Rightarrow f(t) \tag{4}$$

geht. $f(t)$ ist hierbei die charakteristische Funktion der Grenzverteilung.

Wir wollen die Verteilungsfunktionen der Größen $\xi'_{nk} = \xi_{nk} - \mathsf{E}\xi_{nk}$ mit $F'_{nk}(x)$ bezeichnen. Dann kann (4) in die äquivalente Form

$$f_n(t) = e^{-iA_n t + \sum_{k=1}^{k_n} it\,\mathsf{E}\,\xi_{nk}} \prod_{k=1}^{k_n} f'_{nk}(t) \Rightarrow f(t) \tag{5}$$

umgeschrieben werden. Wir setzen

$$f'_{nk}(t) - 1 = \alpha_{nk}(t) = \alpha_{nk}.$$

Auf Grund der Bedingung α) und des Satzes 1 von § 20 konvergiert

$$\sup_{1 \le k \le k_n} |\alpha_{nk}| \Rightarrow 0.$$

Daher[3] können wir für beliebiges, aber festes t-Intervall annehmen, daß von einem gewissen n ab

$$\sup_{1 \le k \le k_n} |\alpha_{nk}| < \frac{1}{2}$$

[1] Der Satz 1 ist eine leichte Abänderung eines Satzes von Bawli [1].

[2] Wir wollen sie „*begleitende Verteilungen*“ nennen.

[3] Hieraus folgt noch nebenbei, daß $f_n(t)$ in dem betrachteten Intervall (von einem gewissen n ab) von Null verschieden und folglich $\log f_n(t)$ definiert ist. Diese Bemerkung werden wir etwas weiter unten noch benötigen.

ist. Dann gilt aber die Abschätzung

$$|\log f'_{nk}(t) - \alpha_{nk}| = |\log(1+\alpha_{nk}) - \alpha_{nk}| \leq \sum_{s=2}^{\infty} \frac{1}{s} |\alpha_{nk}|^s \leq$$

$$\leq \frac{1}{2} \sum_{s=2}^{\infty} |\alpha_{nk}|^s = \frac{1}{2} \frac{|\alpha_{nk}|^2}{1-|\alpha_{nk}|} < |\alpha_{nk}|^2. \qquad (6)$$

Da nun

$$\int x\, dF'_{nk}(x) = \mathsf{E}\xi'_{nk} = 0$$

ist, kann der Ausdruck für α_{nk} auch in der Form

$$\alpha_{nk} = \int (e^{itx} - 1)\, dF'_{nk}(x) = \int (e^{itx} - 1 - itx)\, dF'_{nk}(x)$$

geschrieben werden. Nun ist aber bekannt, daß für beliebige reelle x

$$|e^{itx} - 1 - itx| \leq \frac{t^2 x^2}{2}$$

ist. Also wird

$$|\alpha_{nk}| \leq \frac{t^2}{2} \int x^2\, dF'_{nk}(x) = \frac{t^2}{2} \mathsf{D}^2 \xi_{nk}. \qquad (7)$$

Jetzt haben wir wegen (5), (6), (7) und β)

$$\left| \log f_n(t) + itA_n - \sum_{k=1}^{k_n} \left\{ it\,\mathsf{E}\,\xi_{nk} + \int (e^{itx} - 1)\, dF'_{nk}(x) \right\} \right| =$$

$$= \left| \sum_{k=1}^{k_n} \left\{ \log f'_{nk}(t) - \int (e^{itx} - 1)\, dF'_{nk}(x) \right\} \right| \leq \sum_{k=1}^{k_n} |\alpha_{nk}|^2 \leq \qquad (8)$$

$$\leq \frac{t^2}{2} \sup_{1 \leq k \leq k_n} |\alpha_{nk}| \left(\sum_{k=1}^{k_n} \mathsf{D}^2 \xi_{nk} \right) \leq \frac{C t^2}{2} \sup_{1 \leq k \leq k_n} |\alpha_{nk}|.$$

Hieraus ziehen wir den Schluß, daß[1])

$$\log f_n(t) - \psi_n(t) \Rightarrow 0$$

geht, und da $e^{\psi_n(t)}$ eine charakteristische Funktion und folglich dem Betrage nach nicht größer als Eins ist, konvergiert

$$f_n(t) - e^{\psi_n(t)} \Rightarrow 0. \qquad (9)$$

(9) ist aber offenbar der Behauptung des Satzes äquivalent.

Aus dem Satz 1 und dem Satz 3 § 17 ergibt sich die

Folgerung. *Die Grenzverteilungen für Summen* (2) *unabhängiger Zufallsgrößen, die den Bedingungen* α) *und* β) *genügen, sind unbegrenzt teilbar.*

---

[1]) Siehe die vorangehende Fußnote.

Wir transformieren jetzt die Summe (3) in eine für den Logarithmus einer charakteristischen Funktion gebräuchliche Form. Zu diesem Zweck führen wir die Funktion

$$K_n(u) = \sum_{k=1}^{k_n} \int_{-\infty}^{u} x^2 \, dF'_{nk}(x) \tag{10}$$

ein.

Offenbar ist $K_n(u)$ nichtabnehmend und erfüllt die Bedingung $K_n(-\infty) = 0$. $K_n(+\infty)$ ist wegen der Bedingung β) beschränkt.

Es ist leicht nachzurechnen, daß sich die $\psi_n(t)$ auch in der folgenden Form schreiben lassen:

$$\psi_n(t) = -itA_n + it\left(\sum_{k=1}^{k_n} \mathsf{E}\,\xi_{nk}\right) + \int (e^{itu} - 1 - itu)\frac{1}{u^2}\, dK_n(u). \tag{11}$$

Bemerkung. Wir wollen noch hervorheben, daß die Streuungen der Summen (2) und die der unbeschränkt teilbaren Verteilungen, die durch die Formel (3) definiert wurden, gleich sind.

In der Tat, gemäß Formel (10) des § 18 ist die Streuung einer unbegrenzt teilbaren Verteilung (3) gleich

$$K_n(+\infty) = \sum_{k=1}^{k_n} \int x^2 \, dF_{nk}(x + \mathsf{E}\,\xi_{nk}) = \sum_{k=1}^{k_n} \mathsf{D}^2 \xi_{nk} = \mathsf{D}^2 \zeta_n.$$

Zusammen mit dem Satz 3 § 19 des vorhergehenden Kapitels gestattet der gerade bewiesene Satz eine neue Existenzbedingung aufzustellen für eine Grenzverteilung von Summen unabhängiger Zufallsgrößen, welche die Voraussetzungen α) und β) erfüllen.

Satz 2[1]. *Damit bei geeigneter Wahl der Konstanten A_n die Verteilungen der Summen*

$$\zeta_n = \xi_{n1} + \xi_{n2} + \cdots + \xi_{nk_n} - A_n$$

unabhängiger Zufallsgrößen, die den Bedingungen α) und β) genügen, gegen eine Grenzverteilung und die Streuungen dieser Summen gegen die Streuung der Grenzverteilung konvergieren, ist notwendig und hinreichend, daß es eine Funktion $K(u)$ gibt, so daß für $n \to \infty$

$$K_n(u) \Rightarrow K(u),$$

und die Schwankungen der $K_n(u)$ gegen die Schwankung von $K(u)$ konvergieren.

Die Konstanten A_n kann man nach der Formel

$$A_n = \sum_{k=1}^{k_n} \mathsf{E}\,\xi_{nk} - \gamma + o(1),$$

wo γ eine beliebige Konstante ist, wählen.

[1]) B. W. Gnedenko [3] und [7].

Der Logarithmus der charakteristischen Funktion der Grenzverteilung wird durch die KOLMOGOROV*sche Formel* (10), § 18 *unter Verwendung der Konstanten γ und der Funktion $K(u)$ bestimmt.*

Beweis. Aus der Voraussetzung $K_n(u) \Rightarrow K(u)$ folgt, daß die $K_n(+\infty) = \sum_{k=1}^{k_n} \mathsf{D}^2 \xi_{nk}$ beschränkt sind. Also sind die Bedingungen α) und β) erfüllt. Nach dem vorhergehenden Satz und der hierzu gemachten Bemerkung können wir uns auf das Aufsuchen der Existenzbedingungen einer Grenzverteilung für unbegrenzt teilbare Verteilungen beschränken. Die Logarithmen der charakteristischen Funktionen werden durch die Formel (11) gegeben. Wie wir schon wissen, ist dieses Grenzgesetz ebenfalls unbegrenzt teilbar. Unseren Satz erhalten wir nun als unmittelbare Folgerung des Satzes 3, § 19 aus den Gleichungen (10) und (11). Die Voraussetzungen des vorliegenden Satzes ergeben in der Tat direkt die Voraussetzungen 1) und 2) des Satzes 3, § 19. Die Bedingung 2) des Satzes 3, § 19 läßt sich auch in folgender Form schreiben:

$$\gamma_n = -A_n + \sum_{k=1}^{k_n} \int x \, dF_{nk}(x) \to \gamma \quad (n \to \infty)$$

mit einer Konstanten γ, die mittels der KOLMOGOROVschen Formel für das Grenzgesetz bestimmt wird. Aus dieser Beziehung ersieht man auch, daß man die A_n so auswählen kann, wie es in dem Satz ausgesprochen wurde.

Bemerkung. Für die Konvergenz der Verteilungen von Summen

$$\zeta_n = \zeta_{n1} + \zeta_{n2} + \cdots + \xi_{nk_n}$$

gegen eine Grenzverteilung und der Streuungen der Summen gegen die Streuung der Grenzverteilung ist notwendig und hinreichend, daß außer der Voraussetzung $K_n(u) \Rightarrow K(u)$ des Satzes 2 noch die folgende Bedingung erfüllt wird:

$$\sum_{k=1}^{k_n} \int x \, dF_{nk}(x) \to \gamma \quad (n \to \infty).$$

Es erscheint uns notwendig zu bemerken, daß der vorhergehende Satz nicht nur die Bedingungen für die Existenz einer Grenzverteilung, sondern auch die Bedingungen für die Konvergenz der Verteilungsfunktionen der Summen gegen irgendeine vorgegebene Grenzverteilung liefert, die durch eine Konstante γ und eine Funktion $K(u)$ nach der KOLMOGOROVschen Formel bestimmt ist.

Als Anwendung der gerade bewiesenen beiden Sätze betrachten wir die Bedingungen für die Konvergenz gegen eine Normalverteilung und gegen eine POISSONsche Verteilung.

Satz 3. *Damit bei geeigneter Auswahl der Konstanten A_n die Verteilungsfunktionen der Summen*

$$\zeta_n = \xi_{n1} + \xi_{n2} + \cdots + \xi_{nk_n} - A_n$$

unabhängiger Zufallsgrößen $\xi_{n1}, \xi_{n2}, \ldots, \xi_{nk_n}$ *gegen die Normalverteilung*

$$\Phi(x) = \frac{1}{\sqrt{2\pi}} \int_{-\infty}^{x} e^{-\frac{z^2}{2}} dz, \tag{12}$$

ihre Streuung gegen Eins und die Größen $\xi_{nk} - \mathsf{E}\,\xi_{nk}$ *gegen Null konvergieren, ist notwendig und hinreichend, daß für beliebiges* $\varepsilon > 0$ *die Beziehungen*

$$1)\quad \sum_{k=1}^{k_n} \int_{|x| \geq \varepsilon} x^2\, dF_{nk}(x + \mathsf{E}\,\xi_{nk}) \to 0 \quad (n \to \infty),$$

$$2)\quad \sum_{k=1}^{k_n} \int_{|x| < \varepsilon} x^2\, dF_{nk}(x + \mathsf{E}\,\xi_{nk}) \to 1 \quad (n \to \infty)$$

erfüllt werden.

Beweis. Aus der ersten Voraussetzung schließen wir, daß die Größen $\xi_{nk} - \mathsf{E}\,\xi_{nk}$ infinitesimal werden. In der Tat haben wir für beliebiges $\varepsilon > 0$

$$\sup_{1 \leq k \leq k_n} \mathsf{P}\{|\xi_{nk} - \mathsf{E}\,\xi_{nk}| \geq \varepsilon\} = \sup_{1 \leq k \leq k_n} \int_{|x| \geq \varepsilon} dF_{nk}(x + \mathsf{E}\,\xi_{nk}) \leq$$

$$\leq \frac{1}{\varepsilon^2} \sup_{1 \leq k \leq k_n} \int_{|x| \geq \varepsilon} x^2\, dF_{nk}(x + \mathsf{E}\,\xi_{nk}) \to 0 \quad \text{für} \quad n \to \infty.$$

Aus den Beziehungen 1) und 2) zusammen folgt die Erfüllung der Bedingung β). Ferner wissen wir noch, daß für die Normalverteilung (12)

$$\gamma = 0, \quad K(u) = \begin{cases} 0 & \text{für} \quad u \leq 0 \\ 1 & \text{für} \quad u > 0 \end{cases}$$

ist.

In unserem Falle kann man die Bedingung $K_n(u) \Rightarrow K(u)$ des Satzes 2 auch in folgender Form schreiben:

$$1)\quad \sum_{k=1}^{k_n} \int_{-\infty}^{u} x^2\, dF_{nk}(x + \mathsf{E}\,\xi_{nk}) \to \begin{cases} 0 & \text{für} \quad u < 0, \\ 1 & \text{für} \quad u > 0, \end{cases}$$

$$2)\quad \sum_{k=1}^{k_n} \int x^2\, dF_{nk}(x + \mathsf{E}\,\xi_{nk}) \to 1.$$

Es ist leicht zu sehen, daß diese Relationen den Voraussetzungen des Satzes äquivalent sind.

Spezialfall. Der Satz nimmt eine besondere einfache Form an, wenn wir voraussetzen, daß für alle n

$$\sum_{k=1}^{k_n} \mathsf{D}^2 \xi_{nk} = 1$$

ist.

Unter dieser Voraussetzung ist für die Konvergenz der Verteilungen von Summen (1) *gegen die Normalverteilung* (12) *notwendig und hinreichend, daß für beliebiges* $\varepsilon > 0$

$$\sum_{k=1}^{k_n} \int\limits_{|x| \geq \varepsilon} x^2 \, dF_{nk}(x + \mathsf{E}\,\xi_{nk}) \to 0 \quad (n \to \infty) \tag{13}$$

konvergiert. Wenn außerdem für alle k und n

$$\mathsf{E}\,\xi_{nk} = 0$$

ist, so kann man die Beziehung (13) *schreiben als:*

$$\sum_{k=1}^{k_n} \int\limits_{|x| > \varepsilon} x^2 \, dF_{nk}(x) \to 0 \quad (n \to \infty).$$

Die letzte Beziehung enthält den

Satz 4[1]**.** *Es sei*

$$\xi_1, \xi_2, \ldots, \xi_n, \ldots$$

eine Folge unabhängiger Zufallsgrößen und $F_k(x)$ *die Verteilungsfunktion von* ξ_k. *Damit die Verteilungsfunktionen der normierten Summen*

$$\zeta_n = \frac{\sum\limits_{k=1}^{n} (\xi_k - \mathsf{E}\,\xi_k)}{B_n}, \qquad \left(B_n^2 = \sum_{k=1}^{n} \mathsf{D}^2 \xi_k\right) \tag{14}$$

gegen die Normalverteilung (12) *konvergieren und die Summanden infinitesimal sind, ist notwendig und hinreichend, das für jedes* $\varepsilon > 0$ *die* LINDEBERG*sche Bedingung*

$$\frac{1}{B_n^2} \sum_{k=1}^{n} \int\limits_{|x| > \varepsilon B_n} x^2 \, dF_k(x + \mathsf{E}\,\xi_k) \to 0$$

gilt.

In der Arbeit [6] von S. N. BERNSTEIN wurde eine andere Herleitung dieses Resultates von LINDEBERG-FELLER angegeben. Zuerst wird gezeigt, daß es eine Folgerung des klassischen LJAPUNOWschen Satzes ist. Außerdem zeigt S. N. BERNSTEIN dort, daß der LJAPUNOWsche Satz eine notwendige und hinreichende Bedingung für die Konvergenz der Verteilungsfunktionen von Summen (14) gegen die Normalverteilung (12) ist, wenn man noch zusätzlich fordert, daß die Momente der Ordnung $2 + \delta$ der normierten Summen gegen das entsprechende Moment der Normalverteilung konvergieren.

Satz 5[2]**.** *Damit bei geeigneter Wahl der Konstanten* A_n *die Verteilungsfunktionen von Summen*

$$\zeta_n = \xi_{n1} + \xi_{n2} + \cdots + \xi_{nk_n} - A_n \tag{1}$$

---

[1]) LINDEBERG [1], FELLER [1].

[2]) B. W. GNEDENKO [7].

unabhängiger infinitesimaler Zufallsgrößen ξ_{nk} $(1 \leq k \leq k_n)$ *mit den Verteilungsfunktionen* $F_{nk}(x)$ *für* $n \to \infty$ *gegen die* POISSON*sche Verteilung*

$$P(x) = \sum_{0 \leq m < x} \frac{e^{-\lambda}}{m!} \lambda^m \tag{15}$$

und die Streuung der Summen (1) *gegen* λ *konvergieren, ist notwendig und hinreichend, daß für beliebiges* $\varepsilon > 0$

$$\sum_{k=1}^{k_n} \int\limits_{|x-1| \geq \varepsilon} x^2 \, dF_{nk}(x + \mathsf{E}\xi_{nk}) \to 0,$$

$$\sum_{k=1}^{k_n} \int\limits_{|x-1| < \varepsilon} x^2 \, dF_{nk}(x + \mathsf{E}\xi_{nk}) \to \lambda$$

geht.

Die Konstanten A_n *kann man mit Hilfe der Gleichung*

$$A_n = \sum_{k=1}^{k_n} \mathsf{E}\, \xi_{nk} - \lambda$$

bestimmen.

Beweis. Der Satz ergibt sich unmittelbar aus dem Satz 2 und daraus, daß für die Verteilung (15) $\gamma = \lambda$, $K(u) = 0$ für $u \leq 1$ und $K(u) = \lambda$ für $u > 1$ ist.

Wie im Falle der Normalverteilung nehmen die Voraussetzungen des Satzes eine einfachere Form an, wenn wir noch annehmen, daß die Streuungen der Summen für alle n gleich der Streuung der Grenzverteilung sind, d. h. wenn

$$\sum_{k=1}^{k_n} \mathsf{D}^2 \xi_{nk} = \lambda$$

ist. Unter diesen zusätzlichen Voraussetzungen ist für die Konvergenz der Verteilungsfunktionen von Summen (1) gegen die POISSONsche Verteilung notwendig und hinreichend, daß für jedes $\varepsilon > 0$ die Beziehung

$$\sum_{k=1}^{k_n} \int\limits_{|x-1| > \varepsilon} x^2 \, dF_{nk}(x + \mathsf{E}\xi_{nk}) \to 0 \quad (n \to \infty)$$

erfüllt wird.

§ 22. Das Gesetz der großen Zahlen

Wir beginnen das Studium des Grenzverhaltens von Summen unabhängiger Zufallsgrößen im allgemeinen Falle mit dem Gesetz der großen Zahlen. Die hierbei gefundenen Bedingungen werden dann als Grundlage für den Beweis weiterer Sätze genommen.

Definition 1. Eine Folge zufälliger Größen

$$\xi_1, \xi_2, \ldots, \xi_n, \ldots$$

„konvergiert nach Wahrscheinlichkeit" gegen eine Zufallsgröße ξ, wenn bei beliebigem $\varepsilon > 0$ für $n \to \infty$

$$\mathsf{P}\{|\xi_n - \xi| \geq \varepsilon\} \to 0$$

konvergiert.

Die Konvergenz nach Wahrscheinlichkeit wollen wir im folgenden mit dem Symbol $\nrightarrow$ bezeichnen. Die letzte Beziehung schreibt sich dann also in der Form

$$\xi_n \nrightarrow \xi \quad (n \to \infty).$$

Definition 2. Eine Folge $\{\xi_n\}$ soll *„stabil"* heißen, wenn es eine solche Folge von Konstanten $\{A_n\}$ gibt, daß für $n \to \infty$

$$\zeta_n - A_n \nrightarrow 0. \tag{1}$$

Wenn wir die Überlegungen aus dem § 20 (Lemma 1) wiederholen, erkennen wir leicht, daß man für eine stabile Folge $\{\zeta_n\}$ als Konstanten A_n, welche bei der Näherung der Größen ξ_n auftreten, ihre Mediane m_n wählen kann. Anders ausgedrückt, aus (1) folgt für $n \to \infty$ die Konvergenz von

$$\xi_n - m_n \nrightarrow 0.$$

Definition 3. Eine Doppelfolge von Zufallsgrößen

$$\xi_{n1}, \xi_{n2}, \ldots, \xi_{nk_n} \quad (n = 1, 2, 3, \ldots), \tag{2}$$

die in jeder Zeile voneinander unabhängig sind, *„gehorcht dem Gesetz der großen Zahlen"*, wenn die Folge der Summen

$$\zeta_n = \xi_{n1} + \xi_{n2} + \cdots + \xi_{nk_n}$$

stabil ist.

Unsere nächste Aufgabe besteht nun darin, die allgemeinen Bedingungen zu ermitteln, unter denen das Gesetz der großen Zahlen gilt.

Satz[1]). *Damit die Doppelfolge* (2) *dem Gesetz der großen Zahlen gehorcht, ist notwendig und hinreichend, daß für* $n \to \infty$

$$\left.\begin{aligned} &1.\ \sum_{k=1}^{k_n} \int_{|x|>1} dF_{nk}(x + m_{nk}) \to 0, \\ &2.\ \sum_{k=1}^{k_n} \int_{|x|\leq 1} x^2\, dF_{nk}(x + m_{nk}) \to 0 \end{aligned}\right\} \tag{3}$$

konvergiert.

Beweis. Daß die Voraussetzungen des Satzes hinreichend sind, kann völlig elementar bewiesen werden. Zu diesem Zweck führen wir die Beziehungen

$$\xi'_{nk} = \xi_{nk} - m_{nk}$$

$$F'_{nk}(x) = \mathsf{P}\{\xi'_{nk} < x\} = F_{nk}(x + m_{nk})$$

ein. Wir setzen ferner

$$\xi''_{nk} = \begin{cases} \xi'_{nk}, & \text{wenn } |\xi'_{nk}| \leq 1, \\ 0, & \text{wenn } |\xi'_{nk}| > 1 \end{cases}$$

[1]) Siehe A. N. Kolmogorov [1], W. Feller [2], B. W. Gnedenko [7].

und

$$A_n = \sum_{k=1}^{k_n} (m_{nk} + \mathsf{E}\,\xi''_{nk}),$$

wo

$$\mathsf{E}\,\xi''_{nk} = \int_{|x|\le 1} x\, dF'_{nk}(x)$$

ist. Weiterhin sei

$$\zeta'_n = \sum_{k=1}^{k_n} \xi'_{nk}, \qquad \zeta''_n = \sum_{k=1}^{k_n} \xi''_{nk}$$

und B_n das Ereignis, welches darin besteht, daß $\zeta'_n = \zeta''_n$ ist. Wenn $\overline{B}_n$ das zu B_n komplementäre Ereignis ist, dann ist

$$\mathsf{P}\{\overline{B}_n\} \le \sum_{k=1}^{k_n} \mathsf{P}\{|\xi'_{nk}| > 1\} = \sum_{k=1}^{k_n} \int_{|x|>1} dF'_{nk}(x). \tag{4}$$

Offenbar wird für beliebiges $\varepsilon > 0$

$$\mathsf{P}\{|\zeta_n - A_n| \ge \varepsilon\} = \mathsf{P}\{B_n\}\,\mathsf{P}\{|\zeta_n - A_n| \ge \varepsilon \mid B_n\} + \\ + \mathsf{P}\{\overline{B}_n\}\,\mathsf{P}\{|\zeta_n - A_n| \ge \varepsilon \mid \overline{B}_n\}. \tag{5}$$

Da

$$\mathsf{P}\{|\zeta_n - A_n| \ge \varepsilon \mid B_n\}\,\mathsf{P}\{B_n\} \le \mathsf{P}\{|\zeta''_n - \mathsf{E}\,\zeta''_n| \ge \varepsilon\}$$

ist, folgt aus der TSCHEBYSCHEWschen Ungleichung

$$\mathsf{P}\{|\zeta_n - A_n| \ge \varepsilon \mid B_n\}\,\mathsf{P}\{B_n\} \le \frac{1}{\varepsilon^2}\,\mathsf{D}^2\zeta''_n = \frac{1}{\varepsilon^2}\sum_{k=1}^{k_n} \mathsf{D}^2\xi''_{nk} \le \frac{1}{\varepsilon^2}\sum_{k=1}^{k_n} \mathsf{E}\,\xi''^2_{nk} = \\ = \frac{1}{\varepsilon^2}\sum_{k=1}^{k_n} \int_{|x|\le 1} x^2\, dF'_{nk}(x). \tag{6}$$

(4), (5) und (6) zusammengenommen ergibt für $\varepsilon > 0$

$$\mathsf{P}\{|\zeta_n - A_n| \ge \varepsilon\} \le \frac{1}{\varepsilon^2}\sum_{k=1}^{k_n} \int_{|x|\le 1} x^2\, dF'_{nk}(x) + \sum_{k=1}^{k_n} \int_{|x|>1} dF'_{nk}(x),$$

womit bewiesen ist, daß die Voraussetzungen des Satzes hinreichend sind.

Um die Notwendigkeit der Voraussetzungen zu beweisen, verwenden wir den Apparat der charakteristischen Funktionen, weil die elementaren Methoden auf sehr mühsame Überlegungen führen[1]).

Wenn das Gesetz der großen Zahlen gilt, so geht für gewisse A_n und $n \to \infty$

$$\zeta_n - A_n \nrightarrow 0.$$

Mit anderen Worten, für $n \to \infty$ konvergieren die Verteilungsfunktionen der

[1]) Siehe A. N. KOLMOGOROV [1].

Summen $\zeta_n - A_n$ gegen die uneigentliche Verteilung $\varepsilon(x)$; also konvergiert in der Terminologie der charakteristischen Funktionen

$$e^{-iA_n t} \prod_{k=1}^{k_n} f_{nk}(t) \Rightarrow 1 \qquad (n \to \infty).$$

Hieraus schließen wir, daß für $n \to \infty$

$$\prod_{k=1}^{k_n} |f_{nk}(t)| \Rightarrow 1 \tag{7}$$

geht.

Aus der Formel (7) kann man insbesondere für $n \to \infty$

$$\sup_{1 \le k \le k_n} (1 - |f_{nk}(t)|) \Rightarrow 0 \tag{8}$$

folgern. Mit Satz 3 § 14 folgt das, daß die Größen ξ_{nk} asymptotisch konstant sind. Wenn also Summen unabhängiger Summanden stabil sind, dann sind die Summanden asymptotisch konstant.

Aus (7) und der Ungleichung

$$-\log(1 - a) \ge a \qquad (0 \le a < 1)$$

ergibt sich leicht, daß für $n \to \infty$

$$\sum_{k=1}^{k_n} (1 - |f_{nk}(t)|) \Rightarrow 0. \tag{9}$$

Die Notwendigkeit der Voraussetzungen des Satzes wollen wir zuerst für den Spezialfall beweisen, daß alle Summanden ξ_{nk} symmetrisch sind. Den allgemeinen Fall führen wir dann etwas später auf diesen Spezialfall zurück.

$f(t)$ sei die charakteristische Funktion einer symmetrischen Zufallsgröße ξ. Es ist somit $m\xi = 0$ und

$$f(t) = \int \cos tx \, dF(x).$$

Wir haben dann

$$\frac{1}{2} \int_{-1}^{1} [1 - f(t)] \, dt = \int \left(1 - \frac{\sin x}{x}\right) dF(x).$$

Für $|x| > 1$ ist

$$1 - \frac{\sin x}{x} \ge \frac{1}{10}$$

und für $|x| \le 1$

$$1 - \frac{\sin x}{x} \ge \frac{x^2}{8}.$$

Daher wird

$$\int_{-1}^{1} [1 - f(t)] \, dt \ge \frac{1}{4} \int_{|x| \le 1} x^2 \, dF(x) + \frac{1}{5} \int_{|x| > 1} dF(x)$$

und somit

$$\int_{-1}^{1} \sum_{k=1}^{k_n} [1 - f_{nk}(t)]\,dt = \sum_{k=1}^{k_n} \int_{-1}^{1} [1 - f_{nk}(t)]\,dt \geq$$

$$\geq \frac{1}{4} \sum_{k=1}^{k_n} \int_{|x| \leq 1} x^2\,dF_{nk}(x) + \frac{1}{5} \sum_{k=1}^{k_n} \int_{|x|>1} dF_{nk}(x) \geq 0.$$

Hieraus und aus (9) folgt die Notwendigkeit der Voraussetzungen. [Wir erinnern noch einmal daran, daß im symmetrischen Falle $m_{nk} = 0$ und $f_{nk}(t)$ reell ist. Nach (8) ist im Intervall $|t| \leq 1$ von einem gewissen n ab $|f_{nk}(t)| = f_{nk}(t)$.]

Wir kommen nun zum Beweis der Notwendigkeit der Voraussetzungen des Satzes im allgemeinen Fall. Zu diesem Zweck betrachten wir Zufallsgrößen η_{nk}, die voneinander und von allen ξ_{nk} für jedes n unabhängig sind, derart, daß die ξ_{nk} und η_{nk} gleiche Verteilungen besitzen.

Wir setzen

$$\xi^*_{nk} = \xi_{nk} - \eta_{nk}$$

und

$$\zeta^*_n = \sum_{k=1}^{k_n} \xi^*_{nk}.$$

Die Größen ξ^*_{nk} sind symmetrisch. Ihre charakteristischen Funktionen sind $|f_{nk}(t)|^2$.

Folglich konvergieren die ζ^*_n wegen (7) nach Wahrscheinlichkeit gegen Null.

Nach dem Vorangegangenen bedeutet das aber, daß für $n \to \infty$

$$\sum_{k=1}^{k_n} \int_{|x| \leq 1} x^2\,dF^*_{nk}(x) \to 0$$

und

$$\sum_{k=1}^{k_n} \int_{|x|>1} dF^*_{nk}(x) \to 0$$

konvergiert. Hieraus erhalten wir nun mit Hilfe des folgenden Lemma die Bedingung (3):

Lemma. *Die Zufallsgrößen ξ und η seien unabhängig und identisch verteilt, ferner sei die Funktion $s_1(x)$ durch*

$$s_1(x) = \begin{cases} x^2 & \textit{für} \quad |x| \leq 1, \\ 1 & \textit{für} \quad |x| > 1 \end{cases}$$

erklärt. Dann ist

$$\mathsf{E}\, s_1(\xi - \eta) \geq \frac{1}{2}\, \mathsf{E}\, s_1(\xi - m),$$

wobei m Mediane von ξ ist.

Beweis. Ohne Beschränkung der Allgemeinheit können wir $m = 0$ annehmen, weil wir andernfalls die Größen $\xi - m$ und $\eta - m$ betrachten würden. Offenbar gilt für x und y mit verschiedenen Vorzeichen $s_1(x - y) \geq s_1(x)$.

Daher ist

$$\mathsf{E}\, s_1(\xi - \eta) = \iint s_1(x - y)\, dF(x)\, dF(y) \geq \iint\limits_{\{x \geq 0,\, y \leq 0\}} +$$

$$+ \iint\limits_{\{x < 0,\, y \geq 0\}} s_1(x - y)\, dF(x)\, dF(y) \geq \int\limits_{y \leq 0} dF(y) \int\limits_{x \geq 0} s_1(x)\, dF(x) +$$

$$+ \int\limits_{y \geq 0} dF(y) \int\limits_{x < 0} s_1(x)\, dF(x) \geq \frac{1}{2} \int s_1(x)\, dF(x) = \frac{1}{2}\, \mathsf{E}\, s_1(\xi).$$

Anmerkung. Offenbar können die Voraussetzungen des Satzes mit Hilfe der Funktion $s_1(x)$ auch in folgender Gestalt geschrieben werden: Für $n \to \infty$ konvergiert

$$\sum_{n=1}^{k_n} \mathsf{E}\, s_1(\xi_{nk} - m_{nk}) \to 0.$$

Da

$$\frac{x^2}{1 + x^2} \leq s_1(x) \leq 2\, \frac{x^2}{1 + x^2}$$

ist, sind die Voraussetzungen auch der Bedingung äquivalent, daß für $n \to \infty$

$$\sum_{k=1}^{k_n} \mathsf{E}\, \frac{(\xi_{nk} - m_{nk})^2}{1 + (\xi_{nk} - m_{nk})^2} \to 0 \tag{10}$$

konvergiert.

§ 23. Zwei Hilfssätze

Wir wollen jetzt zum allgemeinen Problem der Bestimmung der Grenzverteilungen für Summen unabhängiger Zufallsgrößen übergehen. Hierbei beschränken wir uns auf die Untersuchung einer Doppelfolge von Zufallsgrößen

$$\xi_{n1}, \xi_{n2}, \ldots, \xi_{nk_n},$$

die in jeder Zeile unabhängig und asymptotisch konstant sind.

Die Behandlung dieses Problems beginnen wir mit dem Beweis zweier Sätze. Diese Sätze sollen vor allem zeigen, daß man im allgemeinen Falle, in dem die Existenz der Streuungen für die Summanden nicht gefordert werden kann, wenigstens auf eine Ungleichung zurückgreifen kann, die der Bedingung β) des § 21 analog ist. Dieser Umstand gestattet es uns auch, die Beweisidee dieser Sätze auf den allgemeinen Fall auszudehnen.

Satz 1. *Wenn bei geeigneter Auswahl der Konstanten A_n die Verteilungsfunktionen der Summen*

$$\zeta_n = \xi_{n1} + \xi_{n2} + \cdots + \xi_{nk_n} - A_n$$

unabhängiger Zufallsgrößen ξ_{nk} *gegen eine Grenzverteilung streben, dann gibt es eine Konstante* $C < \infty$ *derart, daß*

$$\sum_{k=1}^{k_n} \int \frac{x^2}{1+x^2}\, dF_{nk}(x + m_k) < C. \tag{1}$$

Beweis. Dieser für alle weiteren Sätze grundlegende Satz ist eine einfache Folgerung der Ergebnisse des letzten Paragraphen.

Nach Voraussetzung konvergieren die Verteilungsfunktionen der Summen ζ_n für $n \to \infty$ gegen eine Grenzverteilung. Hieraus folgt aber leicht, daß auch für eine beliebige Folge von Konstanten

$$\alpha_n \to 0$$

die Beziehung gilt

$$\alpha_n \zeta_n \nrightarrow 0.$$

Für $0 < \alpha < 1$ ist

$$\mathsf{E}\, \frac{\alpha^2 \xi^2}{1+\alpha^2 \xi^2} = \alpha^2\, \mathsf{E}\, \frac{\xi^2}{1+\alpha^2 \xi^2} \geq \alpha^2\, \mathsf{E}\, \frac{\xi^2}{1+\xi^2},$$

daher wird für genügend großes n ($\xi'_{nk} = \xi_{nk} - m_{nk}$)

$$\sum_{k=1}^{k_n} \mathsf{E}\, \frac{\alpha_n^2 \xi'^2_{nk}}{1+\alpha_n^2 \xi'^2_{nk}} \geq \alpha_n^2 \sum_{k=1}^{k_n} \mathsf{E}\, \frac{\xi'^2_{nk}}{1+\xi'^2_{nk}},$$

und somit geht für $n \to \infty$

$$\alpha_n^2 \sum_{k=1}^{k_n} \int \frac{x^2}{1+x^2}\, dF_{nk}(x + m_{nk}) \to 0.$$

Wenn die Summen (1) nicht beschränkt wären, könnte die letzte Gleichung nicht für jede Folge $\alpha_n \to 0$ gelten.

Bemerkung. Man kann den Beweis des Satzes 1 auch noch anders führen, ohne die Ergebnisse des letzten Paragraphen zu benutzen. Dieser Beweis ist auch insofern interessant, als hierbei die weiteren Resultate, die sich auch auf das Gesetz der großen Zahlen beziehen, mit Hilfe einer einzigen Methode abgeleitet werden können, ohne die Ergebnisse des § 22 zu verwenden (siehe B. W. GNEDENKO [7]).

Satz 2[1]). *Wenn bei geeigneter Wahl der Konstanten* A_n *die Verteilungsfunktionen der Summen*

$$\zeta_n = \xi_{n1} + \xi_{n2} + \cdots + \xi_{nk_n} - A_n$$

unabhängiger infinitesimaler Zufallsgrößen für $n \to \infty$ *gegen eine Grenzverteilung konvergieren, dann gibt es eine Konstante* C *derart, daß*

$$\sum_{k=1}^{k_n} \int \frac{x^2}{1+x^2}\, dF_{nk}(x + \alpha_{nk}) < C$$

---

[1]) B. W. GNEDENKO [7].

ist, wobei

$$\alpha_{nk} = \int\limits_{|x|<\tau} x\,dF_{nk}(x)$$

und τ eine beliebige positive Konstante ist.

Beweis. Wir wollen zuerst erwähnen, daß die Beziehungen[1])

$$\sup_{1\le k\le k_n} |m_{nk}| \to 0 \qquad (n\to\infty),$$

$$\sup_{1\le k\le k_n} |\alpha_{nk}| \to 0 \qquad (n\to\infty)$$

gelten, da die Größen ξ_{nk} infinitesimal sind.

Auf Grund der elementaren Ungleichung $(a+b)^2 \le 2(a^2+b^2)$ kann man schließen, daß für genügend großes n

$$\int \frac{x^2}{1+x^2}\,dF_{nk}(x+\alpha_{nk}) = \int \frac{(x+m_{nk}-\alpha_{nk})^2}{1+(x+m_{nk}-\alpha_{nk})^2}\,dF_{nk}(x+m_{nk})$$

$$\le \int \frac{2x^2\,dF_{nk}(x+m_{nk})}{1+(x+m_{nk}-\alpha_{nk})^2} + 2\,(m_{nk}-\alpha_{nk})^2$$

$$\le c\int \frac{x^2}{1+x^2}\,dF_{nk}(x+m_{nk}) + 2\,(m_{nk}-\alpha_{nk})^2$$

wird. Wir schätzen jetzt die Differenz $(m_{nk}-\alpha_{nk})^2$ ab. Für hinreichend großes n gilt

$$(\alpha_{nk}-m_{nk})^2 = \Bigl(\int\limits_{|x|<\tau}(x-m_{nk})\,dF_{nk}(x) - \int\limits_{|x|\ge\tau} m_{nk}\,dF_{nk}(x)\Bigr)^2$$

$$\le 2\Bigl(\int\limits_{|x+m_{nk}|<\tau}|x|\,dF_{nk}(x+m_{nk})\Bigr)^2 + 2\Bigl(\int\limits_{|x+m_{nk}|\ge\tau} m_{nk}\,dF_{nk}(x+m_{nk})\Bigr)^2$$

$$\le 2\Bigl(\int\limits_{|x|<2\tau}|x|\,dF_{nk}(x+m_{nk})\Bigr)^2 + 2\,m_{nk}^2\Bigl(\int\limits_{|x|>\frac{\tau}{2}} dF_{nk}(x+m_{nk})\Bigr)^2.$$

Schließlich ergibt sich, indem man die Cauchy-Schwarz-Bunjakowskische Ungleichung anwendet,

$$(\alpha_{nk}-m_{nk})^2 \le 2\int\limits_{|x|<2\tau} x^2\,dF_{nk}(x+m_{nk}) + 2\,m_{nk}^2\int\limits_{|x|>\frac{\tau}{2}} dF_{nk}(x+m_{nk}).$$

Aus der erhaltenen Ungleichung und dem Satz 1 folgt die Behauptung des Satzes 2.

---

[1]) Die zweite der angegebenen Relationen leitet man auf folgende Weise ab:

$$|\alpha_{nk}| = \Bigl|\int\limits_{|x|<\tau} x\,dF_{nk}(x)\Bigr| \le \int\limits_{|x|\le\varepsilon}|x|\,dF_{nk}(x) + \tau\,\mathsf{P}\{|\xi_{nk}|\ge\varepsilon\} \le \varepsilon + \tau\,\mathsf{P}\{|\xi_{nk}|\ge\varepsilon\}.$$

Wählt man $\varepsilon > 0$ hinreichend klein und n genügend groß, so kann $\sup\limits_{1\le k\le k_n}|\alpha_{nk}|$ beliebig klein gemacht werden.

§ 24. Die allgemeine Form der Grenzverteilungen. Die begleitenden unbegrenzt teilbaren Verteilungen

Satz 1[1]**.** *Damit bei geeigneter Wahl der Konstanten A_n die Verteilungsfunktionen der Summen*

$$\zeta_n = \xi_{n1} + \xi_{n2} + \cdots + \xi_{nk_n} - A_n \tag{1}$$

unabhängiger infinitesimaler Zufallsgrößen gegen eine Grenzverteilung konvergieren, ist notwendig und hinreichend, daß die unbegrenzt teilbaren Verteilungen[2]*) mit den charakteristischen Funktionen, deren Logarithmen $\psi_n(t)$ durch die Formel*

$$\psi_n(t) = -iA_n t + \sum_{k=1}^{k_n} \left\{ it\alpha_{nk} + \int (e^{itx} - 1)\, dF_{nk}(x + \alpha_{nk}) \right\} \tag{2}$$

mit

$$\alpha_{nk} = \int_{|x|<\tau} x\, dF_{nk}(x) \tag{3}$$

und konstantem $\tau > 0$ gegeben sind, konvergieren. Die Grenzverteilungsfunktionen beider Folgen stimmen überein.

Beweis. Damit die Verteilungsfunktionen der Summen (1) gegen eine Grenzverteilungsfunktion konvergieren, ist notwendig und hinreichend, daß die Beziehung

$$f_n(t) = e^{-itA_n} \prod_{k=1}^{k_n} f_{nk}(t) \Rightarrow f(t) \qquad (n \to \infty) \tag{4}$$

gilt, wobei $f(t)$ die charakteristische Funktion der Grenzverteilung und $f_n(t)$ die charakteristische Funktion der Summe (1) ist.

Wir führen die Bezeichnung

$$F'_{nk}(x) = F_{nk}(x + \alpha_{nk})$$

ein, wobei die α_{nk} durch die Gleichung (3) bestimmt werden.

Damit nimmt (4) die folgende äquivalente Form an:

$$e^{-itA_n + i \sum_{k=1}^{k_n} \alpha_{nk}} \prod_{k=1}^{k_n} f'_{nk}(t) \Rightarrow f(t) \qquad (n \to \infty).$$

Wir setzen

$$f'_{nk}(t) - 1 = \beta_{nk};$$

da die Größen ξ_{nk} infinitesimal sind, gilt

$$\sup_{1 \le k \le k_n} |\beta_{nk}| \to 0 \quad (n \to \infty). \tag{5}$$

Daher kann die Reihenentwicklung des Logarithmus verwendet werden

$$\log f'_{nk}(t) = \log (1 + \beta_{nk}) = \beta_{nk} - \frac{1}{2}\beta_{nk}^2 + \frac{1}{3}\beta_{nk}^3 - + \cdots .$$

[1]) B. W. Gnedenko [2], [3], [7].

[2]) Wir wollen sie wieder als „*begleitende*“ bezeichnen.

Hieraus ergibt sich für genügend großes n

$$\left|\sum_{k=1}^{k_n} \log f'_{nk}(t) - \sum_{k=1}^{k_n} \beta_{nk}\right| \leq \sum_{k=1}^{k_n} \sum_{s=2}^{\infty} \frac{1}{s} |\beta_{nk}|^s \leq \frac{1}{2} \sum_{k=1}^{k_n} \frac{|\beta_{nk}|^2}{1-|\beta_{nk}|}$$

$$\leq \sup_{1 \leq k \leq k_n} |\beta_{nk}| \sum_{k=1}^{k_n} |\beta_{nk}|. \tag{6}$$

Nun ist aber

$$|\beta_{nk}| = \left| \int_{|x|<\tau} (e^{itx} - 1 - itx)\, dF'_{nk}(x) + \int_{|x|\geq\tau} (e^{itx} - 1)\, dF'_{nk}(x) + \right.$$

$$\left. + it \int_{|x|<\tau} x\, dF'_{nk}(x) \right| \leq \frac{1}{2} |t|^2 \int_{|x|<\tau} x^2\, dF'_{nk}(x) + 2 \int_{|x|\geq\tau} dF'_{nk}(x) +$$

$$+ |t| \left| \int_{|x|<\tau} x\, dF'_{nk}(x) \right|. \tag{7}$$

Wir schätzen jetzt

$$\int_{|x|<\tau} x\, dF'_{nk}(x)$$

ab. Für hinreichend großes n $\left(\text{derart, daß } |\alpha_{nk}| < \frac{\tau}{2}\right)$ ist

$$\left| \int_{|x|<\tau} x\, dF'_{nk}(x) - \int_{|x+\alpha_{nk}|<\tau} x\, dF'_{nk}(x) \right| \leq \int_{\frac{\tau}{2}<|x|<\frac{3\tau}{2}} |x|\, dF'_{nk}(x) \leq \frac{3\tau}{2} \int_{|x|>\frac{\tau}{2}} dF'_{nk}(x)$$

und

$$\left| \int_{|x+\alpha_{nk}|<\tau} x\, dF'_{nk}(x) \right| = \left| \int_{|x|<\tau} (x - \alpha_{nk})\, dF_{nk}(x) \right| = \left| \alpha_{nk} \int_{|x|>\tau} dF_{nk}(x) \right| \leq$$

$$\leq \frac{\tau}{2} \int_{|x|>\frac{\tau}{2}} dF'_{nk}(x).$$

Daher gilt

$$\left| \int_{|x|<\tau} x\, dF'_{nk}(x) \right| \leq 2\tau \int_{|x|>\frac{\tau}{2}} dF'_{nk}(x). \tag{8}$$

Um zu beweisen, daß die Voraussetzungen des Satzes notwendig sind, bemerken wir, daß nach Satz 2, § 23 für Verteilungsfunktionen von Summen, die gegen ein Grenzgesetz konvergieren, (1) gilt:

$$\sum_{k=1}^{k_n} \int \frac{x^2}{1+x^2}\, dF'_{nk}(x) < C. \tag{9}$$

Wir haben somit

$$\sum_{k=1}^{k_n} \int\limits_{|x|<\tau} x^2\, dF'_{nk}(x) \leq (1+\tau^2) \sum_{k=1}^{k_n} \int\limits_{|x|<\tau} \frac{x^2}{1+x^2}\, dF'_{nk}(x) \leq (1+\tau^2)\, C$$

$$\sum_{k=1}^{k_n} \int\limits_{|x|\geq\tau} dF'_{nk}(x) \leq \frac{1+\tau^2}{\tau^2} \sum_{k=1}^{k_n} \int\limits_{|x|\geq\tau} \frac{x^2}{1+x^2}\, dF'_{nk}(x) \leq \frac{1+\tau^2}{\tau^2}\, C.$$

Folglich wird wegen (7)

$$\sum_{k=1}^{k_n} |\beta_{nk}| \leq \left\{ \frac{1+\tau^2}{2}\, |t|^2 + 2\, \frac{(1+\tau^2)}{\tau^2} + 2\, \frac{|t|\,(4+\tau^2)}{\tau} \right\} C,$$

wo C eine Konstante ist. Also ergibt sich aus (5) und (6), für $n \to \infty$

$$|\log f_n(t) - \psi_n(t)| = \Bigg| \Bigg[-\, it A_n + it \sum_{k=1}^{k_n} \alpha_{nk} + \sum_{k=1}^{k_n} \log f'_{nk}(t) \Bigg] -$$

$$- \Bigg[-\, itA_n + it \sum_{k=1}^{k_n} \alpha_{nk} + \sum_{k=1}^{k_n} \beta_{nk} \Bigg] \Bigg| = \Big| \sum_{k=1}^{k_n} \log f'_{nk}(t) - \sum_{k=1}^{k_n} \beta_{nk} \Big| \Rightarrow 0.$$

Da nun $e^{\psi_n(t)}$ eine charakteristische Funktion ist, deren Betrag nicht größer als Eins sein kann, haben wir

$$f_n(t) - e^{\psi_n(t)} \Rightarrow 0, \tag{10}$$

was die Notwendigkeit der Bedingungen beweist.

Um zu beweisen, daß die Voraussetzungen hinreichend sind, müssen wir noch die Summe

$$\sum_{k=1}^{k_n} |\beta_{nk}|$$

abschätzen.

Für die mittels der Formel (2) definierten unbegrenzt teilbaren Verteilung ist in der LÉVY-CHINTSCHINschen Formel

$$G_n(u) = \sum_{k=1}^{k_n} \int\limits_{-\infty}^{u} \frac{x^2}{1+x^2}\, dF'_{nk}(x)$$

zu setzen.

Wenn daher die gemäß Formel (2) definierten unbegrenzt teilbaren Verteilungen gegen eine Grenzverteilung streben, wird nach Satz 1, § 19

$$\int dG_n(u) = \sum_{k=1}^{k_n} \int \frac{x^2}{1+x^2}\, dF'_{nk}(x) \to \int dG(u) \quad (n \to \infty),$$

wobei $G(u)$ eine monotone Funktion ist, die sich aus der LÉVY-CHINTSCHINschen Formel für die Grenzverteilung ermitteln läßt.

Also gilt auch im Falle einer Konvergenz der Funktionen (2) gegen eine Grenzfunktion die Relation (9). Daher können wir aus (5) und (6) schließen, daß (10) gilt. Damit ist aber der Beweis des Satzes abgeschlossen.

Der eben bewiesene Satz verdient besondere Beachtung, weil er es ermöglicht, die Untersuchung von Summen

$$\zeta_n = \xi_{n1} + \xi_{n2} + \cdots + \xi_{nk_n} - A_n$$

infinitesimaler Zufallsgrößen ξ_{nk} mit im allgemeinen beliebigen Verteilungsfunktionen $F_{nk}(x)$ zu ersetzen durch die Untersuchung von Summen

$$\bar{\zeta}_n = \bar{\xi}_{n1} + \bar{\xi}_{n2} + \cdots + \bar{\xi}_{nk_n} - A_n$$

mit unbegrenzt teilbaren Summanden $\bar{\xi}_{nk}$. Diese Tatsache bildet, wie schon im § 20 angedeutet, die Grundlage für die Sätze dieses Buches über die Grenzverteilungen von Summen unabhängiger Summanden.

Als erste Folge des bewiesenen Satzes weisen wir auf das folgende von A. J. CHINTSCHIN [10] gefundene fundamentale Resultat hin.

Satz 2. *Damit eine Funktion $F(x)$ Grenzverteilungsfunktion von Summen* (1) *infinitesimaler, in jeder Zeile unabhängiger Summanden sein kann, ist notwendig und hinreichend, daß sie unbegrenzt teilbar ist.*

Beweis. Aus dem vorhergehenden Satz wissen wir, daß die Grenzverteilungsfunktion von Summen (1) gleichzeitig auch Limes unbeschränkt teilbarer Verteilungen und somit gemäß Satz 3, § 17 selbst unbegrenzt teilbar ist. Die Umkehrung, daß jede unbegrenzt teilbare Verteilung auch Grenzverteilung von Summen infinitesimaler Summanden ist, ergibt sich unmittelbar aus der Definition der unbegrenzt teilbaren Verteilungen.

Wir haben also bewiesen, daß die Klasse der Grenzverteilungen von Summen (1) *voneinander unabhängiger infinitesimaler Zufallsgrößen mit der Klasse der unbegrenzt teilbaren Verteilungen übereinstimmt.*

Sind die $\xi_{nk} (1 \leq k \leq k_n,\ n = 1, 2, \ldots)$ asymptotisch konstante Zufallsgrößen, so sind die Größen $\xi_{nk} - m_{nk}$ infinitesimal. Daher fällt die Klasse der Grenzverteilungen von Summen (1) nicht nur für infinitesimale, sondern auch für asymptotisch konstante Zufallsgrößen ξ_{nk} mit der Klasse der unbegrenzt teilbaren Verteilungsgesetze zusammen.

§ 25. Notwendige und hinreichende Konvergenzbedingungen

Durch den Satz 1, § 24 erhalten wir die Möglichkeit, Bedingungen für die Existenz einer Grenzverteilung für Summen (1) des § 24 anzugeben.

Satz 1. *Damit bei geeigneter Wahl der Konstanten A_n die Verteilungen der Summen*

$$\zeta_n = \xi_{n1} + \xi_{n2} + \cdots + \xi_{nk_n} - A_n \tag{1}$$

unabhängiger infinitesimaler Zufallsgrößen gegen eine Grenzverteilung konvergieren, ist notwendig und hinreichend, daß nichtabnehmende Funktionen

$$M(u)\ [M(-\infty) = 0] \quad \textit{und} \quad N(u)\ [N(+\infty) = 0]$$

existieren, die in den Intervallen $(-\infty, 0)$ bzw. $(0, +\infty)$ definiert sind, und eine Konstante $\sigma \leq 0$, so daß

1) *in allen Stetigkeitspunkten von $M(u)$ und $N(u)$*

$$\lim_{n\to\infty} \sum_{k=1}^{k_n} F_{nk}(u) = M(u) \qquad (u < 0),$$

$$\lim_{n\to\infty} \sum_{k=1}^{k_n} [F_{nk}(u) - 1] = N(u) \qquad (u > 0)$$

2) $$\lim_{\varepsilon\to 0} \underline{\lim}_{n\to\infty} \sum_{k=1}^{k_n} \left\{ \int_{|x|<\varepsilon} x^2\, dF_{nk}(x) - \left(\int_{|x|<\varepsilon} x\, dF_{nk}(x) \right)^2 \right\} =$$

$$= \lim_{\varepsilon\to 0} \overline{\lim}_{n\to\infty} \sum_{k=1}^{k_n} \left\{ \int_{|x|<\varepsilon} x^2\, dF_{nk}(x) - \left(\int_{|x|<\varepsilon} x\, dF_{nk}(x) \right)^2 \right\} = \sigma^2$$

ist. Die Konstanten A_n können nach der Formel

$$A_n = \sum_{k=1}^{k_n} \int_{|x|<\tau} x\, dF_{nk}(x) - \gamma(\tau)$$

gewählt werden. Hierbei ist $\gamma(\tau)$ eine beliebige Konstante, und $-\tau$ und $+\tau$ sind Stetigkeitspunkte der Funktionen $M(u)$ bzw. $N(u)$.

Der Logarithmus der charakteristischen Funktion der Grenzverteilung bestimmt sich aus Formel (7) *von* § 18 *mit den oben angegebenen Funktionen $M(u)$, $N(u)$ und Konstanten σ und $\gamma(\tau)$.*

Beweis. Der formulierte Satz ist eine Folgerung der Sätze 2, § 19 und 1, § 24. Wegen Satz 1 des § 24 können wir nämlich unsere Untersuchung auf unbeschränkt teilbare Verteilungen beschränken, wie sie durch die Gleichung (2) des § 24 definiert sind. Für diese Verteilungen haben wir in der Formel (8) des § 18

$$M_n(u) = \sum_{k=1}^{k_n} \int_{-\infty}^{u} dF_{nk}(x + \alpha_{nk}) \qquad \text{für } u < 0,$$

$$N_n(u) = -\sum_{k=1}^{k_n} \int_{u}^{\infty} dF_{nk}(x + \alpha_{nk}) \qquad \text{für } u > 0,$$

$$\sigma_n = 0 \text{ und } \gamma_n(\tau) = -A_n + \sum_{k=1}^{k_n} \int_{|x|<\tau} x\, dF_{nk}(x) + \sum_{k=1}^{k_n} \int_{|x|<\tau} x\, dF'_{nk}(x)$$

zu setzen. Nach Satz 2 des § 19 ist für die Konvergenz der Verteilungen (2) des § 24 notwendig und hinreichend, daß

1') $$\sum_{k=1}^{k_n} \int_{-\infty}^{u} dF_{nk}(x + \alpha_{nk}) \to M(u) \qquad (u < 0);$$

$$-\sum_{k=1}^{k_n} \int_{u}^{\infty} dF_{nk}(x + \alpha_{nk}) \to N(u) \qquad (u > 0);$$

$$2')\quad \lim_{\varepsilon\to 0}\ \underline{\lim}_{n\to\infty} \sum_{k=1}^{k_n} \left[\int_{-\varepsilon}^{0} x^2\, dF_{nk}(x) + \int_{0}^{\varepsilon} x^2\, dF_{nk}(x) \right]$$

$$= \lim_{\varepsilon\to 0}\ \underline{\lim}_{k\to\infty} \sum_{k=1}^{k_n} \int_{-\varepsilon}^{+\varepsilon} x^2 dF_{nk}(x) = \lim_{\varepsilon\to 0}\ \overline{\lim}_{n\to\infty} \sum_{k=1}^{k_n} \int_{-\varepsilon}^{+\varepsilon} x^2\, dF_{nk}(x) = \sigma^2,$$

$$3')\quad -A_n + \sum_{k=1}^{k_n} \int_{|x|<\tau} x\, dF_{nk}(x) + \sum_{k=1}^{k_n} \int_{|x|<\tau} x\, dF'_{nk}(x) \to \gamma(\tau).$$

Aus den Bedingungen 1'), 2'), 3') ersehen wir vor allem, daß man die A_n so wählen kann, wie es im Satz 1 angegeben wurde. Zu diesem Zweck zeigen wir, daß

$$\sum_{k=1}^{k_n} \int_{|x|<\tau} x\, dF'_{nk}(x) \to 0 \quad (n\to\infty) \tag{2}$$

konvergiert. Wir haben

$$\sum_{k=1}^{k_n} \int_{|x|<\tau} x\, dF'_{nk}(x) = \sum_{k=1}^{k_n} \int_{|x-\alpha_{nk}|<\tau} (x-\alpha_{nk})\, dF_{nk}(x)$$

$$= \sum_{k=1}^{k_n} \left(\int_{|x-\alpha_{nk}|<\tau} x\, dF_{nk}(x) - \int_{|x|<\tau} x\, dF_{nk}(x) + \alpha_{nk} \int_{|x|\geq\tau} dF'_{nk}(x) \right).$$

Nach Satz 2 des § 23 gibt es eine Konstante C derart, daß

$$\sum_{k=1}^{k_n} \int_{|x|\geq\tau} dF'_{nk}(x) \leq C.$$

Berücksichtigen wir

$$l_n = \sup_{1\leq k\leq k_n} |\alpha_{nk}| \to 0 \qquad (n\to\infty), \tag{3}$$

so folgt

$$\left| \sum_{k=1}^{k_n} \alpha_{nk} \int_{|x|\geq\tau} dF'_{nk}(x) \right| \leq C l_n \to 0 \qquad (n\to\infty\, 0).$$

Andererseits wird für hinreichend großes n

$$\left| \sum_{k=1}^{k_n} \left\{ \int_{|x-\alpha_{nk}|<\tau} x\, dF_{nk}(x) - \int_{|x|<\tau} x\, dF_{nk}(x) \right\} \right| \leq \sum_{k=1}^{k_n} \left\{ \int_{|x+\tau|\leq|\alpha_{nk}|} x\, dF_{nk}(x) + \right.$$

$$\left. + \int_{|x-\tau|\leq|\alpha_{nk}|} x\, dF_{nk}(x) \right\} \leq 2\tau \sum_{k=1}^{k_n} \left\{ \int_{|x+\tau|\leq 2|\alpha_{nk}|} dF'_{nk}(x) + \int_{|x-\tau|\leq 2|\alpha_{nk}|} dF'_{nk}(x) \right\}.$$

Die rechte Seite dieser Ungleichung strebt wegen 1'), (3), und weil $-\tau$ und $+\tau$ Stetigkeitspunkte der Funktionen $M(u)$ und $N(u)$ sind, gegen Null.

Damit ist (2) bewiesen.

In den Stetigkeitspunkten der Funktion $M(u)$ gilt

$$\underline{I_n} = \sum_{k=1}^{k_n} \int_{-\infty}^{u-l_n} dF_{nk}(x+\alpha_{nk}) \to M(u) \qquad (n\to\infty),$$

$$\overline{I_n} = \sum_{n=1}^{k_n} \int_{-\infty}^{u+l_n} dF_{nk}(x+\alpha_{nk}) \to M(u) \qquad (n\to\infty).$$

Es ist aber

$$\underline{I_n} \leq \sum_{k=1}^{k_n} \int_{-\infty}^{u} dF_{nk}(x) \leq \overline{I_n},$$

folglich

$$\sum_{k=1}^{k_n} \int_{-\infty}^{u} dF_{nk}(x) = \sum_{k=1}^{k_n} F_{nk}(u) \to M(u) \qquad (n\to\infty).$$

Genauso beweist man auch, daß für $u > 0$

$$-\sum_{k=1}^{k_n} \int_{u}^{\infty} dF_{nk}(x) = \sum_{k=1}^{k_n} (F_{nk}(u)-1) \to N(u) \qquad (n\to\infty)$$

konvergiert. Damit haben wir bewiesen, daß 1) aus 1′) folgt. Da die Umkehrung genauso einfach zu beweisen ist, wollen wir uns nicht damit aufhalten.

Wir haben nun noch die Äquivalenz der Beziehungen 2) und 2′) nachzuprüfen.

Zu diesem Zweck erwähnen wir erst einmal die folgenden offensichtlichen Beziehungen:

$$\lim_{\varepsilon\to 0} \overline{\lim_{n\to\infty}} \sum_{k=1}^{k_n} \int_{|x|<\varepsilon} x^2\, dF_{nk}(x+\alpha_{nk}) =$$

$$= \lim_{\varepsilon\to 0} \overline{\lim_{n\to\infty}} \sum_{k=1}^{k_n} \int_{|x+\alpha_{nk}|<\varepsilon} x^2\, dF_{nk}(x+\alpha_{nk}) =$$

$$= \lim_{\varepsilon\to 0} \overline{\lim_{n\to\infty}} \sum_{k=1}^{k_n} \int_{|x|<\varepsilon} (x-\alpha_{nk})^2\, dF_{nk}(x).$$

$$\lim_{\varepsilon\to 0} \underline{\lim_{n\to\infty}} \sum_{k=1}^{k_n} \int_{|x|<\varepsilon} x^2\, dF_{nk}(x+\alpha_{nk}) = \lim_{\varepsilon\to 0} \underline{\lim_{n\to\infty}} \sum_{k=1}^{k_n} \int_{|x|<\varepsilon} (x-\alpha_{nk})^2\, dF_{nk}(x).$$

Ferner ist

$$\sum_{k=1}^{k_n} \int_{|x|<\varepsilon} (x-\alpha_{nk})^2\, dF_{nk}(x) = \sum_{k=1}^{k_n} \left\{ \int_{|x|<\varepsilon} x^2\, dF_{nk}(x) - 2\alpha_{nk} \int_{|x|<\varepsilon} x\, dF_{nk}(x) + \right.$$

$$\left. + \alpha_{nk}^2 - \alpha_{nk}^2 \int_{|x|\geq\varepsilon} dF_{nk}(x) \right\} = \sum_{k=1}^{k_n} \left\{ \int_{|x|<\varepsilon} x^2\, dF_{nk}(x) - \left(\int_{|x|<\varepsilon} x\, dF_{nk}(x) \right)^2 \right\} +$$

$$+ \sum_{k=1}^{k_n} \left\{ \left(\int_{\varepsilon\leq|x|<\tau} x\, dF_{nk}(x) \right)^2 - \alpha_{nk}^2 \int_{|x|\geq\varepsilon} dF_{nk}(x) \right\}.$$

Wir bezeichnen die letzte Summe auf der rechten Seite dieser Gleichung mit ω_n.

Wie man leicht sieht, ist

$$|\omega_n| \leq \left(\tau^2 \cdot \sup_{1\leq k\leq k_n} \int_{|x|\geq\varepsilon} dF_{nk}(x) + l_n^2\right) \cdot \sum_{k=1}^{k_n} \int_{|x|\geq\varepsilon} dF_{nk}(x).$$

Der erste Faktor strebt für $n \to \infty$ gegen Null. Der zweite Faktor ist beschränkt. In der Tat gilt, wenn die Verteilungsfunktionen der Summen (1) § 24 gegen einen Limes konvergieren, wegen Satz 2, § 23

$$\sum_{k=1}^{k_n} \int_{|x|>\varepsilon} dF_{nk}(x) \leq \sum_{k=1}^{k_n} \int_{|x|>\frac{\varepsilon}{2}} dF_{nk}(x + \alpha_{nk})$$

$$\leq \frac{4+\varepsilon^2}{\varepsilon^2} \sum_{k=1}^{k_n} \int_{|x|>\frac{\varepsilon}{2}} \frac{x^2}{1+x^2} dF(x+\alpha_{nk}) \leq \frac{4+\varepsilon^2}{\varepsilon^2} C.$$

Wenn aber die Voraussetzungen des Satzes 1 erfüllt sind, dann wird für genügend großes n, wie man $\delta > 0$ auch wählt,

$$\sum_{k=1}^{k_n} \int_{|x|>\varepsilon} dF_{nk}(x) \leq M(-\varepsilon) - N(\varepsilon) + \delta.$$

Also geht in beiden Fällen

$$\omega_n \to 0.$$

Damit ist die Äquivalenz der Bedingungen 1′), 2′), 3′) mit den Voraussetzungen des Satzes vollständig nachgewiesen. Der Satz ist somit vollkommen bewiesen.

Anmerkung. Satz 1 des § 19 und Satz 1 des § 24 ermöglichen es, die Bedingungen für die Existenz einer Grenzverteilung von Summen (1) § 24 noch in anderer Form zu formulieren.

Damit bei geeigneter Wahl der Konstanten A_n die Verteilungen der Summen (1) *infinitesimaler Summanden gegen eine Grenzverteilung konvergieren, ist notwendig und hinreichend, daß es eine nichtabnehmende beschränkte Funktion $G(u)$ gibt, so daß für $(-\infty \leq u \leq \infty)$ und $n \to \infty$*

$$\sum_{k=1}^{k_n} \int_{-\infty}^{u} \frac{x^2}{1+x^2} dF_{nk}(x+a_{nk}) \Rightarrow G(u).$$

Die Grenzverteilungsfunktion wird durch $G(u)$ mittels der Lévy-Chintschin*schen Formel bestimmt.*

Offensichtlich können die erhaltenen Resultate ohne weiteres auf Summen asymptotisch konstanter Größen übertragen werden. Wir wollen uns daher auf die Formulierung eines einzigen Satzes beschränken, der fast eine buchstäbliche Wiederholung des Satzes 1 ist.

Satz 2. *Damit bei geeigneter Wahl der Konstanten A_n die Verteilungen der Summen*

$$\zeta_n = \xi_{n1} + \xi_{n2} + \cdots + \xi_{n k_n} - A_n$$

unabhängiger asymptotisch konstanter Zufallsgrößen gegen eine Grenzverteilung konvergieren, ist notwendig und hinreichend, daß es Funktionen $M(u)$ und $N(u)$ und eine Konstante σ gibt, so daß

1. *in den Stetigkeitspunkten der Funktionen $M(u)$ und $N(u)$*

$$\sum_{k=1}^{k_n} \int_{-\infty}^{u} dF_{nk}(x + m_{nk}) \to M(u) \qquad (n \to \infty)\ (u < 0),$$

$$\sum_{k=1}^{k_n} \int_{u}^{\infty} dF_{nk}(x + m_{nk}) \to -N(u) \qquad (n \to \infty)\ (u > 0);$$

$$2.\ \lim_{\varepsilon \to 0} \underline{\lim}_{n \to \infty} \sum_{k=1}^{k_n} \left\{ \int_{|x|<\varepsilon} x^2\, dF_{nk}(x + m_{nk}) - \left(\int_{|x|<\varepsilon} x\, dF_{nk}(x + m_{nk}) \right)^2 \right\} =$$

$$= \lim_{\varepsilon \to 0} \overline{\lim}_{n \to \infty} \sum_{k=1}^{k_n} \left\{ \int_{|x|<\varepsilon} x^2\, dF_{nk}(x + m_{nk}) - \left(\int_{|x|<\varepsilon} x\, dF_{nk}(x + m_{nk}) \right)^2 \right\} = \sigma^2.$$

Für die Konstanten A_n kann man

$$A_n = \sum_{k=1}^{k_n} \int_{|x|<\tau} x\, dF_{nk}(x + m_{nk}) + \sum_{k=1}^{k_n} m_{nk} - \gamma(\tau)$$

wählen, wobei $\gamma(\tau)$ eine beliebige Konstante ist.

Der Logarithmus der charakteristischen Funktion der Grenzverteilung wird durch die Formel (7) *des* § 18 *gegeben.*

Der vorliegende Satz ist eine unmittelbare Folgerung des vorhergehenden, da die Größen $\xi_{nk} - m_{nk}$ infinitesimal sind.

Wir wollen noch einen Spezialfall des letzten Satzes betrachten, nämlich

$$\lim_{\varepsilon \to 0} \overline{\lim}_{n \to \infty} \sum_{k=1}^{k_n} \left(\int_{|x|<\varepsilon} x\, dF_{nk}(x + m_{nk}) \right)^2 = 0.$$

Dieser Fall tritt jedesmal dann ein, wenn die Grenzverteilung keine Normalkomponente ($\sigma = 0$) enthält oder wenn die Größen ξ_{nk} symmetrisch bezüglich einer Mediane sind.

Satz 3. *Wenn*

$$\lim_{\varepsilon \to 0} \overline{\lim}_{n \to \infty} \sum_{k=1}^{k_n} \left(\int_{|x|<\varepsilon} x\, dF_{nk}(x + m_{nk}) \right)^2 = 0 \tag{4}$$

ist, dann ist für die Konvergenz der Verteilungen der Summen

$$\zeta_n = \xi_{n1} + \xi_{n2} + \cdots + \xi_{n k_n} - A_n \tag{1}$$

unabhängiger asymptotisch konstanter Zufallsgrößen (bei geeigneter Wahl der A_n) gegen eine Grenzverteilung notwendig und hinreichend, daß eine Funktion $G(u)$ existiert, so daß für $-\infty \leq u \leq \infty$ und $n \to \infty$

$$G_n(u) = \sum_{k=1}^{k_n} \int_{-\infty}^{u} \frac{x^2}{1+x^2}\, dF_{nk}(x + m_{nk}) \Rightarrow G(u).$$

Die Konstanten A_n können wie folgt ausgewählt werden:

$$A_n = \sum_{k=1}^{k_n} \left[\int_{|x|<\tau} x\, dF_{nk}(x + m_{nk}) + m_{nk} \right].$$

Beweis. Ist die Beziehung (4) erfüllt, so ist auf Grund des vorhergehenden Satzes für die Konvergenz der Verteilungen der Summen (1) gegen eine Grenzverteilung notwendig und hinreichend, daß ein Konstante σ und Funktionen $M(u)$ und $N(u)$ existieren, so daß für $n \to \infty$.

1) $\sum_{k=1}^{k_n} F_{nk}(x + m_{nk}) \to M(x) \qquad (x < 0),$

2) $\sum_{k=1}^{k_n} (F_{nk}(x + m_{nk}) - 1) \to N(x) \qquad (x > 0),$

3) $$\lim_{\varepsilon \to 0} \overline{\lim_{n\to\infty}} \sum_{k=1}^{k_n} \int_{|x|<\varepsilon} x^2\, dF_{nk}(x + m_{nk}) =$$
$$= \lim_{\varepsilon \to 0} \underline{\lim_{n\to\infty}} \sum_{k=1}^{k_n} \int_{|x|<\varepsilon} x^2\, dF_{nk}(x + m_{nk}) = \sigma^2.$$

Führt man nun die Funktion $G(u)$ ein, die durch die Gleichungen

$$G(u) = \int_{-\infty}^{u} \frac{x^2}{1+x^2}\, dM(x) \qquad (u < 0),$$

$$G(+0) = \sigma^2 + \int_{-\infty}^{u} \frac{x^2}{1+x^2}\, dM(x),$$

$$G(u) = G(+0) + \int_{0}^{u} \frac{x^2}{1+x^2}\, dN(x) \qquad (u > 0)$$

definiert ist, so sind auf Grund der Sätze 1 und 2 des § 19 die soeben angegebenen Relationen 1)—3) mit der Bedingung $G_n \Rightarrow G$ des vorliegenden Satzes äquivalent.

Wir beweisen jetzt, daß

$$\lim_{\varepsilon\to 0}\ \overline{\lim_{n\to\infty}}\ \sum_{k=1}^{k_n}\left(\int\limits_{|x|<\varepsilon} x\, dF_{nk}(x+m_{nk})\right)^2 = 0$$

ist, falls die Grenzverteilung keine Normalkomponente besitzt (d. h. wenn $\sigma = 0$ ist).

Zu diesem Zweck bezeichnen wir dasjenige der Intervalle $(-\varepsilon, 0)$ und $(0, \varepsilon)$ mit A_k, für das das Integral

$$\int\limits_{A_k} x\, dF_{nk}(x+m_{nk})$$

dem absoluten Betrage nach einen größten Wert hat. Dann wird

$$\sum_{k=1}^{k_n}\left(\int\limits_{|x|<\varepsilon} x\, dF_{nk}(x+m_{nk})\right)^2 \leq \sum_{k=1}^{k_n}\left(\int\limits_{A_k} x\, dF_{nk}(x+m_{nk})\right)^2$$

$$\leq \sum_{k=1}^{k_n}\int\limits_{A_k} x^2\, dF_{nk}(x+m_{nk})\int\limits_{A_k} dF_{nk}(x+m_{nk})$$

$$\leq \sum_{k=1}^{k_n}\int\limits_{A_k} dF_{nk}(x+m_{nk})\int\limits_{|x|<\varepsilon} x^2\, dF_{nk}(x+m_{nk}).$$

Nach Definition der Mediane ist

$$\int\limits_{A_k} dF_{nk}(x+m_{nk}) \leq \frac{1}{2},$$

so daß

$$\sum_{k=1}^{k_n}\left(\int\limits_{|x|<\varepsilon} x\, dF_{nk}(x+m_{nk})\right)^2 \leq \frac{1}{2}\sum_{k=1}^{k_n}\int\limits_{|x|<\varepsilon} x^2\, dF_{nk}(x+m_{nk}).$$

Jetzt folgt die zu beweisende Relation aus der Ungleichung

$$\frac{1}{2}\sum_{k=1}^{k_n}\int\limits_{|x|<\varepsilon} x^2\, dF_{nk}(x+m_{nk}) \leq \sum_{k=1}^{k_n}\left\{\int\limits_{|x|<\varepsilon} x^2\, dF_{nk}(x+m_{nk}) - \left(\int\limits_{|x|<\varepsilon} x\, dF_{nk}(x+m_{nk})\right)^2\right\}$$

und dem Satz 2.

Ändern wir die Formulierungen der letzten drei Sätze etwas, so können wir nicht nur Bedingungen für die Existenz einer Grenzverteilung, sondern auch Bedingungen für die Konvergenz gegen eine beliebige vorgegebene Grenzverteilung erhalten. Durch Abänderung von Satz 1 ergibt sich z. B.

Satz 4. *Damit bei geeigneter Wahl der Konstanten A_n die Verteilungsfunktionen der Summen*

$$\zeta_n = \xi_{n1} + \xi_{n2} + \cdots + \xi_{nk_n} - A_n$$

unabhängiger infinitesimaler Zufallsgrößen gegen eine Verteilungsfunktion $F(x)$ konvergieren, ist notwendig und hinreichend, daß die folgenden Bedingungen erfüllt werden:

1) *In den Stetigkeitspunkten der Funktionen $M(u)$ und $N(u)$ konvergieren für $n \to \infty$*

$$\sum_{k=1}^{k_n} F_{nk}(x) \to M(x) \qquad \text{für} \quad x < 0$$

$$\sum_{k=1}^{k_n} (F_{nk}(x) - 1) \to N(x) \quad \text{für} \quad x > 0$$

$$2)\ \lim_{\varepsilon\to 0} \overline{\lim_{n\to\infty}} \sum_{k=1}^{k_n} \left\{ \int_{|x|<\varepsilon} x^2\, dF_{nk}(x) - \left(\int_{|x|<\varepsilon} x\, dF_{nk}(x) \right)^2 \right\} =$$

$$= \lim_{\varepsilon\to 0} \underline{\lim_{n\to\infty}} \sum_{k=1}^{k_n} \left\{ \int_{|x|<\varepsilon} x^2\, dF_{nk}(x) - \left(\int_{|x|<\varepsilon} x\, dF_{nk}(x) \right)^2 \right\} = \sigma^2,$$

wobei die Funktionen $M(u)$ und $N(u)$ und die Konstante σ^2 aus der LÉVY*schen Formel für $F(x)$ zu entnehmen sind. Die Konstanten A_n berechnen sich aus*

$$A_n = \sum_{k=1}^{k_n} \int_{|x|>\tau} x\, dF_{nk}(x) - \gamma_n(\tau).$$

Bemerkung. Wünscht man dagegen Konvergenzbedingungen für Verteilungsfunktionen der Summen

$$\zeta_n = \xi_{n1} + \xi_{n2} + \cdots + \xi_{nk_n} \tag{5}$$

gegen eine Grenzverteilungsfunktion, so muß man zu den Voraussetzungen des Satzes 4 als weitere Bedingung noch hinzunehmen:

$$\lim_{n\to\infty} \sum_{k=1}^{k_n} \int_{|x|<\tau} x\, dF_{nk}(x) = \gamma(\tau).$$

KAPITEL 5

KONVERGENZ GEGEN NORMAL-, POISSONSCHE UND UNEIGENTLICHE VERTEILUNGEN

§ 26. Bedingungen für die Konvergenz gegen eine Normal- und eine POISSONsche Verteilung

Die allgemeinen Sätze des letzten Paragraphen wollen wir jetzt dazu benutzen, Bedingungen für die Konvergenz der Verteilungen von Summen gegen die verschiedenen speziellen Grenzverteilungen anzugeben, mit denen man es in der klassischen Wahrscheinlichkeitsrechnung zu tun hat. Hierbei werden wir uns in fast allen Sätzen auf die Betrachtung von Summen infinitesimaler Zufallsgrößen beschränken, weil die Untersuchung asymptotisch konstanter Summanden, wie wir schon früher gesehen haben, auf die Betrachtung infinitesimaler Summanden zurückgeführt werden kann. Nur bei der Behandlung der Sätze vom Typus des Gesetzes der großen Zahlen zwingt uns das Wesen der Aufgabe, asymptotisch konstante Summanden zu betrachten.

Die von uns im vorhergehenden Kapitel untersuchten allgemeinen Probleme sind sämtlich erst vor etwa 10 Jahren gestellt und auch gelöst worden. Das Hauptinteresse der klassischen Untersuchungen führte zur Klärung der Bedingungen für die Konvergenz der Verteilungsfunktionen von Summen gegen die Normalverteilung und zur Bestimmung der allgemeinsten Bedingungen, unter denen das Gesetz der großen Zahlen gilt. Es ist bemerkenswert, daß die klassische Wahrscheinlichkeitsrechnung im wesentlichen nur eine eigentliche Grenzverteilung, die Normalverteilung, studierte. Das Studium der POISSONschen Verteilung beschränkte sich nur auf elementare Untersuchungen. Heutzutage sind die Ursachen dieser Einseitigkeit der klassischen Untersuchungen völlig aufgeklärt. Es zeigte sich, daß die Normalverteilung sowohl in theoretischen Fragen als auch in den praktischen Anwendungen eine dominierende Rolle spielt. Wir werden weiter unten sehen, daß man für die Konvergenz der Verteilungen von Summen unabhängiger Summanden gegen eine Normalverteilung neben der Forderung, daß die Summanden infinitesimal (bzw. asymptotisch konstant) sind, nur Beschränkungen sehr allgemeiner Art zu fordern braucht. Für die Konvergenz gegen irgendeine andere Verteilung hingegen müssen von den Summanden ganz spezielle Eigenschaften gefordert werden.

Wir werden weiterhin sehen, daß die von uns in den vorhergehenden Kapiteln entwickelte Theorie die Beweise der wichtigsten Sätze der Wahrscheinlichkeitsrechnung buchstäblich mit einigen Worten liefert. Diese Tatsache darf jedoch den Leser nicht dazu verleiten, den Wert dieser Sätze zu verkennen, noch die Bemühungen zu unterschätzen, die die Mathematiker auf die Formulierung und den Beweis dieser Behauptungen verwandt haben.

Wir gehen nun zum Studium konkreter Resultate über. Wir beginnen mit dem Beweise eines Satzes von A. J. CHINTSCHIN [11], der die prinzipielle Bedeutung der Normalverteilung in der Theorie der Grenzverteilungen unterstreicht.

Satz 1. *Wenn die Verteilungen der Summen*

$$\zeta_n = \xi_{n1} + \xi_{n2} + \cdots + \xi_{n k_n}$$

infinitesimaler, in jeder Zeile unabhängiger Zufallsgrößen ξ_{nk} $(1 \leq k \leq k_n)$ *gegen eine Grenzverteilung konvergieren, so ist diese dann und nur dann eine Normalverteilung, wenn für beliebiges* $\varepsilon > 0$ *gilt:*

$$\sum_{k=1}^{k_n} \int_{|x| \geq \varepsilon} dF_{nk}(x) \to 0 \qquad (n \to \infty). \tag{1}$$

Beweis. Da nach Voraussetzung eine Grenzverteilung existiert, haben wir auf Grund des Satzes 4, § 25

$$1) \quad \sum_{k=1}^{k_n} F_{nk}(x) = \sum_{k=1}^{k_n} \int_{-\infty}^{x} dF_{nk}(z) \to M(x) \qquad (x < 0),$$

$$2) \quad \sum_{k=1}^{k_n} (F_{nk}(x) - 1) = -\sum_{k=1}^{k_n} \int_{x}^{\infty} dF_{nk}(z) \to N(x) \qquad (x > 0).$$

Hieraus können wir aber schließen, daß, wenn (1) erfüllt ist, $M(x) \equiv 0$ und $N(x) \equiv 0$, und somit die Grenzverteilung eine Normalverteilung wird. Wenn umgekehrt bekannt ist, daß die Grenzverteilung eine Normalverteilung ist, wird $M(x) \equiv 0$ und $N(x) \equiv 0$, und es gilt wegen 1) und 2) die Beziehung (1). Damit ist der Satz schon bewiesen.

Fordert man nur, daß die Größen ξ_{nk} infinitesimal sind, d.h., daß für jedes $\varepsilon > 0$ mit $n \to \infty$

$$\sup_{1 \leq k \leq k_n} \mathsf{P}\{|\xi_{nk}| \geq \varepsilon\} \to 0 \tag{2}$$

konvergiert, so kann als Grenzverteilung für die Summen ζ_n irgendeine unbegrenzt teilbare Verteilung auftreten. Die Forderung (1) bedeutet gerade, wie wir sofort beweisen werden, daß nicht nur jeder einzelne Summand klein ist, sondern daß sie sogar gleichmäßig klein sind. Mit anderen Worten, für jedes $\varepsilon > 0$ strebt die Wahrscheinlichkeit, daß eines der ξ_{nk} $(1 \leq k \leq k_n)$ größer als ε ist, mit $n \to \infty$ gegen Null. Formelmäßig schreibt sich diese Aussage so:

$$\mathsf{P}\left\{\sup_{1 \leq k \leq k_n} |\xi_{nk}| \geq \varepsilon\right\} \to 0 \qquad (n \to \infty). \tag{3}$$

Es ist offenbar[1])

$$\mathsf{P}\left\{\sup_{1\leq k\leq k_n}|\xi_{nk}|\geq\varepsilon\right\}=1-\mathsf{P}\left\{\sup_{1\leq k\leq k_n}|\xi_{nk}|<\varepsilon\right\}=$$

$$=1-\prod_{k=1}^{k_n}\mathsf{P}\{|\xi_{nk}|<\varepsilon\}=1-\prod_{k=1}^{k_n}\left(1-\int\limits_{|x|\geq\varepsilon}dF_{nk}(x)\right).$$

Daher sind die Bedingung (3) und

$$\prod_{k=1}^{k_n}\left(1-\int\limits_{|x|\geq\varepsilon}dF_{nk}(x)\right)\to 1 \qquad (n\to\infty) \tag{4}$$

äquivalent.

Die Ungleichungen

$$1-\sum_{k=1}^{k_n}\int\limits_{|x|\geq\varepsilon}dF_{nk}(x)\leq\prod_{k=1}^{k_n}\left(1-\int\limits_{|x|\geq\varepsilon}dF_{nk}(x)\right)\leq e^{-\sum\limits_{k=1}^{k_n}\int\limits_{|x|\geq\varepsilon}dF_{nk}(x)}\leq 1$$

zeigen, daß (4) und somit auch (3) aus (1) folgt, und umgekehrt (1) aus (3).

Der letzte Satz besitzt auch ein Analogon in der Theorie der stochastischen Prozesse mit unabhängigen Inkrementen. Die Gesamtheit der Zufallsgrößen ζ_λ, die von einem reellen, sich stetig ändernden Parameter λ abhängen, nennt man einen stochastischen Prozeß mit unabhängigen Inkrementen, wenn sich die Inkremente einer Zufallsgröße ζ_λ für nichtüberdeckende Parameterintervalle als unabhängige Zufallsgrößen darstellen lassen.

Ein stochastischer Prozeß ζ_λ soll „*stochastisch stetig*" heißen, wenn für beliebiges $\varepsilon>0$

$$\mathsf{P}\{|\zeta_{\lambda+\Delta\lambda}-\zeta_\lambda|>\varepsilon\}\to 0 \qquad (\Delta\lambda\to 0).$$

Wir wollen fernerhin sagen, daß ein stochastischer Prozeß ζ_λ in einem Intervall $[\lambda_0, \Lambda]$ „*stochastisch streng stetig*" genannt werden soll, wenn für beliebige $\lambda_0\leq\lambda_1<\lambda_2<\cdots<\lambda_n=\Lambda$ und beliebiges $\varepsilon>0$ mit $\max(\lambda_k-\lambda_{k-1})\to 0$

$$\mathsf{P}\left\{\sup_{1\leq k\leq n}|\zeta_{\lambda_k}-\zeta_{\lambda_{k-1}}|>\varepsilon\right\}\to 0$$

konvergiert.

---

[1]) Wir wollen noch erwähnen, daß die Zufallsgrößen ξ_{nk} infinitesimal sein können, ohne daß sie die Forderung (3) erfüllen.

Zum Beispiel sei

$$F_{nk}(x)=\begin{cases}0 & \text{für } x\leq 0\\ 1-\dfrac{1}{n} & \text{für } 0<x\leq 1\\ 1 & \text{für } x>1.\end{cases} \qquad (1\leq k\leq n),$$

Dann konvergiert für beliebiges $\varepsilon(0<\varepsilon<1)$ und $n\to\infty$

$$\sup_{1\leq k\leq k_n}\mathsf{P}\{|\xi_{nk}|>\varepsilon\}=\frac{1}{n}\to 0,$$

während gleichzeitig

$$\mathsf{P}\left\{\sup_{1\leq k\leq k_n}|\xi_{nk}|>\varepsilon\right\}=1-\prod_{k<1}^{k_n}\mathsf{P}\{|\xi_{nk}|>\varepsilon\}=1-\left(1-\frac{1}{n}\right)^n\to 1-\frac{1}{e}\ (n\to\infty).$$

Satz 1 läßt sich nun in der Sprache der stochastischen Prozesse folgendermaßen formulieren:

Der Zuwachs $\zeta_{\lambda_2} - \zeta_{\lambda_1}$ eines stochastischen Prozesses mit unabhängigen Inkrementen im Intervall $\lambda_0 \leq \lambda_1 < \lambda_2 \leq \Lambda$ ist dann und nur dann normal verteilt, wenn der Prozeß ζ_λ in dem Intervall $[\lambda_0, \Lambda]$ stochastisch streng stetig ist.

Vom Standpunkt der Theorie der stochastischen Prozesse bedeutet die strenge Stetigkeit von ζ_λ, daß ζ_λ als Funktion von λ in allen Punkten λ mit der Wahrscheinlichkeit Eins stetig ist. Wir können hier jedoch nicht auf die Begründung dieser Behauptung eingehen (siehe hierzu den § 16 und das Kapitel VIII bei P. LÉVY [4]).

Satz 2. *Damit bei geeigneter Wahl der Konstanten A_n die Verteilungen der Summen*

$$\zeta_n = \xi_{n1} + \xi_{n2} + \cdots + \xi_{n k_n} - A_n$$

für $n \to \infty$ gegen die Normalverteilung

$$\Phi(x) = \frac{1}{\sqrt{2\pi}} \int_{-\infty}^{x} e^{-\frac{z^2}{2}} dz \tag{5}$$

konvergieren und die Summanden $\xi_{nk} (1 \leq k \leq k_n)$ infinitesimal sind, ist notwendig und hinreichend, daß für beliebiges $\varepsilon > 0$ und $n \to \infty$ die Bedingungen

$$1) \quad \sum_{k=1}^{k_n} \int_{|x| \geq \varepsilon} dF_{nk}(x) \to 0,$$

$$2) \quad \sum_{k=1}^{k_n} \left\{ \int_{|x| < \varepsilon} x^2 \, dF_{nk}(x) - \left(\int_{|x| < \varepsilon} x \, dF_{nk}(x) \right)^2 \right\} \to 1$$

gelten.

Beweis. Hinreichend. Aus der Bedingung 1) des Satzes folgt, daß die Größen ξ_{nk} infinitesimal sind. In der Tat haben wir für beliebiges $\varepsilon > 0$ und $n \to \infty$

$$\sup_{1 \leq k \leq k_n} \mathsf{P}\{|\xi_{nk}| > \varepsilon\} = \sup_{1 \leq k \leq k_n} \int_{|x| > \varepsilon} dF_{nk}(x) \leq \sum_{k=1}^{k_n} \int_{|x| > \varepsilon} dF_{nk}(x) \to 0.$$

Damit befinden wir uns aber schon in den Bedingungen des vorhergehenden Paragraphen und können die dort erhaltenen allgemeinen Resultate verwenden.

Die Notwendigkeit der Voraussetzungen des Satzes ergibt sich aus Satz 4 des § 25, wenn wir dort $\sigma = 1$, $\gamma(\tau) = 0$ und $M(-u) \equiv N(u) \equiv 0$ setzen.

In der Tat, in unserem Falle kann die erste Bedingung des Satzes 4, § 25 wie folgt geschrieben werden: Für beliebiges $x > 0$ gilt

$$\sum_{k=1}^{k_n} \int_{|u| > x} dF_{nk}(u) \leq \sum_{k=1}^{k_n} (1 - F_{nk}(x) + F_{nk}(-x)) \to M(-x) - N(x) = 0.$$

Es ist klar, daß diese Bedingung mit der Voraussetzung 1) übereinstimmt.

Ferner haben wir für beliebiges ε' $(0 < \varepsilon' < \varepsilon)$

$$\sum_{k=1}^{k_n} \left\{ \int_{|x|<\varepsilon} x^2 \, dF_{nk}(x) - \left(\int_{|x|<\varepsilon} x \, dF_{nk}(x) \right)^2 \right\} =$$

$$= \sum_{k=1}^{k_n} \left\{ \int_{|x|<\varepsilon'} x^2 \, dF_{nk}(x) - \left(\int_{|x|<\varepsilon'} x \, dF_{nk}(x) \right)^2 \right\} + \sum_{k=1}^{k_n} \left\{ \int_{\varepsilon' \leq |x| < \varepsilon} x^2 \, dF_{nk}(x) - \right.$$

$$\left. - \left(\int_{\varepsilon' \leq |x| < \varepsilon} x \, dF_{nk}(x) \right)^2 \right\} - 2 \sum_{k=1}^{k_n} \left(\int_{|x|<\varepsilon'} x \, dF_{nk}(x) \right) \left(\int_{\varepsilon' \leq |x| < \varepsilon} x \, dF_{nk}(x) \right).$$

Es ist

$$0 \leq \sum_{k=1}^{k_n} \left\{ \int_{\varepsilon' \leq |x| < \varepsilon} x^2 \, dF_{nk}(x) - \left(\int_{\varepsilon' \leq |x| < \varepsilon} x \, dF_{nk}(x) \right)^2 \right\} \leq \sum_{k=1}^{k_n} \int_{\varepsilon' \leq |x| < \varepsilon} x^2 \, dF_{nk}(x) \leq$$

$$\leq \varepsilon^2 \sum_{k=1}^{k_n} \int_{\varepsilon' \leq |x| < \varepsilon} dF_{nk}(x) \leq \varepsilon^2 \sum_{k=1}^{k_n} \int_{|x| > \varepsilon'} dF_{nk}(x)$$

und

$$2 \sum_{k=1}^{k_n} \left| \int_{|x|<\varepsilon'} x \, dF_{nk}(x) \right| \left| \int_{\varepsilon' \leq |x| < \varepsilon} x \, dF_{nk}(x) \right| \leq 2 \, \varepsilon' \cdot \varepsilon \sum_{k=1}^{k_n} \int_{|x| \geq \varepsilon'} dF_{nk}(x).$$

Diese letzte Summe strebt aber wegen der schon bewiesenen ersten Bedingung des Satzes für $n \to \infty$ gegen Null. Auf diese Weise wird für beliebiges $\varepsilon > 0$ und $\varepsilon' > 0$

$$\overline{\lim_{n\to\infty}} \sum_{k=1}^{k_n} \left\{ \int_{|x|<\varepsilon} x^2 \, dF_{nk}(x) - \left(\int_{|x|<\varepsilon} x \, dF_{nk}(x) \right)^2 \right\} =$$

$$= \overline{\lim_{n\to\infty}} \sum_{k=1}^{k_n} \left\{ \int_{|x|<\varepsilon'} x^2 \, dF_{nk}(x) - \left(\int_{|x|<\varepsilon'} x \, dF_{nk}(x) \right)^2 \right\},$$

d. h., der obere Limes ist von ε unabhängig. Dasselbe gilt natürlich auch bezüglich des unteren Limes. Hieraus schließen wir auf Grund der Voraussetzungen des Satzes 4, § 25, daß für beliebiges $\varepsilon > 0$ nicht nur der obere und der untere Limes des Ausdrucks

$$\sum_{k=1}^{k_n} \left\{ \int_{|x|<\varepsilon} x^2 \, dF_{nk}(x) - \left(\int_{|x|<\varepsilon} x \, dF_{nk}(x) \right)^2 \right\},$$

sondern auch der gewöhnliche Limes existiert.

Für unsere weiteren Untersuchungen wollen wir die Bedingungen für die Konvergenz gegen eine Normalverteilung noch etwas anders schreiben.

Satz 3. *Damit bei geeigneter Wahl der Konstanten A_n die Verteilungen der Summen*

$$\zeta_n = \xi_{n1} + \xi_{n2} + \cdots + \xi_{nk_n} - A_n$$

unabhängiger infinitesimaler Zufallsgrößen gegen die Normalverteilung (5) *konvergieren, ist notwendig und hinreichend, daß für beliebiges* $\varepsilon > 0$

$$1)\ \sum_{k=1}^{k_n} \int\limits_{|x|>\varepsilon} dF_{nk}(x + \alpha_{nk}) \to 0 \qquad (n \to \infty),$$

$$2)\ \sum_{k=1}^{k_n} \int\limits_{|x|<\varepsilon} x^2\, dF_{nk}(x + \alpha_{nk}) \to 1 \qquad (n \to \infty),$$

wobei

$$\alpha_{nk} = \int\limits_{|x|<\tau} x\, dF_{nk}(x)$$

und τ *eine beliebige positive Zahl ist.*

Wir bringen den Beweis dieses Satzes nicht, weil er sich auf ähnliche Weise aus den Bedingungen 1′) und 2′) des § 25 ergibt, wie der vorhergehende Satz aus Satz 4, § 25.

Wir bringen noch einen Satz bezüglich der Konvergenz der Verteilungen von Summen unabhängiger Summanden gegen die Normalverteilung.

Daß die Voraussetzungen dieses Satzes hinreichend sind, wurde schon 1926 von S. N. BERNSTEIN [2] bewiesen. W. FELLER [1] gab 1935 den ersten vollständigen Beweis dieses Satzes.

Satz 4. *Damit man für eine gegebene Folge unabhängiger Zufallsgrößen*

$$\xi_1, \xi_2, \ldots, \xi_n$$

reelle Konstanten A_n *und* $B_n > 0$ *so wählen kann, daß die Verteilungen der Summen*

$$\zeta_n = \frac{\xi_1 + \xi_2 + \cdots + \xi_n}{B_n} - A_n \tag{6}$$

gegen die Normalverteilung (5) *konvergieren, und die Summanden*

$$\xi_{nk} = \frac{\xi_k}{B_n}, \qquad 1 \le k \le k_n,$$

infinitesimal sind, ist notwendig und hinreichend, daß eine Folge von Konstanten C_n ($C_n \to \infty$) *existiert, für die mit* $n \to \infty$

$$\left.\begin{aligned} &\sum_{k=1}^{n} \int\limits_{|x|>C_n} dF_k(x) \to 0 \\ &\frac{1}{C_n^2} \sum_{k=1}^{n} \left\{ \int\limits_{|x|<C_n} x^2\, dF_k(x) - \Bigl(\int\limits_{|x|<C_n} x\, dF_k(x) \Bigr)^2 \right\} \to \infty \end{aligned}\right\} \tag{7}$$

geht.

Beweis. Notwendig. Da nach Voraussetzung die Größen $\xi_{nk} = \frac{\xi_k}{B_n}$ infinitesimal sind, können wir den Satz 2 anwenden. Wegen $F_{nk}(x) = F_k(B_n x)$, nehmen die Bedingungen 1) und 2) des Satzes 2 in unserem Falle die Gestalt an:

$$1)\quad \sum_{k=1}^{n} \int\limits_{|x|>\varepsilon B_n} dF_k(x) \to 0$$

$$2)\quad \frac{1}{B_n^2} \sum_{k=1}^{n} \left\{ \int\limits_{|x|<\varepsilon B_n} x^2\, dF_k(x) - \left(\int\limits_{|x|<\varepsilon B_n} x\, dF_k(x) \right)^2 \right\} \to 1 \qquad (n \to \infty).$$

Offenbar kann man eine Folge

$$\varepsilon_n \to 0$$

auswählen, so daß für $n \to \infty$ auch $\varepsilon_n B_n \to \infty$ und

$$\left.\begin{aligned} &\sum_{k=1}^{n} \int\limits_{|x|>\varepsilon_n B_n} dF_k(x) \to 0, \\ &\frac{1}{B_n^2} \sum_{k=1}^{n} \left\{ \int\limits_{|x|<\varepsilon_n B_n} x^2\, dF_k(x) - \left(\int\limits_{|x|<\varepsilon_n B_n} x\, dF_k(x) \right)^2 \right\} \to 1. \end{aligned}\right\} \tag{8}$$

$\varepsilon_n B_n = C_n$ gesetzt, liefert die Bedingung (7).

Hinreichend. Es möge jetzt die Bedingung (7) erfüllt sein.

Wir setzen

$$B_n^2 = \sum_{k=1}^{n} \left\{ \int\limits_{|x|<C_n} x^2\, dF_k(x) - \left(\int\limits_{|x|<C_n} x\, dF_k(x) \right)^2 \right\}.$$

Vergleichen wir nun diese Gleichung mit der zweiten Bedingung des Satzes, so entnehmen wir hieraus, daß

$$C_n = o(B_n)$$

ist. Daher wird für beliebiges $\varepsilon > 0$ und genügend großes n

$$\sum_{k=1}^{n} \int\limits_{|x|>C_n} dF_k(x) \geq \sum_{k=1}^{n} \int\limits_{|x|>\varepsilon B_n} dF_k(x).$$

Also konvergiert für beliebiges $\varepsilon > 0$ auf Grund der ersten Bedingung für $n \to \infty$

$$\sum_{k=1}^{n} \int\limits_{|x|>\varepsilon B_n} dF_k(x) \to 0. \tag{9}$$

Ferner haben wir

$$\frac{1}{B_n^2} \sum_{k=1}^{n} \left\{ \int\limits_{C_n \leq |x| \leq \varepsilon B_n} x^2\, dF_k(x) - \left(\int\limits_{C_n \leq |x| < \varepsilon B_n} x\, dF_k(x) \right)^2 \right\} \leq$$

$$\leq \varepsilon^2 \sum_{k=1}^{n} \int\limits_{|x| \geq C_n} dF_k(x) \to 0, \quad n \to \infty$$

und

$$\frac{1}{B_n^2}\sum_{k=1}^{n}\left|\int_{|x|<C_n} x\,dF_k(x)\right|\left|\int_{C_n\le|x|<\varepsilon B_n} x\,dF_k(x)\right| \le \frac{\varepsilon B_n\cdot C_n}{B_n^2}\sum_{k=1}^{n}\int_{|x|\ge C_n} dF_k(x)\to 0.$$

Hieraus und nach der Definition der B_n erhalten wir für $\varepsilon > 0$ und $n\to\infty$

$$\frac{1}{B_n^2}\sum_{k=1}^{n}\left\{\int_{|x|<\varepsilon B_n} x^2\,dF_k(x) - \left(\int_{|x|<\varepsilon B_n} x\,dF_k(x)\right)^2\right\}\to 1. \tag{10}$$

Da aus der Beziehung (9) folgt, daß die Größen $\frac{\xi_k}{B_n}$ $(1\le k\le n)$ infinitesimal sind, haben wir die Voraussetzungen des Satzes 2, woraus sich sofort ergibt, daß die Bedingungen (9) und (10) und somit auch die Voraussetzungen des Satzes für die Konvergenz der Verteilungen der Summen (6) gegen die Normalverteilung hinreichend sind.

Satz 5[1]). *Damit die Verteilungen von Summen*

$$\zeta_n = \xi_{n1} + \xi_{n2} + \cdots + \xi_{nk_n}$$

unabhängiger infinitesimaler Zufallsgrößen gegen die POISSON*sche Verteilung*

$$P(x) = \sum_{0\le k<x}\frac{e^{-\lambda}}{k!}\lambda^k \qquad (\lambda > 0)$$

konvergieren, ist notwendig und hinreichend, daß für jedes ε $(0<\varepsilon<1)$ *die Bedingungen*

$$1)\quad \sum_{k=1}^{k_n}\int_{R_\varepsilon} dF_{nk}(x)\to 0 \qquad (n\to\infty),$$

$$2)\quad \sum_{k=1}^{k_n}\int_{|x-1|<\varepsilon} dF_{nk}(x)\to\lambda \qquad (n\to\infty),$$

$$3)\quad \sum_{k=1}^{k_n}\int_{|x|<\varepsilon} x\,dF_{nk}(x)\to 0 \qquad (n\to\infty),$$

$$4)\quad \sum_{k=1}^{k_n}\left\{\int_{|x|<\varepsilon} x^2\,dF_{nk}(x) - \left(\int_{|x|<\varepsilon} x\,dF_{nk}(x)\right)^2\right\}\to 0 \qquad (n\to\infty)$$

erfüllt werden. Unter R_ε *soll dabei das Gebiet verstanden werden, welches man aus der Geraden* $-\infty < x < +\infty$ *durch Wegnahme der Intervalle* $|x|<\varepsilon$ *und* $|x-1|<\varepsilon$ *erhält.*

Beweis. Der vorliegende Satz läßt sich genauso leicht aus dem Satz 4 des § 25 folgern, wie der Satz 2. Hierzu genügt es zu bemerken, daß man in der LÉVYschen Formel $M(u)\equiv 0$, $N(u) = -\lambda$ für $0<u\le 1$, $N(u)=0$ für $u>1$, $\sigma=0$, $\gamma(\tau)=0$ für $0<\tau<1$ setzen muß.

---

[1]) B. W. GNEDENKO [2], J. MARZINKIEWICZ [4].

§ 27. Das Gesetz der großen Zahlen

Im § 22 erhielten wir [Formel (10)] den

Satz 1. *Damit die Summen*

$$\zeta_n = \xi_{n1} + \xi_{n2} + \cdots + \xi_{nk_n} - A_n \tag{1}$$

in jeder Zeile unabhängiger Zufallsgrößen dem Gesetz der großen Zahlen gehorchen, ist notwendig und hinreichend, daß mit $n \to \infty$

$$\sum_{k=1}^{k_n} \int \frac{x^2}{1+x^2}\, dF_{nk}(x + m_{nk}) \to 0 \qquad (n \to \infty)$$

geht. Die Konstanten A_n *können nach der Formel*

$$A_n = \sum_{k=1}^{k_n} \left\{ m_{nk} + \int_{|k|<\tau} x\, dF_{nk}(x + m_{nk}) \right\}$$

gewählt werden. τ *ist dabei eine konstante Größe.*

In der Anmerkung zum Satz 1 des § 23 war darauf hingewiesen worden, daß wir die Ergebnisse, die sich auf das Gesetz der großen Zahlen beziehen, auch aus allgemeineren Sätzen erhalten können.

Jetzt sind wir hierzu in der Lage. Und zwar folgt der Satz 1 leicht aus dem Satz 3 des § 25, wenn wir nur berücksichtigen, daß wir in der Lévy-Chintschinschen Formel für die uneigentliche Verteilung

$$\gamma = 0, \; G(u) \equiv 0$$

setzen müssen.

Bemerkung 1. Satz 1 können wir auch noch etwas anders formulieren: *Damit die Summen* (1) *dem Gesetz der großen Zahlen gehorchen, ist notwendig und hinreichend, daß für* $n \to \infty$ *die Beziehungen*

$$1) \quad \sum_{k=1}^{k_n} \int_{|x| \geq 1} dF_{nk}(x + m_{nk}) \to 0,$$

$$2) \quad \sum_{k=1}^{k_n} \int_{|x|<1} x^2\, dF_{nk}(x + m_{nk}) \to 0$$

erfüllt werden. Hierbei kann man

$$A_n = \sum_{k=1}^{k_n} \left\{ \int_{|x|<1} x\, dF_{nk}(x + m_{nk}) + m_{nk} \right\}$$

wählen.

Bemerkung 2. Macht man die Annahme $A_n = 0$, so stellt man die Frage nach den Bedingungen, unter denen für beliebiges $\varepsilon > 0$

$$\mathsf{P}\{|\xi_{n1} + \xi_{n2} + \cdots + \xi_{nk_n}| > \varepsilon\} \to 0 \qquad (n \to \infty)$$

konvergiert. Da die oben erwähnten Bedingungen dann nicht mehr hinreichend sind, muß man als Forderung hinzunehmen, daß für willkürliches $\tau > 0$ mit $n \to \infty$

$$\sum_{k=1}^{k_n} \left\{ \int_{|x|<\tau} x\, dF_{nk}(x + m_{nk}) + m_{nk} \right\} \to 0$$

konvergiert.

Bemerkung 3. Aus Satz 1 des § 25 schließen wir: *Damit die Summen*

$$\zeta_n = \xi_{n1} + \xi_{n2} + \cdots + \xi_{nk_n}$$

unabhängiger Zufallsgrößen für $n \to \infty$ nach Wahrscheinlichkeit gegen Null konvergieren und die Größen ξ_{nk} $(1 \leq k \leq k_n)$ infinitesimal sind, ist notwendig und hinreichend, daß für beliebiges $\varepsilon > 0$ und $n \to \infty$ die Beziehungen

$$1)\quad \sum_{k=1}^{k_n} \int_{|x|>\varepsilon} dF_{nk}(x) \to 0,$$

$$2)\quad \sum_{k=1}^{k_n} \int_{|x|<\varepsilon} x\, dF_{nk}(x) \to 0,$$

$$3)\quad \sum_{k=1}^{k_n} \left\{ \int_{|x|<\varepsilon} x^2\, dF_{nk}(x) - \left(\int_{|x|<\varepsilon} x\, dF_{nk}(x) \right)^2 \right\} \to 0$$

gelten.

Als einfachen Spezialfall des Satzes 1 geben wir den folgenden Satz an, der von A. N. KOLMOGOROV [1] unter der Voraussetzung $B_n = n$ und in allgemeiner Form von W. FELLER [2] bewiesen wurde.

Satz 2. *Damit eine Folge*

$$\xi_1, \xi_2, \ldots, \xi_n, \ldots$$

unabhängiger Zufallsgrößen dem Gesetz der großen Zahlen gehorcht, d. h. daß für eine gegebene Folge von Konstanten $B_n > 0$ Konstanten A_n existieren, so daß für $\varepsilon > 0$ mit $n \to \infty$

$$\mathsf{P}\left\{ \left| \frac{\xi_1 + \xi_2 + \cdots + \xi_n}{B_n} - A_n \right| > \varepsilon \right\} \to 0$$

geht, ist notwendig und hinreichend, daß für $n \to \infty$

$$\sum_{k=1}^{n} \int \frac{x^2}{B_n^2 + x^2}\, dF_k(x + m_k) \to 0$$

konvergiert. Hierbei ist m_k eine Mediane der Größen ξ_k.

Die Konstanten A_n lassen sich mittels der Formel

$$A_n = \frac{1}{B_n} \sum_{k=1}^{n} \left(m_k + \int_{|x|<\tau B_n} x\, dF_k(x + m_k) \right) \tag{2}$$

bestimmen, wobei τ eine willkürliche positive Zahl ist.

In Ergänzung zu den schon angeführten Sätzen beweisen wir noch einen Satz, der notwendige und hinreichende Bedingungen für die Anwendbarkeit des Gesetzes der großen Zahlen in der klassischen Form gibt.

Satz 3[1]. *Damit eine Folge unabhängiger Zufallsgrößen* $\xi_1, \xi_2, \ldots, \xi_n, \ldots$, *mit endlichen Erwartungswerten* $\mathsf{E}\,\xi_k = a_k$, *dem Gesetz der großen Zahlen gehorcht, d. h. daß für beliebiges* $\varepsilon > 0$ *mit* $n \to \infty$

$$\mathsf{P}\left\{\left|\frac{\sum_{k=1}^{n}(\xi_k - a_k)}{n}\right| \geq \varepsilon\right\} \to 0 \tag{3}$$

strebt, ist notwendig und hinreichend, daß für $n \to \infty$

$$1)\quad \sum_{k=1}^{n} \int_{|x|>n} dF_k(x + a_k) \to 0,$$

$$2)\quad \sum_{k=1}^{n} \frac{1}{n} \int_{|x|<n} x\, dF_k(x + a_k) \to 0,$$

$$3)\quad \sum_{k=1}^{n} \frac{1}{n^2} \int_{|x|<n} x^2\, dF_k(x + a_k) \to 0$$

konvergieren[2]*.

Beweis. Zur Abkürzung setzen wir

$$\xi'_k = \xi_k - a_k$$

und beweisen, daß, falls (3) erfüllt ist, d. h. wenn für $\varepsilon > 0$ mit $n \to \infty$

$$\mathsf{P}\left\{\left|\frac{\xi'_1 + \xi'_2 + \cdots + \xi'_n}{n}\right| \geq \varepsilon\right\} \to 0 \tag{4}$$

konvergiert, die Größen $\dfrac{\xi'_k}{n}$ $(1 \leq k \leq n)$ infinitesimal sind.

Es gilt für genügend großes n:

$$\mathsf{P}\left\{\left|\frac{\xi'_1 + \xi'_2 + \cdots + \xi'_{n-1}}{n-1}\right| \leq \varepsilon\right\} > 1 - \delta \tag{5}$$

und

$$\mathsf{P}\left\{\left|\frac{\xi'_1 + \xi'_2 + \cdots + \xi'_n}{n}\right| \leq \varepsilon\right\} > 1 - \delta. \tag{6}$$

[1] Siehe A. N. Kolmogorov [1].

[2]* Der Satz ist in dieser allgemeinen Form nicht richtig, was unabhängig voneinander L. Breiman, A Counterexample to a Theorem of Kolmogorov, Annals of Math. Stat. vol. 28, Nr. 3 (1957) p. 811—814 and H. Rogers Jr. Proc. Am. Math. Soc. Vol. 8 (1957) pp. 518—520, sowie nach Mitteilung von Breiman auch C. Derman durch Angabe von Gegenbeispielen gezeigt haben.

Folglich ist

$$\mathsf{P}\left\{\left|\frac{\xi_n}{n}\right| \leq 2\varepsilon\right\} \geq$$

$$\geq \mathsf{P}\left\{\left(\left|\frac{\xi_1 + \cdots + \xi_{n-1}}{n-1}\right| \leq \varepsilon\right) \cap \left(\left|\frac{\xi_1 + \xi_2 + \cdots + \xi_n}{n}\right| \leq \varepsilon\right)\right\} \geq 1 - 2\delta,$$

was der Aussage äquivalent ist, daß die Größen

$$\frac{\xi_k}{n}, \quad 1 \leq k \leq n$$

infinitesimal sind.

Wir können also die Bemerkung 3 zu Satz 1 verwenden. Dann erhalten wir, daß für (4) notwendig und hinreichend ist, daß bei beliebigem $\varepsilon > 0$ mit $n \to \infty$

$$\sum_{k=1}^{n} \int_{|x| > \varepsilon} dF'_k(nx) \to 0, \tag{7}$$

$$\sum_{k=1}^{n} \int_{|x| < \varepsilon} x\, dF'_k(nx) \to 0, \tag{8}$$

$$\sum_{k=1}^{n} \left\{ \int_{|x| < \varepsilon} x^2\, dF'_k(nx) - \left(\int_{|x| < \varepsilon} x\, dF'_k(nx) \right)^2 \right\} \to 0 \tag{9}$$

streben. Da die Erwartungswerte existieren, konvergiert für $n \to \infty$

$$\int_{|x| < \varepsilon n} x\, dF'_k(x) \to \int x\, dF'_k(x) = 0.$$

Hieraus schließen wir, daß

$$\sum_{k=1}^{n} \left(\int_{|x| < \varepsilon} x\, dF'_k(nx) \right)^2 = \frac{1}{n^2} \sum_{k=1}^{n} \left(\int_{|x| < \varepsilon n} x\, dF'_k(x) \right)^2 \to 0 \qquad (n \to \infty)$$

geht, und daß folglich (9) durch

$$\sum_{k=1}^{n} \int_{|x| < \varepsilon} x^2\, dF'_k(nx) \to 0 \qquad (n \to \infty) \tag{10}$$

ersetzt werden kann. Jetzt ist die Äquivalenz der ersten und der dritten Bedingung des Satzes mit den Beziehungen (7) und (9) offensichtlich. Es bleibt also nur noch zu zeigen, daß

$$\sum_{k=1}^{n} \int_{|x| < \varepsilon} x\, dF'_k(nx) - \sum_{k=1}^{n} \frac{1}{n} \int_{|x| < n} x\, dF'_k(x) \to 0 \qquad (n \to \infty)$$

konvergiert. Diese Behauptung ergibt sich aber aus (7). In der Tat geht mit $n \to \infty$

$$\left| \sum_{k=1}^{n} \left\{ \int_{|x|<1} x\, dF'_k(n x) - \int_{|x|<\varepsilon} x\, dF'_k(n x) \right\} \right| =$$

$$= \left| \sum_{k=1}^{n} \int_{\varepsilon \leq |x| < 1} x\, dF'_k(x) \right| \leq \sum_{k=1}^{n} \int_{|x| \geq \varepsilon} dF'_k(n x) \to 0 .$$

Die letzten Resultate gestatten eine interessante Folgerung.

Folgerung 1. *Damit eine Reihe*

$$\sum_{k=1}^{\infty} \xi_k \tag{11}$$

*aus unabhängigen Zufallsgrößen mit der Wahrscheinlichkeit Eins konvergiert, ist notwendig und hinreichend, daß das „*CAUCHY*sche Konvergenzkriterium" erfüllt wird: Für beliebiges m, $m > n$, und $\varepsilon > 0$ strebt mit $n \to \infty$*

$$\mathsf{P}\{|\xi_n + \xi_{n+1} + \cdots + \xi_m| > \varepsilon\} \to 0.$$

Beweis. Die notwendigen und hinreichenden Bedingungen für die Konvergenz einer Reihe (11) mit der Wahrscheinlichkeit Eins wurden von A. J. CHINTSCHIN und A. N. KOLMOGOROV [1] gefunden. Sie lauten: Die Reihen

$$\sum_{k=1}^{\infty} \int_{|x|>\varepsilon} dF_k(x),$$

$$\sum_{k=1}^{\infty} \int_{|x|<\varepsilon} x\, dF_k(x),$$

$$\sum_{k=1}^{\infty} \left\{ \int_{|x|<\varepsilon} x^2\, dF_k(x) - \left(\int_{|x|<\varepsilon} x\, dF_k(x) \right)^2 \right\}$$

müssen für beliebiges $\varepsilon > 0$ konvergieren.

Notwendig und hinreichend für die Konvergenz dieser Reihen ist aber, daß für beliebiges $m > n$ mit $n \to \infty$

$$\sum_{k=n}^{m} \int_{|x|>\varepsilon} dF_k(x) \to 0$$

$$\sum_{k=n}^{m} \int_{|x|<\varepsilon} x\, dF_k(x) \to 0$$

$$\sum_{k=n}^{m} \left\{ \int_{|x|<\varepsilon} x^2\, dF_k(x) - \left\{ \int_{|x|<\varepsilon} x\, dF_k(x) \right)^2 \right\} \to 0$$

konvergieren. Diese Beziehungen beweisen aber auf Grund der Bemerkung 3 zum Satz 1 die Behauptung.

Unserer Folgerung kann man auch noch eine andere Formulierung geben: *Damit Summen*

$$\zeta_n = \xi_1 + \xi_2 + \cdots + \xi_n$$

aus unabhängigen Zufallsgrößen mit der Wahrscheinlichkeit Eins konvergieren, ist notwendig und hinreichend, daß sie nach Wahrscheinlichkeit konvergieren.

Eine andere Folgerung des Satzes 3 liefert uns ein Ergebnis, welches von A. J. CHINTSCHIN [3] gefunden wurde.

Folgerung 2. *Wenn die Zufallsgrößen*

$$\xi_1, \xi_2, \ldots, \xi_n, \ldots$$

unabhängig und identisch verteilt sind und einen endlichen Erwartungswert $\mathsf{E}\,\xi_n = a$ *haben, dann kann man auf sie das Gesetz der großen Zahlen anwenden, d. h., für beliebiges* $\varepsilon > 0$ *konvergiert für* $n \to \infty$

$$\mathsf{P}\left\{\left|\frac{1}{n}\sum_{k=1}^{n}\xi_k - a\right| > \varepsilon\right\} \to 0\,.$$

Beweis. Es genügt zu verifizieren, daß in dem betrachteten Falle alle Voraussetzungen des Satzes 3 erfüllt sind. Zu diesem Zweck bemerken wir, daß nach Voraussetzung

$$\int x\,dF(x+a) = 0 \tag{12}$$

und

$$\int |x|\,dF(x+a) < +\infty\,. \tag{13}$$

Da

$$\sum_{k=1}^{n}\int_{|x|>n} dF_k(x+a_k) = n\int_{|x|>n} dF(x+a) \leq \int_{|x|>n} |x|\,dF(x+a)$$

ist, wird wegen (13) die erste Bedingung von Satz 3 erfüllt. Weiterhin ist

$$\sum_{k=1}^{n}\frac{1}{n}\int_{|x|<n} x\,dF_k(x+a_k) = \int_{|x|<n} x\,dF(x+a)\,.$$

Daher wird wegen (12) auch die zweite Forderung des Satzes 3 befriedigt. Es sei nun $L > 0$ beliebig, aber fest vorgegeben. Für genügend großes n haben wir dann

$$\sum_{k=1}^{n}\frac{1}{n^2}\int_{|x|<n} x^2\,dF_k(x+a_k) = \frac{1}{n}\int_{|x|<n} x^2\,dF(x+a) \leq \frac{1}{n}\int_{|x|<L} x^2\,dF(x+a) +$$

$$+ \int_{L\leq|x|<n} |x|\,dF(x+a)\,.$$

Der erste Summand strebt hier gegen Null, da L von n unabhängig ist. Der zweite Summand kann aber bei geeigneter Wahl von L beliebig klein gemacht werden. Damit ist der Satz von CHINTSCHIN bewiesen.

§ 28. Relative Stabilität

A. J. Chintschin [6] führte den Begriff der relativen Stabilität von Summen einer Folge $\xi_1, \xi_2, \ldots, \xi_n, \ldots$ nichtnegativer Zufallsgrößen ein. Man nennt Summen

$$\zeta_n = \xi_1 + \xi_2 + \cdots + \xi_n$$

nichtnegativer Zufallsgrößen $\xi_1, \xi_2, \ldots, \xi_n, \ldots$ „*relativ stabil*", wenn man Konstanten $B_n > 0$ angeben kann, so daß für beliebiges $\varepsilon > 0$ mit $n \to \infty$

$$\mathsf{P}\left\{\left|\frac{\zeta_n}{B_n} - 1\right| > \varepsilon\right\} \to 0$$

strebt. Von Doppelfolgen sagen wir, daß die Summen

$$\zeta_n = \xi_{n1} + \xi_{n2} + \cdots + \xi_{nk_n} \tag{1}$$

nichtnegativer Zufallsgrößen „*relativ stabil*" sind, wenn für beliebiges $\varepsilon > 0$

$$\mathsf{P}\{|\xi_{n1} + \xi_{n2} + \cdots + \xi_{nk_n} - 1| > \varepsilon\} \to 0 \qquad (n \to \infty)$$

strebt. Selbstverständlich ist die relative Stabilität von Summen eine weit natürlichere und allgemeinere Form des Gesetzes der großen Zahlen für nichtnegative Zufallsgrößen. Wir können daraus schließen: Sind die Summen relativ stabil, dann müssen die einzelnen Summanden in diesen Summen asymptotisch konstant sein[1]). Dieser Umstand gestattet uns den folgenden Satz zu formulieren:

Satz 1[2]). *Damit Summen*

$$\zeta_n = \xi_{n1} + \xi_{n2} + \cdots + \xi_{nk_n}$$

unabhängiger nichtnegativer Zufallsgrößen relativ stabil sind, ist notwendig und hinreichend, daß für $n \to \infty$

$$1)\quad \sum_{k=1}^{k_n} \int \frac{x^2}{1+x^2}\, dF_{nk}(x + m_{nk}) \to 0,$$

$$2)\quad \sum_{k=1}^{k_n} \left\{m_{nk} + \int\limits_{|x|<1} x\, dF_{nk}(x + m_{nk})\right\} \to 1$$

konvergiert.

Beweis. Dieser Satz ist eine unmittelbare Folgerung des Satzes 1, § 27.

In den weiteren Sätzen, die den Zweck haben, Zusammenhänge aufzudecken, die zwischen den Bedingungen für die Konvergenz gegen eine Normalverteilung und den Bedingungen der relativen Stabilität von Summen bestehen, werden wir die Summanden ξ_{nk} als infinitesimal voraussetzen.

---

[1]) Die Summanden werden als unabhängig vorausgesetzt.

[2]) B. W. Gnedenko [7].

Satz 2. *Damit Summen*

$$\zeta_n = \xi_{n1} + \xi_{n2} + \cdots + \xi_{n k_n}$$

unabhängiger nichtnegativer Zufallsgrößen relativ stabil und die Größen ξ_{nk} *infinitesimal sind, ist notwendig und hinreichend, daß für beliebiges* $\varepsilon > 0$ *mit* $n \to \infty$

$$1) \quad \sum_{k=1}^{k_n} \int_{\varepsilon}^{\infty} dF_{nk}(x) \to 0,$$

$$2) \quad \sum_{k=1}^{k_n} \int_{0}^{\varepsilon} x\, dF_{nk}(x) \to 1$$

konvergiert.

Beweis. Zum Beweis dieses Satzes genügt es zu zeigen, daß die dritte Beziehung der Bemerkung 3 zum Satz 1 des § 27 unter unseren Voraussetzungen eine Folgerung der beiden ersten ist. Das ergibt sich für beliebiges δ, $0 < \delta < \varepsilon$, unmittelbar aus den Ungleichungen

$$0 \leq \sum_{k=1}^{k_n} \left\{ \int_0^{\varepsilon} x^2\, dF_{nk}(x) - \left(\int_0^{\varepsilon} x\, dF_{nk}(x) \right)^2 \right\} \leq \sum_{k=1}^{k_n} \int_0^{\varepsilon} x^2\, dF_{nk}(x) \leq$$

$$\leq \delta \sum_{k=1}^{k_n} \int_0^{\delta} x\, dF_{nk}(x) + \varepsilon^2 \sum_{k=1}^{k_n} \int_{\delta}^{\infty} dF_{nk}(x).$$

Aus dem bewiesenen Satz ergeben sich unmittelbar zwei neue Aussagen.

Folgerung 1. *Wenn die in jeder Zeile unabhängigen nichtnegativen Zufallsgrößen* ξ_{nk} *endliche Erwartungswerte besitzen und* $\sum_{k=1}^{k_n} \mathsf{E}\,\xi_{nk} = 1$ *ist, so sind dann und nur dann die Summen*

$$\zeta_n = \xi_{n1} + \xi_{n2} + \cdots + \xi_{n k_n}$$

relativ stabil und die Größen ξ_{nk} *infinitesimal, wenn für jedes* $\varepsilon > 0$ *mit* $n \to \infty$

$$\sum_{k=1}^{k_n} \int_{\varepsilon}^{\infty} x\, dF_{nk}(x) \to 0$$

strebt.

Insbesondere erhalten wir hieraus die

Folgerung 2. *Wenn für nichtnegative unabhängige Zufallsgrößen* $\xi_1, \xi_2, \ldots,$ $\xi_n, \ldots$ *die Erwartungswerte existieren, so sind dann und nur dann die Summen*

$$\zeta_n = \xi_1 + \xi_2 + \cdots + \xi_n$$

relativ stabil bei spezieller Wahl der Koeffizienten B_n,

$$B_n = \sum_{k=1}^{n} \mathsf{E}\,\xi_k$$

und die Größen $\frac{\xi_k}{B_n}$ $(1 \leq k \leq n)$ *infinitesimal, wenn für beliebiges* $\varepsilon > 0$ *mit* $n \to \infty$

$$\sum_{k=1}^{n} \frac{1}{B_n} \int_{\varepsilon B_n}^{\infty} x \, dF_k(x) \to 0$$

strebt.

Satz 3[1]. *Damit für eine Folge* $\xi_1, \xi_2, \ldots, \xi_n, \ldots$ *nichtnegativer unabhängiger Zufallsgrößen die Summen*

$$\zeta_n = \xi_1 + \xi_2 + \cdots + \xi_n$$

relativ stabil und die Summanden $\frac{\xi_k}{B_n}$ $(1 \leq k \leq n)$ *infinitesimal sind, ist notwendig und hinreichend, daß eine Folge positiver Konstanten* $C_1, C_2, \ldots, C_n, \ldots$ *existiert derart, daß mit* $n \to \infty$

$$1) \quad \sum_{k=1}^{n} \int_{C_n}^{\infty} dF_k(x) \to 0,$$

$$2) \quad \sum_{k=1}^{n} \frac{1}{C_n} \int_{0}^{C_n} x \, dF_k(x) \to \infty$$

konvergiert.

Beweis. Nach Satz 2 ist für die relative Stabilität von Summen $\zeta_n = \xi_1 + \xi_2 + \cdots + \xi_n$ notwendig, daß für jedes $\varepsilon > 0$

$$1) \quad \sum_{k=1}^{n} \int_{\varepsilon}^{\infty} dF_k(B_n x) \to 0 \qquad (n \to \infty),$$

$$2) \quad \sum_{k=1}^{n} \int_{0}^{\varepsilon} x \, dF_k(B_n x) \to 1 \qquad (n \to \infty).$$

Offenbar kann man auch eine Folge $\varepsilon_n \to 0$ wählen, so daß

$$\sum_{k=1}^{n} \int_{\varepsilon_n}^{\infty} dF_k(B_n x) = \sum_{k=1}^{n} \int_{\varepsilon_n B_n} dF_k(x) \to 0 \qquad (n \to \infty),$$

$$\sum_{k=1}^{n} \int_{0}^{\varepsilon_n} x \, dF_k(B_n x) = \sum_{k=1}^{n} \frac{1}{B_n} \int_{0}^{\varepsilon_n B_n} x \, dF_k(x) \to 1 \qquad (n \to \infty).$$

Um zu zeigen, daß die Voraussetzungen des Satzes notwendig sind, hat man nur $C_n = \varepsilon_n B_n$ zu setzen.

---

[1] A. A. Bobrow [2].

Es seien nun die Bedingungen des Satzes erfüllt. Wir definieren die B_n durch die Formel

$$B_n = \sum_{k=1}^{n} \int_{0}^{C_n} x\, dF_k(x).$$

Dann ergibt sich aus der zweiten Bedingung

$$C_n = o(B_n).$$

Folglich wird für beliebiges $\varepsilon > 0$ und genügend großes n

$$\sum_{k=1}^{n} \int_{\varepsilon B_n}^{\infty} dF_k(x) \leq \sum_{k=1}^{n} \int_{C_n}^{\infty} dF_k(x).$$

Hieraus ergibt sich auf Grund der ersten Bedingung für $n \to \infty$

$$\sum_{k=1}^{n} \int_{\varepsilon B_n}^{\infty} dF_k(x) \to 0. \tag{2}$$

Weiterhin wird für hinreichend großes n

$$\sum_{k=1}^{n} \frac{1}{B_n} \int_{0}^{\varepsilon B_n} x\, dF_k(x) = \sum_{k=1}^{n} \frac{1}{B_n} \int_{0}^{C_n} x\, dF_k(x) + \sum_{k=1}^{n} \frac{1}{B_n} \int_{C_n}^{\varepsilon B_n} x\, dF_k(x) =$$

$$= 1 + \sum_{k=1}^{n} \frac{1}{B_n} \int_{C_n}^{\varepsilon B_n} x\, dF_k(x).$$

Aber wegen der ersten Bedingung gilt für $n \to \infty$

$$\sum_{k=1}^{n} \frac{1}{B_n} \int_{C_n}^{\varepsilon B_n} x\, dF_k(x) \leq \varepsilon \sum_{k=1}^{n} \int_{C_n}^{\infty} dF_k(x) \to 0.$$

Also strebt für jedes $\varepsilon > 0$ mit $n \to \infty$

$$\frac{1}{B_n} \sum_{k=1}^{n} \int_{0}^{\varepsilon B_n} x\, dF_k(x) \to 1. \tag{3}$$

Aus den Beziehungen (2) und (3) folgt aber auf Grund der vorhergehenden Sätze, daß die Summen $\xi_1 + \xi_2 + \cdots + \xi_n$ relativ stabil und die Größen $\frac{B_n}{\xi_k}$ infinitesimal sind.

Wir zeigen nun den engen Zusammenhang zwischen der relativen Stabilität und der Konvergenz gegen eine Normalverteilung.

Satz 4[1]**).** *Damit die Verteilungen von Summen*

$$\zeta_n = \sum_{k=1}^{k_n} (\xi_{nk} - \mathsf{E}\,\xi_{nk})$$

---

[1]) D. A. RAIKOW [2].

von Zufallsgrößen, die in jeder Zeile unabhängig sind und den Bedingungen

$$\sum_{k=1}^{k_n} \mathsf{D}^2 \xi_{nk} = 1, \quad \sup_{1 \leq k \leq k_n} \mathsf{P}\{|\xi_{nk} - \mathsf{E}\xi_{nk}| > \varepsilon\} \to 0$$

für beliebiges $\varepsilon > 0$ *genügen, gegen die Normalverteilung*

$$\Phi(x) = \frac{1}{\sqrt{2\pi}} \int_{-\infty}^{x} e^{-\frac{t^2}{2}} dt \tag{4}$$

konvergieren, ist notwendig und hinreichend, daß die Summen

$$\eta_n^2 = \sum_{k=1}^{k_n} (\xi_{nk} - \mathsf{E}\,\xi_{nk})^2$$

der quadratischen Abweichungen dieser Zufallsgrößen von ihren Erwartungswerten relativ stabil sind.

Wenn wir nicht die Existenz der Momente voraussetzen wollen, so kann man diesem Satz auch die folgende Formulierung (B. W. GNEDENKO [3]) geben:

Satz 5. *Damit bei geeigneter Wahl der Konstanten* A_n *die Verteilungen der Summen*

$$\zeta_n = \xi_{n1} + \xi_{n2} + \cdots + \xi_{nk_n} - A_n$$

unabhängiger infinitesimaler Zufallsgrößen gegen die Normalverteilung (4) *konvergieren, ist notwendig und hinreichend, daß die Summen*

$$\eta_n^2 = \sum_{k=1}^{k_n} \left(\xi_{nk} - \int_{|x|<1} x \, dF_{nk}(x)\right)^2$$

der quadratischen Abweichungen der ξ_{nk} *von ihren „kupierten Erwartungswerten"* $\int_{|x|<1} x \, dF_{nk}(x)$ *relativ stabil sind.*

Beweis. Ist $F_{nk}(x)$ die Verteilungsfunktion der Zufallsgröße ξ_{nk}, dann ist

$$F'_{nk}(x) = F_{nk}\left((x + \int_{|x|<1} x \, dF_{nk}(x)\right)$$

[für Satz 4 $F'_{nk}(x) = F_{nk}(x + \mathsf{E}\,\xi_{nk})$] die Verteilungsfunktion der Größen $\xi'_{nk} = \xi_{nk} - \int_{|x|<1} x \, dF_{nk}(x)$ (für Satz 4 $\xi'_{nk} = \xi_{nk} - \mathsf{E}\,\xi_{nk}$).

Die Verteilungsfunktion der Zufallsgröße ξ'^2_{nk} wird in ihren Stetigkeitspunkten durch die Gleichung

$$H_{nk}(y) = \mathsf{P}\{\xi'^2_{nk} < y\} = \mathsf{P}\left\{|\xi'_{nk}| < \sqrt{y}\right\} = F'_{nk}(\sqrt{y}) - F'_{nk}(-\sqrt{y})$$

definiert. Offenbar ist dann

$$1)\quad \sum_{k=1}^{k_n} \int\limits_{|x| \geq \varepsilon} dF'_{nk}(x) = \sum_{k=1}^{k_n} \int\limits_{x \geq \varepsilon} d\{F'_{nk}(x) - F'_{nk}(-x)\} =$$

$$= \sum_{k=1}^{k_n} \int\limits_{y \geq \varepsilon^2} d\{F'_{nk}(\sqrt{y}) - F'_{nk}(-\sqrt{y})\} = \sum_{k=1}^{k_n} \int\limits_{y \geq \varepsilon^2} dH_{nk}(y),$$

$$2)\quad \sum_{k=1}^{k_n} \int\limits_{|x| < \varepsilon} x^2\, dF'_{nk}(x) = \sum_{k=1}^{k_n} \int\limits_{0 \leq x < \varepsilon} x^2 d\{F'_{nk}(x) - F'_{nk}(-x)\} = \sum_{k=1}^{k_n} \int\limits_{0 \leq y < \varepsilon^2} y\, dH_{nk}(y),$$

$$3)\quad \sum_{k=1}^{k_n} \int\limits_{|x| > \varepsilon} x^2\, dF'_{nk}(x) = \sum_{k=1}^{k_n} \int\limits_{y \geq \varepsilon^2} y\, dH_{nk}(y).$$

Die ersten zwei dieser Gleichungen zeigen, daß die Bedingungen des Satzes 2 dieses Paragraphen und des Satzes 3 von § 26 entweder gleichzeitig erfüllt oder gleichzeitig nicht erfüllt werden. Die letzte Gleichung zeigt dasselbe für die erste Folgerung des Satzes 2 und den Spezialfall des Satzes 3, § 21. Damit sind offensichtlich die Beweise der Sätze 4 und 5 abgeschlossen.

Selbstverständlich kann man auch die analogen Sätze für asymptotisch konstante Größen formulieren und beweisen.

KAPITEL 6

GRENZWERTSÄTZE FÜR KUMULATIVE SUMMEN

§ 29. Verteilungen der Klasse L

Die allgemeine Problemstellung von den Grenzverteilungen für Summen unabhängiger Zufallsgrößen, die von uns in den letzten beiden Kapiteln untersucht wurde, stammt, wie wir schon ausführten, vom Ende der zwanziger Jahre. In den klassischen Untersuchungen betrachtete man nur zwei Spezialfälle dieses allgemeinen Problems. Man suchte nach Bedingungen, die an eine Folge von Zufallsgrößen

$$\xi_1, \xi_2, \ldots, \xi_n, \ldots \quad (1)$$

zu stellen sind, damit 1. das Gesetz der großen Zahlen, bzw. 2. der zentrale Grenzwertsatz gilt. Im Jahre 1936 stellte A. J. CHINTSCHIN für das klassische Schema von Folgen unabhängiger Zufallsgrößen das allgemeine Problem, die Klasse der Verteilungen zu bestimmen, die als Grenzwerte der Verteilungen von Summen

$$\zeta_n = \frac{1}{B_n} \sum_{k=1}^{n} \xi_k - A_n \quad (2)$$

bei geeigneter Wahl der reellen Konstanten A_n und $B_n > 0$ für $n \to \infty$ auftreten können.

Wie im allgemeinen Falle, muß man auch zur Lösung dieser Aufgabe vernünftige Beschränkungen einführen. Wir setzen daher voraus, daß die Größen

$$\xi_{nk} = \frac{\xi_k}{B_n} \qquad (1 \leq k \leq n; \quad n = 1, 2, \ldots)$$

asymptotisch konstant sind.

Es ist klar, daß unter dieser Voraussetzung jede Grenzverteilung normierter Summen (2) notwendig unbegrenzt teilbar sein muß. Die umgekehrte Behauptung ist jedoch nicht richtig. Es gibt unbegrenzt teilbare Verteilungen, die nicht als Grenzwertverteilungen von Summen (2) dargestellt werden können. Weder eine entsprechende Auswahl der Konstanten $B_n > 0$ und A_n, noch die Wahl einer gewissen Folge (1) führt auf die erwähnten unbegrenzt teilbaren Verteilungen. So gehört beispielsweise die POISSONsche Verteilung nicht zur Klasse der Grenzverteilungen von Summen (2). Diese Tatsache macht klar erkennbar, warum man bei den klassischen Untersuchungen, um das POISSONsche Gesetz als „Gesetz der seltenen Ereignisse" zu erhalten, zu dem oben betrachteten Schema einer Doppelfolge überging.

Nach CHINTSCHIN sagen wir, daß eine Verteilungsfunktion $F(x)$ *„zur Klasse L gehört"*, wenn man eine Folge (1) unabhängiger Zufallsgrößen so angeben kann, daß bei geeigneter Wahl der Konstanten A_n und $B_n > 0$ die Verteilungsfunktionen der Summen (2) für $n \to \infty$ gegen $F(x)$ konvergieren, und die Größen $\xi_{nk} = \frac{\xi_k}{B_n}$ $(1 \le k \le n)$ asymptotisch konstant sind.

Wir können ohne Beschränkung der Allgemeinheit annehmen, die Größen $\xi_{nk} = \frac{\xi_k}{B_n}$ seien infinitesimal. Sind nämlich die ξ_{nk} asymptotisch konstant, so können wir uns,

$$\xi'_{nk} = \xi_{nk} - m_{nk} = \frac{\xi_k - m_k}{B_n}$$

(m_{nk} und m_k sind Mediane der ξ_{nk} und ξ_k) und $A'_n = A_n - \sum_{k=1}^{n} \frac{m_k}{B_n}$ gesetzt, davon überzeugen, daß die Klasse der Grenzverteilungen für Summen (2) asymptotisch konstanter Summanden $\xi_{nk} = \frac{\xi_k}{B_n}$ mit der Klasse der Grenzverteilungen für Summen (2) infinitesimaler Summanden

$$\xi'_{nk} = \frac{\xi_k - m_k}{B_n}$$

übereinstimmt. Eine vollständige Charakterisierung der Verteilungen der Klasse L gab P. LÉVY [4] in Beantwortung einer von A. J. CHINTSCHIN gestellten Frage.

Ehe wir den Satz von P. LÉVY darstellen, beweisen wir (CHINTSCHIN [11]) das folgende

Lemma. *Ist eine Verteilungsfunktion, die Grenzwert von Verteilungsfunktionen für Summen (2) unabhängiger infinitesimaler Summanden* $\xi_{nk} = \frac{\xi_k}{B_n}$ *ist, eigentlich, dann konvergieren für* $n \to \infty$

a) $B_n \to \infty$,

b) $\frac{B_{n+1}}{B_n} \to 1$.

Beweis. a) Wir setzen voraus, daß es eine Folge von Indizes $n_1 < n_2 < \cdots < n_k < \cdots$ gibt, so daß die Größen B_{n_k} beschränkt bleiben. Ohne Beschränkung der Allgemeinheit können wir uns die Indizes n_k so gewählt denken, daß die B_{n_k} für $k \to \infty$ gegen einen gewissen Wert $B \neq \infty$ konvergieren. Sei t eine beliebige Zahl, dann konvergieren die Größen $t_k = tB_{n_k}$ für $k \to \infty$ gegen tB.

Nach Voraussetzung sind die ξ_{ns} $(1 \leq s \leq n)$ infinitesimal und somit konvergieren für $k \to \infty$

$$f_s(t) = f_s\left(\frac{t_k}{B_k}\right) \to 1$$

gleichmäßig bezüglich s $(1 \leq s \leq n_k)$, d. h., für beliebiges t ist

$$f_s(t) = 1 \quad (s = 1, 2, \ldots).$$

Hieraus ergibt sich unmittelbar, daß für beliebiges t

$$f(t) = \lim_{k \to \infty} \prod_{s=1}^{n_k} f_s\left(\frac{t}{B_n}\right) = 1$$

ist. Diese Gleichung besagt aber, daß $F(x)$ eine uneigentliche Verteilung ist. Damit stehen wir aber im Widerspruch zur Voraussetzung. Der erste Teil des Lemmas ist somit bewiesen.

b) Wir erwähnen zunächst, daß die Summanden ξ_{nk} infinitesimal sind und daher auch die Verteilungsfunktionen der Summen

$$\frac{\xi_1 + \xi_2 + \cdots + \xi_n}{B_{n+1}} - A_{n+1} \tag{3}$$

gegen $F(x)$ konvergieren. Wenn wir mit $F_n(x)$ die Verteilungsfunktionen der Summen (2) bezeichnen, dann sind die Verteilungsfunktionen der Summen (3) gleich

$$F_n(B_n' x + A_n') \text{ mit } B_n' = \frac{B_{n+1}}{B_n} \text{ und } A_n' = \frac{B_{n+1}}{B_n} A_{n+1} - A_n.$$

Nach Satz 2 des § 10 folgt hieraus, daß für $n \to \infty$ der Quotient $\frac{B_{n+1}}{B_n} \to 1$ konvergiert. Das Lemma ist damit vollständig bewiesen.

Satz 1[1]. *Damit eine Verteilungsfunktion $F(x)$ der Klasse L angehört, ist notwendig und hinreichend, daß $F(x)$ für beliebiges α $(0 < \alpha < 1)$ Faltung von $F\left(\frac{x}{\alpha}\right)$ und einer gewissen anderen Verteilungsfunktion $F_\alpha(x)$ ist.*

Beweis. Hinreichend. Nach Voraussetzung ist für beliebiges α $(0 < \alpha < 1)$

$$f(t) = f(\alpha t) f_\alpha(t),$$

wobei $f_\alpha(t)$ eine gewisse charakteristische Funktion ist. Wir wollen vor allem hervorheben, daß eine Funktion $f(t)$, die diese Bedingung erfüllt, nirgends verschwindet. In der Tat, wäre beispielsweise $f(2a) = 0$ und $f(t) \neq 0$ für $0 \leq t < 2a$, so müßte für beliebiges α $(0 < \alpha < 1)$

$$1 = 1 - |f_\alpha(2a)|^2 \leq 4\{1 - |f_\alpha(a)|^2\} \tag{4}$$

[1] P. Lévy [4].

sein. Da aber $f(t)$ stetig ist, konvergiert für $\alpha \to 1$

$$f_\alpha(a) = \frac{f(a)}{f(\alpha a)} \to 1.$$

Auf diese Weise führt uns die Ungleichung (4) für genügend nahe bei Eins gelegenes α auf einen Widerspruch.

Wir konstruieren jetzt unabhängige Zufallsgrößen ξ_k mit den charakteristischen Funktionen

$$f_{\frac{k-1}{k}}(kt) = \frac{f(kt)}{f([k-1]t)}.$$

Die charakteristische Funktion der Summe

$$\zeta_n = \frac{1}{n} \sum_{k=1}^{n} \xi_k$$

ist gleich

$$\prod_{k=1}^{n} f_{\frac{k-1}{k}}\left(\frac{k}{n} t\right) = \prod_{k=1}^{n} \frac{f\left(\frac{k}{n} t\right)}{f\left(\frac{k-1}{n} t\right)} = f(t).$$

Da $f(t)$ stetig ist und nirgends verschwindet, ist klar, daß gleichmäßig bezüglich $k (1 \leq k \leq n)$ mit $n \to \infty$

$$f_{\frac{k-1}{k}}\left(\frac{k}{n} t\right) \Rightarrow 1$$

geht.

Damit ist bewiesen, daß das $F(x)$ zur Klasse L gehört.

Notwendigkeit. Wir wollen jetzt voraussetzen, daß eine Folge unabhängiger Zufallsgrößen

$$\xi_1, \xi_2, \ldots, \xi_n, \ldots$$

derart gegeben ist, daß bei geeigneter Wahl der Konstanten $B_n > 0$ und A_n die Verteilungsfunktionen der Summen

$$\zeta_n = \frac{1}{B_n} \sum_{k=1}^{n} \xi_k - A_n$$

gegen eine Grenzverteilungsfunktion $F(x)$ konvergieren, und die Größen $\xi_{nk} = \frac{\xi_k}{B_n}$ $(1 \leq k \leq n)$ infinitesimal sind. Ist $F(x)$ eine uneigentliche Verteilungsfunktion, so kann man die Bedingungen des Satzes ohne Mühe verifizieren, und es zeigt sich, daß $F_\alpha(x)$ ebenfalls uneigentlich ist. Einen Beweis erfordert nur der Fall, daß $F(x)$ eine eigentliche Verteilungsfunktion ist.

Schreiben wir unsere Voraussetzungen in die Terminologie der charakteristischen Funktionen um, so erhalten wir: Für $n \to \infty$ konvergiert

$$f_{\zeta_n}(t) = e^{-iA_n t} \prod_{k=1}^{n} f_k\left(\frac{t}{B_n}\right) \Rightarrow f(t) \tag{5}$$

$f_k\left(\frac{t}{B_n}\right) \Rightarrow 1$, gleichmäßig in k $(1 \leq k \leq n)$, $|f(t)| \not\equiv 1$, $f(t) \neq 0$ für jedes t (als charakteristische Funktion einer unbegrenzt teilbaren Verteilung).

Nach dem bewiesenen Lemma kann man für ein beliebiges α $(0 < \alpha < 1)$ ein $m = m(n)$ $(m < n)$ derart auswählen, daß für $n \to \infty$

$$\frac{B_m}{B_n} \to \alpha \tag{6}$$

konvergiert.

Wir schreiben $f_{\zeta_n}(t)$ in folgender Form:

$$f_{\zeta_n}(t) = \left[e^{-iA_m \alpha t} \prod_{k=1}^{m} f_k\left(\frac{t}{B_n}\right)\right] \cdot \left[e^{-it(A_n - A_m \alpha)} \prod_{k=m+1}^{n} f_k\left(\frac{t}{B_n}\right)\right]. \tag{7}$$

Aber wegen (5) konvergiert für $m \to \infty$

$$e^{-iA_m t} \prod_{k=1}^{m} f_k\left(\frac{t}{B_m}\right) \Rightarrow f(t),$$

und daher auf Grund von (6)

$$e^{-iA_m \alpha t} \prod_{k=1}^{m} f_k\left(\frac{t}{B_n}\right) \Rightarrow f(\alpha t). \tag{8}$$

Die Beziehungen (5) und (8) zusammen mit Satz 2 von § 13 gestatten den Schluß, daß der zweite Faktor auf der rechten Seite der Gleichung (7) gegen eine gewisse charakteristische Funktion $f_\alpha(t)$ streben muß.

Durch den Grenzübergang finden wir also, daß für beliebiges α $(0 < \alpha < 1)$ gilt:

$$f(t) = f(\alpha t) f_\alpha(t),$$

w. z. b. w.

Für das weitere ist es wichtig hervorzuheben, daß $f_\alpha(t)$ die charakteristische Funktion einer unbegrenzt teilbaren Verteilung ist. $f_\alpha(t)$ ist nämlich Grenzfunktion einer Folge charakteristischer Funktionen von Summen unabhängiger asymptotisch konstanter Zufallsgrößen.

§ 30. Kanonische Darstellung der Verteilungen der Klasse L

Jede Verteilung der Klasse L ist unbeschränkt teilbar. Der Logarithmus ihrer charakteristischen Funktion kann daher in der LÉVYschen Formel dargestellt werden:

$$\log f(t) = i\gamma t - \frac{\sigma^2 t^2}{2} + \int_{-\infty}^{0} \left\{ e^{itu} - 1 - \frac{itu}{1+u^2} \right\} dM(u) +$$

$$+ \int_{0}^{\infty} \left\{ e^{itu} - 1 - \frac{itu}{1+u^2} \right\} dN(u). \quad (1)$$

Es erhebt sich jetzt natürlich die Frage: Welche besonderen Eigenschaften müssen die Funktionen $M(u)$ und $N(u)$ besitzen, damit $f(t)$ die charakteristische Funktion einer Verteilung der Klasse L ist? Der folgende Satz gibt auf diese Frage eine erschöpfende Antwort. Er wurde von P. LÉVY [4] gefunden.

Satz 1. *Damit eine Verteilungsfunktion $F(x)$ der Klasse L angehört, ist notwendig und hinreichend, daß die Funktionen $M(u)$ und $N(u)$ für jeden Wert rechts- und linksseitige Ableitungen besitzen, und daß die Funktionen*

$$uM'(u) \quad (u < 0),$$

$$uN'(u) \quad (u > 0)$$

nichtzunehmend sind (unter $M'(u)$ und $N'(u)$ sollen rechts- oder linksseitige Ableitungen verstanden werden. Diese können in verschiedenen Punkten durchaus verschieden voneinander sein).

Beweis. Es sei $f(t)$ die charakteristische Funktion einer Verteilung, die zur Klasse L gehört, und α eine willkürliche Zahl zwischen 0 und 1. Aus der Formel (1) entnehmen wir die Beziehung

$$\log f(\alpha t) = i\gamma\alpha t - \frac{\alpha^2 \alpha^2 t^2}{2} + \int_{-\infty}^{0} \left\{ e^{i\alpha ut} - 1 - \frac{i\alpha ut}{1+u^2} \right\} dM(u) +$$

$$+ \int_{0}^{\infty} \{\cdots\} dN(u) = i\gamma_1 t - \frac{\sigma^2 t^2 \alpha^2}{2} +$$

$$+ \int_{-\infty}^{0} \left\{ e^{iut} - 1 - \frac{iut}{1+u^2} \right\} dM\left(\frac{u}{\alpha}\right) + \int_{0}^{\infty} \{\cdots\} dN\left(\frac{u}{\alpha}\right),$$

wobei

$$\gamma_1 = \alpha\gamma + \alpha \int_{-\infty}^{0} \frac{u^3(1-\alpha^2)}{(1+u^2)(1+\alpha^2 u^2)} dM(u) + \alpha \int_{0}^{\infty} \frac{u^3(1-\alpha^2)}{(1+u^2)(1+\alpha^2 u^2)} dN(u)$$

ist. Dann ist

$$\log \frac{f(t)}{f(\alpha t)} = i\gamma_2 t - \frac{\sigma^2(1-\alpha^2)t^2}{2} +$$

$$+ \int_{-\infty}^{0} \left\{ e^{itu} - 1 - \frac{itu}{1+u^2} \right\} d\left[M(u) - M\left(\frac{u}{\alpha}\right) \right] +$$

$$+ \int_{0}^{\infty} \left\{ e^{itu} - 1 - \frac{itu}{1+u^2} \right\} d\left[N(u) - N\left(\frac{u}{\alpha}\right) \right]. \tag{2}$$

Auf Grund der Ergebnisse des vorhergehenden Satzes ist $\frac{f(t)}{f(\alpha t)}$ eine unbeschränkt teilbare charakteristische Funktion. Die Formel (2) ist ihre kanonische Darstellung. Wir schließen nun hieraus, daß die Funktionen $M(u) - M\left(\frac{u}{\alpha}\right)$ und $N(u) - N\left(\frac{u}{\alpha}\right)$ nichtabnehmend sein müssen. Also muß für beliebige $u_1 < u_2 < 0$ und $0 < v_1 < v_2$

$$M(u_1) - M\left(\frac{u_1}{\alpha}\right) \leq M(u_2) - M\left(\frac{u_2}{\alpha}\right),$$

$$N(v_1) - N\left(\frac{v_1}{\alpha}\right) \leq N(v_2) - N\left(\frac{v_2}{\alpha}\right)$$

und somit

$$\left.\begin{aligned} M\left(\frac{u_2}{\alpha}\right) - M\left(\frac{u_1}{\alpha}\right) &\leq M(u_2) - M(u_1), \\ N\left(\frac{v_2}{\alpha}\right) - N\left(\frac{v_1}{\alpha}\right) &\leq N(v_2) - N(v_1) \end{aligned}\right\} \tag{3}$$

sein. Wenn umgekehrt die Funktionen $M(u)$ und $N(u)$ für beliebiges α $(0 < \alpha < 1)$ die Ungleichungen (3) erfüllen, dann werden die Funktionen $M(u) - M\left(\frac{u}{\alpha}\right)$ und $N(u) - N\left(\frac{u}{\alpha}\right)$ nichtabnehmend und folglich $\frac{f(t)}{f(\alpha t)}$ die charakteristische Funktion einer unbeschränkt teilbaren Verteilung sein. *Daher ist die Bedingung* (3) *notwendig und hinreichend für die Zugehörigkeit einer Verteilung zur Klasse L.*

Wir beschränken unsere weiteren Betrachtungen auf die Funktion $N(u)$, weil man entsprechende Resultate für $M(u)$ durch dieselben Überlegungen erhalten kann.

Es möge $a < b$, $h > 0$ und $\alpha = e^{a-b}$ sein. Wegen (3) gilt

$$N(e^{a+h}) - N(e^a) \geq N\left(\frac{e^{a+h}}{\alpha}\right) - N\left(\frac{e^a}{\alpha}\right) = N(e^{b+h}) - N(e^b).$$

Zur Abkürzung führen wir die Bezeichnung

$$N(e^v) = S(v)$$

ein. Dann folgt aus der letzten Ungleichung, daß die nichtabnehmende Funktion $S(v)$ die Ungleichung

$$S(a+h) - S(a) \geq S(b+h) - S(b) \quad (a < b) \tag{4}$$

erfüllt. Also kann sich der Zuwachs von $S(v)$ auf einem Intervall vorgegebener Länge h nur verkleinern, wenn wir dieses Intervall von links nach rechts verschieben.

Diese Tatsache gestattet nun den Schluß, daß $S(v)$ in jedem Punkte $v = v_0$ stetig ist.

Wir setzen jetzt $b = a + h$. Aus (4) ergibt sich dann

$$S(a+h) \geq \frac{S(a) + S(a+2h)}{2},$$

d. h., die stetige Funktion $S(v)$ ist konvex. Daher hat sie in jedem Punkte eine endliche rechts- und linksseitige Ableitung. Die linksseitige Ableitung ist nicht kleiner als die rechtsseitige und beide Ableitungen nehmen mit wachsendem x nicht zu (siehe HARDY [1], 2. Aufl., S. 70 u. 91, Satz 111).

Also ist $S'(v)$ eine nichtzunehmende Funktion [$S'(v)$ muß nicht unbedingt ständig nur eine rechts- oder nur eine linksseitige Ableitung bleiben]. Es ist aber

$$S(v) = N(e^v), \quad S'(v) = e^v N'(e^v).$$

Führen wir nun wieder die Bezeichnung $u = e^v$ ein, so sieht man, daß die Bedingungen des Satzes notwendig sind.

Nun seien $uM'(u)$ und $uN'(u)$ nichtzunehmende Funktionen. Dann ist für jedes α $(0 < \alpha < 1)$

$$\frac{u}{\alpha} M'\left(\frac{u}{\alpha}\right) \geq u\, M'(u) \quad \text{für} \quad u < 0,$$

$$\frac{u}{\alpha} N'\left(\frac{u}{\alpha}\right) \leq u\, N'(u) \quad \text{für} \quad u > 0.$$

Hieraus erhalten wir für $v_1 < v_2 < 0$

$$\int_{v_1}^{v_2} dM\left(\frac{v}{\alpha}\right) = \int_{v_1}^{v_2} \frac{1}{\alpha} M'\left(\frac{v}{\alpha}\right) dv \leq \int_{v_1}^{v_2} M'(v)\, dv = \int_{v_1}^{v_2} dM(v)$$

und für $0 < u_1 < u_2$

$$\int_{u_1}^{u_2} dN\left(\frac{u}{\alpha}\right) = \int_{u_1}^{u_2} \frac{1}{\alpha} N'\left(\frac{u}{\alpha}\right) du \leq \int_{u_1}^{u_2} N'(u)\, du = \int_{u_1}^{u_2} dN(u).$$

Diese Ungleichungen besagen aber gerade, daß $F(x)$ zur Klasse L gehört.

Das einfachste Beispiel einer Verteilung, die der Klasse L angehört, ist die Normalverteilung. Für sie sind die Funktionen $uM'(u)$ und $uN'(u)$ identisch Null.

Wir wollen nun ermitteln, welche Forderungen man der Funktion $K(u)$ in der KOLMOGOROVschen Formel auferlegen muß, damit eine Verteilung mit endlicher Streuung zur Klasse L gehört. Da die Funktionen $M(u)$ und $N(u)$ mit $K(u)$ durch die Formeln

$$d\,M(u) = \frac{1}{u^2}\,dK(u) \quad \text{für} \quad u < 0$$

$$dN(u) = \frac{1}{u^2}\,dK(u) \quad \text{für} \quad u > 0$$

verbunden sind, erhalten wir aus Satz 1 unmittelbar das folgende Resultat (B. W. GNEDENKO und A. W. GROSCHEW [1]);

Satz 2. *Damit die Verteilungsfunktion $F(x)$ mit endlicher Streuung zur Klasse L gehört, ist notwendig und hinreichend, daß die Funktion $K(u)$ der* KOLMOGOROV*schen Formel in jedem Punkte $u \neq 0$ rechts- und linksseitige Ableitungen besitzt und daß die Funktion $\frac{K'(u)}{u}$ für $u < 0$ und $u > 0$ nichtzunehmend ist. $K'(u)$ bedeute dabei die rechts- oder linksseitige Ableitung nach u, in verschiedenen Punkten wahlweise verschieden.*

Man überzeugt sich leicht davon, daß Verteilungen mit endlichen Streuungen, die zur Klasse L gehören, nicht durch die Normal- und die uneigentlichen Verteilungen erschöpft werden. So erfüllt z. B. die Verteilung, für die man in der KOLMOGOROVschen Formel

$$K(u) = \begin{cases} 0 \text{ für } u < 0, \\ u^2 \text{ für } 0 \leq u < 1, \\ 1 \text{ für } u \geq 1 \end{cases}$$

setzen muß, die Voraussetzungen des Satzes 2 und gehört somit zur Klasse L.

Verwenden wir die Ergebnisse vom Schluß des § 18, so können wir uns leicht davon überzeugen, daß auch die Verteilung

$$p(x) = \begin{cases} 0 & \text{für } x \leq 0, \\ \dfrac{\beta^\alpha}{\Gamma(\alpha)}\, x^{\alpha-1}\, e^{-\beta x} & \text{für } x > 0 \end{cases}$$

($\alpha > 0$ und $\beta > 0$ sind Konstante) für beliebige Werte der Parameter α und β zur Klasse L gehört. Zu dieser Klasse der Verteilungen gehört auch die LAPLACEsche Verteilung (siehe Beispiel 5 des § 17).

§ 31. Konvergenzbedingungen

Im vorliegenden Paragraphen wollen wir Bedingungen ableiten, die man den Verteilungsfunktionen unabhängiger Zufallsgrößen $\xi_1, \xi_2, \ldots, \xi_n, \ldots$ auferlegen muß, damit bei geeigneter Wahl von Konstanten A_n und $B_n > 0$ die Verteilungsfunktionen der Summen

$$\zeta_n = \frac{\xi_1 + \xi_2 + \cdots + \xi_n}{B_n} - A_n \qquad (1)$$

gegen eine gewisse Grenzverteilungsfunktion konvergieren, und die Summanden $\xi_{nk} = \frac{\xi_k}{B_n}$ $(1 \leq k \leq n)$ asymptotisch konstant sind[1]).

Sind die Konstanten B_n schon vorher vorgegeben, so ist die Lösung der gestellten Aufgabe bereits in den Sätzen des § 25 enthalten. Der wesentliche Unterschied der jetzt gestellten Aufgabe zu dem früher behandelten allgemeinen Problem besteht darin, daß es jetzt gilt, eine allgemeine Regel zu finden, nach welcher man die Konstanten B_n bestimmen kann.

Wenn die Größen ξ_n endliche Streuungen besitzen, und Bedingungen für die Konvergenz der Verteilungsfunktionen und Streuungen von Summen (1) gegen eine Grenzverteilungsfunktion und ihre Streuung gesucht werden, dann hat das Problem eine sehr einfache Lösung.

Satz 1[2]). *Damit bei geeigneter Wahl von Konstanten A_n und $B_n > 0$ die Verteilungsfunktionen von Summen (1) gegen eine Grenzverteilung, ihre Streuungen gegen die Streuung der Grenzverteilung konvergieren, und die Summanden $\frac{1}{B_n}(\xi_k - \mathsf{E}\,\xi_k)$ infinitesimal sind, ist notwendig und hinreichend, daß es eine nichtabnehmende Funktion $K_1(u)$ mit der Schwankung Eins gibt, so daß für alle $u \neq 0$ mit $u \to \infty$*

$$\frac{1}{C_n^2} \sum_{k=1}^{n} \int_{-\infty}^{C_n u} x^2\, dF_k(x + \mathsf{E}\xi_k) \to K_1(u) \qquad (2)$$

und weiter

$$\sup_{1 \leq k \leq n} \int \frac{x^2}{C_n^2 + x^2}\, dF_k(x + \mathsf{E}\,\xi_k) \to 0 \qquad (3)$$

konvergiert. Dabei ist

$$C_n^2 = \sum_{k=1}^{n} \mathsf{D}^2 \xi_k .$$

Die Konstanten A_n und B_n lassen sich mittels der Formeln bestimmen

$$B_n^2 = \sum_{k=1}^{n} \mathsf{D}^2\, \xi_k, \qquad A_n = \frac{1}{B_n} \sum_{k=1}^{n} \mathsf{E}\, \xi_k .$$

Die Grenzverteilung ergibt sich dann aus der KOLMOGOROV*schen Formel mit der Konstanten $\gamma = 0$ und der Funktion $K(u) = K_1(u)$.*

---

[1]) Der Fall einer uneigentlichen Grenzverteilung ist in diesem Paragraphen stets ausgeschlossen.

[2]) B. W. GNEDENKO und A. W. GROSCHEW [1].

Beweis. Es sei $\xi_{nk} = \dfrac{\xi_k - \mathsf{E}\,\xi_k}{C_n}$, dann wird $F_{nk}(x) = F_k(C_n x + \mathsf{E}\,\xi_k)$. Die Bedingung

$$\sup_{1 \leq k \leq n} \int \frac{x^2}{C_n^2 + x^2}\, dF_k(x + \mathsf{E}\,\xi_k) = \sup_{1 \leq k \leq n} \int \frac{z^2}{1 + z^2}\, dF_{nk}(z) \to 0$$

bedeutet wegen (4), § 20, daß die Größen ξ_{nk} $(1 \leq k \leq n)$ infinitesimal sind.

Setzen wir voraus, daß die Bedingungen des Satzes erfüllt sind, dann bewirkt die Wahl der C_n, daß für $n \to \infty$

$$\sum_{k=1}^{n} \int_{-\infty}^{u} x^2\, dF_{nk}(x) \Rightarrow K_1(u)$$

konvergiert. Nach Satz 2, § 21 konvergieren die Verteilungsfunktionen der Summen

$$\zeta_n = \frac{\xi_1 + \xi_2 + \cdots + \xi_n}{C_n} - A_n$$

gegen eine Grenzverteilung, für die in der KOLMOGOROVschen Formel $K(u) = K_1(u)$ zu setzen ist. Nimmt man in der KOLMOGOROVschen Formel für die Grenzverteilung $\gamma = 0$, dann hat man die A_n so auszuwählen, wie es im Text des Satzes angegeben ist.

Wir beweisen jetzt die Notwendigkeit der Bedingungen des Satzes. Es sei bekannt, daß für gewisse A_n und $B_n > 0$ die Verteilungsfunktionen von Summen (1) und ihre Streuungen gegen eine Grenzverteilungsfunktion und deren Streuung konvergieren, und die Summanden $\dfrac{\xi_k - \mathsf{E}\,\xi_k}{B_n}$ infinitesimal sind. Nach Satz 2, § 21 gibt es unter diesen Voraussetzungen eine nichtabnehmende Funktion $K(u)$, so daß in allen Stetigkeitspunkten von $K(u)$, wegen der Resultate des vorhergehenden Paragraphen also für alle $u \neq 0$ und auch für $u = \infty$

$$\sum_{k=1}^{n} \int_{-\infty}^{u} x^2\, dF_k(B_n x + \mathsf{E}\,\xi_k) \to K(u) \qquad (n \to \infty) \tag{4}$$

konvergiert. Ist $V > 0$ die Schwankung von $K(u)$, so setzen wir $v = u\sqrt{V}$ und

$$K_1(v) = \frac{1}{V} K(u).$$

Wegen (4) ist für alle $v \neq 0$

$$\sum_{k=1}^{n} \int_{-\infty}^{u} \frac{x^2}{V}\, dF_k(B_n x + \mathsf{E}\,\xi_n) = \sum_{k=1}^{n} \int_{-\infty}^{v} z^2\, dF_k(B_n z \sqrt{V} + \mathsf{E}\,\xi_k) \to K_1(v)$$

und insbesondere für $v = +\infty$

$$\frac{1}{VB_n^2} \sum_{k=1}^{n} \int (x - \mathsf{E}\,\xi_k)^2\, dF_k(x) = \frac{1}{VB_n^2} \sum_{k=1}^{n} \mathsf{D}^2 \xi_k \to K_1(+\infty) = 1.$$

Wählen wir neue B_n nach der Formel

$$VB_n^2 = \sum_{k=1}^{n} \mathsf{D}^2 \xi_k,$$

so bleibt die Grenzverteilung für die Summen (1), wie aus Satz 2, § 10 folgt, unverändert, w. z. b. w.

Wir betrachten nun den allgemeinen Fall. Die Zufallsgrößen ξ_k und ξ_k' mögen dieselbe Verteilungsfunktion $F_k(x)$ besitzen und ξ_k' unabhängig sein von ξ_l für alle l. Die Verteilungsfunktion der Differenz $\eta_k = \xi_k - \xi_k'$ werde mit $V_k(x)$ bezeichnet. Offenbar ist dann $V_k(x)$ eine symmetrische Verteilungsfunktion und $v_k(t) = |f_k(t)|^2$ ihre charakteristische Funktion. Setzen wir jetzt voraus, daß bei geeigneter Wahl von Konstanten A_n und $B_n > 0$ die Verteilungsfunktionen der Summen

$$\zeta_n = \frac{\xi_1 + \xi_2 + \cdots + \xi_n}{B_n} - A_n \tag{5}$$

für $n \to \infty$ gegen eine Grenzverteilungsfunktion $F(x)$ konvergieren. Dann streben offensichtlich die Verteilungsfunktionen der Summen

$$\frac{\eta_1 + \eta_2 + \cdots + \eta_n}{B_n} = \left(\frac{\xi_1 + \xi_2 + \cdots + \xi_{kn}}{B_n} - A_n\right) - \\ - \left(\frac{\xi_1' + \xi_2' + \cdots + \xi_n'}{B_n} - A_n\right) \tag{6}$$

gegen die Funktion $V(x) = F(x) \divideontimes (1 - F(-x + 0))$, deren charakteristische Funktion gleich $v(t) = |f(t)|^2$ ist.

Satz 2[1]. *Damit bei geeigneter Wahl der Konstanten $B_n > 0$ und A_n die Verteilungsfunktionen der Summen (5) gegen eine eigentliche Verteilungsfunktion $F(x)$ konvergieren, und die Summanden $\frac{\xi_k}{B_n}$ $(1 \leq k \leq n)$ infinitesimal sind, ist notwendig und hinreichend, daß eine nichtabnehmende Funktion $G^*(u)$ $[G^*(-\infty) = 0]$ mit beschränkter Schwankung $V = G^*(+\infty)$ existiert, so daß mit den aus der Gleichung*

$$\sum_{k=1}^{n} \int \frac{x^2}{C_n^2 + x^2} \, dV_k(x) = V \tag{7}$$

bestimmten $l_n > 0$

α) für beliebiges u $(-\infty \leq u \leq +\infty)$ (möglicherweise außer $u = 0$)

$$\sum_{k=1}^{n} \int_{-\infty}^{C_n u} \frac{x^2}{C_n^2 + x^2} \, dF_k(x + \alpha_{nk}) \to G^*(u) \quad \text{für} \quad n \to \infty$$

[1] B. W. Gnedenko und A. W. Groschew [1].

mit

$$\alpha_{nk} = \frac{1}{C_n} \int\limits_{|x|<C_n} x\,dF_k(x);$$

β)
$$\sup_{1\le k\le n} \int \frac{x^2}{C_n^2 + x^2}\,dF_k(x) \to 0 \qquad \textit{für } n \to \infty$$

strebt.

Beweis. Die Bedingung β) besagt nichts anderes, als daß die Summanden $\frac{\xi_k}{C_n}$ $(1 \le k \le n)$ infinitesimal sind.

Wegen $\xi_{nk} = \frac{\xi_k}{B_n}$ und $F_{nk}(x) = F_k(B_n x)$, ist die Gleichung

$$\lim_{n\to\infty} \sum_{k=1}^{n} \int\limits_{-\infty}^{B_n u} \frac{x^2}{B_n^2 + x^2}\,dF_k(x + \alpha_{nk}) = G^*(u) \qquad (-\infty \le u \le \infty) \tag{8}$$

auf Grund der Anmerkung zum Satz 1 des § 25 eine notwendige und hinreichende Bedingung für die Konvergenz der Verteilungen von Summen (5) gegen eine Grenzverteilung.

Daß die Bedingung α) hinreichend ist, wird jetzt offensichtlich. In der Tat, sie bedeutet, daß für $B_n = C_n$ die Gleichung (8) erfüllt wird.

Wir setzen jetzt voraus, daß die Verteilungsfunktionen der Summen (5) bei einer gewissen Wahl der B_n gegen $F(x)$ konvergieren. Wenn wir beweisen, daß $\frac{B_n}{C_n}$ für $n \to \infty$ gegen Eins strebt, werden wegen Satz 2, § 10 auch die Verteilungsfunktionen der Summen

$$\frac{\xi_1 + \xi_2 + \cdots + \xi_n}{C_n} - A_n$$

gegen $F(x)$ konvergieren, und somit wegen (8) auch die Bedingung α) erfüllt werden.

Die Verteilungsfunktionen der Summen (6) konvergieren, wie gesagt, gegen $V(x)$. Für sie ist $G(u)$ in der Lévy-Chintschinschen Formel gleich

$$G(u) = G^*(u) + V - G^*(-u).$$

Die Mediane der Zufallsgrößen η_k sind gleich Null. Daher ist wegen Satz 3, § 25 für die Konvergenz der Verteilungsfunktionen der Summen (6) gegen $V(x)$ notwendig, daß für $-\infty \le u \le +\infty$ (möglicherweise außer $u = 0$) mit $n \to \infty$

$$\sum_{k=1}^{n} \int\limits_{-\infty}^{B_n u} \frac{x^2}{B_n^2 + x^2}\,dV_k(x) \to G(u) \tag{9}$$

strebt.

Aus (7) und (9) schließen wir nun (für $u = +\infty$), daß für $n \to \infty$

$$R_n = \sum_{k=1}^{n} \left\{ \int \frac{x^2}{B_n^2 + x^2} \, d V_k(x) - \int \frac{x^2}{C_n^2 + x^2} \, d V_k(x) \right\} \to 0 \tag{10}$$

konvergiert. Nach Voraussetzung ist $F(x)$ aber eine eigentliche Verteilungsfunktion. Das bedeutet, daß $G^*(u) \not\equiv 0$ und folglich $G(u) \not\equiv 0$ ist. Daher gibt es eine Zahl $a > 0$ mit

$$\Delta = G(a) - G(-a) > 0.$$

Nach (9) ist dann für $n > n_0$

$$\sum_{k=1}^{n} \int_{-B_n a}^{B_n a} \frac{x^2}{B_n^2 + x^2} \, d V_k(x) > \frac{\Delta}{2}.$$

Für $n > n_0$ haben wir daher offensichtlich die folgende Ungleichungskette:

$$|R_n| = |B_n^2 - C_n^2| \sum_{k=1}^{n} \int \frac{x^2}{(B_n^2 + x^2)(C_n^2 + x^2)} \, d V_k(x) \geq$$

$$\geq \frac{|B_n^2 - C_n^2|}{a^2 B_n^2 + C_n^2} \sum_{k=1}^{n} \int_{-B_n a}^{B_n a} \frac{x^2}{B_n^2 + x^2} \, d V_k(x) > \frac{\left| \left(\frac{B_n}{C_n}\right)^2 - 1 \right|}{a^2 \frac{B_n^2}{C_n^2} + 1} \cdot \frac{\Delta}{2} \geq 0.$$

Wegen (10) folgt nun hieraus, daß $\frac{B_n}{C_n} \to 1$ für $n \to \infty$ strebt. Damit ist der Satz bewiesen.

III. IDENTISCH VERTEILTE SUMMANDEN

KAPITEL 7

FUNDAMENTALE GRENZWERTSÄTZE

§ 32. Problemstellung. Stabile Verteilungen

Wir gehen jetzt speziell zur Darstellung der Grenzverteilungen normierter Summen

$$\zeta_n = \frac{\xi_1 + \xi_2 + \cdots + \xi_n}{B_n} - A_n \tag{1}$$

unabhängiger „*identisch verteilter*"[1]) Zufallsgrößen $\xi_1, \xi_2, \ldots, \xi_n, \ldots$ über.

Wenn die Verteilungen von Summen (1) gegen eine Grenzverteilung konvergieren sollen, müssen nach Satz 4, § 14 die Größen $\xi_{nk} = \frac{\xi_k}{B_n} - \frac{A_n}{n}$ infinitesimal sein. Dieser Umstand gestattet uns den Schluß, daß jede Verteilung, die Grenzverteilung von Summen (1) ist, zur Klasse L gehören muß. Ganz natürlich erhebt sich nun die Frage: Wie sehen alle möglichen Grenzverteilungen für Summen (1) aus? Die Beantwortung dieser Frage macht die Einführung eines neuen Begriffes erforderlich.

Definition. Eine Verteilungsfunktion $F(x)$ heißt „*stabil*", wenn für beliebige reelle $a_1 > 0$, b_1, $a_2 > 0$, b_2 die Gleichung

$$F(a_1 x + b_1) \divideontimes F(a_2 x + b_2) = F(a x + b) \tag{2}$$

gilt ($a > 0$ und b sind gewisse Konstanten).

Man überzeugt sich leicht, daß die Normalverteilung und die uneigentlichen Verteilungen stabil sind.

Offenbar sind alle Verteilungen eines Typus entweder stabil oder instabil. Daher kann man auch von „*stabilen Verteilungstypen*"[2]) sprechen.

---

[1]) Das heißt, für beliebige x ist

$$\mathsf{P}\{\xi_1 < x\} = \mathsf{P}\{\xi_2 < x\} = \cdots = \mathsf{P}\{\xi_n < x\} = \cdots = F(x).$$

[2]) Die Definition eines stabilen Verteilungstypus kann auch noch kürzer formuliert werden: *Ein Verteilungstypus ist stabil, wenn er alle Faltungen der Verteilungsfunktionen, die zu diesem Typus gehören, enthält.*

Wie wichtig die Klasse der stabilen Verteilungen für unsere Aufgabe ist, ergibt sich aus dem folgenden Satz (siehe P. LÉVY [1] und A. J. CHINTSCHIN [11]).

Satz. *Eine Verteilungsfunktion $F(x)$ ist dann und nur dann Grenzwert von Summen* (1) *unabhängiger und identisch verteilter Summanden, wenn sie stabil ist.*

Beweis. Wir setzen zuerst voraus, daß die Verteilungsfunktionen der Summen ζ_n gegen eine gewisse Verteilungsfunktion $F(x)$ konvergieren.

Nach dem Lemma von § 29 gilt für eine eigentliche Verteilungsfunktion $F(x)$: für $n \to \infty$ streben

1) $B_n \to \infty$,

2) $\dfrac{B_{n+1}}{B_n} \to 1$.

a_1 und a_2 seien nun beliebige feste Zahlen ($0 < a_1 < a_2 < \infty$). Dann kann man zu jedem $\varepsilon > 0$ und $n \geq n_0(\varepsilon)$ ein $m = m(n)$ finden, so daß

$$0 \leq \frac{B_m}{B_n} - \frac{a_2}{a_1} < \varepsilon$$

ist. Ferner seien b_1 und b_2 beliebige reelle Zahlen.

Wir betrachten die Summe

$$\frac{B_n}{B}\left(\frac{\xi_1 + \xi_2 + \cdots + \xi_n}{B_n} - A_n - b_1\right) + \frac{B_m}{B}\left(\frac{\xi_{n+1} + \xi_{n+2} + \cdots + \xi_{n+m}}{B_m} - \right.$$
$$\left. - A_m - b_2\right) = \frac{\xi_1 + \xi_2 + \cdots + \xi_{n+m}}{B} - A. \tag{3}$$

Hier ist

$$B = \frac{B_n}{a_1}, \quad A = \frac{B_n A_n + B_m A_m + b_1 B_n + b_2 B_m}{B}.$$

Da die Verteilungsfunktionen der Summen (1) nach Voraussetzung für $n \to \infty$ gegen $F(x)$ streben, konvergieren nach Satz 2, § 10 die Verteilungsfunktionen des ersten und zweiten Summanden der linken Seite der Gleichung (3) entsprechend gegen $F(a_1^{-1}x + b_1)$ und $F(a_2^{-1}x + b_2)$. Hieraus folgt aber, daß die Verteilungsfunktionen der Summen auf der rechten Seite der Gleichung (3) gegen eine Grenzverteilungsfunktion streben müssen. Einerseits muß letztere gleich

$$F(a_1^{-1}x + b_1) \ast F(a_2^{-1}x + b_2)$$

und andererseits (nach Satz 1, § 10) vom selben Typus wie $F(x)$ sein.

Mit anderen Worten, wir haben bewiesen, daß $F(x)$, falls es eine eigentliche Verteilung ist, die Gleichung (2) erfüllt und somit stabil ist.

Da jede uneigentliche Verteilung stabil ist, ist unser Satz in der einen Richtung bewiesen. Die umgekehrte Behauptung, daß jede stabile Verteilung $V(x)$ als Grenzwert von Verteilungsfunktionen für Summen (1) unabhängiger identisch verteilter Summanden darstellbar ist, ergibt sich unmittelbar aus der Definition der Stabilität. Sind nämlich die Größen ξ_k ($k = 1, 2, \ldots$) unabhängig und besitzen sie eine Verteilungsfunktion $F(x)$, dann hat die Verteilung der Summe

$\xi_1 + \xi_2 + \cdots + \xi_n$ die Gestalt $F(a_n x + b_n)$. Damit hat aber die Größe

$$\frac{\xi_1 + \xi_2 + \cdots + \xi_n}{a_n} - b_n$$

die Verteilung $F(x)$, w. z. b. w.

Aus der großen Zahl von Resultaten dieses Kapitels wollen wir die folgenden besonders hervorheben.

Im § 33 ist die explizite Gestalt der charakteristischen Funktionen der stabilen Verteilungen angegeben. Unter den unbeschränkt teilbaren Verteilungen und sogar unter den Verteilungen der Klasse L nehmen die stabilen Verteilungen ihrem Umfange nach nur einen sehr kleinen Raum ein: Die Menge der stabilen Verteilungstypen hängt von zwei reellen Parametern α $(0 < \alpha \leq 2)$ und β $(-1 \leq \beta \leq 1)$ ab, während die Menge der unbeschränkt teilbaren Verteilungstypen von der Wahl einer monotonen Funktion abhängig ist. Wir wollen noch erwähnen, daß der erwähnte Satz zwar die Aufgabe der Bestimmung aller stabilen charakteristischen Funktionen vollständig löst, die expliziten Ausdrücke für die stabilen Verteilungsfunktionen jedoch nur in ganz wenig Fällen bekannt sind.

Im § 34 ist die vollständige Lösung des Grundproblems der Theorie der Grenzverteilungen für gleichverteilte Summanden angegeben. Es werden notwendige und hinreichende Bedingungen gebracht, die man einer Funktion $F(x)$ auferlegen muß, damit Verteilungen von Summen (1) gegen eine Grenzfunktion konvergieren.

Schließlich wird im § 36 noch ein Satz von A. J. CHINTSCHIN bewiesen, in dem die Konvergenz von Verteilungsfunktionen für Summen (1) betrachtet wird, wenn n gegen Unendlich strebend nicht alle möglichen, sondern nur gewisse Werte der Folge durchläuft: dann erweitert sich die Klasse der möglichen Grenzverteilungen hierbei wesentlich, und es zeigt sich, daß diese mit der Klasse der unbeschränkt teilbaren Gesetze zusammenfällt.

§ 33. Kanonische Darstellung der stabilen Verteilungen

Satz[1]. *Eine Verteilungsfunktion $F(x)$ ist dann und nur dann stabil, wenn der Logarithmus ihrer charakteristischen Funktion in der Form*

$$\log f(t) = i\gamma t - c\,|t|^{\alpha}\left\{1 + i\beta \frac{t}{|t|}\,\omega(t, \alpha)\right\} \tag{1}$$

darstellbar ist, wobei α, β, γ, c Konstanten sind (γ ist eine beliebige reelle Zahl, $-1 \leq \beta \leq 1$, $0 < \alpha \leq 2$, $c \geq 0$) und

$$\omega(t, \alpha) = \begin{cases} \operatorname{tg} \frac{\pi}{2}\alpha & \text{für} \quad \alpha \neq 1, \\ \frac{2}{\pi} \log|t| & \text{für} \quad \alpha = 1. \end{cases}$$

[1] A. J. CHINTSCHIN und P. LÉVY [3].

Die Funktionen $M(u)$ und $N(u)$ und die Konstante σ in der Lévy*schen Formel entnimmt man der Tabelle:*

α	$M(u)$	$N(u)$	σ	
$0<\alpha<2$	$\frac{c_1}{\lvert u\rvert^\alpha}$	$-\frac{c_2}{u^\alpha}$	0	$c_1 \geq 0,\ c_2 \geq 0,\ c_1+c_2>0$
$\alpha=2$	0	0	≥ 0	

Beweis. In der Terminologie der charakteristischen Funktionen schreibt sich die Gleichung (2) des § 32 wie folgt:

$$\log f\left(\frac{t}{a}\right) = \log f\left(\frac{t}{a_1}\right) + \log f\left(\frac{t}{a_2}\right) + i\beta t, \tag{2}$$

wobei $\beta = b - b_1 - b_2$ ist. Wir erinnern, daß $F(x)$ unbeschränkt teilbar ist und somit

$$\log f(t) = i\gamma t - \frac{\sigma^2 t^2}{2} + \int_{-\infty}^{0} \left\{e^{itu} - 1 - \frac{itu}{1+u^2}\right\} dM(u) +$$

$$+ \int_{0}^{\infty} \left\{e^{itu} - 1 - \frac{itu}{1+u^2}\right\} dN(u).$$

Eine elementare Umrechnung ergibt

$$i\gamma_a t - \frac{\sigma^2 t^2}{2a^2} + \int_{-\infty}^{0} \left\{e^{itu} - 1 - \frac{itu}{1+u^2}\right\} dM(au) +$$

$$+ \int_{0}^{+\infty} \left\{e^{itu} - 1 - \frac{itu}{1+u^2}\right\} dN(au) =$$

$$= i\gamma_a t - \frac{\sigma^2 t^2}{2a_1^2} + \int_{-\infty}^{0} \left\{e^{itu} - 1 - \frac{itu}{1+u^2}\right\} dM(a_1 u) +$$

$$+ \int_{0}^{\infty} \left\{e^{itu} - 1 - \frac{itu}{1+u^2}\right\} dN(a_1 u) + i\gamma_{a_2} t -$$

$$- \frac{\sigma^2 t^2}{2a_2^2} + \int_{-\infty}^{0} \left\{e^{itu} - 1 - \frac{itu}{1+u^2}\right\} dM(a_2 u) +$$

$$+ \int_{0}^{\infty} \left\{e^{itu} - 1 - \frac{itu}{1+u^2}\right\} dN(a_2 u).$$

Hieraus schließen wir auf Grund der Eindeutigkeit der Darstellung von unbeschränkt teilbaren Verteilungen durch die LÉVYsche Formel, daß

$$\sigma^2\left(\frac{1}{a^2}-\frac{1}{a_1^2}-\frac{1}{a_2^2}\right)=0, \tag{3}$$

$$M(au) = M(a_1u) + M(a_2u) \qquad (u < 0), \tag{4}$$

$$N(au) = N(a_1u) + N(a_2u) \qquad (u > 0). \tag{5}$$

Setzen wir voraus, daß $N(u) \not\equiv 0$ ist, so kann a in der Gleichung (5) nicht Null werden. Andernfalls wäre nämlich für beliebiges u die Gleichung

$$N(a_1u) + N(a_2u) = N(+0)$$

nur dann möglich, wenn entweder $N(u) \equiv 0$ oder $N(u) \equiv -\infty$ wäre. Letzteres ist aber für die Funktion $N(u)$ unmöglich.

Aus den erhaltenen Gleichungen bestimmen wir stetige, nichtabnehmende Funktionen $M(u)$ und $N(u)$, die die Gleichungen $M(-\infty) = N(+\infty) = 0$ erfüllen und nicht identisch verschwinden. Hierzu bemerken wir, daß es genügt, die Bestimmung auf irgendeine dieser Funktionen, etwa $N(u)$, zu beschränken. Aus (5) schließen wir mittels vollständiger Induktion, daß für jede natürliche Zahl n und positive Zahlen $a_1, a_2, \ldots, a_n$ die Gleichung

$$N(au) = N(a_1u) + N(a_2u) + \cdots + N(a_nu) \qquad (u > 0)$$

gilt, wobei a eine gewisse positive von $a_1, a_2, \ldots, a_n$ abhängige Zahl ist.

Hieraus ergibt sich insbesondere für $a_1 = a_2 = \cdots = a_n = 1$

$$N(au) = nN(u),$$

wobei $a = a(n)$ ist. Setzen wir $a\left(\frac{1}{n}\right) = \frac{1}{a(n)}$, so erhalten wir aus der letzten Gleichung

$$N\left(a\left(\frac{1}{n}\right)u\right) = \frac{1}{n}N(u).$$

Schließlich ergibt sich für eine beliebige rationale Zahl $\frac{p}{q}$,

$$\frac{p}{q}N(u) = pN\left(a\left(\frac{1}{q}\right)u\right) = N\left(a\left(\frac{1}{q}\right)a(p)\,u\right) = N\left(a\left(\frac{p}{q}\right)u\right). \tag{6}$$

Es ist leicht einzusehen, daß die auf der Menge der rationalen Zahlen definierte Funktion $a\left(\frac{p}{q}\right)$ abnehmend ist. Daher existieren für beliebiges $\lambda > 0$ die Grenzwerte

$$a(\lambda - 0) = \lim_{\frac{p}{q}\to\lambda-0} a\left(\frac{p}{q}\right),$$

$$a(\lambda + 0) = \lim_{\frac{p}{q}\to\lambda+0} a\left(\frac{p}{q}\right).$$

Aus (6) ist für beliebiges $\lambda > 0$ unschwer abzuleiten, daß $a(\lambda - 0) = a(\lambda + 0) = a(\lambda)$ ist. Somit erfüllt $N(u)$ für alle positiven λ die Gleichung

$$\lambda N(u) = N(a(\lambda) u), \tag{7}$$

wobei $a(\lambda) > 0$ eine abnehmende stetige Funktion von λ ist.

Aus der Gleichung (7) erhalten wir das folgende wichtige Resultat: *Die Funktion $N(u)$ ist entweder identisch Null oder überall von Null verschieden.*

Nehmen wir nämlich an, daß für ein gewisses $u_0 > 0$ die Gleichung $N(u_0) = 0$ gilt, und $N(u_1)$ für ein von N_0 verschiedenes $u_1 > 0$ von Null verschieden ist, so erhalten wir einen Widerspruch. Aus der Tatsache, daß $N(u)$ nicht abnimmt und $N(+\infty) = 0$ ist, schließen wir zunächst, daß $N(u) = 0$ für $u > u_0$, und somit $u_1 < u_0$ ist. Sei $u_2 (u_1 < u_2 \leq u_0)$ die obere Grenze der u, für die $N(u) \neq 0$ ist. $N(u)$ ist stetig, also ist $N(u_2) = 0$. Nach (7) ist

$$\lambda N(u_1) = N(a u_1).$$

Es sei $\lambda > 1$. Da $a(1) = 1$ ist, muß $0 < a(\lambda) < 1$ sein. Aus (7) ergibt sich aber

$$0 = \lambda N(u_2) = N(a u_2).$$

Da $a u_2 < u_2$ ist, muß $N(a u_2) < 0$ sein. Damit sind wir zu einem Widerspruch gekommen.

Wir wollen jetzt die Gestalt der Funktion $N(u)$ unter der Annahme $N(u) \neq 0$ bestimmen.

Nach Satz 1, § 30 besitzt $N(u)$ für jedes u eine (sowohl rechts- als auch linksseitige) Ableitung. Daher ergibt sich wiederum aus (7)

$$\lambda \frac{dN(u)}{du} = a \frac{dN(au)}{d(au)}.$$

Und hieraus nun

$$\frac{N'(u)}{N(u)} = \frac{a \dfrac{dN(au)}{d(au)}}{N(au)}.$$

Setzen wir in dieser Gleichung $u = 1$ und $\dfrac{N'(1)}{N(1)} = -\alpha$, dann kommen wir zu folgender Gleichung für N(u)[1]:

$$\frac{dN(a)}{N(a)} = -\alpha \frac{da}{a}.$$

Hieraus folgt

$$N(a) = c_2 a^{-\alpha}, \tag{8}$$

wobei c_2 konstant ist $(c_2 > 0)$.

---

[1]) Hier muß folgende Tatsache erwähnt werden: Aus $N(u) \neq 0$ und (7) läßt sich leicht verifizieren, daß $a(\lambda)$ alle Werte von Null bis Unendlich annimmt, wenn λ das Intervall $(0, \infty)$ durchläuft.

Wegen $N(+\infty) = 0$, schließen wir zunächst, daß α eine positive Zahl sein muß. Ferner gilt, da das Integral

$$\int_0^1 u^2 dN(u) = c_2 \alpha \int_0^1 u^{1-\alpha} du$$

konvergent ist, die Beziehung $0 < \alpha < 2$.

Genauso ergibt sich

$$M(u) = \frac{c_1}{|u|^{\alpha_1}} \tag{9}$$

mit $c_1 > 0$, $0 < \alpha_1 < 2$.

Die Gleichungen (8) und (9) zusammen mit (4) und (5) liefern uns für $a_1 = a_2 = 1$

$$\frac{1}{a^\alpha} = \frac{1}{a^{\alpha_1}} = 2. \tag{10}$$

Hieraus folgt $\alpha = \alpha_1$. Aus der Gleichung (3) ergibt sich für $a_1 = a_2 = 1$

$$\sigma^2\left(\frac{1}{a^2} - 2\right) = 0.$$

Wenn $M(u)$ [oder $N(u)$] von Null verschieden ist, dann ist wegen (10) $\frac{1}{a^2} \neq 2$, also muß $\sigma = 0$ sein. Ist aber $\sigma \neq 0$, dann wird $\frac{1}{a^2} = 2$, und daher $c_1 = c_2 = 0$.

Fassen wir die erhaltenen Ergebnisse zusammen, so sehen wir, daß der Logarithmus der charakteristischen Funktion einer stabilen Verteilung entweder gleich

$$\log f(t) = i\gamma t - \frac{\sigma^2}{2} t^2 \qquad (\sigma > 0), \tag{11}$$

— das entspricht einer Normalverteilung —, oder gleich

$$\log f(t) = i\gamma t + c_1 \int_{-\infty}^{0} \left\{e^{itu} - 1 - \frac{itu}{1+u^2}\right\} \frac{du}{|u|^{1+\alpha}} +$$

$$+ c_2 \int_{0}^{\infty} \left\{e^{itu} - 1 - \frac{itu}{1+u^2}\right\} \frac{du}{u^{1+\alpha}} \tag{12}$$

ist mit $c_1 \geq 0$, $c_2 \geq 0$, $0 < \alpha < 2$.

Eine elementare Rechnung zeigt, daß die Formeln (11) und (12) tatsächlich stabile Verteilungen ergeben. Damit ist das Problem der kanonischen Darstellung der stabilen Verteilungen vollständig gelöst. Die Integrale der Formel (12) lassen sich durch elementare Funktionen ausdrücken. Zur Ableitung dieser Ausdrücke wollen wir jetzt übergehen. Wir werden drei Fälle unterscheiden.

1. $0 < \alpha < 1$. Da in diesem Falle die Integrale

$$\int_{-\infty}^{0} \frac{u}{1+u^2} \frac{du}{|u|^{1+\alpha}} \quad \text{und} \quad \int_{0}^{\infty} \frac{u}{1+u^2} \frac{du}{u^{1+\alpha}}$$

endlich sind, kann man der Formel (12) auch die Gestalt

$$\log f(t) = i\gamma' t + c_1 \int_{-\infty}^{0} (e^{itu} - 1) \frac{du}{|u|^{1+\alpha}} + c_2 \int_{0}^{\infty} (e^{itu} - 1) \frac{du}{u^{1+\alpha}}$$

geben. Wir setzen zuerst $t > 0$ voraus. Dann wird

$$\log f(t) = i\gamma' t + t^\alpha \left[c_1 \int_{0}^{\infty} (e^{-iv} - 1) \frac{dv}{v^{1+\alpha}} + c_2 \int_{0}^{\infty} (e^{iv} - 1) \frac{dv}{v^{1+\alpha}} \right]. \tag{13}$$

Zur Berechnung verwenden wir den CAUCHYschen Integralsatz. Als Integrationsweg wählen wir die reelle Achse von 0 bis R, den Kreisbogen um den Ursprung mit dem Radius R bis zur imaginären Achse und dann längs der imaginären Achse von iR zu 0 zurück. Läßt man nun R gegen Unendlich gehen, so kommt man zu der Gleichung

$$\int_{0}^{\infty} (e^{iv} - 1) \frac{dv}{v^{1+\alpha}} = \int_{0}^{i\infty} (e^{iv} - 1) \frac{dv}{v^{1+\alpha}} = i^{-\alpha} \int_{0}^{\infty} (e^{-y} - 1) \frac{dy}{y^{1+\alpha}} = e^{-i\frac{\pi}{2}\alpha} L(\alpha),$$

wobei

$$L(\alpha) = \int_{0}^{\infty} (e^{-y} - 1) \frac{dy}{y^{1+\alpha}} < 0$$

ist.

Da das erste Integral der Formel (13) zum zweiten Integral konjugiert komplex ist, gilt

$$\int_{0}^{\infty} (e^{-iv} - 1) \frac{dy}{v^{1+\alpha}} = e^{+i\frac{\pi}{2}\alpha} L(\alpha).$$

Also ist für $t > 0$

$$\log f(t) = it\gamma' + t^\alpha L(\alpha) \left\{ (c_1 + c_2) \cos \frac{\pi}{2}\alpha + i(c_1 - c_2) \sin \frac{\pi}{2}\alpha \right\}.$$

Berücksichtigen wir, daß $\cos \frac{\pi}{2} \alpha > 0$ ist und setzen

$$c = -L(\alpha)\,(c_1 + c_2) \cos \frac{\pi}{2} \alpha \quad (c \geq 0),$$

$$\beta = \frac{c_1 - c_2}{c_1 + c_2} \qquad (-1 \leq \beta \leq 1),$$

so erhalten wir

$$\log f(t) = i\gamma' t - c t^\alpha \left\{1 + i\beta \operatorname{tg} \frac{\pi}{2} \alpha\right\}.$$

Für $t < 0$ folgt

$$\log f(t) = \log \overline{f(-t)} = i\gamma'(t) - c(-t)^\alpha \left\{1 - i\beta \operatorname{tg} \frac{\pi}{2} \alpha\right\} =$$

$$= i\gamma' t - c\,|t|^\alpha \left\{1 + i\beta \frac{t}{|t|} \operatorname{tg} \frac{\pi}{2} \alpha\right\}.$$

Also gilt für beliebiges t

$$\log f(t) = i\gamma' t - c\,|t|^\alpha \left\{1 + i\beta \frac{t}{|t|} \operatorname{tg} \frac{\pi}{2} \alpha\right\}. \tag{14}$$

2. $\underline{1 < \alpha < 2.}$ Hier kann man (12) nach Abänderung der Konstanten γ in der Form

$$\log f(t) = it\gamma'' + c_1 \int_{-\infty}^{0} (e^{itu} - 1 - itu) \frac{du}{|u|^{1+\alpha}} + c_2 \int_{0}^{\infty} (e^{itu} - 1 - itu) \frac{du}{u^{1+\alpha}}$$

schreiben. Für $t > 0$ folgt

$$\log f(t) = it\gamma'' + t^\alpha \left\{c_1 \int_0^\infty (e^{-iv} - 1 + iv) \frac{dv}{v^{1+\alpha}} + c_2 \int_0^\infty (e^{iv} - 1 - iv) \frac{dv}{v^{1+\alpha}}\right\}.$$

Auf die Integrale der rechten Seite wenden wir wiederum den CAUCHYschen Integralsatz an und wählen denselben Integrationsweg wie im ersten Falle. Dann erhalten wir

$$\int_0^\infty (e^{iv} - 1 - iv) \frac{dv}{v^{1+\alpha}} = i^{-\alpha} \int_0^\infty (e^{-y} - 1 + y) \frac{dy}{y^{1+\alpha}} = e^{-\frac{\pi}{2} i\alpha} M(\alpha)$$

mit

$$M(\alpha) = \int_0^\infty (e^{-y} - 1 + y) \frac{dy}{y^{1+\alpha}} > 0.$$

Genauso ergibt sich

$$\int_0^\infty (e^{-iv} - 1 + iv) \frac{dv}{v^{1+\alpha}} = e^{\frac{\pi}{2} i\alpha} M(\alpha).$$

Setzen wir in diesem Falle

$$c = -M(\alpha)(c_1 + c_2) \cos \frac{\pi}{2} \alpha \qquad (c > 0)$$

und legen der Größe β denselben Sinn bei wie im ersten Falle, dann ergibt sich sofort für $\log f(t)$ wieder die Formel (14).

3. $\underline{\alpha = 1.}$ Da

$$\int_0^\infty \frac{1 - \cos z}{z^2} dz = \frac{\pi}{2}$$

ist, wird für $t > 0$

$$\int_0^\infty \left(e^{itu} - 1 - \frac{itu}{1 + u^2}\right) \frac{du}{u^2} = \int_0^\infty \frac{\cos tu - 1}{u^2} du + i \int_0^\infty \left(\sin tu - \frac{ut}{1 + u^2}\right) \frac{du}{u^2} =$$

$$= -\frac{\pi}{2} t + i \lim_{\varepsilon \to +0} \left[\int_\varepsilon^\infty \frac{\sin tu}{u^2} du - t \int_\varepsilon^\infty \frac{1}{u(1 + u^2)} du\right] =$$

$$= -\frac{\pi}{2} t + i \lim_{\varepsilon \to +0} \left[-t \int_\varepsilon^{\varepsilon t} \frac{\sin v}{v^2} dv + t \int_\varepsilon^\infty \left(\frac{\sin v}{v^2} - \frac{1}{v(1 + v^2)}\right) dv\right].$$

Es ist aber

$$\lim_{\varepsilon \to +0} \int_\varepsilon^{\varepsilon t} \frac{\sin v}{v^2} dv = \lim_{\varepsilon \to +0} \int_\varepsilon^{\varepsilon t} \frac{dv}{v} = \log t$$

und daher

$$\int_0^\infty \left(e^{itu} - 1 - \frac{itu}{1 + u^2}\right) \frac{du}{u^2} = -\frac{\pi}{2} t - it \log t + i\Gamma t$$

mit

$$\Gamma = \int_0^\infty \left(\frac{\sin v}{v^2} - \frac{1}{v(1 + v^2)}\right) dv.$$

Da das erste Integral von (12) zum zweiten konjugiert komplex ist, wird für $t > 0$

$$\log f(t) = i\gamma' t - (c_1 + c_2) \frac{\pi}{2} t - i(c_1 - c_2) t \log t,$$

und für $t < 0$

$$\log f(t) = \overline{\log f(-t)} = -i\gamma'(-t) - (c_1 + c_2)\frac{\pi}{2}(-t) + i(c_1 - c_2)(-t)\log(-t) =$$

$$= i\gamma' t - (c_1 + c_2)\frac{\pi}{2}|t| - i(c_1 - c_2)\, t \log |t|.$$

Wir setzen

$$c = (c_1 + c_2)\frac{\pi}{2}, \qquad \beta = \frac{c_2 - c_1}{c_1 + c_2}$$

und erhalten für alle t

$$\log f(t) = i\gamma' t - c\,|t| \left\{1 + i\beta \frac{t}{|t|}\frac{2}{\pi}\log|t|\right\}. \tag{15}$$

Damit ist der Beweis des Satzes abgeschlossen.

Die Zahl α in der Formel (1) wollen wir als den „*charakteristischen Exponenten*" einer stabilen Verteilung bezeichnen.

Bis heute sind die expliziten Formen der stabilen Verteilungsfunktionen nur in sehr wenigen Fällen bekannt. So ist schon lange bekannt, daß die Normalverteilung ($\alpha = 2$) und die CAUCHYsche Verteilung ($\alpha = 1$, $\beta = 0$) stabil sind. Unlängst bewies N. W. SMIRNOW, daß die stabile Verteilung nach Formel (1) mit $\alpha = 1/2$, $\beta = 1$, $\gamma = 0$, $c = 1$ die Dichte

$$p\left(x;\ \frac{1}{2},\ 1,\ 0,\ 1\right) = \begin{cases} 0 & \text{für } x < 0, \\ \dfrac{1}{\sqrt{2\pi}} e^{-\frac{1}{2x}} x^{-\frac{3}{2}} & \text{für } x > 0 \end{cases}$$

besitzt. Dieses Verteilungsgesetz gehört zur Familie der PEARSONschen Kurven (zum V-Typus).

§ 34. Anziehungsbereiche stabiler Verteilungen

Wir setzen unabhängige Zufallsgrößen

$$\xi_1, \xi_2, \ldots, \xi_n, \ldots$$

mit einer gemeinsamen Verteilung $F(x)$ voraus.

Wenn bei geeigneter Wahl der Konstanten A_n und B_n die Verteilungsfunktionen der Summen

$$\zeta_n = \frac{1}{B_n}\sum_{k=1}^{n} \xi_k - A_n$$

für $n \to \infty$ gegen eine Verteilungsfunktion $V(x)$ konvergieren, so sagt man, daß „*$F(x)$ zum Anziehungsbereich von $V(x)$ gehört*". Aus den vorangegangenen Überlegungen geht hervor, daß alle stabilen Verteilungen und nur sie einen Anziehungsbereich besitzen.

Offenbar fallen die Anziehungsbereiche zweier Verteilungen, die einem Typus angehören, zusammen. Daher ist es angebracht, von Typen von Anziehungsbereichen zu sprechen.

Eines der Grundprobleme der Theorie der stabilen Verteilungsgesetze wird es daher sein, die Anziehungsbereiche dieser Verteilungen zu bestimmen. Dieses Problem soll in diesem Paragraphen vollständig gelöst werden. Als Beispiel erwähnen wir eine schon früher hervorgehobene Tatsache: während zum Anziehungsbereich der Normalverteilung eine große Klasse von Verteilungen gehört, können die Anziehungsbereiche der übrigen stabilen Verteilungen nur aus den Verteilungen bestehen, deren Charakter eine gewisse Ähnlichkeit mit dem Charakter der Anziehungsverteilung hat.

Satz 1[1]. *Eine Verteilungsfunktion $F(x)$ gehört dann und nur dann zum Anziehungsbereich einer (eigentlichen) Normalverteilung, wenn für $X \to \infty$*

$$\frac{X^2 \int\limits_{|x|>X} dF(x)}{\int\limits_{|x|<X} x^2 dF(x)} \to 0 \tag{1}$$

strebt.

Beweis. Wir bemerken zunächst: Ist die Streuung einer eigentlichen Verteilung $F(x)$ endlich, dann erfüllt $F(x)$ erstens die Bedingung (1) und gehört zweitens zum Anziehungsbereich der Normalverteilung. Für eine solche Verteilung konvergiert nämlich mit $X \to \infty$

$$X^2 \int\limits_{|x|>X} dF(x) \leq \int\limits_{|x|>X} x^2 dF(x) \to 0$$

und gleichzeitig

$$\int\limits_{|x|<X} x^2 dF(x) \to \int x^2 dF(x) > 0.$$

Aus diesen beiden Beziehungen ergibt sich (1).

Wir setzen:

$$a = \int x\,dF(x), \quad \sigma^2 = \int (x-a)^2 dF(x), \quad B_n^2 = n\sigma^2.$$

Dann strebt für beliebiges $\tau > 0$ und $n \to \infty$

$$\frac{n}{B_n^2} \int\limits_{|x|>\tau B_n} (x-a)^2 dF(x) = \frac{1}{\sigma^2} \int\limits_{|x|>\tau\sigma\sqrt{n}} (x-a)^2 dF(x) \to 0.$$

Aus dem Satz 3, § 21 folgt, daß $F(x)$ zum Anziehungsbereich einer Normalverteilung gehört.

---

[1]) A. J. Chintschin [4], W. Feller [1], P. Lévy [3].

Wir können also unsere Betrachtungen auf Verteilungen $F(x)$ mit unendlichen Streuungen beschränken. Mit anderen Worten, wir können uns auf Verteilungen $F(x)$ beschränken, für die mit $X \to \infty$

$$\int_{-X}^{X} x^2 \, dF(x) \to \infty \tag{2}$$

strebt.

Wir beweisen, daß aus (2) für $X \to \infty$

$$\left[\int_{-X}^{X} x \, dF(x)\right]^2 = o\left[\int_{-X}^{X} x^2 \, dF(x)\right] \tag{3}$$

folgt. Ist nämlich $z(x)$ eine positive, für $x \to \pm\infty$ unbeschränkt wachsende Funktion, so daß das Integral

$$C = \int z^2(x) \, dF(x)$$

endlich ist, dann wird auf Grund der SCHWARZ-BUNJAKOWSKIschen Ungleichung

$$\left[\int_{-X}^{X} x \, dF(x)\right]^2 = \left[\int_{-X}^{X} z(x) \frac{x}{z(x)} \, dF(x)\right]^2 \leq \int_{-X}^{X} z^2(x) \, dF(x) \int_{-X}^{X} \frac{x^2}{z^2(x)} \, dF(x) \leq$$

$$\leq C \int_{-X}^{X} \frac{x^2}{z^2(x)} \, dF(x).$$

Aus dieser Ungleichung folgt offenbar (3).

Nach Satz 4, § 26 gehört eine Verteilung $F(x)$ dann und nur dann zum Anziehungsbereich einer Normalverteilung, wenn es eine Folge von Konstanten C_n ($C_n \to \infty$ für $n \to \infty$) gibt, so daß für $n \to \infty$

$$n \cdot \int_{|x| > C_n} dF(x) \to 0,$$

$$\frac{n}{C_n^2} \left\{ \int_{|x| < C_n} x^2 \, dF(x) - \left(\int_{|x| < C_n} x \, dF(x) \right)^2 \right\} \to \infty \tag{4}$$

strebt. Nach dem soeben für Verteilungen mit unendlichen Streuungen Bewiesenen kann man die zweite Forderung durch eine etwas einfachere ersetzen, nämlich, es strebe für $n \to \infty$

$$\frac{n}{C_n^2} \int_{|x| < C_n} x^2 \, dF(x) \to \infty. \tag{5}$$

Zuerst beweisen wir, daß sich (1) aus (4) und (5) ergibt. Zu diesem Zweck noch eine Bemerkung. Da $C_n \to \infty$ für $n \to \infty$ strebt, gibt es für jedes genügend große X ein n, so daß

$$C_n \leq X < C_{n+1}.$$

Zur Abkürzung führen wir noch die Bezeichnungen

$$\chi(X) = \int\limits_{|x|>X} dF(x), \qquad H(X) = \frac{1}{X^2} \int\limits_{|x|<X} x^2 dF(x)$$

ein. Offensichtlich ist

$$H(C_n) + \chi(C_n) \geq H(X) \geq H(C_{n+1}) - \chi(C_n)$$

und

$$\chi(C_n) \geq \chi(X) \geq \chi(C_{n+1}).$$

Aus diesen Ungleichungen folgt dann

$$\frac{n\chi(C_n)}{\frac{n}{n+1}(n+1)\,H(C_{n+1}) - n\chi(C_n)} \geq \frac{\chi(X)}{H(X)} \geq \frac{(n+1)\,\chi(C_{n+1})}{\frac{n+1}{n}[nH(C_n) + n\chi(C_n)]}.$$

Wegen (4) und (5) streben die äußeren Quotienten für $n \to \infty$ gegen Null, somit gilt (1).

Wir zeigen jetzt, daß die Beziehung (1) auch hinreichend ist, d. h. daß man eine Folge $C_n (C_n \to \infty$ für $n \to \infty)$ angeben kann, die gleichzeitig die Beziehungen (4) und (5) erfüllt. Wir wählen zu diesem Zweck ein beliebiges $\delta > 0$ und bezeichnen mit $C_n(\delta)$ die untere Grenze der X, für die

$$n\chi(X) \leq \delta \tag{6}$$

ist. Da nach Voraussetzung

$$\int x^2 dF(x) = +\infty$$

ist, muß für $n \to \infty$ auch $C_n(\delta) \to \infty$ streben. Nach (1) gibt es zu jedem ε ein $n(\delta, \varepsilon)$, so daß für $n \geq n(\delta, \varepsilon)$

$$nH\left(\frac{1}{2}C_n(\delta)\right) > \frac{\delta}{\varepsilon}$$

wird. Wegen

$$H\left(\frac{1}{2}C_n(\delta)\right) = \frac{4}{C_n^2(\delta)} \int\limits_{|x|<\frac{C_n(\delta)}{2}} x^2 dF(x) \leq \frac{4}{C_n^2(\delta)} \int\limits_{|x|<C_n(\delta)} x^2 dF(x) = 4\,H(C_n(\delta))$$

wird für $n \geq n(\delta, \varepsilon)$

$$nH(C_n(\delta)) > \frac{\delta}{4\varepsilon}.$$

Daher konvergiert für beliebiges $\delta > 0$ und $n \to \infty$

$$nH(C_n(\delta)) \to \infty.$$

Folglich kann man auch eine Nullfolge δ_n angeben, so daß

$$nH(C_n(\delta_n)) \to \infty \quad \text{für } n \to \infty.$$

Wegen (6) ist aber

$$n\chi(C_n(\delta_n)) \leq \delta_n \to 0 \quad \text{für } n \to \infty.$$

Mit anderen Worten, es strebt für $n \to \infty$

$$n \int_{|x| > C_n} dF(x) \to 0$$

und

$$\frac{n}{C_n^2} \int_{|x| < C_n} x^2 \, dF(x) \to \infty.$$

Wir haben also gezeigt, daß aus (1) die Beziehungen (4) und (5) folgen. Damit ist der Satz bewiesen.

Die Bedingung, die in dem soeben bewiesenen Satz formuliert wurde, charakterisiert den Anziehungsbereich einer Normalverteilung in der Terminologie der Verteilungsfunktionen. Im weiteren wird uns noch eine andere Form der eben angegebenen Bedingung sehr von Nutzen sein. Es handelt sich um die Charakterisierung in der Terminologie der charakteristischen Funktionen (B. W. GNEDENKO [12]).

Satz 2. *Eine Verteilungsfunktion $F(x)$ gehört dann und nur dann zum Anziehungsbereich einer (eigentlichen) Normalverteilung, wenn für beliebiges $t \geq 0$ und $s \to 0$ gleichmäßig bezüglich t*

$$\frac{\operatorname{Re}(\log f(st))}{\operatorname{Re}(\log f(s))} \to t^2$$

konvergiert. Hier soll $f(t)$, wie immer, die charakteristische Funktion der Verteilung $F(x)$ sein.

Beweis. Die Notwendigkeit der Bedingung ist fast offensichtlich. Gehört nämlich $F(x)$ dem Anziehungsbereich einer Normalverteilung an, so konvergiert bei geeigneter Wahl der Konstanten A_n und B_n für $n \to \infty$

$$e^{itA_n} f^n\left(\frac{t}{B_n}\right) \to e^{-\frac{t^2}{2}}$$

oder, was dasselbe ist,

$$itA_n + n \log f\left(\frac{t}{B}\right) \to -\frac{t^2}{2}.$$

Hieraus folgt aber die Beziehung

$$\operatorname{Re}\left(n \log f\left(\frac{t}{B_n}\right)\right) \to -\frac{t^2}{2}$$

und insbesondere

$$\operatorname{Re}\left(n \log f\left(\frac{1}{B_n}\right)\right) \to -\frac{1}{2}.$$

Wir setzen die erste dieser Beziehungen in die zweite ein und erhalten, daß in jedem endlichen Intervall für $n \to \infty$

$$\frac{\operatorname{Re}\log f\left(\frac{t}{B_n}\right)}{\operatorname{Re}\log f\left(\frac{1}{B_n}\right)} \to t^2$$

konvergiert.

Da für $n \to \infty$ die Beziehungen $\frac{B_{n+1}}{B_n} \to 1$ und $B_n \to \infty$ gelten und die Funktion $f(t)$ stetig ist, ergibt sich aus der erhaltenen Beziehung die Aussage des Satzes.

Um zu beweisen, daß die Bedingung hinreichend ist, setzen wir zuerst voraus, daß $F(x)$ symmetrisch ist. Dann ist die charakteristische Funktion $f(t)$ reell und folglich

$$\operatorname{Re}(\log f(t)) = \log f(t).$$

Mit B_n wollen wir für jedes n die kleinste positive Nullstelle der Gleichung

$$n \log f\left(\frac{1}{x}\right) = -\frac{1}{2}$$

bezeichnen. Da $f(0) = 1$ ist, konvergiert offenbar $B_n \to \infty$ für $n \to \infty$. Auf Grund der Voraussetzung des Satzes und der Auswahl der B_n gilt die Beziehung

$$n \log f\left(\frac{t}{B_n}\right) \to -\frac{t^2}{2} \qquad (n \to \infty).$$

Hieraus schließen wir

$$f^n\left(\frac{t}{B_n}\right) \to e^{-\frac{t^2}{t}} \qquad (n \to \infty).$$

Folglich gehört $F(x)$ zum Anziehungsbereich einer Normalverteilung mit den Normierungskoeffizienten B_n.

Der allgemeine Fall läßt sich durch die folgende Verallgemeinerung eines Satzes von H. Cramér (A. J. Chintschin [11]) unmittelbar auf den oben behandelten Fall zurückführen: *Wenn eine Folge von Verteilungsfunktionen $F_n(x)$ für $n \to \infty$ die Beziehung*

$$F_n(x) \ast [1 - F_n(-x)] \to \Phi\left(\frac{x}{\sqrt{2}}\right)$$

erfüllt, dann gibt es eine Folge von Konstanten A_n, so daß für $n \to \infty$

$$F_n(x + A_n) \to \Phi(x)$$

konvergiert.

Die charakteristische Funktion von $F^*(x) = F(x) \ast [1 - F(-x)]$ ist $|f(t)|^2$ und es ist $\operatorname{Re}(\log f(t)) = \frac{1}{2} \log |f(t)|^2$. Erfüllt daher $F(x)$ die Voraussetzung des Satzes, so befriedigt sie auch $F^*(x)$. Hiermit haben wir wieder den oben betrachteten Fall. Damit ist der Satz bewiesen.

Der eben bewiesene Satz kann auch leicht auf verschieden verteilte Summanden verallgemeinert werden.

Satz 3[1]. *Damit eine Verteilungsfunktion $F(x)$ zum Anziehungsbereich einer stabilen Verteilung mit dem charakteristischen Exponenten α $(0 < \alpha < 2)$ gehört, ist notwendig und hinreichend, daß für $x \to \infty$*

1) $$\frac{F(-x)}{1 - F(x)} \to \frac{c_1}{c_2} \tag{7}$$

2) *für jedes feste $k > 0$*

$$\frac{1 - F(x) + F(-x)}{1 - F(kx) + F(-kx)} \to k^\alpha \tag{8}$$

konvergiert.

Beweis. Nach Satz 4, § 25 gehört eine Verteilungsfunktion $F(x)$ dann und nur dann zum Anziehungsbereich einer stabilen Verteilung mit dem charakteristischen Exponenten α $(0 < \alpha < 2)$, wenn bei geeigneter Auswahl der Konstanten B_n die Bedingungen

$$nF(B_n x) \to \frac{c_1}{|x|^\alpha} \qquad (x < 0), \tag{9}$$

$$n(1 - FB_n(x)) \to \frac{c_2}{x^\alpha} \qquad (x > 0), \tag{10}$$

$$\lim_{\varepsilon \to 0} \varlimsup_{n \to \infty} n \left\{ \int_{|x| < \varepsilon} x^2 dF(B_n x) - \left(\int_{|x| < \varepsilon} x\, dF(B_n x) \right)^2 \right\} = 0 \tag{11}$$

erfüllt werden.

Daß die Bedingungen notwendig sind, ergibt sich aus diesen Beziehungen ohne jede Mühe. Wählen wir nämlich $y > 0$ groß und nehmen ein genügend großes n, so daß für vorgegebenes $x > 0$

$$B_n x \leq y \leq B_{n+1} x$$

ist. Dann ist offenbar

$$F(-B_{n+1} x) \leq F(-y) \leq F(-B_n x),$$

$$1 - F(B_{n+1} x) \leq 1 - F(y) \leq 1 - F(B_n x)$$

und für $k > 0$

$$F(-kB_{n+1} x) \leq F(-ky) \leq F(-B_n kx),$$

$$1 - F(B_{n+1} kx) \leq 1 - F(ky) \leq 1 - F(B_n kx).$$

[1]) B. W. Gnedenko [4], W. Doeblin [2].

Hieraus folgt

$$\frac{F(-B_{n+1}x)}{1-F(B_n x)} \leq \frac{F(-y)}{1-F(y)} \leq \frac{F(-B_n x)}{1-F(B_{n+1}x)}$$

und

$$\frac{1-F(B_{n+1}x)+F(-B_{n+1}x)}{1-F(B_n kx)+F(-B_n kx)} \leq \frac{1-F(y)+F(-y)}{1-F(ky)+F(-ky)} \leq$$

$$\leq \frac{1-F(B_n x)+F(-B_n x)}{1-F(B_{n+1}kx)+F(-B_{n+1}kx)}.$$

Die Anwendung von (9) und (10) liefert

$$\frac{c_1}{c_2} \leq \lim_{y\to\infty} \frac{F(-y)}{1-F(y)} \leq \frac{c_1}{c_2}$$

$$k^\alpha \leq \lim_{y\to\infty} \frac{1-F(y)+F(-y)}{1-F(ky)+F(-ky)} \leq k^\alpha.$$

Die Bedingungen sind **hinreichend**: Die Voraussetzungen des Satzes haben nur dann einen Sinn, wenn für jedes x

$$1-F(x)+F(-x) > 0,$$

also

$$\mathsf{P}\{|\xi| > x\} > 0$$

ist.

Hieraus folgt aber, daß die untere Grenze der x, welche die Ungleichungskette

$$\mathsf{P}\{|\xi| > x\} \leq \frac{c_1+c_2}{n} \leq \mathsf{P}\{|\xi| \geq x\} \tag{12}$$

erfüllen, für $n\to\infty$ gegen Unendlich strebt. Diese untere Grenze wollen wir mit B_n bezeichnen.

Aus (8) folgt für jedes $x > 0$

$$n[1-F(xB_n)+F(-xB_n)] = n[1-F(B_n+0)+F(-B_n-0)]\frac{1+o(1)}{x^\alpha},$$

$$n[1-F(xB_n)+F(-xB_n)] = n\,[1-F(B_n-0)+F(-B_n+0)]\frac{1+o(1)}{x^\alpha}.$$

Hieraus und aus (12) schließen wir nun für $n\to\infty$

$$n[1-F(xB_n)+F(-xB_n)] \to \frac{c_1+c_2}{x^\alpha}; \tag{13}$$

(7) liefert für jedes $x > 0$

$$c_1 n[1-F(xB_n)] = c_2 nF(-xB_n)\,[1+o(1)]. \tag{14}$$

Aus (13) und (14) folgen (9) und (10). Wir haben also nur noch aus (7) und (8) die Gleichung (11) abzuleiten.

Dazu stellen wir erst einmal fest, daß

$$\int x^2 dF(x) = +\infty \tag{15}$$

ist. Es sei x_0 so groß, daß für vorgegebenes $\varepsilon > 0$ und passend gewähltes $k > 1$, d. h. $k^{2-\alpha}(1-\varepsilon) > 1$ und $k^\alpha(1-\varepsilon) > 1$ für $s = 0, 1, 2, \ldots$

$$\frac{\mathsf{P}\{|\xi| > k^s x_0\}}{\mathsf{P}\{|\xi| > k^{s+1} x_0\}} = (1+\varepsilon_s)^{-1} k^\alpha \tag{16}$$

wird mit $|\varepsilon_s| \leq \varepsilon$.

Nach Voraussetzung 2 kann man ein solches x_0 finden. Offenbar ist dann

$$\int x^2 dF(x) = \int\limits_{|x|<x_0} x^2 dF(x) + \sum_{s=1}^{\infty} \int\limits_{k^{s-1}x_0 \leq |x| < k^s x_0} x^2 dF(x) \geq$$

$$\geq \int\limits_{|x|<x_0} x^2 dF(x) + x_0^2 \sum_{s=1}^{\infty} k^{2(s-1)} \mathsf{P}\{k^{s-1} x_0 \leq |\xi| < k^s x_0\}.$$

Und wegen (16)

$$\mathsf{P}\{k^{s-1} x_0 \leq |\xi| < k^s x_0\} = \mathsf{P}\{|\xi| > k^{s-1} x_0\} - \mathsf{P}\{|\xi| > k^s x_0\} \geq$$

$$\geq \mathsf{P}\{|\xi| > x_0\} \left\{ k^{-\alpha(s-1)} \prod_{r=1}^{s-1} (1+\varepsilon_r) - k^{-\alpha s} \prod_{r=1}^{s} (1+\varepsilon_r) \right\} \geq$$

$$\geq \mathsf{P}\{|\xi| > x_0\} (1-\varepsilon)^s k^{-\alpha s} \left\{ \frac{k^\alpha}{1+\varepsilon} - 1 \right\}.$$

Also wird

$$\int x^2 dF(x) \geq \int\limits_{|x|<x_0} x^2 dF(x) + x_0^2 \mathsf{P}\{|\xi| > x_0\} k^{-2} \left\{ \frac{k^\alpha}{1+\varepsilon} - 1 \right\} \sum_{s=1}^{\infty} (1-\varepsilon)^s k^{s(2-\alpha)}.$$

Da aber $\mathsf{P}\{|\xi| > x_0\}$ für jedes x_0 größer als Null ist, und die Reihe auf der rechten Seite der Ungleichung divergiert, folgt hieraus (15).

x_0 sei wieder wie oben gewählt. Wir nehmen n so groß, daß

$$\int\limits_{|x|<x_0} x^2 dF(x) \leq \int\limits_{x_0 \leq |x| < B_n \varepsilon} x^2 dF(x)$$

ist, was auf Grund von (15) möglich ist. Offenbar ist dann

$$\int\limits_{|x|<B_n\varepsilon} x^2 dF(x) \leq 2 \int\limits_{x_0 \leq |x| < B_n \varepsilon} x^2 dF(x).$$

Es sei nun noch $s > 0$ derart, daß

$$k^s x_0 \leq B_n \varepsilon < k^{s+1} x_0, \tag{17}$$

ist.

Wir haben dann

$$\int\limits_{|x|<B_n\varepsilon} x^2\,dF(x) \leq 2x_0^2\sum_{r=0}^{s} k^{2(r+1)}\,\mathsf{P}\{k^r x_0 \leq |\xi| < k^{r+1}x_0\} <$$

$$< 2x_0^2\sum_{r=0}^{s} k^{2(r+1)}\,\mathsf{P}\{|\xi| \geq k^r x_0\} \leq$$

$$\leq 2\varepsilon^2 B_n^2 \sum_{r=0}^{s} k^{2(r-s+1)}\,\mathsf{P}\{|\xi| \geq k^s x_0\}.$$

Nach (16) und (17) ist

$$\mathsf{P}\{|\xi| \geq k^r x_0\} \leq k^\alpha(1+\varepsilon)\,\mathsf{P}\{|\xi| \geq k^{r+1}x_0\} \leq$$

$$\leq [(1+\varepsilon)k^\alpha]^{s-r+1}\,\mathsf{P}\{|\xi| \geq k^{s+1}x_0\} \leq [(1+\varepsilon)k^\alpha]^{s-r+1}\,\mathsf{P}\{|\xi| \geq \varepsilon B_n\}.$$

Aus (18) ergibt sich für $k^{\alpha-2} < (1+\varepsilon)^{-1}$

$$\int\limits_{|x|<\varepsilon B_n} x^2\,dF(x) \leq 2B_n^2\varepsilon^2(1+\varepsilon)k^{\alpha+2}\,\mathsf{P}\{|\xi| \geq \varepsilon B_n\}\sum_{r=0}^{s}[(1+\varepsilon)k^{\alpha-2}]^{s-r} \leq$$

$$\leq 2B_n^2\varepsilon^2(1+\varepsilon)k^{\alpha+2}\,\mathsf{P}\{|\xi| \geq \varepsilon B_n\}\frac{1}{1-(1+\varepsilon)k^{\alpha-2}}.$$

Hieraus folgt wegen (13)

$$\overline{\lim_{n\to\infty}}\frac{n}{B_n^2}\int\limits_{|x|<\varepsilon B_n} x^2\,dF(x) \leq 2\varepsilon^{2-\alpha}(c_1+c_2)\frac{(1+\varepsilon)k^{\alpha+2}}{1-(1+\varepsilon)k^{\alpha-2}}$$

und somit

$$\lim_{\varepsilon\to 0}\overline{\lim_{n\to\infty}}\frac{n}{B_n^2}\int\limits_{|x|<\varepsilon B_n} x^2\,dF(x) = 0.$$

Die Ungleichung

$$\frac{n}{B_n^2}\left\{\int\limits_{|x|<\varepsilon B_n} x^2\,dF(x) - \left(\int\limits_{|x|<\varepsilon B_n} x\,dF(x)\right)^2\right\} \leq \frac{n}{B_n^2}\int\limits_{|x|<\varepsilon B_n} x^2\,dF(x)$$

beweist nun die Richtigkeit der Aussage des Satzes.

Auf demselben Wege, wie beim Beweis des Satzes 2, kann man auch das folgende Resultat gewinnen (B. W. GNEDENKO und W. S. KOROLJUK [1]).

Satz 4. *Eine Verteilungsfunktion $F(x)$ gehört dann und nur dann dem Anziehungsbereich einer eigentlichen stabilen Verteilung mit einem charakteristischen Exponenten α $(0 < \alpha < 2)$ an, wenn für $t \geq 0$ und $s \to 0$ die folgenden Bedingungen erfüllt werden:*

a) *Im Falle* $0 < \alpha < 2$, $\alpha \neq 1$

$$\frac{\operatorname{Re}(\log f(st))}{\operatorname{Re}(\log \bar{f}(s))} \to t$$

und

$$\frac{\operatorname{Im}(\log \bar{f}(st))}{\operatorname{Re}(\log \bar{f}(s))} \to \beta s^\alpha \operatorname{tg}\frac{\pi}{2}\alpha;$$

b) *Im Falle* $\alpha = 1$

$$\frac{\operatorname{Re}\left(\log \bar{f}(st)\right)}{\operatorname{Re}\left(\log \bar{f}(s)\right)} \to t$$

und

$$\frac{\operatorname{Im}\left[\log \bar{f}(st) - s \log \bar{f}(t)\right]}{\operatorname{Re}\left(\log \bar{f}(s)\right)} \to \frac{2\beta}{\pi} t \log t.$$

Hier bedeuten

$$\bar{f}(t) = f(t) \qquad \textit{für} \quad \alpha \leq 1$$

$$\bar{f}(t) = e^{-iat} f(t) \qquad \textit{für} \quad \alpha > 1$$

$$a = \int_{-\infty}^{\infty} x \, dF(x).$$

Wir wollen den Beweis dieses Satzes nicht ausführen, weil er eine fast wörtliche Wiederholung des Beweises von Satz 2 dieses Paragraphen ist.

Satz 5[1]. *Gehört eine Verteilungsfunktion $F(x)$ dem Anziehungsbereich einer stabilen Verteilung mit einem charakteristischen Exponenten $\alpha \leq 2$ an, dann existiert für beliebiges δ $(0 \leq \delta < \alpha)$ das Integral*

$$\int |x|^{\delta} \, dF(x).$$

Ist aber $\alpha < 2$, so ist dieses Integral für beliebiges $\delta > \alpha$ divergent.

Beweis. Wir betrachten zuerst den Fall $\alpha < 2$. Dann kann man zu jedem $\varepsilon > 0$ und $k > 1$ nach Satz 3 ein solches x_0 finden, daß

$$\frac{\mathsf{P}\{|\xi| > k^{s} x_0\}}{\mathsf{P}\{|\xi| > k^{s+1} x_0\}} = (1 + \varepsilon_s)^{-1} k^{\alpha} \tag{19}$$

mit $|\varepsilon_s| \leq \varepsilon$ für $s = 0, 1, 2, \ldots$ wird. Wir wollen voraussetzen, daß $\dfrac{1+\varepsilon}{k^{\alpha-\delta}} < 1$ ist. Offenbar gilt dann

$$\int |x|^{\delta} \, dF(x) \leq \int_{-x_0}^{x_0} |x|^{\delta} \, dF(x) + \sum_{s=1}^{\infty} \int\limits_{k^{s-1} x_0 \leq |x| < k^{s} x_0} |x|^{\delta} \, dF(x) \leq$$

$$\leq \int_{-x_0}^{x_0} |x|^{\delta} \, dF(x) + x_0^{\delta} \sum_{s=1}^{\infty} k^{s\delta} \, \mathsf{P}\{|\xi| > k^{s-1} x_0\}. \tag{20}$$

Da wegen (19)

$$\mathsf{P}\{|\xi| > k^{s} x_0\} = \prod_{r=0}^{s-1} (1 + \varepsilon_r) \, k^{-\alpha s} \, \mathsf{P}\{|\xi| > x_0\}$$

ist, wird

$$\sum_{s=1}^{\infty} k^{s\delta} \, \mathsf{P}\{|\xi| > k^{s-1} x_0\} \leq \mathsf{P}\{|\xi| > x_0\} \, k^{\alpha} \sum_{s=1}^{\infty} (1 + \varepsilon)^{s} k^{-s(\alpha-\delta)},$$

und somit die rechte Seite von (20) endlich wegen der Willkür von ε und k.

[1]) Den Fall $\alpha = 2$ siehe z. B. bei A. J. CHINTSCHIN [4], H. CRAMÉR [4]. Zum Fall $\alpha < 2$ siehe bei B. W. GNEDENKO [10].

Die zweite Hälfte des Satzes für den Fall $\alpha < 2$ beweist man auf ähnliche Weise. In der Tat ist für $k > 1$

$$\int_{|x| \leq x_0} |x|^\delta dF(x) = \sum_{s=1}^{\infty} \int_{k^{s-1} x_0 \leq |x| < k^s x_0} |x|^\delta dF(x) \geq$$

$$\geq \sum_{s=1}^{\infty} k^{(s-1)\delta} x_0^\delta \mathsf{P}\{|\xi| > k^s x_0\} \left[\frac{\mathsf{P}\{|\xi| > k^{s-1} x_0\}}{\mathsf{P}\{|\xi| > k^s x_0\}} - 1\right].$$

Nach (19) ist aber

$$\mathsf{P}\{|\xi| > k^s\, x_0\} \geq k^{-\alpha s} (1-\varepsilon)^s\, \mathsf{P}\{|\xi| > x_0\}$$

und daher

$$\int_{|x| \geq x_0} |x|^\delta dF(x) \geq \frac{x_0^\delta}{k^\delta} \mathsf{P}\{|\xi| > x_0\} \left[\frac{k^\alpha}{1+\varepsilon} - 1\right] \cdot \sum_{s=1}^{\infty} [k^{\delta-\alpha}(1-\varepsilon)]^s.$$

Zu dem vorgegebenen ε wählen wir uns ein k so groß, daß $k^{\delta-\alpha}(1-\varepsilon) \geq 1$ ist. Die Divergenz der Reihe auf der rechten Seite der letzten Ungleichung ist jetzt offensichtlich, w. z. b. w.

Zum Beweis des Satzes im Falle $\alpha = 2$ betrachten wir die Funktion

$$\psi(z) = \int_{|x| \leq z} x^2\, dF(x) = -z^2 \int_{|x| > z} dF(x) + 2\int_0^z v\, dv \int_{|x| > v} dF(x).$$

Es genügt offenbar, daß wir unsere Untersuchung auf den Fall beschränken, daß die Streuung von $F(x)$ unendlich ist.

In diesem Falle ist die nichtabnehmende Funktion $\psi(z)$ bei wachsendem z beschränkt. Nach Satz 1 ist

$$\psi(z) \leq 2\int_0^z v\, dv \int_{|x| > v} dF(x) = o\left(\int_1^z \frac{\psi(v)}{v} dv\right).$$

$M(z)$ sei die obere Grenze von $v^{-\varepsilon}\psi(v)$ im Intervall $1 \leq v \leq z$, wobei $\varepsilon > 0$ eine vorgegebene Zahl ist. In diesem Falle wird

$$\int_1^z \frac{\psi(v)}{v} dv \leq M(z) \int_1^z v^{\varepsilon-1} dv < \frac{z^\varepsilon M(z)}{\varepsilon}$$

und folglich

$$z^{-\varepsilon}\psi(z) = o(M(z)).$$

Hieraus kann man offenbar schließen, daß $\psi(z) = o(z^\varepsilon)$ für jedes $\varepsilon > 0$ ist. Da nun aber für $0 \leq \delta < 2$ und alle genügend großen $z > 0$

$$\int_{z \leq |x| < 2z} |x|^\delta dF(x) < z^{-(2-\delta)}\psi(2z) < z^{\frac{\delta}{2}-1}$$

ist, wird

$$\sum_{k=0}^{\infty} \int\limits_{2^k z \leq |x| < 2^{k+1} z} |x|^\delta dF(x) < z^{\frac{\delta}{2}-1} \sum_{k=0}^{\infty} 2^{k\left(\frac{\delta}{2}-1\right)} < +\infty,$$

womit der Satz vollständig bewiesen ist.

Aus dem eben bewiesenen Satz können wir noch das folgende wichtige Ergebnis ableiten.

Folgerung. *Wenn $F(x)$ dem Anziehungsbereich einer eigentlichen Normalverteilung mit den Normierungskoeffizienten B_n angehört, dann ist*

$$B_n = o\left(n^{\frac{1}{2}+\varepsilon}\right).$$

Beweis. Gemäß Satz 4, § 26 können die Größen B_n aus der Gleichung

$$B_n^2 = n\left[\int\limits_{|x| < \varepsilon_n B_n} x^2 \, dF(x) - \left(\int\limits_{|x| < \varepsilon_n B_n} x \, dF(x)\right)^2\right]$$

ermittelt werden, wobei die ε_n für $n \to \infty$ eine Nullfolge durchlaufen. Auf Grund der Gleichung (3) des vorliegenden Paragraphen kann man die Größen B_n auch aus der einfacheren Gleichung

$$B_n^2 = n \int\limits_{|x| < \varepsilon_n B_n} x^2 \, dF(x)$$

bestimmen.

Hieraus ergibt sich für beliebig kleines $\delta > 0$

$$B_n^2 \leq \varepsilon_n^\delta B_n^\delta n \int\limits_{|x| < \varepsilon_n B_n} |x|^{2-\delta} dF(x) \leq \varepsilon_n^\delta B_n^\delta n \int\limits_{-\infty}^{\infty} |x|^{2-\delta} dF(x).$$

Also ist

$$B_n^{2-\delta} < \eta_n^{2-\delta} n,$$

wobei die η_n für $n \to \infty$ eine Nullfolge durchlaufen. Damit ist der obige Satz bewiesen.

Wenn die Normierungskoeffizienten B_n der Summen

$$\zeta_n = \frac{\xi_1 + \xi_2 + \cdots + \xi_n}{B_n} - A_n$$

nicht beliebig ausgewählt werden dürfen, sondern ihr Wachstum irgendeinem Gesetz unterworfen ist, dann kann der Anziehungsbereich sich nur verengen. Der Satz von MOIVRE-LAPLACE zeigt z. B., daß bei der Untersuchung des Anziehungsbereiches einer Normalverteilung eine ganz bestimmte Auswahl der Normierungskoeffizienten von besonderem Interesse ist, nämlich

$$B_n = a\sqrt{n}$$

mit festem a.

Ist $V(x)$ eine stabile Verteilung, so gehört sie selbstverständlich ihrem eigenen Anziehungsbereich an. Hierbei bestimmen sich die Normierungskoeffizienten durch die Formel

$$B_n = n^{\frac{1}{\alpha}},$$

wobei α der charakteristische Exponent von $V(x)$ ist.

Wir sagen, „$F(x)$ *gehört zum normalen Anziehungsbereich einer Verteilung* $V(x)$“, wenn für ein gewisses $a > 0$ und gewisse A_n die Gleichung

$$\lim_{n\to\infty} \mathsf{P}\left\{\frac{1}{a n^{\frac{1}{\alpha}}} \sum_{k=1}^{n} \xi_k - A_n < x\right\} = V(x) \tag{21}$$

gilt. Hier ist α wieder der charakteristische Exponent von $V(x)$.

Satz 6. *Damit eine Verteilung* $F(x)$ *zum normalen Anziehungsbereich der Verteilung* $\Phi(x) = \frac{1}{\sqrt{2\pi}} \int_{-\infty}^{x} e^{-\frac{z^2}{2}} dz$ *gehört, ist notwendig und hinreichend, daß sie eine endliche Streuung besitzt. Hierbei ist in der Formel* (21) $a = \sigma$ *zu setzen, und es kann* $A_n = n \int x\, dF(x)$ *gewählt werden.*

Beweis. Damit eine Verteilung zum Anziehungsbereich von $\Phi(x)$ gehört, ist nach Satz 4, § 26 notwendig und hinreichend, daß für jedes $\varepsilon > 0$ und für $n \to \infty$

$$\left.\begin{aligned} & n \int_{|x| > \varepsilon B_n} dF(x) \to 0, \\ & \frac{n}{B_n^2}\left[\int_{|x| < \varepsilon B_n} x^2\, dF(x) - \left(\int_{|x| < \varepsilon B_n} x\, dF(x)\right)^2\right] \to 1. \end{aligned}\right\} \tag{22}$$

Im Falle einer normalen Anziehung nimmt die zweite dieser Bedingungen die folgende Form an:

$$\lim_{n\to\infty}\left[\int_{|x| < \varepsilon a \sqrt{n}} x^2\, dF(x) - \left(\int_{|x| < \varepsilon a \sqrt{n}} x\, dF(x)\right)^2\right] = \sigma^2.$$

Da nach Satz 5 der Limes

$$\lim_{k\to\infty} \int_{|x| < \varepsilon a \sqrt{n}} x\, dF(x) = \int x\, dF(x)$$

existiert, existiert auch

$$\int \left[x - \int x\, dF(x)\right]^2 dF(x) = \sigma^2. \tag{23}$$

Der umgekehrte Schluß, daß aus einem endlichen Integral (23) sich die Beziehung (22) ergibt, ist trivial.

Satz 7[1]**.** *Damit eine Verteilung $F(x)$ dem normalen Anziehungsbereich einer stabilen Verteilung $V(x)$ mit einem charakteristischen Exponenten α $(0 < \alpha < 2)$ und gegebenen Konstanten c_1 und c_2 angehört, ist notwendig und hinreichend, daß*

$$\left.\begin{aligned} F(x) &= (c_1 a^\alpha + \alpha_1(x)) \frac{1}{|x|^\alpha} \quad \textit{für} \quad x < 0, \\ F(x) &= 1 - (c_2 a^\alpha + \alpha_2(x)) \frac{1}{x^\alpha} \quad \textit{für} \quad x > 0, \end{aligned}\right\} \tag{24}$$

wobei a eine positive Konstante ist, und die Funktionen $\alpha_1(x)$ und $\alpha_2(x)$ den Bedingungen

$$\lim_{x \to -\infty} \alpha_1(x) = \lim_{x \to \infty} \alpha_2(x) = 0 \tag{25}$$

genügen. Die Konstante a in der Formel (24) ist dieselbe wie in der Formel (21).

Beweis. Notwendig. Notwendige und hinreichende Bedingungen dafür, daß $F(x)$ dem Anziehungsbereich einer stabilen Verteilung, welche durch die Konstanten $c_1 \geq 0$, $c_2 \geq 0$ und mittels der Formel (12) § 34 definiert ist, angehört, sind gemäß Satz 4 des § 25: Für $n \to \infty$ konvergiert

$$\left.\begin{aligned} n F(B_n x) &\to \frac{c_1}{|x|^\alpha} \quad \text{für} \quad x < 0, \\ n(1 - F(B_n x)) &\to \frac{c_2}{x^\alpha} \quad \text{für} \quad x > 0. \end{aligned}\right\} \tag{26}$$

Für eine normale Anziehung ist $B_n = a n^{\frac{1}{\alpha}}$. Man setzt $y = B_n x$ und erhält (24) dadurch in der Gestalt

$$F(y) = (c_1 a^\alpha + \alpha_1(y)) \frac{1}{|y|^\alpha} \quad \text{für} \quad y < 0,$$

$$F(y) = 1 - (c_2 a^\alpha + \alpha_2(y)) \frac{1}{y^\alpha} \quad \text{für} \quad y > 0,$$

wobei $\alpha_1(y)$ und $\alpha_2(y)$ gewisse Funktionen sind, die die Beziehungen (25) befriedigen. Der Beweis, daß die Bedingungen hinreichend sind, ist trivial.

§ 35. Eigenschaften der stabilen Verteilungen

Die bisher ermittelten Resultate ermöglichen es uns, eine Reihe sehr wesentlicher Eigenschaften der stabilen Verteilungen anzugeben.

1. (P. Lévy [4], Seite 201). Für jede stabile Verteilung $V(x)$, ausgenommen die Normalverteilung und die uneigentliche Verteilung, existieren Zahlen α $(0 < \alpha < 2)$ und $c > 0$, so daß

$$\lim_{x \to \infty} x^\alpha \{1 - V(x) + V(-x)\} = c. \tag{1}$$

[1]) B. W. Gnedenko [4].

Die Beziehung (1) gilt offenbar für jede Verteilung, welche dem normalen Anziehungsbereich einer stabilen Verteilung mit einem charakteristischen Exponenten α $(0 < \alpha < 2)$ angehört. Da jede stabile Verteilung ihrem eigenen normalen Anziehungsbereich angehört, erfüllt sie auch die Beziehung (1).

2. (B. W. GNEDENKO [4].) Jede stabile Verteilung mit einem charakteristischen Exponenten α $(0 < \alpha < 2)$ besitzt endliche absolute Momente aller Ordnungen δ $(0 < \delta < \alpha)$.

Dieser Satz ergibt sich ebenfalls als Folgerung daraus, daß jede stabile Verteilung ihrem normalen Anziehungsbereich angehört.

Hieraus folgt nun insbesondere, daß von den stabilen Verteilungen nur die Normalverteilungen eine endliche Streuung haben können. Für $1 < \alpha < 2$ existieren für die stabilen Verteilungen die Erwartungswerte. Im Falle $0 < \alpha \leq 1$ besitzen die stabilen Verteilungen weder Streuungen noch Erwartungswerte.

3. (A. J. CHINTSCHIN [11], Seite 101.) Alle eigentlichen stabilen Verteilungen sind stetig und in jedem Punkte beliebig oft ableitbar.

Da nämlich für eine beliebige eigentliche stabile Verteilung $V(x)$

$$|v(t)| = e^{-c|t|^\alpha} \qquad (c > 0,\ 0 < \alpha \leq 2) \tag{2}$$

ist, kann man in unserem Falle auf Grund der Umkehrformel schreiben:

$$V(x) - V(x_0) = \frac{1}{2\pi} \int \frac{e^{-itx_0} - e^{-itx}}{it} v(t)\, dt.$$

Wir differenzieren diese Formel formal n-mal und finden

$$V^{(n)}(x) = \frac{(-i)^{n-1}}{2\pi} \int t^{n-1} e^{-itx} v(t)\, dt. \tag{3}$$

Die Integrale (3) sind absolut konvergent. Damit ist unsere Behauptung schon bewiesen.

Satz 1. (A. I. LAPIN [1].) *Eine eigentliche stabile Verteilungsfunktion mit einem charakteristischen Exponenten* $\alpha \geq 1$ *ist auf der ganzen reellen Achse analytisch. Für* $\alpha > 1$ *ist sie eine ganze Funktion. Im Falle* $\alpha = 1$ *ist der Konvergenzradius ihrer* TAYLOR*schen Reihe in der Umgebung jedes Punktes nicht kleiner als c.*

Beweis. Aus (2) und (3) folgern wir, daß für beliebige reelle x

$$a_n = \left| \frac{V^{(n)}(x)}{n!} \right| \leq \frac{1}{\pi\alpha} \cdot \frac{\Gamma\left(\frac{n}{\alpha}\right)}{n!} c^{-\frac{n}{\alpha}}$$

ist. Daher wird

$$R = \frac{1}{\overline{\lim} \sqrt[n]{a_n}} = \begin{cases} \infty & \text{für } \alpha > 1, \\ c & \text{für } \alpha = 1. \end{cases}$$

Satz 2. (J. W. LINNIK [2], A. W. SKOROCHOD [1].) *Eine eigentliche stabile Verteilungsdichte mit einem charakteristischen Exponenten* $\alpha < 1$ (ohne Beschränkung der Allgemeinheit kann hier $\gamma = 0$ und $c = 1$ vorausgesetzt werden) *besitzt für $x > 0$ die Entwicklung*

$$p(x; \alpha, \beta) = \frac{1}{x} \sum_{m=0}^{\infty} a_m x^{-\alpha m},$$

wobei die a_m reelle Zahlen sind und die Reihe $\sum_{m=0}^{\infty} a_m z^m$ überall konvergiert, also eine ganze Funktion ist.

Satz 3. (J. W. Linnik [2].) *Die Verteilungsdichte einer stabilen Verteilung mit $\alpha = 1$, $\beta = -1$, $c = 1$, $\gamma = 0$ hat in der Umgebung des Punktes $x = 0$ für $x > 0$ die folgende asymptotische Darstellung:*

$$p(x; \alpha, -1) = A(\alpha)\, x^{-\frac{2-\alpha}{2(1-\alpha)}} E(x)\,(1 + \Delta(x))$$

mit

$$A(\alpha) = \frac{\alpha^{\frac{1}{2(1-\alpha)}}}{\sqrt{2\pi(1-\alpha)}} \left(\cos\frac{\pi\alpha}{2}\right)^{-\frac{1}{2(1-\alpha)}},$$

$$E(x) = \exp\left(-\alpha^{\frac{\alpha}{1-\alpha}}(1-\alpha)\left(\cos\frac{\pi\alpha}{2}\right)^{-\frac{1}{1-\alpha}} x^{-\frac{\alpha}{1-\alpha}}\right),$$

$$|\Delta(x)| \leq B(\varepsilon)\, x^{\frac{\alpha}{2(1-\alpha)} - \varepsilon_0}.$$

Dabei ist $\varepsilon > 0$ eine beliebig kleine Konstante und $B(\varepsilon)$ eine in einem beliebigen abgeschlossenen, den Nullpunkt nicht enthaltenden Intervall beschränkte Funktion.

Für $x \leq 0$ ist $p(x; \alpha, -1) = 0$.

Für $p(x; \alpha, +1)$ gilt eine analoge asymptotische Darstellung. Man hat nur x durch $-x$ zu ersetzen.

Wir wollen hier noch auf eine Eigenschaft der Verteilungsfunktionen hinweisen, die den Anziehungsbereichen der von der Normalverteilung verschiedenen stabilen Verteilungen angehören (B. W. Gnedenko [14]). Selbstverständlich bezieht sich diese Eigenschaft auf die stabilen Verteilungen selbst. In gewisser Beziehung stellen die unten abgeleiteten Resultate eine Weiterentwicklung des Satzes 1 von § 26 dar.

Die Zufallsgrößen der Folge

$$\xi_1, \xi_2, \ldots, \xi_n, \ldots \tag{4}$$

mögen unabhängig sein und die Verteilungsfunktion $F(x)$ haben. Wir betrachten die zufälligen Größen[1])

$$\zeta_n = \max(|\xi_1|, |\xi_2|, \ldots, |\xi_n|).$$

[1]) Genauer gesagt, wir bezeichnen mit ζ_n die Funktion $\zeta_n(\xi_1, \xi_2, \ldots, \xi_n)$ der ersten n-Glieder der Folge (4), die für jedes System der realisierten Werte $|\xi_1| = x_1$, $|\xi_2| = x_2$, $\ldots$, $|\xi_n| = x_n$ gleich dem größten dieser Werte ist.

Man verifiziert leicht, daß sie für $x > 0$ die folgende Verteilungsfunktion haben:

$$(F(x) - F(-x))^n.$$

Satz 4. *Wenn eine Verteilungsfunktion $F(x)$ dem Anziehungsbereich einer stabilen Verteilung mit einem charakteristischen Exponenten $\alpha \neq 2$ angehört, dann konvergieren die Verteilungsfunktionen der Größen $\frac{\zeta_n}{B_n}$ mit den gleichen Normierungskoeffizienten B_n für $n \to \infty$ gegen die Verteilung*

$$\Phi_\alpha(x) = \begin{cases} 0 & \text{für } x < 0, \\ e^{-x^{-\alpha}} & \text{für } x > 0. \end{cases}$$

Satz 5. *Wenn bei geeigneter Wahl der Konstanten A_n und B_n die Verteilungsfunktionen der Größen $\frac{\zeta_n}{B_n} - A_n$ für $n \to \infty$ gegen die Verteilung $\lambda(x) = e^{-x}$ oder gegen $\psi_\alpha(x) = e^{-(-x)^\alpha}$ für $x \leq 0$ und $\psi_\alpha(x) = 0$ für $x > 0$ oder gegen die Verteilung $\Phi_\alpha(x)$ mit $\alpha \geq 2$ konvergieren, dann gehört die Funktion $F(x)$ dem Anziehungsbereich einer Normalverteilung an*[1]).

§ 36. Partielle Anziehungsbereiche

Im § 32 haben wir bewiesen, daß die stabilen und nur die stabilen Verteilungen als Grenzwert normierter Summen

$$\zeta_n = \frac{\xi_1 + \xi_2 + \cdots + \xi_n}{B_n} - A_n$$

unabhängiger und identisch verteilter Zufallsgrößen auftreten können, wenn die Anzahl der Summanden n alle ganzen Zahlen durchlaufend gegen Unendlich strebt. Es kann natürlich vorkommen, daß bei beliebiger Wahl der Konstanten A_n und B_n die Verteilungsfunktionen der Summen ζ_n nicht konvergieren, jedoch für eine gewisse Teilfolge $n_1 < n_2 < \cdots < n_k < \cdots$ einer Grenzverteilung zustreben. Die allgemeine Theorie läßt nur die Behauptung zu, daß diese Grenzverteilung notwendig unbegrenzt teilbar ist. Wie A. J. Chintschin [10] gezeigt hat, gilt auch die wesentlich tiefere, umgekehrte Aussage: Jede unbegrenzt teilbare Verteilung kann als Limes der Verteilungen von Summen ζ_n auftreten.

Wir sagen, eine Funktion $F(x)$ gehört zum „*partiellen Anziehungsbereich einer Verteilung*“ $V(x)$ oder, was dasselbe ist, zu ihrem Typus, wenn es eine Folge $n_1 < n_2 < \cdots < n_k$ derart gibt, daß die Verteilungsfunktionen der Summen ζ_{n_k} bei geeigneter Auswahl der Konstanten B_n und A_n gegen $V(x)$ konvergieren. In dieser Terminologie können wir die letzte Behauptung auch folgendermaßen ausdrücken:

---

1) Als Grenzverteilungsfunktionen können nur die drei verschiedenen Klassen $\lambda(x)$, $\Phi_\alpha(x)$, $\Psi_\alpha(x)$ (B. W. Gnedenko [6]), $\alpha > 0$ auftreten.

Satz. *Jede unbegrenzt teilbare Verteilungsfunktion besitzt einen partiellen Anziehungsbereich.*

Beweis. Wir betrachten eine unbegrenzt teilbare Verteilung $V(x)$, für welche

$$\log v(t) = i\gamma t + \int\left(e^{itu} - 1 - \frac{itu}{1+u^2}\right)\frac{1+u^2}{u^2}\, dG(u).$$

Da der Satz für eine Normalverteilung trivial ist, können wir annehmen, daß $G(u)$ einen von Null verschiedenen Wachstumspunkt u_0 hat. Es sei ein $a > 0$ so gewählt, daß $a^{-1} < |u_0| < a$ ist. Wir betrachten sodann den Bereich Δ_k, der durch die Ungleichungen

$$a^{-k} < |u| < a^k \qquad (k = 1, 2, \ldots)$$

festgelegt wird und setzen

$$\Gamma_k = \int\limits_{\Delta_k} \frac{1+u^2}{u^2}\, dG(u).$$

Da sich der Bereich Δ_k mit wachsendem k ausdehnt, wird

$$0 < \Gamma_1 \leq \Gamma_2 \leq \cdots \leq \Gamma_k \leq \cdots.$$

Ferner setzen wir noch

$$A_k = \int\limits_{\Delta_k} \frac{1+u^2}{u}\, dG(u), \qquad B_k = \int\limits_{\Delta_k} (1+u^2)\, dG(u),$$

$$C_k = \int\limits_{\Delta_k} u\,(1+u^2)\, dG(u)$$

$$\sigma^2 = G(+0) - G(-0)$$

und führen die folgenden Zahlen λ_k ein:

$$\lambda_1 = 1, \qquad \lambda_k = \frac{1}{\sigma^2 + \frac{1}{k}} \sum_{\nu=1}^{k-1} \lambda_\nu B_\nu \qquad (k > 1). \tag{1}$$

Die Folge der natürlichen Zahlen

$$q_1 < q_2 < \cdots < q_n < \cdots$$

möge so schnell wachsen, daß

$$\lim_{n\to\infty} q_n \sum_{k=n+1}^{\infty} \frac{\Gamma_k}{q_k} = 0, \tag{2}$$

$$\lim_{n\to\infty} q_n^{-\frac{1}{2}} \lambda_n^{-\frac{3}{2}} \sum_{k=1}^{n-1} q_k^{\frac{1}{2}} \lambda_k^{\frac{3}{2}} |C_k| = 0 \tag{3}$$

ist. Wir setzen

$$\beta_k^2 = \lambda_k q_k$$

und gehen zur Bestimmung der Verteilungen über, die zum partiellen Anziehungsbereich der Verteilung $V(x)$ gehören. Zu diesem Zweck betrachten wir die unbegrenzt teilbaren Verteilungen $\psi_k(x)$, für die

$$\log \psi_k(t) = \int_{\Delta_n} (e^{itu} - 1) \frac{1+u^2}{u^2} dG(u).$$

Da nach (2) die Reihe $\sum_k \frac{\Gamma_k}{q_k}$ konvergiert, wird

$$\log f(t) = \sum_{k=1}^{\infty} \frac{1}{q_k} \log \psi_k(t\beta_k)$$

der Logarithmus einer gewissen charakteristischen Funktion. Wir führen die Abkürzung

$$R_n = \sum_{k=n+1}^{\infty} \frac{\Gamma_k}{q_k}$$

ein und können dann offenbar schreiben:

$$\log f\left(\frac{t}{\beta_n}\right) = \sum_{k=1}^{n-1} \frac{1}{q_k} \log \psi_k \left(\frac{\beta_k}{\beta_n} t\right) + \frac{1}{q_n} \log \psi_n(t) + O(R_n). \tag{4}$$

Es ist aber

$$\sum_{k=1}^{n-1} \frac{1}{q_k} \log \psi_k \left(\frac{\beta_k}{\beta_n} t\right) = \sum_{k=1}^{n-1} \frac{1}{q_k} \int_{\Delta_k} \left(e^{i\frac{\beta_k}{\beta_n}tu} - 1\right) \frac{1+u^2}{u^2} dG(u) =$$

$$= \frac{it}{\beta_n} v_{n-1} - \frac{t^2}{2\beta_n^2} \sum_{k=1}^{n-1} \frac{\beta_k^2 B_k}{q_k} + \frac{\Theta}{6} \cdot \frac{t^3}{\beta_n^3} u_{n-1}, \qquad |\Theta| \le 1,$$

wo

$$v_{n-1} = \sum_{k=1}^{n-1} \frac{\beta_k A_k}{q_k}, \qquad u_{n-1} = \sum_{k=1}^{n-1} \frac{\beta_k^3 |C_k|}{q_k} = \sum_{k=1}^{n-1} q_k^{\frac{1}{2}} \lambda_k^{\frac{3}{2}} |C_k|$$

gesetzt wurde. Aus (4) ergibt sich jetzt

$$\log f\left(\frac{t}{\beta_n}\right) = it \frac{v_{n-1}}{\beta_n} - \frac{t^2}{2\lambda_n q_n} \sum_{k=1}^{n-1} \lambda_k B_k + \frac{1}{q_n} \log \psi_n(t) +$$

$$+ \Theta t^3 q_n^{-\frac{3}{2}} \lambda_n^{-\frac{3}{2}} \sum_{k=1}^{n-1} q_k^{\frac{1}{2}} \lambda_k^{\frac{3}{2}} |C_k| + O(R_n), \; |\Theta| \le 1.$$

Wir erhalten mit Hilfe der Beziehungen (1), (2), (3) für beliebiges t

$$q_n \log f\left(\frac{t}{\beta_n}\right) = it \frac{q_n v_{n-1}}{\beta_n} - \left(\sigma^2 + \frac{1}{n}\right) \frac{t^2}{2} + \log \psi_n(t) + O(q_n R_n) +$$

$$+ O\left(q_n^{-\frac{1}{2}} \lambda_n^{-\frac{3}{2}} u_{n-1}\right) = it \frac{q_n v_{n-1}}{\beta_n} - \sigma^2 \frac{t^2}{2} +$$

$$+ \int_{\Delta_n} (e^{itu} - 1) \frac{1+u^2}{u^2} dG(u) + o(1).$$

Setzen wir

$$\gamma_n = \frac{q_n v_{n-1}}{\beta_n} - \gamma + \int_{\Delta_n} \frac{dG(u)}{u},$$

so ist für jedes t

$$q_n \log f\left(\frac{t}{\beta_n}\right) - it\gamma_n = it\gamma - \sigma^2 \frac{t^2}{2} +$$

$$+ \int_{\Delta_n} \left(e^{itu} - 1 - \frac{itu}{1+u^2}\right) \frac{1+u^2}{u^2}\, dG(u) + o(1).$$

Somit konvergiert

$$q_n \log f\left(\frac{t}{\beta_n}\right) - it\gamma_n \Rightarrow$$

$$\Rightarrow it\gamma_n + \int_{-\infty}^{\infty} \left(e^{itu} - 1 - \frac{itu}{1+u^2}\right) \frac{1+u^2}{u^2}\, dG(u) = \log v(t).$$

Diese Beziehung zeigt nun, daß die Verteilungsfunktionen der Summen

$$\zeta q_n = \frac{\xi_1 + \xi_2 + \cdots + \xi q_n}{\beta_n} - \gamma_n$$

unabhängiger identisch verteilter Summanden ξ_k für $n \to \infty$ gegen $V(x)$ konvergieren. Wir haben damit also nachgewiesen, daß es zu jeder unbegrenzt teilbaren Verteilungsfunktion $V(x)$ eine zu ihrem partiellen Anziehungsbereich gehörige Verteilungsfunktion $F(x)$ gibt. Der Satz ist damit bewiesen.

Nicht lange, nachdem A. J. CHINTSCHIN diesen Satz bewiesen hatte, gaben P. LÉVY [4] (S. 212), A. J. CHINTSCHIN [11] und B. W. GNEDENKO [4] Beispiele von Verteilungen, die keinem partiellen Anziehungsbereich einer eigentlichen Verteilung angehören[1]). Allen diesen Beispielen liegt dieselbe Konstruktionsidee zugrunde. Es werden Zufallsgrößen betrachtet, die mit hinreichend großen Wahrscheinlichkeiten sehr große Werte annehmen.

Wir betrachten eine Verteilungsfunktion $F(x)$, für die

$$\log f(t) = \int_{-\infty}^{-e} (\cos tx - 1)\, d\left(\frac{1}{4 \log |x|}\right) + \int_{e}^{\infty} (\cos tx - 1)\, d\left(-\frac{1}{4 \log x}\right)$$

ist. $F(x)$ hat als unbegrenzt teilbare Verteilungsfunktion einen nichtleeren partiellen Anziehungsbereich, wird aber, wie wir sofort sehen werden, nur von uneigentlichen Verteilungen angezogen.

[1]) Man überlegt sich leicht, daß uneigentliche Verteilungen alle Verteilungen anziehen.

Wir untersuchen das Verhalten der Funktion $\log f(t)$ in einer Umgebung des Punktes $t = 0$. Zu diesem Zweck verwenden wir die Gleichung

$$\log f(t) = \int_e^\infty \sin^2\frac{tx}{2}\, d\left(\frac{1}{\log x}\right) = \int_e^{\frac{1}{\sqrt{|t|}}} \sin^2\frac{tx}{2}\, d\left(\frac{1}{\log x}\right) + \int_{\frac{1}{\sqrt{|t|}}}^\infty \sin^2\frac{tx}{2}\, d\left(\frac{1}{\log x}\right).$$

Da alle zu betrachtenden Integrale negativ sind, folgt

$$\int_e^{\frac{1}{\sqrt{|t|}}} \sin^2\frac{tx}{2}\, d\left(\frac{1}{\log x}\right) > \int_e^{\frac{1}{\sqrt{|t|}}} \frac{t^2x^2}{4}\, d\left(\frac{1}{\log x}\right) > \left(\frac{1}{\sqrt{|t|}}\right)^2 \frac{t^2}{4}\int_e^\infty d\left(\frac{1}{\log x}\right) = -\frac{|t|}{4}$$

und

$$\int_{\frac{1}{\sqrt{|t|}}}^\infty \sin^2\frac{tx}{2}\, d\left(\frac{1}{\log x}\right) > \int_{\frac{1}{\sqrt{|t|}}}^\infty d\left(\frac{1}{\log x}\right) = \frac{2}{\log|t|}.$$

Andererseits wird aber für genügend kleines t

$$\int_{\frac{1}{\sqrt{|t|}}}^\infty \sin^2\frac{tx}{2}\, d\left(\frac{1}{\log x}\right) < \int_{\frac{\pi}{2|t|}}^\infty \sin^2\frac{tx}{2}\, d\left(\frac{1}{\log x}\right) < \sum_{n=0}^\infty \int_{\frac{4n+1}{2|t|}\pi}^{\frac{4n+3}{2|t|}\pi} \sin^2\frac{xt}{2}\, d\left(\frac{1}{\log x}\right) <$$

$$< \sum_{n=0}^\infty \int_{\frac{4n+1}{2|t|}\pi}^{\frac{4n+3}{2|t|}\pi} \left(\frac{\sqrt{2}}{2}\right)^2 d\left(\frac{1}{\log x}\right).$$

Da nun

$$\int_{\frac{4n+1}{2|t|}\pi}^{\frac{4n+3}{2|t|}\pi} d\left(\frac{1}{\log x}\right) < \int_{\frac{4n+3}{2|t|}\pi}^{\frac{4n+5}{2|t|}\pi} d\left(\frac{1}{\log x}\right)$$

ist, wird

$$\sum_{n=0}^\infty \int_{\frac{4n+1}{2|t|}\pi}^{\frac{4n+3}{2|t|}\pi} d\left(\frac{1}{\log x}\right) < \frac{1}{2}\int_{\frac{\pi}{2|t|}}^\infty d\left(\frac{1}{\log x}\right) = -\frac{1}{2\log\frac{\pi}{2|t|}} < \frac{1}{3\log|t|}$$

und folglich

$$\int\limits_{\frac{1}{\sqrt{|t|}}}^{\infty} \sin^2 \frac{t x}{2} \, d \frac{1}{\log x} < \frac{1}{6 \log |t|}.$$

Aus den erhaltenen Ungleichungen folgt für nahe genug bei Null gelegene t

$$\log f(t) = \frac{A(t)}{\log |t|},$$

wobei $A(t)$ eine stetige Funktion ist, die den Ungleichungen

$$\frac{1}{10} < A(t) < 3$$

genügt.

Wir zeigen jetzt, daß bei keiner Wahl von Konstanten $B_n > 0$ und natürlichen Zahlen $n_1 < n_2 < \cdots < n_k < \cdots$ (die A_n können gleich Null gesetzt werden, da $F(x)$ symmetrisch ist) die Funktionen

$$n_k \log f\left(\frac{t}{B_{n_k}}\right)$$

in einer Umgebung des Punktes $t = 0$ gleichmäßig bezüglich t gegen eine Grenzfunktion konvergieren.

Wir untersuchen alle möglichen Fälle.

1. Die Folgen $\{B_n\}$ und $\{n_k\}$ seien so beschaffen, daß

$$\lim_{k \to \infty} \frac{\log B_{n_k}}{n_k} = a < +\infty$$

ist. In diesem Falle strebt der Quotient $\dfrac{n_k}{\log \dfrac{|t|}{B_{n_k}}}$ für beliebiges von Null verschiedenes t gegen $\dfrac{1}{a}$ und für $t = 0$ gegen Null. Das heißt aber, daß in diesem Falle die Grenzfunktion für $n_k \log f\left(\dfrac{t}{B_{n_k}}\right)$ nicht der Logarithmus einer charakteristischen Funktion sein kann.

2. Die Folgen $\{B_n\}$ und $\{n_k\}$ seien so beschaffen, daß

$$\lim_{k \to \infty} \frac{\log B_{n_k}}{n_k} = +\infty$$

ist[1]) und folglich wird die Grenzfunktion von $f^{n_k}\left(\dfrac{t}{B_{n_k}}\right)$ die charakteristische Funktion der uneigentlichen Verteilung.

[1]) Dann ist in jedem endlichen Intervall

$$\lim_{k \to \infty} n_k \log f\left(\frac{t}{B_{n_k}}\right) = 0.$$

3. Wenn der Quotient $\frac{\log B_{n_k}}{n_k}$ für $k \to \infty$ keinen Grenzwert besitzt, kann man aus der Folge der n_k eine Teilfolge n'_k auswählen, für die

$$\lim_{k\to\infty} \frac{\log B_{n'_k}}{n'_k} = a \leq +\infty$$

ist. Damit ist aber der letzte der möglichen Fälle auf einen der schon behandelten zurückgeführt.

Unsere Behauptung ist somit bewiesen.

Mit weiteren Untersuchungen über partielle Anziehungsbereiche beschäftigten sich W. DOEBLIN [2], B. W. GNEDENKO [15], A. W. GROSCHEW [1] und P. LÉVY [4]. Wir wollen einige der Ergebnisse anführen, ohne auf ihre Beweise einzugehen.

1. Jede Verteilungsfunktion $F(x)$ gehört dem Anziehungsbereich entweder eines Typus oder einer nichtabzählbaren Menge von Typen oder gar keinem partiellen Anziehungsbereich an (W. DOEBLIN [2], B. W. GNEDENKO [5]).

2. Wenn eine Verteilung dem partiellen Anziehungsbereich nur eines Typus angehört, dann ist dieser stabil (B. W. GNEDENKO [5]).

3. Der partielle Anziehungsbereich eines stabilen Verteilungstypus ist umfassender als der Bereich der vollständigen Anziehung (B. W. GNEDENKO [5], W. DOEBLIN [2]).

4. Wenn eine Verteilung $F(x)$ dem partiellen Anziehungsbereich einer Verteilung $V(x)$, und die Verteilung $V(x)$ dem partiellen Anziehungsbereich einer Verteilung $\Psi(x)$ angehört, dann liegt $F(x)$ auch in dem partiellen Anziehungsbereich von $\Psi(x)$ (B. W. GNEDENKO [5]).

5. Hieraus ergibt sich insbesondere, daß jede Verteilung, die dem partiellen Anziehungsbereich eines Verteilungstypus mit endlicher Streuung angehört, auch in dem partiellen Anziehungsbereich des Normaltypus enthalten ist; daß der einzige stabile Verteilungstypus mit endlichen Streuungen der Normaltypus ist; ferner die Eigenschaft 3.

6. Es gibt Verteilungen $F(x)$, die dem partiellen Anziehungsbereich eines jeden unbegrenzt teilbaren Verteilungstypus angehören (W. DOEBLIN [2] bezeichnet sie als Universalverteilungen).

7. Damit eine Verteilung $F(x)$ keinem partiellen Anziehungsbereich angehört, ist die folgende Beziehung hinreichend (W. DOEBLIN [2]):

$$\lim_{l\to\infty} \varliminf_{X\to\infty} \frac{\int\limits_{|x|>lX} dF(x)}{\int\limits_{|x|>X} dF(x)} \neq 0.$$

8. Damit eine Verteilung $F(x)$ dem partiellen Anziehungsbereich des Normaltypus angehört, ist notwendig und hinreichend, daß (P. LÉVY [4], Seite 113)

$$\lim_{X\to\infty} \frac{X^2 \int\limits_{|x|>X} dF(x)}{\int\limits_{|x|<X} x^2\, dF(x)} = 0 \tag{5}$$

ist.

9. Damit eine Verteilung $F(x)$ dem partiellen Anziehungsbereich einer POISSONschen Verteilung angehört, ist notwendig und hinreichend, daß (A. W. GROSCHEW [1]) für jedes $\varepsilon > 0$

$$\lim_{l\to\infty} \frac{\int\limits_{|x-1|>\varepsilon} \frac{x^2}{1+x^2}\, dF(lx)}{\int\limits_{|x-1|<\varepsilon} dF(lx)} = 0 \tag{6}$$

ist.

Nach Ergebnis 5 gehört jede Verteilung, welche in dem partiellen Anziehungsbereich einer POISSONschen Verteilung enthalten ist, auch dem partiellen Anziehungsbereich des Normaltypus an. Das heißt aber, daß aus (6) die Gleichung (5) folgt.

KAPITEL 8

VERSCHÄRFUNG VON SÄTZEN ÜBER DIE KONVERGENZ GEGEN DIE NORMALVERTEILUNG

§ 37. Problemstellung

Das vorliegende Kapitel soll ausschließlich der Konvergenz der Verteilungen normierter Summen gegen die Normalverteilung gewidmet sein. Hierbei wollen wir uns auf den Fall identisch verteilter Summanden beschränken. Von den Summanden fordern wir außerdem noch die Existenz einiger Momente: in allen Fällen die der zweiten Ordnung und einigemal noch die höherer Ordnungen.

Einige der hier angegebenen Sätze können auch unter entsprechenden Voraussetzungen für verschieden verteilte Summanden bewiesen werden.

Das Grundproblem, das uns hier vor allem interessiert, ist das asymptotische Verhalten der Differenz der Verteilungsfunktionen $F_n(x)$ und der Normalverteilung $\Phi(x)$. Mit $F_n(x)$ bezeichnen wir die Verteilungsfunktionen der normierten Summen der ersten n zufälligen Größen einer Folge

$$\xi_1, \xi_2, \ldots, \xi_n, \ldots$$

Im ganzen Kapitel werden wir die folgende Voraussetzung machen:

$$\mathsf{E}\,\xi_n = 0.$$

Diese Einschränkung hat auf die Art und die Allgemeinheit unserer Überlegungen keinen Einfluß. Das Prinzip zur Lösung dieser Aufgabe wurde schon von P. L. TSCHEBYSCHEW [3] im Jahre 1859 angegeben. In dieser grundlegenden Arbeit gibt er für die Differenz $F_n(x) - \Phi(x)$ die Entwicklung

$$F_n(x) - \Phi(x) \sim \frac{e^{-\frac{x^2}{2}}}{\sqrt{2\pi}} \left(\frac{Q_1(x)}{n^{\frac{1}{2}}} + \frac{Q_2(x)}{n} + \cdots + \frac{Q_j(x)}{n^{\frac{j}{2}}} + \cdots \right) \tag{1}$$

an, wobei die $Q_j(x)$ Polynome sind, deren Koeffizienten nur von den $j+2$ ersten Momenten der Zufallsgrößen ξ_n abhängen.

Der Entwicklung (1) liegt eine noch etwas allgemeinere Idee zugrunde, die ebenfalls von P. L. TSCHEBYSCHEW stammt. Es handelt sich hierbei um die Entwicklung einer beliebigen Funktion $p(x)$ in eine Reihe nach TSCHEBYSCHEW-HERMITEschen Polynomen. Diese Polynome wurden von TSCHEBYSCHEW [3] im Jahre 1859 eingeführt. Wir bezeichnen sie trotzdem noch mit dem Namen

HERMITEs, der erst bedeutend später auf sie gestoßen ist, um diese Polynome von anderen wichtigen Typen unterscheiden zu können, die zu recht den Namen TSCHEBYSCHEWs tragen müssen.

Die TSCHEBYSCHEW-HERMITEschen Polynome können durch die folgende Formel definiert werden:

$$H_k(x) = (-1)^k e^{\frac{x^2}{2}} \frac{d^k}{dx^k} e^{-\frac{x^2}{2}}. \tag{2}$$

Die ersten Polynome haben die Gestalt:

$$\left.\begin{aligned} H_0(x) &= 1, \\ H_1(x) &= x, \\ H_2(x) &= x^2 - 1, \\ H_3(x) &= x^3 - 3x, \\ &\ldots\ldots\ldots \end{aligned}\right\} \tag{3}$$

Die Entwicklung einer beliebigen Funktion, die TSCHEBYSCHEW im Jahre 1859 gab, hat die Form

$$p(x) \sim \frac{1}{\sqrt{2\pi}} \sum_{k=0}^{\infty} \frac{c_k}{k!} \frac{d^k}{dx^k} e^{-\frac{x^2}{2}} \sim \frac{1}{\sqrt{2\pi}} \sum_{k=0}^{\infty} (-1)^k \frac{c_k}{k!} e^{-\frac{x^2}{2}} H_k(x), \tag{4}$$

wobei

$$c_k = (-1)^k \int H_k(x)\, p(x)\, dx \tag{5}$$

ist. Da die

$$H_k(x) = \sum_{j=0}^{k} h_{jk} x^j \tag{6}$$

Polynome k-ten Grades sind, lassen sich die Koeffizienten c_k in der Form

$$c_k = (-1)^k \sum_{j=0}^{k} h_{jk} \alpha_j \tag{7}$$

durch die Momente

$$\alpha_j = \int p(x)\, x^j\, dx; \qquad j = 0, 1, 2, \ldots, k \tag{8}$$

darstellen. Für die Wahrscheinlichkeitsdichte $p_\xi(x)$ einer normierten Zufallsgröße ξ mit

$$\mathsf{E}\,\xi = 0, \qquad \mathsf{D}^2\xi = 1 \tag{9}$$

haben die ersten Momente die Werte

$$\alpha_0 = 1, \quad \alpha_1 = 0, \quad \alpha_2 = 1.$$

Daher nimmt die Entwicklung (4) die etwas kürzere Gestalt

$$p_\xi(x) \sim \frac{1}{\sqrt{2\pi}} e^{-\frac{x^2}{2}} \left(1 - \frac{c_3}{6} H_3(x) + \frac{c_4}{24} H_4(x) - \cdots\right) \tag{10}$$

an. Es sei

$$\Phi(x) = \frac{1}{\sqrt{2\pi}} \int_{-\infty}^{x} e^{-\frac{t^2}{2}} dt. \tag{11}$$

Dann ist es zweckmäßig für eine Verteilungsfunktion $F_\xi(x)$ die integrierte Entwicklung (10)

$$F_\xi(x) \sim \Phi(x) + \frac{c_3}{6} \Phi^{(3)}(x) + \frac{c_4}{24} \Phi^{(4)}(x) + \cdots \tag{12}$$

mit

$$\Phi^{(k)}(x) = \frac{(-1)^{k-1}}{\sqrt{2\pi}} H_{k-1}(x) e^{-\frac{x^2}{2}}$$

zu betrachten.

Wie man durch schrittweise partielle Integration leicht nachprüft, ist

$$\int e^{itx} d\Phi^{(k)}(x) = \frac{(-it)^k}{\sqrt{2\pi}} \int e^{itx-\frac{x^2}{2}} dx = (-it)^k e^{-\frac{t^2}{2}}. \tag{13}$$

Daher entspricht die Entwicklung (12) formal der Entwicklung der charakteristischen Funktion

$$f_\xi(t) = e^{-\frac{t^2}{2}} \left[1 + \sum_{k=3}^{\infty} \frac{c_k}{k!} (-it)^k\right]. \tag{14}$$

Hier können wir die Koeffizienten c_r durch die Semiinvarianten ersetzen. Dazu verwenden wir die formale Beziehung (siehe § 15)

$$\log f_\xi(t) = \sum_{r=1}^{\infty} \frac{\varkappa_r}{r!} (it)^r.$$

Im Falle einer normierten Zufallsgröße ξ werden

$$\varkappa_1 = 0, \; \varkappa_2 = 1.$$

Also ist hier

$$\log f_\xi(t) = -\frac{t^2}{2} + \sum_{r=3}^{\infty} \frac{\varkappa_r}{r!} (it)^r. \tag{15}$$

Setzen wir $w = -it$, so erhalten wir aus (14) und (15)

$$1 + \sum_{r=3}^{\infty} \frac{c_r}{r!} w^r = e^{\sum_{r=3}^{\infty} \frac{\varkappa_r}{r!} (-w)^r}, \tag{16}$$

d.h.

$$\left.\begin{aligned} c_3 &= -\varkappa_3, \\ c_4 &= \varkappa_4, \\ c_5 &= -\varkappa_5, \\ c_6 &= \varkappa_6 + 10\varkappa_3^2, \\ &\cdots\cdots\cdots \end{aligned}\right\} \tag{17}$$

Es ist leicht zu sehen, daß die Koeffizienten c_r jeweils nur von den ersten r Semiinvarianten abhängen.

Nach diesen allgemeinen Bemerkungen wollen wir uns wieder den Verteilungsfunktionen $F_n(x)$ der normierten Summen

$$\zeta_n = \frac{\xi_1 + \xi_2 + \cdots + \xi_n}{\sigma \sqrt{n}}$$

identisch verteilter Summanden ξ_k mit

$$\mathsf{E}\,\xi_k = 0, \qquad \mathsf{D}^2\xi_k = \sigma^2$$

zuwenden. Wir setzen

$$\xi'_k = \frac{\xi_k}{\sigma}.$$

Dann lassen sich die ζ_n in der Form

$$\zeta_n = \frac{\xi'_1 + \xi'_2 + \cdots + \xi'_n}{\sqrt{n}}$$

darstellen. Wir bezeichnen mit $\varkappa_r$ die Semiinvarianten der ξ_k und erhalten mittels einer leichten Rechnung (siehe § 15) die Semiinvarianten von ξ'_k

$$\lambda_1 = 0,\ \lambda_2 = 1, \qquad \lambda_r = \frac{\varkappa_r}{\sigma^r} \quad \text{für} \quad r > 2, \tag{18}$$

und die Semiinvarianten der ζ_n

$$\begin{gathered}\varkappa_1^{(n)} = 0, \qquad \varkappa_2^{(n)} = 1,\\ \varkappa_r^{(n)} = \frac{\lambda_r}{n^{\frac{r-2}{2}}} = \frac{\varkappa_r}{n^{\frac{r-2}{2}}\sigma^r} \qquad \text{für } r > 2.\end{gathered} \tag{19}$$

Die Entwicklung (12) nimmt in unserem Falle dann die Form

$$F_n(x) - \Phi(x) \sim \sum_{r=3}^{\infty} \frac{c_r^{(n)}}{r!}\, \Phi^{(r)}(x) \tag{20}$$

an, wobei sich die Koeffizienten $c_r^{(n)}$ aus der formalen Gleichung

$$1 + \sum_{r=3}^{\infty} \frac{c_r^{(n)}}{r!}\, w^r = \exp\left\{\sum_{r=3}^{\infty} \frac{\lambda r}{r!\, n^{\frac{r-2}{2}}} (-w)^r\right\} \tag{21}$$

berechnen lassen. So ergibt sich

$$\left.\begin{aligned} c_3^{(n)} &= -\frac{\lambda_3}{n^{\frac{1}{2}}},\\ c_4^{(n)} &= \frac{\lambda_4}{n},\\ c_5^{(n)} &= -\frac{\lambda_5}{n^{\frac{3}{2}}},\\ c_6^{(n)} &= \frac{\lambda_6}{n} + \frac{10\,\lambda_3^2}{n}.\end{aligned}\right\} \tag{22}$$

Wir setzen die Ausdrücke für die $c_r^{(n)}$ in (20) ein und fassen die Glieder gleicher Ordnung bezüglich n zusammen. Das liefert die TSCHEBYSCHEWsche Entwicklung

$$F_n(x) - \Phi(x) \sim \frac{e^{-\frac{x^2}{2}}}{\sqrt{2\pi}} \left(\frac{Q_1(x)}{n^{\frac{1}{2}}} + \frac{Q_2(x)}{n} + \frac{Q_3(x)}{n^{\frac{3}{2}}} + \cdots \right). \tag{23}$$

Hierbei ergeben sich auch gleichzeitig

$$\left.\begin{aligned} Q_1(x) &= \frac{\lambda_3}{6}(1 - x^2), \\ Q_2(x) &= \frac{10\,\lambda_3^2}{6!} x^5 + \frac{1}{8}\left(\frac{\lambda_4}{3} - \frac{10\,\lambda_3^2}{9}\right) x^3 + \left(\frac{5\,\lambda_3^2}{24} - \frac{\lambda_4}{8}\right) x, \\ &\dots\dots\dots\dots\dots\dots \end{aligned}\right\} \tag{24}$$

Ein allgemeines Verfahren zur Berechnung der Polynome Q_r erhält man auf folgende Weise: Man entwickelt die rechte Seite von (21) nach Potenzen von $\frac{1}{\sqrt{n}}$

$$e^{\sum\limits_{k=1}^{\infty} \frac{\lambda_{k+2}}{(k+2)!} (-w)^{k+2} \left(\frac{1}{\sqrt{n}}\right)^k} = 1 + \sum_{k=1}^{\infty} P_k(-w) \left(\frac{1}{\sqrt{n}}\right)^k. \tag{25}$$

Es ist leicht zu sehen, daß die $P_k(-w)$ Polynome $3k$. Grades von w sind, deren Koeffizienten von $\lambda_3, \lambda_4, \dots, \lambda_{k+2}$ abhängen

$$\left.\begin{aligned} P_1(-w) &= \frac{\lambda_3}{6}(-w)^3, \\ P_2(-w) &= \frac{\lambda_4}{24} w^4 + \frac{\lambda_3^2}{72} w^6 \\ &\dots\dots\dots\dots \end{aligned}\right\} \tag{26}$$

Wir vergleichen die Entwicklung

$$1 + \sum_{r=3}^{\infty} \frac{c_r^{(n)}}{r!} w^r = 1 + \sum_{k=1}^{\infty} P_k(-w) \left(\frac{1}{\sqrt{n}}\right)^k \tag{27}$$

mit (20) und erhalten

$$F_n(x) - \Phi(x) \sim \sum_{k=1}^{\infty} P_k(-\Phi) \left(\frac{1}{\sqrt{n}}\right)^k, \tag{28}$$

wobei sich die $P_k(-\Phi)$ durch die $P_k(-w)$ berechnen lassen, indem man w^r durch $\Phi^{(r)}$ ersetzt.

Aus (1) und (28) ermitteln wir nun die allgemeine Formel für die Polynome Q_k

$$\frac{1}{\sqrt{2\pi}} Q_k(x)\, e^{-\frac{x^2}{2}} = P_k(-\Phi). \tag{29}$$

Die Entwicklung vom Typus (12) wurde nach TSCHEBYSCHEW von BRUNS [1] und CHARLIER [1] vom wahrscheinlichkeitstheoretischen Standpunkt aus untersucht. Die TSCHEBYSCHEWsche Entwicklung in der Form (28) wurde ausführlich von EDGEWORTH [1] behandelt.

Das zentrale Problem dieses Kapitels ist das asymptotische Verhalten des Restgliedes

$$R_k^{(n)}(x) = F_n(x) - \Phi(x) - \frac{e^{-\frac{x^2}{2}}}{\sqrt{2\pi}}\left[\frac{Q_1(x)}{\sqrt{n}} + \frac{Q_2(x)}{n} + \cdots + \frac{Q_k(x)}{(\sqrt{n})^k}\right]$$

der TSCHEBYSCHEWschen Entwicklung für $n \to \infty$. Das allgemeinste Ergebnis in dieser Hinsicht, stammt von CRAMÉR. Es wird im § 44 dargelegt. In den §§ 41 und 42 wird der Fall $k = 1$ behandelt, wobei es gelingt, Resultate unter etwas breiteren Annahmen als im § 44 zu erhalten. Im § 46 leiten wir einen Satz für Wahrscheinlichkeitsdichten ab, der dem Satz von § 44 analog ist. § 45 hat elementareren Charakter: In ihm wird die Frage nach den Bedingungen für die Konvergenz der Verteilungsdichten $p_n(x)$ normierter Summen ζ_n gegen die Dichte der Normalverteilung

$$\varphi(x) = \frac{e^{-\frac{x^2}{2}}}{\sqrt{2\pi}}$$

ohne Berücksichtigung weiterer Verschärfungen und Abschätzungen des Restgliedes behandelt werden. §§ 38 und 40 enthalten nur Hilfsmittel. Die Ergebnisse von § 39 werden erst im § 41 richtig in Erscheinung treten.

§ 38. Zwei Hilfssätze

Für unsere weiteren Untersuchungen benötigen wir noch zwei Hilfssätze von C. G. ESSEEN [1]. Hiernach kann man mittels der Annäherung der charakteristischen Funktionen zweier Funktionen beschränkter Schwankung etwas über die Annäherung dieser Funktionen selbst aussagen.

Satz 1. *Es seien A, T und $\varepsilon > 0$ Konstanten, $F(x)$ eine nichtabnehmende Funktion und $G(x)$ eine Funktion beschränkter Schwankung.*

Wenn

1. $F(-\infty) = G(-\infty)$, $F(+\infty) = G(+\infty)$,

2. $\int |F(x) - G(x)|\, dx < \infty$,

3. $G'(x)$ *für alle x existiert und* $|G'(x)| \leq A$,

4. $\displaystyle\int_{-T}^{T} \left|\frac{f(t) - g(t)}{t}\right| dt = \varepsilon$ *ist,*

dann gibt es für jedes $k > 1$ *eine endliche positive, nur von k abhängige Zahl* $c(k)$, *so daß*

$$|F(x) - G(x)| \leq k \frac{\varepsilon}{2\pi} + c(k) \frac{A}{T} \tag{1}$$

ist.

Beweis. Aus der Gleichung

$$f(t) - g(t) = \int e^{itx} d[F(x) - G(x)]$$

ergibt sich zunächst mittels partieller Integration die Gleichung

$$\frac{f(t) - g(t)}{-it} = \int e^{itx} [F(x) - G(x)] \, dx. \tag{2}$$

Wir bemerken, daß es genügt, den Beweis für den Fall $A = T = 1$ durchzuführen. Anderenfalls betrachten wir die Funktionen

$$F_1(x) = \frac{T}{A} F\left(\frac{x}{T}\right)$$

und

$$G_1(x) = \frac{T}{A} G\left(\frac{x}{T}\right).$$

Dann ist offenbar

$$|G_1'(x)| \leq 1, \quad \int_{-1}^{1} \left| \frac{f_1(t) - g_1(t)}{t} \right| dt = \frac{T\varepsilon}{A} = \varepsilon_1.$$

Wir nehmen an, daß der Satz schon für $A = T = 1$ bewiesen ist. Dann ist

$$|F_1(x) - G_1(x)| \leq k \frac{\varepsilon_1}{2\pi} + c(k).$$

Unter Verwendung der Definition von $F_1(x)$, $G_1(x)$ und ε_1 und erhalten wir die Beziehung (1).

Wir betrachten nun die Funktionen

$$H(x) = \frac{3}{8\pi} \left(\frac{\sin \frac{x}{4}}{\frac{x}{4}} \right)^4$$

und

$$h(t) = \begin{cases} 0 & \text{für } |t| \geq 1, \\ 2(1 - |t|)^3 & \text{für } \frac{1}{2} \leq |t| \leq 1, \\ 1 - 6t^2 + 6|t|^3 & \text{für } 0 \leq |t| \leq \frac{1}{2}. \end{cases}$$

Man verifiziert leicht, daß sie folgende Beziehungen erfüllen:

1. $h(t) = \int e^{itx} H(x)\,dx$;

2. $\int |x|\, H(x)\,dx = b < \infty$;

3. $\int H(x)\,dx = 1$.

Nun konstruieren wir die Funktion

$$v(x) = \int H(x-y)\,[F(y) - G(y)]\,dy.$$

Nach (2) und nach Satz 3a von § 11 gilt die Gleichung

$$\frac{f(t) - g(t)}{-it}\, h(t) = \int e^{itx}\, v(x)\,dx.$$

Da die links stehende Funktion absolut integrierbar ist, wird

$$v(x) = \frac{1}{2\pi}\int e^{-itx}\,\frac{f(t) - g(t)}{-it}\, h(t)\,dt.$$

Nach der Definition von $v(x)$ und da für $|t| \geq 1$ $h(t) = 0$ ist, ergibt sich

$$\int H(x-y)\,[F(y) - G(y)]\,dy = \frac{1}{2\pi}\int_{-1}^{1} e^{-itx}\,\frac{f(t) - g(t)}{-it}\, h(t)\,dt. \qquad (3)$$

Wir setzen nun

$$\Delta = \max_{-\infty < x < \infty} |F(x) - G(x)|.$$

Ohne Beschränkung der Allgemeinheit können wir

$$\Delta = |F(0) - G(0)|$$

und $F(0) > G(0)$ voraussetzen. Hiermit folgt unter Berücksichtigung der Beziehung $|G'(x)| \leq 1$, daß für $0 \leq x \leq \Delta$

$$\Delta \geq F(x) - G(x) \geq \Delta - |x| \qquad (4)$$

ist.

Aus (3) folgern wir

$$\left|\int H(x-y)\,[F(y) - G(y)]\,dy\right| \leq \frac{1}{2\pi}\int_{-1}^{1}\left|\frac{f(t) - g(t)}{t}\right| \cdot |h(t)|\,dt \leq$$

$$\leq \frac{1}{2\pi}\int_{-1}^{1}\left|\frac{f(t) - g(t)}{t}\right| dt = \frac{\varepsilon}{2\pi}.$$

Wegen (4) ist offenbar

$$\frac{\varepsilon}{2\pi} \geq \left| \int H(x-y)\,[G(y)-F(y)]\,dy \right| \geq \int_0^{\Delta} (\Delta - |y|)\,H(x-y)\,dy -$$

$$-\int_{-\infty}^{0} H(x-y)\,|F(y)-G(y)|\,dy - \int_{\Delta}^{\infty} H(x-y)\,|F(y)-G(y)|\,dy \geq$$

$$\geq \int_0^{\Delta} (\Delta - y)\,H(x-y)\,dy - \Delta \left[\int_{-\infty}^{0} H(x-y)\,dy + \int_{\Delta}^{\infty} H(x-y)\,dy \right] =$$

$$= \int_0^{\Delta} (2\Delta - y)\,H(x-y)\,dy - \Delta .$$

Es gilt

$$\int_0^{\Delta} (2\Delta - y)\,H(x-y)\,dy = \int_{-x}^{\Delta - x} (2\Delta - x - z)\,H(z)\,dz \geq$$

$$\geq (2\Delta - x) \int_{-x}^{\Delta - x} H(z)\,dz - \int |z|\,H(z)\,dz .$$

Somit ist

$$-\Delta + (2\Delta - x) \int_{-x}^{\Delta - x} H(z)\,dz \leq \frac{\varepsilon}{2\pi} + b .$$

Da $0 < x < \Delta$ ist, können wir ein $\theta (0 < \theta < 1)$ finden mit $x = \Delta \cdot \theta$. Dann geht die letzte Ungleichung über in

$$\Delta \left\{ (2-\theta) \int_{-\theta\Delta}^{\Delta(1-\theta)} H(z)\,dz - 1 \right\} \leq \frac{\varepsilon}{2\pi} + b .$$

Man kann immer, wie $k > 1$ auch gewählt sei, solche $\theta(k) > 0$ und $\alpha(k) > 0$ angeben, für die

$$(2-\theta(k)) \int_{-\theta(k)\alpha(k)}^{(1-\theta(k))\alpha(k)} H(z)\,dz - 1 = \frac{1}{k} \tag{5}$$

ist.

Wir betrachten nun die beiden möglichen Fälle:

$$1.\ \Delta \leq \alpha(k), \qquad 2.\ \Delta > \alpha(k).$$

Im zweiten Falle wählen wir x so, daß $\theta = \theta(k)$. Offenbar gilt dann die Abschätzung

$$1 + \frac{1}{k} = (2-\theta(k)) \int_{-\alpha(k)\theta(k)}^{(1-\theta(k))\alpha(k)} H(z)\,dz \leq (2-\theta) \int_{-\Delta\theta}^{\Delta(1-\theta)} H(z)\,dz .$$

In diesem Falle ist also

$$\Delta \leq \frac{k\varepsilon}{2\pi} + kb < \frac{k\varepsilon}{2\pi} + (kb + \alpha(k)).$$

Im ersten Falle wird

$$\Delta \leq \alpha(k) < \frac{k\varepsilon}{2\pi} + (kb + \alpha(k)).$$

Wir setzen nun $c(k) = kb + \alpha(k)$ und schließen damit den Beweis des Satzes ab.

Wir benötigen noch einen anderen Satz, der dem gerade bewiesenen sehr ähnlich ist. Er setzt jedoch nicht voraus, daß $G(x)$ für alle x stetig ist.

Satz 2. *Es seien A, T, ε beliebige positive Konstanten, $F(x)$ eine nichtabnehmende reine Treppenfunktion und $G(x)$ eine Funktion mit beschränkter Schwankung. Wenn*

1. $F(-\infty) = G(-\infty) = 0,\ F(+\infty) = G(+\infty)$,
2. $\int |F(x) - G(x)|\, dx < \infty$,
3. *$F(x)$ und $G(x)$ nur Sprünge in den Punkten $x = x_\nu (x_\nu < x_{\nu+1};\ \nu = 0, \pm 1, \pm 2, \ldots)$ aufweisen und ein $l > 0$ existiert, so daß* $\min (x_{\nu+1} - x_\nu) \geq l$ *ist,*
4. *überall, mit Ausnahme der Punkte $x = x_\nu$ $(\nu = 0, \pm 1, \pm 2, \ldots)$*
$$|G'(x)| \leq A,$$
5. $$\int_{-T}^{T} \left| \frac{f(t) - g(t)}{t} \right| dt = \varepsilon$$

ist, dann gibt es zu jedem $k > 1$ zwei endliche nur von k abhängige Zahlen $c_1(k)$ und $c_2(k)$, so daß

$$|F(x) - G(x)| \leq k \frac{\varepsilon}{2\pi} + c_1(k) \frac{A}{T},$$

wenn nur $Tl \geq c_2(k)$ ist.

Beweis. Wie in dem eben bewiesenen Satz können wir $A = T = 1$ und

$$\Delta = \sup_{-\infty < x < +\infty} |F(x) - G(x)| = |F(0) - G(0)|$$

setzen. Zur Untersuchung des gegenseitigen Verhaltens der Funktionen $F(x)$ und $G(x)$ in einer Umgebung des Punktes $x = 0$ kann man verschiedene Fälle unterscheiden. Diese Fälle werden völlig gleichartig behandelt. Wir beschränken uns auf den Fall, daß für jedes ν die $x_\nu \neq 0$ sind und der dem Nullpunkt am nächsten gelegene Punkt $x_\gamma > 0$ vom Nullpunkt einen Abstand, nicht kleiner als $\frac{l}{2}$ besitzt. Setzt man $\delta = \min\left(\Delta, \frac{l}{2}\right)$, dann ergibt sich wie im vorhergehenden Satz (für $x = \delta\theta$)

$$\Delta \left\{ (2-\theta) \int_{-\theta\delta}^{(1-\theta)\delta} H(y)\, dy - 1 \right\} \leq \frac{\varepsilon}{2\pi} + b.$$

Für beliebiges $k > 1$ wählen wir wiederum $\theta(k)$ so klein und $\alpha(k)$ so groß, daß die Beziehung (5) gilt. Wenn nun $\Delta \geq \alpha(k)$ und $\frac{l}{2} \geq \alpha(k)$ ist, so wird $\delta \geq \alpha(k)$ und somit

$$\Delta \leq k \frac{\varepsilon}{2\pi} + k b < k \frac{\varepsilon}{2\pi} + (k b + \alpha(k)).$$

Im Falle $\Delta < \alpha(k)$ wird diese Ungleichung trivialerweise erfüllt. Wir setzen $c_1 = kb + \alpha(k)$ und $c_2(k) = 2\alpha(k)$ und haben damit den vollständigen Beweis des Satzes.

§ 39. Abschätzung des Restgliedes im Ljapunowschen Satz

Ehe wir auf die eigentliche Aufgabe eingehen, wollen wir noch einige Bezeichnungen einführen, die in den weiteren Ausführungen beibehalten werden sollen. Wir setzen

$$\varrho_s = \frac{\beta_s}{\beta_2^{\frac{s}{2}}} = \frac{\beta_s}{\sigma_s} \qquad \text{und} \qquad \lambda_s = \frac{\varkappa_s}{\sigma_s}. \tag{1}$$

Offenbar sind ϱ_s und λ_s die s-ten Momente bzw. s-ten Semiinvarianten der Zufallsgröße $\frac{\xi}{\sigma}$. Daher gilt nach (5) und (23), § 15 die Ungleichungskette

$$0 \leq \varrho_1 \leq \varrho_2^{\frac{1}{2}} \leq \varrho_3^{\frac{1}{3}} \leq \cdots \leq \varrho_s^{\frac{1}{s}} \leq \cdots, \tag{2}$$

$$|\lambda_s| < s^s \varrho^s. \tag{3}$$

Ljapunow erhielt beim Beweis seines Satzes nicht nur die Aussage von der Konvergenz der Verteilungsfunktionen normierter Summen gegen die Normalverteilung, sondern auch eine Abschätzung über die Schnelligkeit der Konvergenz. Setzt man die Existenz der dritten Momente voraus, so gilt die Ungleichung

$$|F_n(x) - \Phi(x)| < c\, \varrho_3 \frac{\log n}{\sqrt{n}},$$

wobei c eine Konstante ist (H. Cramér [2] bewies, daß $c = 3$ gesetzt werden kann).

Das Ziel des gegenwärtigen Paragraphen ist der Beweis des folgenden, weiter reichenden Resultates, welches zuerst von H. Cramér [4] unter gewissen ergänzenden Bedingungen und in der hier angeführten Form von C. G. Esseen [1] und A. C. Berry [1] erhalten wurde. (Über die Erweiterung dieser Aussage auf verschieden verteilte Summanden siehe H. Cramér [4].)

Satz 1. *Wenn die Größen $\xi_1, \xi_2, \ldots, \xi_n, \ldots$ endliche dritte Momente haben, dann wird*

$$|F_n(x) - \Phi(x)| \leq c \frac{\varrho_3}{\sqrt{n}},$$

wobei c eine Konstante ist (BERRY [1] bewies, daß man $c = 1{,}88$ wählen kann[1]).

Wir erwähnen noch, daß die Größenordnung der Abschätzung dieses Satzes im allgemeinen nicht verbessert werden kann, auch dann nicht, wenn wir die Existenz der Momente aller ganzen Ordnungen verlangen. Davon überzeugen wir uns an einem Beispiel: Die Summanden sollen gleich verteilt sein und nur zwei Werte: $+1$ und -1 annehmen, beide mit der Wahrscheinlichkeit $1/2$. Im Punkte $x = 0$ hat $F_n(x)$, wie dies aus dem lokalen Satz von MOIVRE-LAPLACE folgt, einen Sprung, der asymptotisch gleich $\frac{1}{\sqrt{2\pi n}}$ ist. Das beweist offenbar die obige Bemerkung.

Der Beweis des oben formulierten Satzes gründet sich auf den Satz 1 von § 38 und die folgende Behauptung.

Satz 2. *Wenn die Zufallsgrößen $\xi_1, \xi_2, \ldots, \xi_n$ identisch verteilt sind und endliche dritte Momente haben, dann gilt für*

$$|t| \leq \frac{\sigma^3 \sqrt{n}}{5\beta_3} = T_n$$

die Ungleichung

$$\left| f_n(t) - e^{-\frac{t^2}{2}} \right| \leq \frac{7}{6} \frac{|t|^3 \beta_3}{\sigma^3 \sqrt{n}} e^{-\frac{t^2}{4}}.$$

Beweis. In der Tat, aus

$$f\left(\frac{t}{B_n}\right) = 1 - \frac{t^2}{2n} + i \frac{t^3}{6 B_n^3} \int e^{i\theta t x} x^3 \, dF(x)$$

folgt

$$\left| f\left(\frac{t}{B_n}\right) \right| \geq 1 - \frac{t^2}{2n} - \frac{|t|^3}{6 B_n^3} \beta_3 \geq 1 - \frac{T_n^3}{2n} - \frac{T_n^3}{6 B_n^3} \beta_3 = 1 - \frac{\sigma^6}{50 \beta_3^2} \left(1 + \frac{1}{15}\right).$$

Da nach (5), § 15 $\sigma^6 = \beta_2^3 \leq \beta_3^2$ ist, wird

$$\left| f\left(\frac{t}{B_n}\right) \right| > \frac{24}{25},$$

und damit ist $f\left(\frac{t}{B_n}\right)$ für $|t| \leq T_n$ verschieden von Null. Man kann daher in dem betrachteten Bereich schreiben

$$f_n(t) = e^{n \log f\left(\frac{t}{B_n}\right)}.$$

[1]) BERRYS Abschätzung enthält, wie P. L. HSU, The approximate distributions of the mean an variance of a sample of independent variables, Annals of Math. Statistics XVI (1945) S. 2, Fußnote 4, bemerkt, einen Fehler.

Nun ist aber

$$n \log f\left(\frac{t}{B_n}\right) = -\frac{t^2}{2} + \frac{n\,t^3\,\alpha}{6\,B_n^3}$$

mit

$$\alpha = \left[\frac{d^3}{dz^3} \log f(z)\right]_{z=\theta\frac{t}{B_n}}.$$

Folglich ist

$$\left| f_n(t) - e^{-\frac{t^2}{2}} \right| = e^{-\frac{t^2}{2}} \left| e^{\frac{t_\alpha^3}{6\sigma^3\sqrt{n}}} - 1 \right|.$$

Da

$$\left| e^{\beta} - 1 \right| = \left| \sum_{k=1}^{\infty} \frac{\beta^k}{k!} \right| \leq \sum_{k=1}^{\infty} \frac{|\beta|^k}{(k-1)!} = |\beta|\, e^{|\beta|}$$

und

$$\left| \frac{d^3}{dz^3} \log f(z) \right| \leq 7\,\beta^3$$ [1]

ist, wird

$$\left| f_n(t) - e^{-\frac{t^2}{2}} \right| \leq e^{-\frac{t^2}{2}} \cdot \frac{7\,|t|^3\,\beta_3}{6\,\sigma^3\sqrt{n}} \cdot e^{\frac{7\,|t|^3\,\beta_3}{6\,\sigma^3\sqrt{n}}}.$$

Schließlich folgt aus

$$\frac{t^2}{4} - \frac{7\,|t|^3\,\beta_3}{6\,\sigma^3\sqrt{n}} = \frac{t^2}{4}\left(1 - \frac{14}{3} \cdot \frac{|t|}{\sqrt{n}} \cdot \frac{\beta_3}{\sigma^3}\right) \geq \frac{t^2}{4}\left(1 - \frac{5\,T_n}{\sqrt{n}} \cdot \frac{\beta_3}{\sigma^3}\right) = 0$$

die Beziehung

$$\left| f_n(t) - e^{-\frac{t^2}{2}} \right| \leq \frac{7\,|t|^3\,\beta_3}{6\sigma^3\sqrt{n}}\, e^{-\frac{t^2}{4}}.$$

---

[1]) Die angegebene Abschätzung kann man auf folgende Weise erhalten:

$$\left| \frac{d^3}{dz^3} \log f(z) \right| = \left| \frac{(f''' \cdot f - f' \cdot f'') \cdot f - 2f'\,(f'' \cdot f - f'^2)}{f^3} \right| \leq \frac{\beta_3 + 3\,\beta_1\,\beta_2 + 2\,\beta_1^3}{|f|^3} \leq$$

$$\leq \frac{\beta_3 + 3\,\beta_1\,\beta_2 + 2\,\beta_1^3}{\left(\frac{24}{25}\right)^3}.$$

Da

$$\beta_1^3 \leq \beta_2^{\frac{3}{2}} \leq \beta_3$$

ist, wird

$$\beta_3 + 3\,\beta_1\,\beta_2 + 2\,\beta_1^3 \leq 6\,\beta_3,$$

und folglich

$$\left| \frac{d^3}{dz^3} \log f(z) \right| \leq 7\,\beta_3.$$

Jetzt läßt sich der Beweis des Satzes 1 mit einigen Worten führen. Wir setzen im Satz 1, § 38

$$F(x) = F_n(x), \quad G(x) = \Phi(x),$$

$$A = \max_{-\infty < x < +\infty} |\Phi'(x)| = \frac{1}{\sqrt{2\pi}}, \qquad T = T_n = \frac{\sqrt{n}}{5\varrho_3}.$$

Wegen der eben bewiesenen Behauptung wird

$$\varepsilon = \int_{-T}^{T} \left| \frac{f_n(t) - e^{-\frac{t^2}{2}}}{t} \right| dt \leq \frac{7\varrho_3}{6\sqrt{n}} \int t^2 e^{-\frac{t^2}{4}} dt = \frac{7}{3} \sqrt{\pi} \frac{\varrho_3}{\sqrt{n}}.$$

Also ist nach Satz 1, § 38

$$|F_n(x) - \Phi(x)| \leq \frac{k}{2\pi} \cdot \frac{7\sqrt{\pi}}{3} \cdot \frac{\varrho_3}{\sqrt{n}} + \frac{c(k)}{\sqrt{2\pi}} \cdot \frac{5\varrho_3}{\sqrt{n}} = c \cdot \frac{\varrho_3}{\sqrt{n}}.$$

§ 40. Ein Hilfssatz

Im § 37 erhielten wir für die charakteristische Funktion einer Summe

$$\zeta_n = \frac{\xi_1 + \xi_2 + \cdots + \xi_n}{\sqrt{n}\,\sigma} \tag{1}$$

unabhängiger identisch verteilter Summanden die formale Entwicklung

$$f_n(t) \sim e^{-\frac{t^2}{2}} \left(1 + \sum_{k=1}^{\infty} P_k(it) \left(\frac{1}{\sqrt{n}}\right)^k\right).$$

In diesem Paragraphen werden wir einige Eigenschaften dieser Entwicklung ableiten.

Satz 1. *Wenn in der Summe* (1) *die Summanden endliche Momente bis zur s-ten Ordnung* ($s \geq 3$) *einschließlich haben, dann gelten für* $|t| \leq T_{sn} = \dfrac{\sqrt{n}}{8s\varrho_s^{\frac{s}{s}}}$ *die Ungleichungen*

$$\text{a)} \quad \left| f_n(t) - e^{-\frac{t^2}{2}} \left(1 + \sum_{k=1}^{s-3} P_k(it) \left(\frac{1}{\sqrt{n}}\right)^k\right) \right| \leq$$

$$\leq \frac{c_1(s)}{T_{sn}^{s-2}} \left(|t|^s + |t|^{3(s-2)}\right) e^{-\frac{t^2}{4}}, \tag{2}$$

wobei $c_1(s)$ *nur von s abhängt:*

$$\text{b)} \quad \left| f_n(t) - e^{-\frac{t^2}{2}} \left(1 + \sum_{k=1}^{s-2} P_k(it) \left(\frac{1}{\sqrt{n}}\right)^k\right) \right| \leq$$

$$\leq c_2(s) \frac{\delta(n)}{T_{sn}^{s-2}} \left(|t|^s + |t|^{3(s-2)}\right) e^{-\frac{t^2}{4}}, \tag{3}$$

wobei $\delta(n)$ *nur von n und* $\lim_{n \to \infty} \delta(n) = 0$ *abhängt.*

Beweis des Satzes 1a).

Auf Grund der Voraussetzungen des Satzes können wir schreiben:

$$U = f\left(\frac{t}{B_n}\right) - 1 = \sum_{k=2}^{s-1} \frac{\alpha_k}{k!}\left(\frac{it}{B_n}\right)^k + \vartheta_1 \frac{\beta_s}{s!}\left(\frac{t}{B_n}\right)^s \tag{4}$$

mit $|\vartheta| \leq 1$. Für $|t| \leq T_{sn}$ ist nach (5), § 15

$$\frac{\beta_k^{\frac{1}{k}}|t|}{B_n} \leq \frac{\beta_s^{\frac{1}{s}} T_{sn}}{B_n} = \frac{1}{8s}\left(\frac{\beta_2^s}{\beta_s^2}\right)^{\frac{1}{s}} \leq \frac{1}{8s}.$$

Hieraus ergibt sich nach Definition der Größen α_k und β_k und nach Ungleichung (5) von § 15

$$|U| \leq \sum_{k=2}^{\infty} \frac{1}{k!}\left(\frac{\beta_s^{\frac{1}{s}}|t|}{B_n}\right)^k \leq \sum_{k=2}^{\infty} \frac{1}{k!}\left(\frac{1}{8s}\right)^k \leq \frac{1}{100}.$$

Folglich ist

$$\log f\left(\frac{t}{B_n}\right) = \log(1 + U) = \sum_{1 \leq j < \frac{s}{2}} (-1)^{j+1} \frac{U^j}{j} + \frac{2\vartheta_2}{s} U^{\frac{s}{2}} \quad (|\vartheta_2| \leq 1). \tag{5}$$

Wir betrachten (4) als eine formale Entwicklung von U in eine Potenzreihe nach t. Wie man leicht sieht, ist die Reihe

$$\sum_{k=1}^{\infty} \frac{1}{k!}\left(\frac{\beta_s^{\frac{1}{s}}|t|}{B_n}\right)^k$$

hiervon eine Majorante,

$$\sum_{k=2j}^{\infty} \frac{1}{k!}\left(\frac{j\beta_s^{\frac{1}{s}}|t|}{B_n}\right)^k, \quad 1 \leq j < \frac{s}{2};$$

majorisiert die Entwicklung von U^j nach Potenzen von t.

Daher ist

$$\sum_{k=s}^{\infty} \frac{k}{1!}\left(\frac{j\beta_s^{\frac{1}{s}}|t|}{B_n}\right)^k$$

eine Majorante für die Summe der Glieder von U, die Potenzen von t vom Grade $\geq s$ enthalten. Mit Hilfe einer einfachen Rechnung ergibt sich hieraus für $|t| \leq T_{sn}$

$$\log f\left(\frac{t}{B_n}\right) = \sum_{k=2}^{s-1} \frac{\varkappa_k}{k!}\left(\frac{it}{B_n}\right)^k + \vartheta_3 \frac{s^s \beta_s}{s!}\left(\frac{t}{B_n}\right)^s = -\frac{t^2}{2n} + \sum_{k=2}^{s-1} \frac{\lambda_k}{k!}\left(\frac{it}{\sqrt{n}}\right)^k +$$

$$+ \vartheta_3 \varrho_s \frac{s^s}{s!}\left(\frac{t}{\sqrt{n}}\right)^s \quad (|\vartheta_3| \leq 1).$$

Hieraus folgt dann

$$\log f_n(t) = -\frac{t^2}{2} + n\sum_{k=2}^{s-1}\frac{\lambda_k}{k!}\left(\frac{it}{\sqrt{n}}\right)^k + \vartheta_3\varrho_s\frac{s^s}{s!}\,n\left(\frac{t}{\sqrt{n}}\right)^s.$$

Jetzt sei

$$V = \log\left\{e^{\frac{t^2}{2}}(f_n(tz))^{\frac{1}{z^2}}\right\} = \sum_{k=1}^{s-3}\frac{\lambda_{k+2}\,(it)^{k+2}}{(k+2)!}\left(\frac{z}{\sqrt{n}}\right)^k + \vartheta_3\frac{s^s}{s!}\varrho_s\left(\frac{z}{\sqrt{n}}\right)^{s-2}.$$

Wir entwickeln e^V in eine Potenzreihe nach z, indem wir z als reelle Veränderliche, $|z| \le 1$, annehmen und t und n festhalten. Dann erhalten wir (siehe (25) § 37)

$$e^V = e^{\frac{t^2}{2}}(f_n(tz))^{\frac{1}{z^2}} = 1 + \sum_{k=1}^{s-3} P\,(it)\left(\frac{z}{\sqrt{n}}\right)^k + R(z),$$

wobei $R(z) = O(z^{s-2})$ für gegen Null strebendes z ist.

Wir majorisieren die Potenzreihe von V durch

$$\frac{\varrho_3}{3}|t|^3\frac{|z|}{\sqrt{n}} + \sum_{k=2}^{s-2}\frac{(k+2)^{k+2}}{(k+2)!}\varrho_{k+2}|t|^{k+2}\left|\frac{z}{\sqrt{n}}\right|^k + \sum_{k=s-1}^{s-3}\frac{\left(\varrho_s^{\frac{1}{s}}|t|\right)^{k+2}}{k!}\left|\frac{z}{\sqrt{n}}\right|^k.$$

Hier wird nun für $1 < k \le s-2$

$$\frac{(k+2)^{k+2}}{(k+2)!} \le 3\,\frac{(k+2)^{k-1}}{(k-1)!} \le 3\,\frac{s^{k-1}}{(k-1)!}$$

und

$$\varrho_{k+2} \le \varrho_s^{\frac{k+2}{s}}.$$

Daher majorisiert die Reihe

$$3\left(\varrho_s^{\frac{1}{s}}|t|\right)^3\frac{z}{\sqrt{n}}\sum_{k=0}^{\infty}\frac{1}{k!}\left(\frac{s\,\varrho_s^{\frac{2}{s}}\,|tz|}{\sqrt{n}}\right)^k \tag{6}$$

erst recht die Reihe für V. Selbstverständlich wird dann die Reihe für V^j durch die Reihe

$$3^j\left(\varrho_s^{\frac{1}{s}}|t|\right)^{3j}\left|\frac{z}{\sqrt{n}}\right|^j\sum_{k=0}^{\infty}\frac{1}{k!}\left(\frac{j\,s\,\varrho_s^{\frac{1}{s}}|t\,z|}{\sqrt{n}}\right)^k \tag{7}$$

majorisiert. Wir schätzen jetzt das Restglied $R(z)$ ab. Es ist

$$e^V = \sum_{k=0}^{s-3}\frac{V^k}{k!} + \vartheta_4\,V^{s-2}\,e^{|V|} \qquad \left(|\vartheta_4| \le \frac{1}{(s-2)!}\right).$$

Ferner ist

$$\sum_{k=0}^{s-3}\frac{V^k}{k!} = 1 + \sum_{k=1}^{s-3}P_k\,(it)\left(\frac{z}{\sqrt{n}}\right)^k + \omega(z),$$

wobei $\omega(z)$ nur Potenzen von z von der $(s-2)$-ten Ordnung an enthält. Unter Verwendung von (6) und (7) folgt

$$|\omega(z)| \leq \sum_{j=1}^{s-3} 3^j \left(\varrho_s^{\frac{1}{s}}|t|\right)^{3j} \left|\frac{z}{\sqrt{n}}\right|^j \sum_{k=s-2-j}^{\infty} \frac{1}{k!} \left(\frac{js\varrho_s^{\frac{1}{s}}|tz|}{\sqrt{n}}\right)^k .$$

Da $|z| \leq 1$ ist, wird für $|t| \leq T_{sn}$

$$\frac{js\varrho_s^{\frac{1}{s}}|tz|}{\sqrt{n}} \leq \frac{j\varrho_s^{\frac{1}{s}}}{8\varrho_s^{\frac{3}{s}}} \leq \frac{j}{8} \leq \frac{s}{8} \tag{8}$$

und

$$\sum_{k=s-2-j}^{\infty} \frac{1}{k!} \left(\frac{js\varrho_s^{\frac{1}{s}}|tz|}{\sqrt{n}}\right)^k \leq \left(\frac{js\varrho_s^{\frac{1}{s}}|tz|}{\sqrt{n}}\right)^{s-2-j} \sum_{k=0}^{\infty} \frac{\left(\frac{s}{8}\right)^k}{(s+k-2-j)!} \leq$$

$$\leq \left(\frac{s^2\varrho_s^{\frac{1}{s}}|tz|}{\sqrt{n}}\right)^{s-2-j} e^{\frac{s}{8}} .$$

Also ist

$$|\omega(z)| \leq \frac{3}{s^2}\, e^{\frac{s}{5}} \left(\frac{s^2\varrho_s^{\frac{1}{s}}|tz|}{\sqrt{n}}\right)^{s-2} \sum_{j=1}^{s-3} \left(\varrho_s^{\frac{1}{s}}|t|\right)^{2j} .$$

Für eine beliebige geometrische Reihe mit $a > 0$ gilt aber

$$\sum_{j=1}^{s-3} a^j \leq (s-3)\,(a + a^{s-2}),$$

und daher

$$|\omega(z)| \leq \frac{3\,(s-3)}{s^2}\, e^{\frac{s}{8}}\, s^{(s-2)} \left(\frac{s\varrho_s^{\frac{1}{s}}|t|}{\sqrt{n}}\right)^{s-2} \left(\left(\varrho_s^{\frac{1}{s}}|t|\right)^2 + \left(\varrho_s^{\frac{1}{s}}|t|\right)^{2(s-2)}\right) \leq$$

$$\leq \frac{3\,(s-3)}{s^2}\, e^{\frac{s}{8}}\, s^{(s-2)} \left(\frac{s\varrho_s^{\frac{3}{s}}}{\sqrt{n}}\right)^{s-2} \left[\frac{|t|^s}{\varrho_s^{\frac{2(s-3)}{\sigma}}} + |t|^{3(s-2)}\right] \leq$$

$$\leq \frac{c'(s)}{T_{sn}^{s-2}} \left(|t|^s + |t|^{3(s-2)}\right).$$

Wir schätzen noch $V^{s-2} e^{|V|}$ ab. Nach (7) und (8) wird

$$|V|^{c-2} e^{|V|} \leq 3^{s-2} \left(\varrho_s^{\frac{1}{s}}|t|\right)^{3(s-2)} \left(\frac{1}{\sqrt{n}}\right)^{s-2} e^{\frac{s}{8}+|V|} .$$

Wegen (6) und (8) ergibt sich jedoch

$$|V| \leq 3\, t^2 \frac{\varrho_s^{\frac{3}{s}} |t|}{\sqrt{n}}\, e^{\frac{1}{8}} = \frac{3}{8s}\, t^2 e^{\frac{1}{8}} < \frac{t^2}{4}.$$

Aus den erhaltenen Ungleichungen folgern wir nun die Beziehung

$$|V|^{k-2} e^{|V|} \leq c''\ (s)\ \frac{|t|^{3(s-2)}}{T_{sn}^{s-2}}\, e^{\frac{t^2}{4}}.$$

Somit ist

$$|R(z)| \leq \frac{c_1(k)}{T_{kn}^{k-2}} \left[|t|^s + |t|^{3(s-2)} + |t|^{3(s-2)} e^{\frac{t^2}{4}} \right].$$

Da

$$[f_n(tz)]^{\frac{1}{z^2}} - \left[1 + \sum_{k=1}^{s-3} P_k(it) \left(\frac{z}{\sqrt{n}} \right)^k \right] e^{\frac{t^2}{2}} = |R(z)|\, e^{-\frac{t^2}{2}}$$

ist, ergibt sich für $z = 1$ die Behauptung des Satzes.

Der Satz 1b) wird ähnlich bewiesen. Hierzu hat man nur an Stelle der Entwicklung (5) in einer Umgebung des Punktes $t = 0$ die Entwicklung

$$U = \sum_{k=2}^{s} \frac{\alpha_k}{k!} \left(\frac{it}{B_n} \right)^k + o \left(\frac{t}{B_n} \right)^k$$

zu verwenden. Wir wollen diese Überlegungen nicht mehr durchführen.

§ 41. Verschärfung des LJAPUNOWschen Satzes für nichtgitterförmige Verteilungen

Das Hauptziel dieses Paragraphen wird der Beweis des Satzes 2 sein. Dazu benötigen wir noch den folgenden Hilfssatz (C. G. ESSEEN [1]).

Satz 1. *Ist eine Funktion $F(x)$ nicht gitterförmig, so gibt es zu jedem $\omega > o$ eine Funktion $\lambda(n)$, so daß $\lim_{n \to \infty} \lambda(n) = \infty$ und*

$$I = \int_{\omega}^{\lambda(n)} \frac{|f^n(t)|}{t}\, dt = o \left(\frac{1}{\sqrt{n}} \right) \tag{1}$$

ist.

Beweis. Ist $F(x)$ so beschaffen, daß[1]

$$\overline{\lim_{|t| \to \infty}}\, |f(t)| < 1$$

ist, so wird der zu beweisende Satz trivial.

[1]) Diese Forderung nennt H. CRAMÉR Bedingung (C). Die Ergebnisse des § 44 werden sich unter der Voraussetzung ergeben, daß die Bedingung (C) erfüllt ist.

In der Tat, aus Satz 5, § 14 und der Bedingung (C) folgern wir, daß es zu jedem $\varepsilon > 0$ ein $c(\varepsilon) > 0$ gibt, so daß für $|t| \geq \varepsilon$ die Ungleichung $|f(t)| \leq e^{-c(\varepsilon)} < 1$ gilt.

Daher gibt es insbesondere ein $c > 0$, daß für $|t| \geq \omega$ die Ungleichung $|f| \leq e^{-c}$ gilt.

Wir setzen $\gamma(n) = n$ und erhalten

$$I \leq \int_{\omega}^{n} \frac{e^{-cn}}{t}\, dt = e^{-cn} \log \frac{n}{\omega} = o\left(\frac{1}{\sqrt{n}}\right).$$

Es sei jetzt

$$\overline{\lim_{|t| \to \infty}}\, |f(t)| = 1.$$

Da die zu betrachtende Verteilung nach Voraussetzung nicht gitterförmig ist, kann für kein $t_0 \neq 0$ die Gleichung $|f(t_0)| = 1$ gelten (siehe Satz 5, § 14). Daher kann man für $t \geq \omega$ eine Funktion $a(t)$ mittels der Gleichung

$$1 - \frac{1}{a(t)} = \max_{\omega \leq \tau < t} |f(\tau)|$$

definieren. Offensichtlich ist $a(t)$ stetig, nichtabnehmend und erfüllt wegen der Voraussetzung $\overline{\lim}_{|t| \to \infty} |f(t)| = 1$ die Beziehung

$$\lim_{t \to \infty} a(t) = \infty.$$

Aus der Definition von $a(t)$ ergibt sich

$$I = \int_{\omega}^{\lambda(n)} \frac{|f(t)|^n}{t}\, dt \leq \int_{\omega}^{\lambda(n)} \frac{\left(1 - \frac{1}{a(t)}\right)^n}{t}\, dt.$$

Ist $a(n) \leq \sqrt{n}$, so setzen wir $\lambda(n) = n$. Hierbei erhalten wir

$$I \leq \int_{\omega}^{n} \frac{1}{t}\left(1 - \frac{1}{\sqrt{n}}\right)^n dt \leq e^{-\frac{\sqrt{n}}{2}} \log \frac{n}{\omega} = o\left(\frac{1}{\sqrt{n}}\right).$$

Ist aber $a(n) > \sqrt{n}$, so wird

$$I \leq \int_{\omega}^{\lambda(n)} \frac{1}{t}\left(1 - \frac{1}{a(\lambda(n))}\right)^n dt = \left(1 - \frac{1}{a(\lambda(n))}\right)^n \log \frac{\lambda(n)}{\omega}.$$

$t(a)$ sei die Umkehrfunktion von $a(t)$. Offenbar wird $\lim_{a \to \infty} t(a) = \infty$. Wir setzen jetzt $\lambda(n) = t(\sqrt{n})$. Dann ist $a(\lambda(n)) = a(t(\sqrt{n})) = \sqrt{n}$. Aus

$a(n) > \sqrt{n}$ folgt weiter $t(\sqrt{n}) < n$ und somit $\lambda(n) < n$. Also ist auch in diesem Falle

$$I \leq \left(1 - \frac{1}{\sqrt{n}}\right)^n \log \frac{n}{\omega} = o\left(\frac{1}{\sqrt{n}}\right).$$

Der Satz ist damit vollständig bewiesen.

Der unten formulierte Satz 2 wurde von H. CRAMÉR [4] unter der Voraussetzung bewiesen, daß die Bedingung (C) erfüllt ist. C. G. ESSEEN [1] bewies ihn in der unten angegebenen Form.

Satz 2. *Sind die unabhängigen Zufallsgrößen $\xi_1, \xi_2, \ldots, \xi_n$ identisch verteilt, nicht gitterförmig und besitzen sie endliche dritte Momente, dann gilt gleichmäßig bezüglich x*

$$F_n(x) - \Phi(x) = \frac{e^{-\frac{x^2}{2}}}{\sqrt{2\pi}} \cdot \frac{Q_1(x)}{\sqrt{n}} + o\left(\frac{1}{\sqrt{n}}\right). \tag{2}$$

Dabei ist $Q_1(x) = \frac{\lambda_3}{6}(1 - x^2) = \frac{\alpha_3}{6\sigma^3}(1 - x^2)$ (siehe (1), § 37 und (24), § 37).

Beweis. Setzen wir im Satz 1 b), § 40 $s = 3$, so erhalten wir

$$\left| f_n(t) - e^{-\frac{t^2}{2}} - \frac{P_1(it)}{\sqrt{n}} e^{-\frac{t^2}{2}} \right| \leq \frac{\delta(n)}{\sqrt{n}} (|t|^3 + |t|^6) e^{-\frac{t^2}{4}}. \tag{3}$$

Die charakteristische Funktion der Funktion

$$P_1(-\Phi) = -\frac{\alpha_3}{6\sigma^3} \Phi^3(x) = \frac{\alpha_3}{6\sigma^3\sqrt{2\pi}} (1 - x^2) e^{-\frac{x^2}{2}}$$

ist gleich (siehe § 37)

$$\frac{\alpha_3}{6\sigma^3} (it)^3 e^{-\frac{t^2}{2}} = P_1(it) e^{-\frac{t^2}{2}}.$$

Wir wenden jetzt den Satz 1, § 38 an und setzen in ihm

$$F(x) = F_n(x), \qquad G(x) = \Phi(x) + \frac{1}{\sqrt{n}} P_1(-\Phi),$$

$$A = \max |G'(x)| < +\infty, \qquad T = \lambda(n)\sqrt{n}$$

$\left(\gamma(n) \text{ definieren wir wie im Satz 1 mit } \omega = \frac{1}{24\varrho_3}\right).$

Ohne Beschränkung der Allgemeinheit können wir $T \geq T_{3n}$ annehmen. (Denn die angegebene Ungleichung wird für alle genügend großen n erfüllt.)

Wir schätzen die Größe

$$\varepsilon = \int_{-T}^{T} \left| \frac{f_n(t) - g(t)}{t} \right| dt = \int_{-T}^{-T_{3n}} + \int_{-T_{3n}}^{T_{3n}} + \int_{T_{3n}}^{T}$$

ab. Nach (3) wird

$$\int_{-T_{3n}}^{T_{3n}} \left| \frac{f_n(t) - g(t)}{t} \right| dt \leq \frac{\delta(n)}{\sqrt{n}} \int (t^2 + |t|^5)\, e^{-\frac{t^2}{4}}\, dt = o\left(\frac{1}{\sqrt{n}}\right).$$

Weiterhin ist

$$\int_{T_{3n}}^{T} \left| \frac{f_n(t) - g(t)}{t} \right| dt \leq \int_{T_{3n}}^{T} \left| f\left(\frac{t}{B_n}\right) \right|^n \frac{dt}{t} + \int_{T_{3n}}^{T} |g(t)|\, \frac{dt}{t}.$$

Nun ist

$$\int_{T_{3n}}^{T} |g(t)|\, \frac{dt}{t} \leq \frac{1}{\sqrt{2\pi}\, T_{3n}} \int_{T_{3n}}^{T} e^{-\frac{t^2}{2}} \left(1 + \frac{\alpha_3 |t|^3}{6 \sigma^3 \sqrt{n}}\right) dt = o\left(\frac{1}{\sqrt{n}}\right)$$

und wegen des letzten Satzes

$$\int_{T_{3n}}^{T} \left| f\left(\frac{t}{B_n}\right) \right|^n \frac{dt}{t} = \int_{\omega}^{\lambda(n)} |f(t)|^n \frac{dt}{t} = o\left(\frac{1}{\sqrt{n}}\right).$$

Auf ähnliche Weise schätzt man das Integral $\int_{-T}^{-T_{3n}}$ ab. Daher ist $\varepsilon = o\left(\frac{1}{\sqrt{n}}\right)$.

Die Anwendung von Satz 1, § 38 führt uns auf die Ungleichung

$$\left| F_n(x) - \Phi(x) - \frac{P_1(-\Phi)}{\sqrt{n}} \right| \leq \frac{a}{2\pi}\, \varepsilon + \frac{c(a)\, A}{\lambda(n) \sqrt{n}} = o\left(\frac{1}{\sqrt{n}}\right),$$

die den Satz beweist.

§ 42. Abweichungen vom Grenzwertsatz im Falle einer gitterförmigen Verteilung

Wir wollen den exakten Darlegungen der folgenden Resultate kurze anschauliche Überlegungen vorausschicken. Sie sollen die Gründe aufdecken, warum der Satz 2 des § 41 nicht für gitterförmige Verteilungen gilt. Die zufälligen Größen ξ_k sollen nur zwei Werte $+1$ und -1 mit den Wahrscheinlichkeiten $1/2$ annehmen können. Ist n gerade, so ist die Funktion $F_n(x)$ unstetig mit Sprüngen in den Punkten $x_\nu = \frac{\nu}{\sqrt{n}}$ $(\nu = 0, \pm 2, \pm 4, \cdots, \pm n)$. Nach dem lokalen Satz von MOIVRE-LAPLACE ist die Größe des Sprunges von $F_n(x)$ in den Unstetigkeitsstellen x_ν asymptotisch gleich $\frac{2}{\sqrt{2\pi n}} e^{-\frac{x_\nu^2}{2}}$ (diese Aussage ist ein Spezialfall des im § 48 bewiesenen Satzes).

Jetzt wollen wir eingehend das gegenseitige Verhalten der Funktionen $F_n(x)$ und $\Phi(x)$ in der Umgebung irgendeiner Unstetigkeitsstelle untersuchen, sagen wir im Punkte $x = 0$. Im Intervall $\left(-\frac{1}{\sqrt{n}}, \frac{1}{\sqrt{n}}\right)$ verhält sich $\Phi(x)$ bis auf unendlich kleine Größen wie die Funktion

$$\frac{x}{\sqrt{2\pi}} + \frac{1}{2}.$$

Wir führen noch die Funktion

$$S(x) = [x] - x + \frac{1}{2}$$

ein.

Es ist leicht zu sehen, daß in dem Intervall $\left(-\frac{1}{\sqrt{n}}, \frac{1}{\sqrt{n}}\right)$ bis auf unendlich kleine Größen von höherer Ordnung als $\frac{1}{\sqrt{n}}$ die Gleichung

$$F_n(x) - \Phi(x) = \frac{2}{\sqrt{2\pi n}} S\left(\frac{x\sqrt{n}}{2}\right)$$

gilt.

Wenn wir analoge asymptotische Gleichungen für andere x-Werte haben wollen, müssen wir die Änderung der Steigung der Tangenten gegen die Kurve $y = \Phi(x)$ berechnen. Daher betrachten wir dann die Differenz

$$F_n(x) - \Phi(x) - D_n^{(o)}(x),$$

wobei

$$D_n^{(o)}(x) = \frac{2}{\sqrt{2\pi n}} S\left(\frac{x\sqrt{n}}{2}\right) e^{-\frac{x^2}{2}} \tag{1}$$

ist.

Jetzt wollen wir den allgemeinen Fall einer gitterförmigen Verteilung untersuchen. Die möglichen Werte der zufälligen Größen ξ_k seien $x_\nu = a + \nu h$ ($\nu = 0, \pm 1, \pm 2, \ldots$) und die Schrittweite der Verteilung maximal. Alle gitterförmigen Verteilungen mit der maximalen Schrittweite h fassen wir zu einer Klasse zusammen und bezeichnen sie L_h. Wenn

$$\mathsf{P}\{\xi_k = a + \nu h\} = p_\nu$$

ist, wird auf Grund der von uns gemachten Voraussetzung $\mathsf{E}\,\xi_k = 0$

$$\overline{p} = \sum_{\nu=-\infty}^{\infty} \nu p_\nu = -\frac{a}{h}.$$

Die möglichen Werte der Summen ζ_n werden also die Form

$$\frac{h}{\sigma\sqrt{n}}(\nu - n\overline{p}) \tag{2}$$

haben. Wir setzen

$$a_n = \frac{h n \overline{p}}{\sigma\sqrt{n}}$$

und betrachten die Funktion

$$S_1(x) = \frac{h}{\sigma} S\left(\frac{(x+a_n)\sigma\sqrt{n}}{h}\right). \tag{3}$$

Das Ziel dieses Paragraphen soll der Beweis des folgenden Satzes (C. G. ESSEEN [1]) sein.

Satz 1. *Sind $\xi_1, \xi_2, \ldots, \xi_n$ unabhängige, identisch verteilte Zufallsgrößen mit endlichen dritten Momenten, die zur Klasse L_h gehören, dann gilt gleichmäßig bezüglich x*

$$F_n(x) - \Phi(x) = \frac{e^{-\frac{x^2}{2}}}{\sqrt{2\pi}}\left(\frac{Q_1(x)}{\sqrt{n}} + \frac{S_1(x)}{\sqrt{n}}\right) + o\left(\frac{1}{\sqrt{n}}\right). \tag{4}$$

Beweis. Wir berechnen zuerst die charakteristische Funktion von

$D_n(x) = \dfrac{e^{-\frac{x^2}{2}}}{\sqrt{2\pi n}} S_1(x)$:

$$d_n(t) = \int e^{itx}\, dD_n(x) = -it \int e^{itx} D_n(x)\, dx.$$

Zu diesem Zweck bemerken wir, daß $S(x)$ eine periodische Funktion mit der Periode Eins ist. Daher schreiben wir, die Funktion $S\left(\frac{x+a_n}{h}\sigma\sqrt{n}\right)$ in Gestalt einer FOURIERschen Reihe. Mit Hilfe der gewöhnlichen Verfahren ergibt sich leicht:

$$S(x) = \sum_{\nu=1}^{\infty} \frac{1}{\nu\pi} \sin 2\pi\nu x$$

und somit

$$S\left(\frac{x+a_n}{h}\sigma\sqrt{n}\right) = \sum_{\nu=1}^{\infty} \frac{1}{\nu\pi} \sin\left(\tau\sigma\sqrt{n}\,\nu\,(x+a_n)\right)$$

mit

$$\tau = \frac{2\pi}{h}.$$

Also ist

$$d_n(t) = -\frac{2}{\tau\sigma\sqrt{2\pi n}} \sum_{\nu=1}^{\infty} \frac{it}{\nu} \int e^{itx - \frac{x^2}{2}} \sin\left(\tau\sigma\sqrt{n}\,\nu\,(x+a_n)\right) dx =$$

$$= -\frac{t}{\tau\sigma\sqrt{2\pi n}} \sum_{\nu=-\infty}^{\infty}{}' \frac{1}{\nu} \int e^{itx - \frac{x^2}{2} + i\nu\tau\sigma\sqrt{n}(x+a_n)} dx,$$

wobei die Summation über alle ganzzahligen $\nu \neq 0$ erstreckt wird. Die Auswertung führt offenbar auf die Gleichung

$$d_n(t) = -\frac{t}{\tau\sigma\sqrt{n}} \sum_{\nu=-\infty}^{\infty}{}' \frac{e^{i\tau\nu\sigma\sqrt{n}\,a_n}}{\nu} e^{-\frac{1}{2}(t+\tau\sigma\nu\sqrt{n})^2}.$$

Wir wenden jetzt den Satz 2, § 38 an und setzen in ihm

$$F(x) = F_n(x), \quad G(x) = \Phi(x) + \frac{P_1(-\Phi)}{\sqrt{n}} + D_n(x),$$

$$l = \frac{h}{\sigma\sqrt{n}}, \quad A = \max_{x \neq x_\nu} |G'(x)| < +\infty \quad (\nu = 0, \pm 1, \pm 2, \ldots),$$

$$T = n > T_{3n} = \frac{\sqrt{n}}{24\,\varrho_3}.$$

Dann wird für beliebiges $c_2(k)$ und hinreichend großes n

$$Tl = \frac{h\sqrt{n}}{\sigma} \geq c_2(k).$$

Nun schätzen wir das Integral

$$\varepsilon = \int_{-T}^{T} \left| \frac{f_n(t) - g(t)}{t} \right| dt$$

ab. Zu diesem Zweck zerlegen wir es in drei Teile:

$$\varepsilon_1 = \int_{-T}^{-\frac{\tau}{2}\sigma\sqrt{n}}, \quad \varepsilon_2 = \int_{-\frac{\tau}{2}\sigma\sqrt{n}}^{\frac{\tau}{2}\sigma\sqrt{n}}, \quad \varepsilon_3 = \int_{\frac{\tau}{2}\sigma\sqrt{n}}^{T} \left| \frac{f_n(t) - g(t)}{t} \right| dt.$$

Wir nehmen an, daß $T_{3n} < \frac{1}{2}\tau\sigma\sqrt{n}$ ist (im anderen Falle wird die Abschätzung noch einfacher). Die Periode von $|f(t)|$ ist τ. Folglich gibt es gemäß der Bemerkung 2 zum Satz 5, § 14 für $\frac{T_{3n}}{\sigma\sqrt{n}} \leq |t| \leq \frac{\tau}{2}$ ein $c_1 > 0$ $\left(\text{welches von } n \text{ auf Grund der Bedingung } \frac{T_{3n}}{\sigma\sqrt{n}} = \frac{1}{24\,\varrho_3\sigma} \text{ unabhängig ist}\right)$, so daß $|f(t)| < e^{-c_1}$ ist. Dann ist in dem Intervall

$$T_{3n} \leq |t| \leq \frac{1}{2}\tau\sigma\sqrt{n}$$

$$\left| f\left(\frac{t}{\sigma\sqrt{n}}\right) \right|^n < e^{-c_1 n}.$$

Offensichtlich gilt in diesem Intervall für ein gewisses $c_2 > 0$

$$|g(t)| \leq e^{-c_2 n}.$$

Also ist

$$\varepsilon_2 \leq \int_{-T_{3n}}^{T_{3n}} \left| \frac{f_n(t) - g(t)}{t} \right| dt + 4 \int_{T_{3n}}^{\frac{1}{2}\tau\sigma\sqrt{n}} \frac{e^{-cn}}{t} \, dt.$$

Auf Grund der Definition von $g(t)$ und Satz 1, b) § 40 wird

$$\int_{-T_{3n}}^{T_{3n}} \left| \frac{f_n(t) - g(t)}{t} \right| dt = o\left(\frac{1}{\sqrt{n}}\right) + \int_{-T_{3n}}^{T_{3n}} \left| \frac{d_n(t)}{t} \right| dt.$$

Nun ist aber für $|t| \leq T_{3n}$ und genügend großes n

$$\left| \frac{d_n(t)}{t} \right| \leq \left(\frac{1}{\sigma\tau\sqrt{n}} \right) \sum_{\nu=-\infty}^{\infty}{}' \frac{1}{|\nu|} \, e^{-\frac{\tau^2\sigma^2 n\nu^2}{2}} e^{-\frac{t^2}{2}} = o\left(\frac{1}{\sqrt{n}}\right) e^{-\frac{t^2}{2}},$$

und daher schließlich

$$\varepsilon_2 = o\left(\frac{1}{\sqrt{n}}\right).$$

Wir kommen jetzt zur Abschätzung von ε_3:

$$\varepsilon_3 = \int_{\frac{\tau}{2}\sigma\sqrt{n}}^{n} \left| \frac{f_n(t) - g(t)}{t} \right| dt = O\left(\frac{1}{n}\right) + \int_{\frac{\tau}{2}\sigma\sqrt{n}}^{n} \left| \frac{f_n(t) - d_n(t)}{t} \right| dt = O\left(\frac{1}{n}\right) +$$

$$+ \int_{\frac{\tau}{2}}^{\frac{\sqrt{n}}{\sigma}} \left| \frac{f^n(t) - d_n(\sigma\sqrt{n}\, t)}{t} \right| dt = O\left(\frac{1}{n}\right) + \sum_{k=1}^{r} \int_{\frac{2k-1}{2}\tau}^{\frac{2k+1}{2}\tau} +$$

$$+ \int_{\frac{2r+1}{2}\tau}^{\frac{\sqrt{n}}{\sigma}} \left| \frac{f^n(t) - d_n(\sigma\sqrt{n}\, t)}{t} \right| dt$$

mit

$$r = \left[\frac{\sqrt{n}}{\sigma\tau} - \frac{1}{2} \right].$$

Wir führen die Bezeichnung

$$I_k = \int_{\frac{2k-1}{2}\tau}^{\frac{2k+1}{2}\tau} \left| \frac{f^n(t) - d_n(\sigma\sqrt{n}\, t)}{t} \right| dt$$

ein und substituieren $t = z + k\tau$. Nun erinnern wir uns an die Beziehung

$$f(t) = \sum_{\nu=-\infty}^{\infty} e^{i(\nu-\bar{p})th}\, p_\nu$$

und erhalten

$$f(z + k\tau)^n = e^{-ik\tau\bar{p}nh} f^n(z) = e^{-ik\tau a_n \sigma\sqrt{n}} f^n(z).$$

Also wird

$$I_k = \int_{-\frac{\tau}{2}}^{\frac{\tau}{2}} \left| \frac{e^{-ik\tau a_n\sigma\sqrt{n}} f^n(z) + \frac{z+k\tau}{\tau} \sum\limits_{\nu=-\infty}^{\infty}{}' \frac{1}{\nu} e^{i\nu\tau a_n\sigma\sqrt{n}}\, e^{-\frac{n\sigma^2}{2}(z+k\tau+\nu\tau)^2}}{z+k\tau} \right| dz.$$

Nun gilt gleichmäßig bezüglich $z \left(|z| \leq \frac{\tau}{2}\right)$

$$\sum_{\nu=-\infty}^{\infty}{}' \frac{1}{\nu} e^{i\nu\tau a_n\sigma\sqrt{n}}\, e^{-\frac{n\sigma^2}{2}(z+k\tau+\nu\tau)^2} =$$

$$= -\frac{e^{-ik\tau a_n\sigma\sqrt{n}}}{k}\, e^{-\frac{n\sigma^2}{2}z^2} + O\left(e^{-\frac{n\sigma^2}{2}\cdot\frac{\tau^2}{4}}\right),$$

und daher

$$I_k = \int_{\frac{\tau}{2}}^{\frac{\tau}{2}} \left| \frac{f^n(z) - e^{-\frac{1}{2}\sigma^2 nz^2} - \frac{z}{k\tau} e^{-\frac{1}{2}\sigma^2 nz^2}}{z+k\tau} \right| dz + O\left(e^{-\frac{n\sigma^2\tau^2}{8}}\right).$$

Jetzt haben wir einerseits, wegen Satz 2, § 39

$$\int_{-\frac{\tau}{2}}^{\frac{\tau}{2}} \left| \frac{f^n(z) - e^{-\frac{1}{2}\sigma^2 nz^2}}{z+k\tau} \right| dz \leq \frac{2}{k\tau} \int_{-\frac{\tau}{2}\sigma\sqrt{n}}^{\frac{\tau}{2}\sigma\sqrt{n}} \left| f_n(z) - e^{-\frac{1}{2}z^2} \right| \frac{dz}{\sigma\sqrt{n}} = O\left(\frac{1}{kn}\right)$$

andererseits

$$\frac{1}{k\tau} \int_{-\frac{\tau}{2}}^{\frac{\tau}{2}} \frac{|t|}{|t| + k\tau}\, e^{-\frac{1}{2}\sigma^2 nt^2}\, dt \leq \frac{c}{k^2 n}.$$

Also ist

$$I_k = O\left(\frac{1}{kn}\right)$$

und somit, sofern $r = O(\sqrt{n})$ ist,

$$\varepsilon_3 = O\left(\frac{1}{n}\sum_{k=1}^{r}\frac{1}{k}\right) = O\left(\frac{\log n}{n}\right).$$

Genauso erhält man

$$\varepsilon_1 = O\left(\frac{\log n}{n}\right).$$

Also gilt schließlich

$$\varepsilon = o\left(\frac{1}{\sqrt{n}}\right).$$

Die Anwendung des Satzes 1, § 37 führt uns auf die Ungleichung,

$$|F_n(x) - G(x)| \leq \frac{a}{2\pi}\, o\left(\frac{1}{\sqrt{n}}\right) + c_1(a)\,\frac{A}{n} = o\left(\frac{1}{\sqrt{n}}\right),$$

womit offenbar unser Satz bewiesen ist.

§ 43. Der Extremalcharakter des Bernoullischen Falles

Die Ergebnisse der letzten beiden Paragraphen ermöglichen es uns, einige Extremaleigenschaften der gitterförmigen Verteilungen zu erhalten und die besondere Rolle der Bernoullischen Verteilung klarzulegen (C. G. Esseen [1])

Satz 1. *Sind die zufälligen Größen $\xi_1, \xi_2, \ldots, \xi_n, \ldots$ unabhängig und identisch verteilt und besitzen sie endliche dritte Momente, dann wird*

$$\lim_{n\to\infty}\ \max_{-\infty<x<\infty} \sqrt{n}\left| F_n(x) - \Phi(x) - \frac{e^{-\frac{x^2}{2}}}{\sqrt{2\pi}} \cdot \frac{Q_1(x)}{\sqrt{n}} \right| = \omega(h),$$

wobei $\omega(h)$ gleich Null für eine nichtgitterförmige Verteilung $F(x)$ und gleich $\dfrac{h}{2\sigma\sqrt{2\pi}}$ für eine gitterförmige Verteilung mit der maximalen Schrittweite h wird.

Beweis. In der Tat, für eine nichtgitterförmige Verteilung gilt, wie aus Satz 2, § 41, folgt

$$R_n(x) = \sqrt{n}\left| F_n(x) - \Phi(x) - \frac{e^{-\frac{x^2}{2}}}{\sqrt{2\pi}} \cdot \frac{Q_1(x)}{\sqrt{n}} \right| = o(1).$$

Aus dem Satz im § 42 ergibt sich, daß für gitterförmige Verteilungen unter den Voraussetzungen des zu beweisenden Satzes die Beziehung

$$R_n = \frac{h}{\sigma\sqrt{2\pi}}\, S\left(\frac{(x + a_n)\,\sigma\sqrt{n}}{h}\right) e^{\cdot\frac{x^2}{2}} + o(1) \qquad (1)$$

gilt. Nach Definition war $S(x)$ periodisch mit der Periode $\frac{h}{\sigma\sqrt{n}}$. Hieraus folgt

$$\max_{-\infty<x<\infty} R_n = \frac{h}{2\sigma\sqrt{2\pi}} e^{-\frac{\theta_n^2}{2}} + o(1), \quad 0 \leq \theta_n < \frac{h}{\sigma\sqrt{n}}. \tag{1'}$$

Für $n \to \infty$ geht $\theta_n \to 0$. Also ist

$$\lim_{n\to\infty} \max_{-\infty<x<\infty} R_n = \frac{h}{2\sigma\sqrt{2\pi}},$$

und der Satz bewiesen.

Die Konvergenz der Verteilungsfunktionen normierter Summen gegen eine Grenzverteilung ist also für gitterförmige Verteilungen in gewissem Sinne die schlechteste. Der nun folgende Satz stellt eine Ergänzung des Satzes 1 für den Fall symmetrischer Verteilungen dar.

Satz 2. *Wenn die zufälligen Größen $\xi_1, \xi_2, \ldots, \xi_n, \ldots$ die Voraussetzungen des letzten Satzes erfüllen, symmetrisch verteilt sind, und ihre Verteilungsfunktion im Punkte $x = 0$ stetig ist, dann wird*

$$\lim_{n\to\infty} \max_{-\infty<x<\infty} \sqrt{n}\,|F_n(x) - \Phi(x)| \leq \frac{1}{\sqrt{2\pi}}.$$

In dieser Ungleichung gilt das Gleichheitszeichen dann und nur dann, wenn

$$F(x) = \begin{cases} 0 & \text{für } x \leq -\frac{h}{2} \\ \frac{1}{2} & \text{für } -\frac{h}{2} < x \leq \frac{h}{2} \\ 1 & \text{für } x > \frac{h}{2} \end{cases}$$

ist (BERNOULLIsches Schema).

Beweis. Wie der vorhergehende Satz zeigt, können wir uns auf die Betrachtung gitterförmiger Verteilungen beschränken. Also müssen wir das Maximum der Größe

$$\frac{h}{2\sigma\sqrt{2\pi}}$$

bestimmen. Es können zwei Fälle auftreten: 1) die Größen ξ_k nehmen nur Werte der Form νh ($\nu = \pm 1, \pm 2, \ldots$) mit den Wahrscheinlichkeiten p_ν an; 2) die ξ_k nehmen die Werte der Form $\left(\nu - \frac{1}{2}\right)h$ ($\nu = 0, \pm 1, \pm 2, \ldots$) mit den Wahrscheinlichkeiten p_ν an; $\sum p_\nu = 1$. Im ersten Falle ist

$$\sigma^2 = 2\sum_{\nu=1}^{\infty} \nu^2 h^2 p_\nu \geq 2h^2 \sum_{\nu=1}^{\infty} p_\nu = h^2.$$

Im zweiten Falle gilt

$$\sigma^2 = \sum_{\nu=-\infty}^{\infty} \left(\nu - \frac{1}{2}\right)^2 h^2 p_\nu \geq h^2 \sum_{\nu=-\infty}^{\infty} \left(\frac{1}{2}\right)^2 p_\nu = \frac{h^2}{4}.$$

Im ersten Falle gilt stets das Ungleichheitszeichen

$$\frac{h}{\sigma} < 1.$$

Im zweiten Falle ist

$$\frac{h}{\sigma} \leq 2,$$

wobei das Gleichheitszeichen dann und nur dann gilt, wenn für $\nu \neq 0$ und 1 alle $p_\nu = 0$ sind. Also gilt stets

$$\frac{h}{2\sigma\sqrt{2\pi}} \leq \frac{1}{\sqrt{2\pi}}$$

und das Gleichheitszeichen wird nur für ein symmetrisches BERNOULLIsches Schema angenommen.

Die beiden Voraussetzungen des Satzes 2 — die Symmetrie und die Stetigkeit der Funktion $F(x)$ für $x = 0$ — sind wesentlich. Der Wegfall einer der beiden Bedingungen führt dazu, daß der Ausdruck

$$\lim_{n\to\infty} \max_{-\infty<x<\infty} \sqrt{n}\, |F_n(x) - \Phi(x)|$$

nicht mehr beschränkt bleibt.

In der Tat, nehmen wir an, daß ξ_k den Wert 0 mit positiver Wahrscheinlichkeit annimmt, so zeigt das Beispiel einer symmetrischen Größe, die nur die Werte -1, $+1$ und 0 mit den Wahrscheinlichkeiten $\frac{p^2}{2}$, $\frac{p^2}{2}$, $1 - p^2$ annimmt, daß der Ausdruck

$$\frac{h}{2\sigma\sqrt{2\pi}} = \frac{1}{2p\sqrt{2\pi}} \tag{2}$$

für hinreichend kleines p beliebig groß wird.

Dasselbe tritt ein, wenn wir die Symmetrie von $F(x)$ vernachlässigen. An Hand eines einfachen Beispiels überzeugen wir uns davon, daß (2) für Verteilungen der Klasse L_n unbeschränkt wird. In der Tat, ξ_k möge nur drei Werte $a - h$, a, $a + k$ mit den Wahrscheinlichkeiten p_1, p_0 und p_2 annehmen. Wir wählen a, p_1, p_2 und k so, daß

$$\mathsf{E}\,\xi_k = a + h(-p_1 + k p_2) = 0$$

$$\mathsf{E}\,\xi_k^3 = a^3 + 3a\sigma^2 + h^3(-p_1 + k^3 p_2) = 0.$$

Hierbei können die Größen p_1 und p_2 noch hinreichend frei variiert werden. p_1 und p_2 wählen wir nun so klein, daß $k^2 p_2$ noch genügend klein ist. Dann wird der Ausdruck

$$\frac{h}{2\sigma\sqrt{2\pi}} = \frac{1}{2\sqrt{2\pi}\,[p_1(1-p_1) + k^2 p_2(1-p_2) + 2k\,p_1 p_2]}$$

beliebig groß.

§ 44. Verschärfung des LJAPUNOWschen Satzes mit höheren Momenten für den stetigen Fall

Jetzt wollen wir den Satz über die Entwicklung der Funktion $F_n(x)$ in eine Reihe von Polynomen, von dem im § 37 die Rede war, genau formulieren und beweisen. Über die Summanden ξ_k müssen wir hierbei etwas strengere Voraussetzungen machen als in Satz 2, § 41.

Satz. *Wenn die unabhängigen Zufallsgrößen* $\xi_1, \xi_2, \ldots, \xi_n$ *identisch verteilt sind, endliche absolute Momente* β_s *der Ordnung* s $(s \geq 3)$ *besitzen und die Bedingung* (C)

$$\overline{\lim_{|t|\to\infty}}\, |f(t)| < 1$$

erfüllt ist, dann gilt gleichmäßig bezüglich x

$$F_n(x) - \Phi(x) = \frac{e^{-\frac{x^2}{2}}}{\sqrt{2\pi}}\left(\frac{Q_1(x)}{n^{\frac{1}{2}}} + \frac{Q_2(x)}{n} + \cdots + \frac{Q_{s-2}(x)}{n^{\frac{s-2}{2}}}\right) + o\left(\frac{1}{n^{\frac{s-2}{2}}}\right). \quad (1)$$

Beweis. Der Beweis dieses Satzes gründet sich auf die Anwendung der Sätze 1 von § 38 und 1, b) von § 40. Wir setzen im Satz 1, § 38

$$F(x) = F_n(x),$$

$$G(x) = \Phi(x) + \frac{e^{-\frac{x^2}{2}}}{\sqrt{2\pi}}\left(\frac{Q_1(x)}{n^{\frac{1}{2}}} + \frac{Q_2(x)}{n} + \cdots + \frac{Q_{s-2}(x)}{n^{\frac{s-2}{2}}}\right) =$$

$$= \Phi(x) + \sum_{\nu=1}^{s-2} \frac{P_k(-\Phi)}{n^{\frac{\nu}{2}}},$$

$$A = \max_{-\infty<x<\infty} |G'(x)| < +\infty, \qquad T = n^s.$$

Die charakteristische Funktion von $G(x)$ ist, wie man das leicht aus der Definition von $P(-\Phi)$ und der Formel (13) von § 37 schließt, gleich

$$e^{-\frac{t^2}{2}}\left[1 + \sum_{k=1}^{s-2} P_k(it)\left(\frac{1}{\sqrt{n}}\right)^k\right]. \quad (2)$$

Ohne Beschränkung der Allgemeinheit können wir $T > T_{sn}$ annehmen. Unter T_{sn} wollen wir eine Größe verstehen, wie sie in der Formulierung des Satzes 1, § 40, eingeführt wurde. Wir schätzen das Integral

$$\varepsilon = \int_{-T}^{T} \left| \frac{f_n(t) - g(t)}{t} \right| dt$$

ab. Hier ist nach (2)

$$g(t) = e^{-\frac{t^2}{2}} \left[1 + \sum_{k=1}^{s-2} \frac{P_k(it)}{n^{\frac{k}{2}}} \right].$$

Auf Grund von Satz 1, b) von § 40, findet man leicht

$$\int_{-T_{sn}}^{T_{sn}} \left| \frac{f_n(t) - g(t)}{t} \right| dt = o\left(\frac{1}{n^{\frac{s-2}{2}}} \right).$$

Ferner folgt aus der Bedingung (C) und Satz 5 von § 14, daß die Verteilung der Größen ξ_k nicht gitterförmig sein kann. Daher existiert ein $c > 0$, so daß für $|t| > \frac{1}{8\sigma \varrho_s^{\frac{3}{s}}}$

$$|f(t)| < e^{-c}$$

wird. Dann ist für $|t| > T_{sn}$

$$|f_n(t)| = \left| f^n\left(\frac{t}{B_n}\right) \right| < e^{-cn}.$$

Ferner gilt

$$\int_{T_{sn} < |t| \leq T} \left| \frac{f_n(t) - g(t)}{t} \right| dt \leq \int_{T_{sn} < |t| \leq T} \left| \frac{f_n(t)}{t} \right| dt + \int_{T_{sn} < |t| \leq T} \left| \frac{g(t)}{t} \right| dt <$$

$$< 2 e^{-cn} \log \frac{T}{T_{sn}} + o\left(\frac{1}{n^{\frac{s-2}{2}}} \right) = o\left(\frac{1}{n^{\frac{s-2}{2}}} \right),$$

also

$$\varepsilon = o\left(\frac{1}{n^{\frac{s-2}{2}}} \right).$$

Jetzt ist nach Satz 1, § 38

$$\left| F_n(x) - \Phi(x) - \sum_{k=1}^{s-2} \frac{P_k(-\Phi)}{n^{\frac{k}{2}}} \right| \leq \frac{a}{2\pi} \varepsilon + c(a) \frac{A}{T} = o\left(\frac{1}{n^{\frac{s-2}{2}}} \right), \quad (3)$$

was zu beweisen war.

Im vorhergehenden Paragraphen sahen wir, daß bei gitterförmigen Verteilungen selbst im Falle $s = 3$ eine noch kompliziertere Entwicklung von $F_n(x)$ gilt. Im Falle $s > 3$ kann der letzte Satz nicht mehr erweitert werden. Wenn z. B. die Bedingung (C) nicht erfüllt wird, d. h.

$$\overline{\lim_{|t|\to\infty}} |f(t)| = 1 \tag{4}$$

ist, zeigt sich, daß die Größenordnung des Restgliedes in der Entwicklung von $F_n(x)$ von der arithmetischen Struktur der Menge der möglichen Werte der Zufallsgrößen ξ_k abhängt. Wir wollen hierbei noch erwähnen, daß die Gleichung (4) für nichtgitterförmige Verteilungen nur dann erfüllt wird, wenn sich die gesamte Änderung von $F(x)$ auf eine Menge vom Maße Null konzentriert. (H. CRAMÉR [4], Satz 7). Wenn z. B. ξ_k nur die Werte ± 1 und $\pm \sqrt{3}$ mit den Wahrscheinlichkeiten 1/4 annimmt, dann ist die Verteilung nicht gitterförmig. Ihre charakteristische Funktion

$$f(t) = \frac{1}{2}\left(\cos t + \cos t\sqrt{3}\right)$$

(als fastperiodische Funktion) erfüllt die Gleichung (4). Einige einfache Rechnungen[1]) zeigen, daß $F_n(x)$ für gerades n bei $x = 0$ einen Sprung hat, der asymptotisch gleich $\frac{2}{\pi n}$ ist. Das bedeutet aber offenbar, daß man für unser Beispiel, obwohl alle Momente von $F(x)$ endlich sind, nicht die Entwicklung

$$F_n(x) - \Phi(x) = \frac{e^{-\frac{x^2}{2}}}{\sqrt{2\pi}}\left(\frac{Q_1(x)}{n^{\frac{1}{2}}} + \frac{Q_2(x)}{n}\right) + o\left(\frac{1}{n}\right)$$

ansetzen kann.

Wir sehen also, daß im Falle diskret verteilter Summanden die Entwicklung (1) durch einen unstetigen Summanden ergänzt werden muß.

---

[1]) Wir geben eine Skizze dieser Rechnungen. Es ist klar, daß

$$[f(t)]^{2r} = \frac{1}{4^{2r}} \sum_{k=0}^{2r} \binom{2r}{k} \left(e^{it} + e^{-it}\right)^k \left(e^{it\sqrt{3}} + e^{-it\sqrt{3}}\right)^{2r-k}$$

ist. Die Größe des Sprunges von $F_n(x)$ für $x = 0$ ist gleich dem Koeffizienten bei e^0. Die Summanden, die e^0 enthalten, können nur bei der Multiplikation der Entwicklungsgliedern $(e^{it} + e^{-it})^s$ und $\left(e^{it\sqrt{3}} + e^{-it\sqrt{3}}\right)^{2r-s}$ für gerades s auftreten.

Also wird der gesuchte Sprung gleich

$$P_0 = \frac{1}{4^{2r}} \sum_{k=0}^{r} \binom{2r}{2k} \cdot \binom{2k}{k} \binom{2(r-k)}{r-k} = \frac{1}{4^{2r}} \binom{2r}{r} \sum_{k=0}^{r} \binom{r}{k}^2 = \frac{\binom{2r}{r}^2}{4^{2r}}.$$

Eine Anwendung der STIRLINGschen Formel führt uns auf die asymptotische Gleichung

$$P_0 \sim \frac{1}{\pi r} = \frac{2}{\pi n}.$$

§ 45. Grenzwertsatz für Dichten

Wenn man stetige Zufallsgrößen (d. h. Größen, die eine Verteilungsdichte besitzen) summiert, interessieren natürlich die Voraussetzungen, die erfüllt sein müssen, damit nicht nur die Verteilungsfunktionen von Summen gegen eine Grenzverteilungsfunktion konvergieren, sondern auch die Dichten gegen die Dichte der Grenzverteilung konvergieren. Daß die zweite Forderung keine Folgerung der ersten ist, werden wir aus dem folgenden Beispiel ersehen.

Es sei $F(x)$ durch die Gleichung

$$\int_{-\infty}^{x} p(z)\,dz$$

definiert, wobei

$$p(x) = \begin{cases} 0 & \text{für } |x| \geq \frac{1}{e} \\ \frac{1}{2\,|x|\,\log^2|x|} & \text{für } |x| < \frac{1}{e} \end{cases}$$

ist. Da eine zufällige Größe ξ mit einer solchen Verteilung beschränkt ist, gehört $F(x)$ dem normalen Anziehungsgebiet der Normalverteilung an. Oder anders ausgedrückt, wenn $\xi_1, \xi_2, \ldots, \xi_n, \ldots$ unabhängige Zufallsgrößen sind, die $F(x)$ als gemeinsame Verteilungsfunktion haben und

$$\sigma^2 = \mathsf{D}^2\,\xi_n = \mathsf{E}\,\xi_n^2 = \int_0^{\frac{1}{e}} \frac{x}{\log^2 x}\,dx$$

ist, dann konvergiert für $n \to \infty$

$$\mathsf{P}\left\{\frac{\xi_1 + \xi_2 + \cdots + \xi_n}{\sigma\sqrt{n}} < x\right\} \to \frac{1}{\sqrt{2\pi}}\int_{-\infty}^{x} e^{-\frac{z^2}{2}}\,dz.$$

Wir zeigen, daß die Dichte der Summen

$$\frac{1}{\sigma\sqrt{n}}(\xi_1 + \xi_2 + \cdots + \xi_n)$$

für $n \to \infty$ nicht gegen die Dichte der Normalverteilung konvergiert. In der Tat, die Verteilungsdichte der Summe $\xi_1 + \xi_2$ ist gleich

$$p_2(x) = \int_{-\frac{1}{e}}^{\frac{1}{e}} p(z)\,p(x - z)\,dz.$$

Wir werden nur solche Argumentwerte x betrachten, die in der Nähe des Punktes $x = 0$ liegen (wir werden insbesondere $|x| < \frac{1}{e}$ annehmen) und uns auf die Betrachtung positiver x-Werte beschränken. Unter diesen Bedingungen wird

$$p_2(x) \geq \int_{-x}^{x} p(z)\, p(x-z)\, dz.$$

Da das Minimum der Funktion $p\,(x-z)$ in dem Intervall $0 \leq |z| \leq x$ im Punkte $z = 0$ angenommen wird, ist

$$p_2(x) \geq \frac{1}{2x \log^2 x} \int_{-x}^{x} \frac{dz}{2\,|z|\,\log^2|z|} = \frac{1}{2x\,|\log^3 x|}.$$

Genauso leicht prüft man nach, daß die Verteilungsdichte $p_3(x)$ der Summe $\xi_1 + \xi_2 + \xi_3$ in der Umgebung des Punktes $x = 0$ die Ungleichung

$$p_3(x) > \frac{c_3}{|x|\,\log^4|x|}$$

erfüllt, wobei $c_3 > 0$ eine konstante Größe ist.

Im allgemeinen erfüllt die Verteilungsdichte $p_n(x)$ der Summe

$$\xi_1 + \xi_2 + \cdots + \xi_n$$

in der Umgebung des Punktes $x = 0$ die Beziehung

$$p_n(x) > \frac{C_n}{|x \log^{n+1}|x||} \qquad (c_n > 0).$$

Also ist die Funktion $p_n(x)$ für $x = 0$ und beliebiges n unbeschränkt. Das bedeutet, daß die $p_n(x)$ bei keiner Normierung gegen die Dichte der Normalverteilung konvergieren können.

Das angeführte Beispiel stellt uns somit vor die Aufgabe, Bedingungen zu suchen, unter denen die Dichten der Summen gegen die Dichte der Grenzverteilung konvergieren.

Eine Reihe mehr oder weniger hinreichender Bedingungen für diese Konvergenz sind schon seit einiger Zeit bekannt (H. CRAMÉR [2], A. J. CHINTSCHIN [13], B. W. GNEDENKO [13]). Eine erschöpfende Lösung dieses aufgeworfenen Problems liefert der folgende Satz (B. W. GNEDENKO [15], [16]).

Satz 1. *Die zufälligen Größen der Folge*

$$\xi_1, \xi_2, \ldots, \xi_n \ldots$$

seien unabhängig und identisch verteilt und mögen die Verteilungsdichte[1]) $p(x)$

[1]) Man braucht nicht vorauszusetzen, daß die Dichte $p(x)$ der Größen ξ_k existiert. Es genügt vorauszusetzen, daß es ein $k \geq 1$ gibt, so daß die Summe

$$\xi_1 + \xi_2 + \cdots + \xi_k$$

eine Dichte besitzt. Unter dieser Voraussetzung nimmt der Satz offenbar seine endgültige Form an.

besitzen (die Verteilungsfunktion ist $F(x) = \int_{-\infty}^{x} p(z)\,dz$). *Ferner seien A_n und $B_n > 0$ gewisse reelle Konstanten und die Dichte der Summen*

$$\sigma_n = \frac{\xi_1 + \xi_2 + \cdots + \xi_n - A_n}{B_n} \tag{1}$$

gleich $\pi_n(x)$. Die Konstanten A_n und B_n kann man dann und nur dann so wählen, daß für $n \to \infty$

$$\sup_{-\infty < x < \infty} \left[\pi_n(x) - \frac{1}{\sqrt{2\pi}} e^{-\frac{x^2}{2}}\right] \to 0$$

konvergiert, wenn die folgenden Bedingungen erfüllt sind:

1. *die Verteilungsfunktion $F(x)$ gehört dem Anziehungsbereich der Normalverteilung $\Phi(x)$ an;*
2. *es gibt ein m, so daß die Verteilungsfunktion der Summe*

$$S_m = \xi_1 + \xi_2 + \cdots + \xi_m$$

absolut stetig und ihre Ableitung beschränkt ist.

Beweis. Wir bemerken: Besitzt für ein gewisses m die Summe S_m eine Verteilungsdichte $p_m(x)$, so ist das auch für jede Summe S_n mit $n > m$ der Fall.

Die Notwendigkeit der beiden Bedingungen des Satzes ist offensichtlich und erfordert keine weitere Begründung. Wir haben nur zu beweisen, daß die Bedingungen hinreichend sind.

Nach den Voraussetzungen des Satzes ist die Dichte der Summe S_m beschränkt. Folglich gibt es eine Konstante C, so daß für jedes Argument

$$0 \leq p_m(x) \leq C$$

ist.

Wir betrachten jetzt eine zufällige Größe ξ, die von S_n unabhängig ist, aber die gleiche Verteilung hat. Die Dichte der Größe $\eta = S_m - \xi$ ist gleich

$$\tilde{p}_m(x) = \int_{-\infty}^{\infty} p_m(x + z)\, p_m(z)\, dz.$$

Wegen der letzten Ungleichung folgt hieraus, daß auch $\tilde{p}_m(x)$ durch die Konstante C beschränkt wird. Man prüft außerdem leicht nach, daß $\tilde{p}_m(x)$ für alle Argumentwerte gleichmäßig stetig ist. In der Tat ist für beliebige x und h

$$|\tilde{p}_m(x + h) - \tilde{p}_m(x)| \leq \int_{-\infty}^{\infty} |p_m(x + h + z) - p_m(x + z)|\, p_m(z)\, dz \leq$$

$$\leq C \int_{-\infty}^{\infty} |p_m(z + h) - p_m(z)|\, dz.$$

Nach einem bekannten Satz von LEBESGUE strebt das Integral auf der rechten Seite der Ungleichung für beliebige summierbare Funktionen $p_m(z)$ und $h \to 0$ gegen Null.

Die charakteristische Funktion von η ist gleich $|f(t)|^{2m}$, also nichtnegativ. Wir erfüllen somit die Voraussetzungen des folgenden Satzes über FOURIER-transformationen (siehe z. B. S. BOCHNER and K. CHANDRASEKHARAN [1], Seite 22):

Wenn eine Funktion $g(x)$ absolut integrierbar, stetig und beschränkt und ihre FOURIERtransformierte

$$\varphi(t) = \int_{-\infty}^{\infty} e^{itx} g(x)\, dx$$

nichtnegativ ist, dann ist $\varphi(t)$ im Intervall $(-\infty, +\infty)$ absolut integrierbar.

Hieraus können wir nun schließen, daß die Funktion $|f(t)|^{2m}$ im Intervall $(-\infty, +\infty)$ integrierbar ist. Da $|f(t)| \leq 1$ ist, wird auch für beliebige $n \geq 2m$ die Funktion $|f(t)|^n$ integrierbar. Also ist $f^n(t)$ für $n \geq 2m$ absolut integrierbar.

Nach Voraussetzung gehört die Verteilungsfunktion $F(x)$ dem Anziehungsbereich der Normalverteilung an. Das bedeutet, daß es Konstanten A_n und $B_n > 0$ gibt, für die mit $n \to \infty$

$$\mathsf{P}\{\sigma_n < z\} \to \frac{1}{\sqrt{2\pi}} \int_{-\infty}^{z} e^{-\frac{t^2}{2}}\, dt$$

konvergiert. In der Terminologie der charakteristischen Funktionen ist das aber gerade die für $n \to \infty$ bezüglich t in jedem endlichen Intervall gleichmäßige Konvergenz:

$$f_n(t) = e^{-it\frac{A_n}{B_n}} f^n\left(\frac{t}{B_n}\right) \Rightarrow e^{-\frac{t^2}{2}}.$$

Nach dem Vorhergehenden gilt für $n \geq 2m$ die folgende Gleichung (Umkehrformel für Dichten)

$$2\pi \cdot \pi_n(x) = \int_{-\infty}^{\infty} e^{-itx} f_n(t)\, dt.$$

Ferner ist

$$2\pi \cdot \frac{1}{\sqrt{2\pi}} e^{-\frac{x^2}{2}} = \int_{-\infty}^{\infty} e^{-itx - \frac{t^2}{2}}\, dt.$$

Also wird

$$I_n = 2\pi\left(\pi_n(x) - \frac{1}{\sqrt{2\pi}} e^{-\frac{x^2}{2}}\right) = \int_{-\infty}^{\infty} e^{-itx}\left(f_n(t) - e^{-\frac{t^2}{2}}\right) dt.$$

Wir brauchen folglich nur noch zu zeigen, daß für $n \to \infty$

$$I_n \to 0$$

gleichmäßig bezüglich x $(-\infty < x < \infty)$ konvergiert.

Zu diesem Zweck stellen wir das Integral I_n als Summe der folgenden vier Integrale dar:

$$I_1 = \int_{-A}^{A} e^{-itx}\left[f_n(t) - e^{-\frac{t^2}{2}}\right] dt, \qquad I_2 = \int_{|t| \geq A} e^{-itx - \frac{t^2}{2}}\, dt,$$

$$I_3 = \int_{A \leq |t| \leq \varepsilon B_n} e^{-itx} f_n(t)\, dt, \qquad I_4 = \int_{|t| > \varepsilon B_n} e^{-itx} f_n(t)\, dt,$$

wobei A eine genügend große von n und x unabhängige und ε eine hinreichend kleine positive Konstante ist.

Wegen der ersten Bedingung des Satzes konvergiert für jedes A gleichmäßig im Intervall $-A < t < A$ für $n \to \infty$

$$f_n(t) - e^{-\frac{t^2}{2}} \to 0.$$

Bei hinreichend großem A kann das Integral I_2 beliebig klein gemacht werden.

Das Integral I_4 schätzt man auf Grund einer Eigenschaft der charakteristischen Funktion einer absolut stetigen Verteilung ab. Man kann für eine charakteristische Funktion dieser Art jedem $\varepsilon > 0$ ein $c_1 = c_1(\varepsilon) > 0$ zuordnen, so daß für alle $|t| \geq \varepsilon$

$$|f(t)^{2m}| \leq e^{-c_1}$$

also

$$|f(t)| \leq e^{-c_1} \text{ ist} \quad \text{mit} \quad c = \frac{1}{2m} c_1(\varepsilon).$$

Folglich wird

$$|I_4| \leq \int_{|t| \geq \varepsilon B_n} \left| f\left(\frac{t}{B_n}\right)\right|^n dt \leq B_n e^{-c(n-2m)} \int_{-\infty}^{\infty} |f(t)|^{2m}\, dt.$$

Da die B_n nicht schneller als $\sqrt{n^{1+\varepsilon}}$ wachsen, konvergiert für $n \to \infty$

$$I_4 \to 0.$$

Das Integral I_3 wird mittels Satz 2 von § 34 abgeschätzt. Hiernach wird für hinreichend kleines ε und $|t| \leq \varepsilon$

$$\frac{\operatorname{Re}(\log f(t))}{\operatorname{Re}\left(\log f\left(\frac{t}{2}\right)\right)} = \sqrt{2} + \eta_t,$$

wobei $|\eta_t| < \eta$ und η beliebig klein ist, z. B. $\eta < \dfrac{\sqrt{2} - 1}{2}$.

Nun ist offenbar

$$|I_3| \leq \int\limits_{A \leq |t| < \varepsilon B_n} \left| f\left(\frac{t}{B_n}\right) \right|^n dt \leq \sum_{k=0}^{s} \int\limits_{2^k A \leq |t| < 2^{k+1} A} \left| f\left(\frac{t}{B_n}\right) \right|^n dt,$$

wobei s so gewählt wird, daß die Ungleichung

$$2^s A \leq \varepsilon B_n < 2^{s+1} A$$

erfüllt ist. Da nach dem Vorhergehenden

$$\frac{\operatorname{Re}(\log f(t))}{\operatorname{Re}\left(\log f\left(\frac{t}{2k}\right)\right)} = \prod_{r=1}^{k} (\sqrt{2} + \eta_t) \leq (\sqrt{2} + n)^k$$

ist, wird

$$\int\limits_{2^k A \leq |t| < 2^{k+1} A} \left| f\left(\frac{t}{B_n}\right) \right|^n dt \leq \int\limits_{A \leq |t| < 2A} e^{n \operatorname{Re}\left(\log f\left(\frac{t}{B_n}\right)\right)(\sqrt{2} + \eta)^k} 2^k \, dt$$

und somit

$$|I_3| \leq \sum_{k=0}^{s} \int\limits_{A \leq |t| < 2A} e^{n \operatorname{Re}\left(\log f\left(\frac{t}{B_n}\right)\right)(\sqrt{2}\, t\, \eta)^k} 2^k \, dt.$$

Da nun $F(x)$ dem Anziehungsgebiet der Normalverteilung angehört, wird im Intervall $A \leq |t| < 2A$

$$n \operatorname{Re}\left(\log f\left(\frac{t}{B_n}\right)\right) = -\frac{t^2}{2}(1 + o(1)) < -\frac{t^2}{4}.$$

Also ist

$$|I_3| \leq \sum_{k=0}^{s} \int\limits_{A \leq |t| < 2A} e^{-\frac{t^2}{4}(\sqrt{2}-1)^k} 2^k \, dt = \sum_{k=0}^{s} \int\limits_{2^k A \leq |t| < 2^{k+1} A} e^{-\frac{t^2}{4}\left(\frac{\sqrt{2}-1}{4}\right)^k} dt.$$

Man überzeugt sich nun leicht, daß diese Summe bei hinreichend großem A kleiner als jede vorgebbare Zahl gemacht werden kann. Damit ist der Satz bewiesen.

Wenn wir den Satz 4 von § 34 oder das Lemma, welches am Ende des § 49 bewiesen werden wird, heranziehen, kann der gefundene Satz auf folgende Weise verallgemeinert werden:

Satz 2. *Die Zufallsgrößen*

$$\xi_1, \xi_2, \ldots, \xi_n, \ldots$$

seien unabhängig und identisch verteilt und mögen eine Verteilungsdichte $p(x)$ besitzen[1]).

[1]) Siehe die Bemerkung zum Satz 1 dieses Paragraphen.

Die Konstanten A_n *und* $B_n > 0$ *kann man dann und nur dann so wählen*[1]), *daß für* $n \to \infty$

$$\sup_{-\infty < x < \infty} [\pi_n(x) - p(x, \alpha, \beta, \gamma, c)] \to 0$$

strebt, wenn die folgenden Bedingungen erfüllt sind:

1) *die Funktion* $F(x) = \int_{-\infty}^{x} p(z)\, dz$ *gehört dem Anziehungsbereich einer stabilen Verteilung an, deren charakteristische Funktion durch die Formel* (1) *von* § 33 $(\alpha < 2)$ *gegeben ist;*

2) *es gibt ein* $m \geq 1$, *so daß die Verteilungsdichte der Summe* $\sum_{k=1}^{m} \xi_k$ *beschränkt ist.*

§ 46. Verschärfung des Grenzwertsatzes für Dichten

Wir wollen jetzt etwas weitergehende Voraussetzungen als im vorhergehenden Paragraphen machen, um eine Entwicklung für die Dichte $p_n(x)$ zu erhalten. Diese Entwicklung wird der im § 44 für Verteilungsfunktionen gefundenen analog sein.

Satz. *Die zufälligen Größen einer Folge*

$$\xi_1, \xi_2, \ldots, \xi_n, \ldots$$

seien unabhängig und identisch verteilt und mögen den Erwartungswert Null sowie eine Wahrscheinlichkeitsdichte $p(x)$ *haben*[2]).

Wenn

1) *für ein gewisses* $m \geq 1$ *die Wahrscheinlichkeitsdichte der Summe*

$$\sum_{k=1}^{m} \xi_k$$

beschränkt und

2) *für* $k \geq 3$ *(k ganzzahlig) das Integral*

$$\int |x|^k p(x)\, dx < \infty$$

ist, dann gilt gleichmäßig bezüglich x $(-\infty < x < \infty)$

$$B_n\, p_n(x B_n) = \varphi(x) + \sum_{s=1}^{k-2} \frac{1}{n^{\frac{s}{2}}} P_s(-\varphi) + o\left(n^{-\frac{k-2}{2}}\right)$$

mit

$$P_s(-\varphi) = \frac{d}{dx} P_s(-\Phi)$$

und

$$B_n^2 = n \int x^2 p(x)\, dx.$$

[1]) Die Funktion $\pi_n(x)$ soll denselben Sinn wie im Satz 1 haben.

[2]) Die Voraussetzung $\mathsf{E}\, \xi_k = 0$ ist unwesentlich und wurde nur der einfacheren Schreibweise wegen gemacht. Bezüglich der Voraussetzung über die Existenz der Dichte siehe die Bemerkung zum Satz 1, § 45.

Beweis. Wir wissen, daß (§ 45)

$$2\pi B_n p_n(xB_n) = \int e^{-izx} f^n\left(\frac{z}{B_n}\right) dz$$

ist. Da nun [siehe (2) § 44]

$$P_s(it)e^{-\frac{t^2}{2}} = \int e^{itx} P_s(-\varphi)\, dx$$

wird, gilt auf Grund der Umkehrformel

$$2\pi P_s(-\varphi) = \int e^{-itx-\frac{t^2}{2}} P_s(it)\, dt$$

und folglich

$$2\pi\left[e^{-\frac{x^2}{2}} + \sum_{s=1}^{k-2} \frac{1}{n^{\frac{s}{2}}} P_s(-\varphi)\right] = \int e^{-itx} g(t)\, dt,$$

wo zur Abkürzung

$$g(t) = e^{-\frac{t^2}{2}}\left[1 + \sum_{s=1}^{k-2} \frac{1}{n^{\frac{s}{2}}} P_s(it)\right]$$

gesetzt wurde. Somit ist

$$R_n = 2\pi\left[B_n p_n(xB_n) - \left\{e^{-\frac{x^2}{2}} + \sum_{s=1}^{k-2} \frac{1}{n^{\frac{s}{2}}} P_s(-\varphi)\right\}\right] =$$

$$= \int e^{-izx}\left[f^n\left(\frac{z}{B_n}\right) - g(z)\right] dz.$$

Es sei $T_{nk} = \dfrac{\sqrt{n}}{8k\varrho_k^{\frac{3}{k}}}$. Wir stellen R_n als Summe der folgenden drei Integrale dar:

$$I_1 = \int_{-T_{nk}}^{T_{nk}} e^{-izx}\left[f^n\left(\frac{z}{B_n}\right) - g(z)\right] dz,$$

$$I_2 = \int_{|z|>T_{nk}} e^{-izx} g(z)\, dz, \qquad I_3 = \int_{|z|>T_{nk}} e^{-ixz} f^n\left(\frac{z}{B_n}\right) dz.$$

Wegen Satz 1b von § 40 ist

$$|I_1| \leq \frac{\delta(n)}{n^{\frac{k-2}{2}}} \int_{-T_{nk}}^{T_{nk}} [|t|^k + |t|^{3k-3}]\, e^{-\frac{t^2}{2}}\, dt = o\left(n^{-\frac{k-2}{2}}\right).$$

Da nun für $|z| > T_{nk}$

$$\left| f\left(\frac{z}{B_n}\right) \right| < e^{-c}$$

mit $c > 0$ ist, wird[1])

$$|I_3| < e^{-c(n-\beta)} \int\limits_{|z|>T_{nk}} \left| f^n\left(\frac{z}{B_n}\right) \right|^\beta dz = o\left(n^{-\frac{k-2}{2}}\right).$$

Offenbar ergibt sich schließlich

$$|I_2| \leq \int\limits_{|z|>T_{nk}} e^{-\frac{z^2}{2}} \left[1 + \sum_{s=1}^{k-2} \frac{1}{n^{\frac{s}{2}}} \,|P_s(it)|\, \right] dx = o\left(n^{-\frac{k-2}{2}}\right).$$

Die erhaltenen Abschätzungen beweisen unseren Satz.

Ein Spezialfall des bewiesenen Satzes wurde von H. CRAMÉR [1] unter der Voraussetzung bewiesen, daß die Dichte $p(x)$ von beschränkter Variation ist.

---

[1]) Die Zahl β definiert man wie bei der Abschätzung des Integrals I_4 in § 45 als $\beta = 2m$.

KAPITEL 9

LOKALE GRENZWERTSÄTZE FÜR GITTERFÖRMIGE VERTEILUNGEN

§ 47. Problemstellung

Wenn jeder Summand ξ_n nur Werte der Form

$$\varkappa_s = s\,h + a$$

annehmen kann, dann können die Summen

$$\zeta_n = \xi_1 + \xi_2 + \cdots + \xi_n$$

nur Werte der Form

$$z_{n\,s} = s\,h + n a$$

annehmen, d. h., die Verteilungsfunktion $F_n(z)$ der Summe ζ_n ist in jedem halboffenen Intervall

$$z_{n\,s} < z \leq z_{n\,s+1}$$

konstant.

Eine solche Verteilungsfunktion kann man nicht durch stetige (und erst recht nicht durch analytische) Funktionen mit einer Genauigkeit bis zur Hälfte ihres maximalen Sprunges approximieren:

$$p_n(s) = F_n(z_{n\,s} + 0) - F_n(z_{n\,s}).$$

Von wirklichem Interesse ist jedoch nur das Studium der Werte der Funktion $F_n(z)$ in den Punkten $z_{n\,s}$, d. h. der Summen

$$F_n(z_{n\,s}) = F_n(z_{n,\,s-1} + 0) = \sum_{r<s} p_n(r)$$

mit

$$p_n(r) = \mathsf{P}\{\zeta_n = z_{n\,r}\}.$$

Von nicht geringem Interesse ist jedoch das Studium der Wahrscheinlichkeiten $p_n(s)$, mit denen die Summen ζ_n die verschiedenen möglichen Werte $z_{n\,s}$ annehmen. Das natürlichste aber ist es, das asymptotische Verhalten der Wahrscheinlichkeiten $p_n(s)$ als das Hauptproblem zu untersuchen. In den elementaren Lehrbüchern der Wahrscheinlichkeitsrechnung geht man z. B. so vor: Man beweist zuerst den lokalen Satz von LAPLACE und leitet dann aus ihm als Folgerung den Integralsatz von LAPLACE ab. Auf ähnliche Weise kann man aus dem im § 50 bewiesenen lokalen Satz 2 den Integralsatz des § 42 folgern. Im allgemeinen wird eine derartige Methode, Integralsätze auf der Grundlage lokaler Sätze zu beweisen einen gewissen Genauigkeitsverlust bei der Abschätzung des Restgliedes im Vergleich zu den direkten Beweismethoden verursachen. Man hat jedoch, wenn man von diesen lokalen Sätzen ausgeht, ein vorzügliches Mittel zur ersten Orientierung in der Hand. Dieses ganze Kapitel soll nun den asymptotischen Abschätzungen der Wahrscheinlichkeiten $p_n(s)$ für identisch verteilte, unabhängige, gitterförmige Summanden ξ_m gewidmet werden.

Im § 14 haben wir bewiesen, daß jede gitterförmige Verteilung eine völlig bestimmte maximale Schrittweite h_0 besitzt. Aus einer beliebigen Schrittweite h einer vorgegebenen Verteilung kann man die maximale Schrittweite h_0 auf folgende Weise bestimmen. Man bildet alle möglichen Differenzen

$$s' - s''$$

der Indizes s' und s'', für die die Wahrscheinlichkeiten bei der (Schrittweite h)

$$p_1(s') = \mathsf{P}\{\xi_m = s'h + a\} \quad \text{und} \quad p(s'') = \mathsf{P}\{\xi_m = s''h + a\}$$

positiv sind. Dann sucht man den größten gemeinsamen Teiler dieser Differenzen und setzt

$$h_0 = \omega h .$$

Damit nun h selbst die maximale Schrittweite wird, ist notwendig und hinreichend, daß

(ω) *der größte gemeinsame Teiler der Differenzen* $s' - s''$, *für die die beiden Wahrscheinlichkeiten* $p_1(s')$ und $p_1(s'')$ *positiv sind, gleich Eins ist.*

Selbstverständlich kann man sich bei der Untersuchung gitterförmiger Verteilungen auf ihre maximale Schrittweite beschränken, d. h. auf den Fall, daß die Bedingung (ω) erfüllt ist.

Andererseits kann man jede Schrittweite h im allgemeinen Fall durch die Transformation

$$\zeta'_m = \frac{\zeta_m - a}{h}, \quad \zeta'_n = \frac{\zeta_n - na}{h}$$

auf den Fall zurückführen, in dem die Schrittweite gleich *Eins* und die Konstante a gleich *Null* ist. Faßt man die letzten beiden Bemerkungen zusammen, so sieht man, daß es im Grunde *genügt, zufällige Summanden* ξ_m *zu betrachten, die nur ganzzahlige Werte* s *mit den Wahrscheinlichkeiten*

$$p_1(s) = \mathsf{P}\{\xi_m = s\}$$

annehmen, und der Bedingung (ω) *gehorchen.*

§ 48. Lokaler Satz für eine normale Grenzverteilung

Wie in § 47 setzen wir voraus, daß die zufälligen Größen ξ_n nur ganzzahlige Werte annehmen. Die Summe

$$\zeta_n = \xi_1 + \xi_2 + \cdots + \xi_n$$

kann dann ebenfalls nur ganzzahlige Werte annehmen. Wir setzen $\mathsf{P}\{\zeta_n = k\} = p_n(k)$. Dann ist klar, daß für beliebiges n

$$\sum_{k=-\infty}^{\infty} p_n(k) = 1$$

ist.

Wir wollen annehmen, daß die Konstanten A_n und $B_n > 0$ so beschaffen sind, daß für $n \to \infty$

$$\mathsf{P}\left\{\frac{\xi_1 + \xi_2 + \cdots + \xi_n - A_n}{B_n} < x\right\} \to \frac{1}{\sqrt{2\pi}} \int_{-\infty}^{x} e^{-\frac{z^2}{2}} dz$$

konvergiert und führen die Bezeichnung

$$z_{nk} = \frac{k - A_n}{B_n} \tag{1}$$

ein.

Ziel des gegenwärtigen Paragraphen ist der Beweis der folgenden Behauptung (B. W. GNEDENKO [8], [12]):

Satz. *Die unabhängigen, identisch verteilten Zufallsgrößen* $\xi_1, \xi_2, \ldots, \xi_n, \ldots$ *mögen nur ganzzahlige Werte annehmen und ihre Verteilungsfunktion dem Anziehungsbereich der Normalverteilung angehören. Damit gleichmäßig bezüglich* k *im Intervall* $-\infty < k < \infty$ *die Beziehung*

$$B_n p_n(k) - \frac{1}{\sqrt{2\pi}} e^{-\frac{z_{nk}^2}{2}} \to 0 \qquad (n \to \infty)$$

gilt, ist notwendig und hinreichend, daß der größte gemeinsame Teiler der Differenzen der verschiedenen Werte von ξ_n, *die mit positiver Wahrscheinlichkeit angenommen werden, gleich Eins ist* [Bedingung (ω) § 47].

Ein Spezialfall dieses Satzes ist der klassische lokale MOIVRE-LAPLACEsche Satz. Wir erhalten ihn, wenn die Größen ξ_n nur die beiden Werte 0 und 1 mit den Wahrscheinlichkeiten $p \neq 0$ und $q = 1 - p \neq 0$ annehmen können.

Beweis. Die charakteristische Funktion der Summe ζ_n ist gleich

$$f^n(t) = \mathsf{E}\, e^{it\zeta_n} = \sum_{k=-\infty}^{\infty} e^{itk} p_n(k).$$

Folglich kann man $p_n(k)$ aus der Formel für die FOURIER-Koeffizienten berechnen:

$$2\pi p_n(k) = \int_{-\pi}^{\pi} f^n(t)\, e^{-itk}\, dt.$$

Da nach (1)

$$k = z_{nk} B_n + A_n = z B_n + A_n$$

ist (im weiteren werden wir statt z_{nk} stets nur z schreiben), wird

$$2\pi p_n(k) = \int_{-\pi}^{\pi} e^{-itB_n z - itA_n} f^n(t)\,dt = \int_{-\pi}^{\pi} e^{-itB_n z} f^{*n}(t)\,dt,$$

wobei

$$f^{*n}(t) = e^{-itA_n} \cdot f^n(t)$$

gesetzt wurde. Durch die Substitution $x = tB_n$ ergibt sich

$$2\pi B_n p_n(k) = \int_{-\pi B_n}^{\pi B_n} e^{-izx} f^{*n}\left(\frac{x}{B_n}\right) dx.$$

Wir wissen außerdem, daß

$$\frac{1}{\sqrt{2\pi}} e^{-\frac{z^2}{2}} = \frac{1}{2\pi} \int e^{-ixz - \frac{x^2}{2}} dx$$

ist.

Unsere Aufgabe ist es nun zu beweisen, daß für $n \to \infty$ die Differenz

$$R_n = 2\pi \left[B_n p_n(k) - \frac{1}{\sqrt{2\pi}} e^{-\frac{z^2}{2}} \right]$$

im Intervall $(-\infty < k < \infty)$ gleichmäßig bezüglich k gegen Null strebt. Zu diesem Zweck stellen wir R_n als Summe von vier Integralen dar:

$$R_n = I_1 + I_2 + I_3 + I_4,$$

wobei

$$I_1 = \int_{-A}^{A} e^{-izx} \left[f^{*n}\left(\frac{x}{B_n}\right) - e^{-\frac{x^2}{2}} \right] dx,$$

$$I_2 = \int_{A \le |x| < \varepsilon B_n} e^{-izx} f^{*n}\left(\frac{x}{B_n}\right) dx, \qquad I_3 = \int_{\varepsilon B_n \le |x| \le \pi B_n} e^{-izx} f^{*n}\left(\frac{x}{B_n}\right) dx,$$

$$I_4 = -\int_{|x|>A} e^{-izx - \frac{x^2}{2}} dx.$$

Hierbei sind A und ε positive Zahlen, die später passend gewählt werden.

Da

$$|I_4| \le 2 \int_A^{\infty} e^{-\frac{x^2}{2}} dx \le \frac{2}{A} \int_A^{\infty} x e^{-\frac{x^2}{2}} dx = \frac{2}{A} e^{-\frac{A^2}{2}}$$

ist, kann man das Integral I_4, nachdem man A genügend groß gewählt hat, beliebig klein machen.

Nach Folgerung 2 des Satzes 5 von § 14 und der Voraussetzung, daß die maximale Schrittweite der Verteilung gleich Eins ist, gibt es zu einem vorgegebenen $\varepsilon > 0$ ein $c > 0$, so daß für $\varepsilon B_n \leq |x| \leq \pi B_n$

$$\left| f^{*n}\left(\frac{x}{B_n}\right) \right| \leq e^{-nc}$$

wird. Also ist

$$|I_3| \leq e^{-nc} \int\limits_{\varepsilon B_n \leq |x| \leq \pi B_n} dx < 2\pi\, B_n\, e^{-nc},$$

und somit[1]) strebt das Integral I_3 für $n \to \infty$ und festem $\varepsilon > 0$ gleichmäßig bezüglich z in $(-\infty < z < \infty)$ gegen Null.

Da die Funktion $F(x)$ dem normalen Anziehungsgebiet der Normalverteilung angehört, strebt

$$f^{*n}\left(\frac{x}{B_n}\right) \Rightarrow e^{-\frac{x^2}{2}}$$

und es konvergiert folglich für $n \to \infty$ gleichmäßig bezüglich z bei festem A

$$I_1 \to 0.$$

Besitzt $F(x)$ ein endliches zweites Moment, so gilt für $f^*(t)$ in einer hinreichend kleinen Umgebung des Punktes $t = 0$ die Entwicklung

$$\log f^*(t) = t \left[\frac{d}{dt} \log f^*(t)\right]_{t=0} + \frac{t^2}{2}\left[\frac{d^2}{dt^2} \log f^*(t)\right]_{t=0} + o\,(t^2) = -\frac{t^2 \sigma^2}{2} + o\,(t^2).$$

In der Umgebung des Nullpunktes ist somit

$$f^*(t) = e^{-\frac{t^2\sigma^2}{2} + o\,(t^2)}.$$

Hieraus folgt nun, daß für hinreichend kleines $\varepsilon > 0$ in dem Bereich $|t| \leq \varepsilon$ die Ungleichung

$$|f^*(t)| \leq e^{-\frac{t^2 \sigma^2}{4}}$$

gilt. Jetzt wird

$$|I_2| \leq 2 \int\limits_A^{\varepsilon B_n} \left| f^*\left(\frac{t}{B_n}\right)\right|^n dt \leq 2 \int\limits_A^{\varepsilon B_n} e^{-\frac{t^2}{4}}\, dt < 2 \int\limits_A^{\infty} e^{-\frac{t^2}{4}}\, dt < \frac{8}{A} e^{-\frac{A^2}{4}}.$$

(Wenn die Existenz der Streuung nicht vorausgesetzt wird, kann man das Integral I_2 genau so abschätzen, wie es bei der Abschätzung des Integrals I_3 im § 45 geschehen ist).

Wir sehen somit, daß man, nachdem man ε genügend klein und A hinreichend groß gewählt hat, I_2 und I_4 beliebig klein machen kann (ihre Abschätzungen

---

[1]) Siehe die Folgerung S. 179.

enthalten n nicht). Die Integrale I_1 und I_3 streben für $n \to \infty$ gegen Null, wie A und ε auch gewählt sein mögen. Hieraus ergibt sich also, daß die ganze Summe $I_1 + I_2 + I_3 + I_4$ für hinreichend großes n beliebig klein gemacht werden kann, womit bewiesen ist, daß die Voraussetzungen unseres Satzes hinreichend sind.

Die Notwendigkeit der Bedingungen ergibt sich offenbar aus folgendem Sachverhalt: Wenn der größte gemeinsame Teiler ω der Differenzen der möglichen Zufallsgrößen ξ_1 von Eins verschieden ist, dann werden die möglichen Werte der Summen ζ_n $(n = 1, 2, 3, \ldots)$ systematische Lücken aufweisen. Die Differenz zwischen zwei benachbarten möglichen Werten der ζ_n kann niemals kleiner als ω sein.

§ 49. Lokaler Grenzwertsatz für stabile, nichtnormale Grenzverteilungen

Wir nehmen an, daß die Verteilungsfunktion $F_1(x)$ identisch verteilter unabhängiger Summanden ξ_m nur ganzzahlige Werte annimmt und dem Anziehungsgebiet einer stabilen Verteilung $G(y)$ angehört. A_n und B_n mögen hierbei Konstanten sein, für die

$$F_n(B_n y + A_n) = \mathsf{P}\left\{\frac{\zeta_n - A_n}{B_n} < y\right\} \Rightarrow G(y)$$

konvergiert. Es liegt nahe, nach den Bedingungen für die Anwendbarkeit des lokalen Satzes

$$B_n p_n(k) = B_n \mathsf{P}\{\zeta_n = k\} \sim g\left(\frac{k - A_n}{B_n}\right)$$

zu fragen, wobei

$$g(y) = G'(y)$$

die Dichte der Verteilungsfunktion $G(y)$ ist.

Der Satz des § 48 gibt uns hierauf eine Antwort falls

$$g(y) = \varphi(y) = \frac{1}{\sqrt{2\pi}} e^{-\frac{y^2}{2}},$$

$$A_n = 0 \quad \text{und} \quad B_n = \sqrt{n \, \mathsf{D}^2 \xi_m}$$

ist. Auf diesen Satz führt natürlich auch die Lösung des Problems im Falle einer beliebigen Normalverteilung

$$g(y) = \frac{1}{\sigma\sqrt{2\pi}} e^{-\frac{(y-a)^2}{2\sigma^2}}$$

mit den Konstanten

$$A_n = n(\mathsf{E}\,\xi_m - a), \qquad B_n = \frac{\sqrt{n\,\mathsf{D}^2 \xi m}}{\sigma}.$$

Der Fall der „nichtnormalen" Anziehung gegen die Normalverteilung (siehe § 34) ist noch nicht erledigt (B. W. GNEDENKO [9]). Eine vollständige Lösung des Problems im Falle einer nichtnormalen Verteilung $G(y)$ liefert der folgende Satz (B. W. GNEDENKO [11]);

Satz. *Die unabhängigen identisch verteilten Summanden ξ_m mögen nur ganzzahlige Werte annehmen, ferner seien $g(y)$ die Wahrscheinlichkeitsdichte einer gewissen nichtnormalen stabilen Verteilung und A_n und B_n gewisse Konstanten. Dann ist für die gleichmäßige Konvergenz von*

$$B_n p_n(k) - g\left(\frac{k - A_n}{B_n}\right) \to 0$$

bezüglich k notwendig und hinreichend, daß die beiden folgenden Bedingungen erfüllt werden:

1) $F_n(B_n y + A_n) \Rightarrow G(y)$,

2) *die Bedingung* (ω) *des* § 47.

Als Beispiel bringen wir zwei Spezialfälle dieses Satzes für bestimmte Verteilungen und bei spezieller Auswahl der Normierungsfaktoren B_n.

1. (Lokaler Satz für die CAUCHYsche Verteilung). *Für eine gewisse Konstante $\sigma > 0$ gilt die Beziehung*

$$\sigma n p_n(k) - \frac{1}{\pi\left(1 + \frac{k^2}{\sigma^2 n^2}\right)} \to 0 \qquad (n \to \infty)$$

dann und nur dann gleichmäßig bezüglich k $(-\infty < k < \infty)$, wenn

1) $\lim\limits_{x \to -\infty} -xF(x) = \lim\limits_{x \to \infty} x(1 - F(x)) = \sigma$[1]),

2) *die Bedingung* (ω) *erfüllt ist.*

2. *Für eine gewisse Konstante $\sigma > 0$ gilt die Beziehung*

$$\sigma n^2 p_n(k) - g\left(\frac{k}{\sigma n^2}\right) \to 0, \quad (n \to \infty),$$

mit

$$g(x) = \begin{cases} 0 & \text{für} \quad x \leq 0, \\ \frac{1}{\sqrt{2\pi}} e^{-\frac{1}{2x}} x^{-\frac{3}{2}} & \text{für} \quad x > 0 \end{cases}$$

dann und nur dann gleichmäßig bezüglich k $(-\infty < k < \infty)$, wenn die Bedingung (ω) erfüllt wird.

Der Beweis des obigen Satzes geht im Prinzip denselben Weg, wie der des Satzes von § 48. Wir setzen zuerst einmal

$$f^*(t) = f(t)\, e^{-it\frac{A_n}{B_n}}$$

[1]) Bezüglich der Bedingung 1) siehe Satz 2 von § 34.

und erhalten die Gleichung[1])

$$B_n \cdot 2\pi\, p_n(k) = \int\limits_{-\pi B_n}^{\pi B_n} e^{-izt} f^{*n}\left(\frac{t}{B_n}\right) dt.$$

Ferner gilt auf Grund der Umkehrformel

$$g(z) = \frac{1}{2\pi} \int e^{-izt}\, v(t)\, dt,$$

wobei $\log v(t)$ durch die Formel (1), § 33 definiert wird.

Zur Abschätzung der Differenz

$$R_n = 2\pi\, [B_n\, p_n(k) - g(z)]$$

stellen wir R_n als Summe von vier Integralen dar:

$$R_n = I_1 + I_2 + I_3 + I_4$$

mit

$$I_1 = \int\limits_{-A}^{A} e^{-izt}\left[f^{*n}\left(\frac{t}{B_n}\right) - v(t)\right] dt,$$

$$I_2 = \int\limits_{A \leq |x| \leq \varepsilon B_n} e^{-izt} f^{*n}\left(\frac{t}{B_n}\right) dt, \qquad I_3 = \int\limits_{\varepsilon B_n \leq |x| \leq \pi B_n} e^{-izt} f^{*n}\left(\frac{t}{B_n}\right) dt,$$

$$I_4 = -\int\limits_{|x| > A} e^{-izt}\, v(t)\, dt.$$

Wie im vorhergehenden Paragraphen wird auch hier bewiesen, daß die Integrale I_1, I_3 und I_4 für genügend große A und n beliebig klein vorgegebenes ε (bei der Abschätzung von I_4) genügend klein gemacht werden können. Man muß nur beachten, daß wegen (1) § 33 gilt:

$$\int |v(t)|\, dt < \infty.$$

Wir werden sofort zeigen, daß man, wenn ε klein genug und A hinreichend groß gewählt wurden, I_2 beliebig klein machen kann. Dazu wollen wir den folgenden Hilfssatz benutzen:

Lemma[2]). *Wenn eine Verteilungsfunktion $F(x)$ dem Anziehungsbereich einer stabilen Verteilung mit einem charakteristischen Exponenten α $(0 < \alpha < 2)$, an-*

---

[1]) Wie in § 48 ist dabei $z = I_{nk} = \dfrac{k - An}{Bn}$ gesetzt.

[2]) Die Abschätzung kann man auch mittels Satz 4 von § 34 auf genau demselben Wege ausführen, wie die des Integrals I_3 im Satz von § 45. Wir sind jedoch der Ansicht, daß das Lemma eine selbständige Bedeutung besitzt.

gehört, dann gibt es eine Konstante $c_0 > 0$, so daß in einer genügend kleinen Umgebung des Punktes $t = 0$ die Ungleichung[2])

$$|f(t)| < e^{-c_0 \tilde{\chi}\left(\frac{1}{|t|}\right)} \tag{1}$$

gilt mit

$$\tilde{\chi}(x) = 1 - \tilde{F}(x) + \tilde{F}(-x)$$

und

$$\tilde{F}(x) = F(x) \ast [1 - F(-x + 0)].$$

Beweis. Nach den Voraussetzungen über die Funktion $F(x)$ ist klar, daß $\tilde{F}(x)$ dem Anziehungsgebiet einer stabilen Verteilung

$$\tilde{G}(x) = G(x) \ast [1 - G(-x)]$$

angehört. Die charakteristische Funktion von $G(x)$ ist

$$\tilde{v}(t) = e^{-2c|t|^\alpha}.$$

Ferner können Normierungsfaktoren B_n der Funktionen $F(x)$ und $\tilde{F}(x)$ gleich gewählt werden. Daher konvergiert nach Satz 2 von § 34 für jedes $u > 0$ und $x \to \infty$

$$\frac{\tilde{\chi}(ux)}{\tilde{\chi}(x)} \to \frac{1}{u^\alpha}.$$

Da

$$\tilde{f}(t) = \int \cos tx \, d\tilde{F}(x)$$

ist, wird

$$1 - \tilde{f}(t) = \int (1 - \cos tx) \, d\tilde{F}(x).$$

Für beliebiges t und x gilt die Ungleichung $1 - \cos tx \geq 0$ und daher

$$1 - \tilde{f}(t) \geq \int\limits_{\frac{\pi}{2|t|} \leq |x| \leq \frac{3\pi}{2|t|}} (1 - \cos tx) \, d\tilde{F}(x).$$

In dem Integrationsgebiet ist aber

$$1 \leq 1 - \cos tx \leq 2,$$

und folglich

$$1 - \tilde{f}(t) \geq \int\limits_{\frac{\pi}{2|t|} \leq |x| \leq \frac{3\pi}{2|t|}} d\tilde{F}(x \geq \tilde{\chi}\left(\frac{\pi}{2|t|}\right) - \tilde{\chi}\left(\frac{3\pi}{2|t|}\right) =$$

$$= \tilde{\chi}\left(\frac{1}{|t|}\right) \left[\frac{\tilde{\chi}\left(\frac{\pi}{2|t|}\right)}{\tilde{\chi}\left(\frac{1}{|t|}\right)} - \frac{\tilde{\chi}\left(\frac{3\pi}{2|t|}\right)}{\tilde{\chi}\left(\frac{1}{|t|}\right)} \right].$$

[2]) Als Übung möge der Leser verifizieren, daß auch die Ungleichung

$$|f(t)| \leq e^{-c_0 \chi\left(\frac{1}{t}\right)}$$

mit $\chi(x) = 1 - F(x) + F(-x)$ gilt.

Nun sei $|t| \leq \varepsilon$ und $\varepsilon > 0$ so klein, daß

$$\frac{\tilde{\chi}\left(\frac{\pi}{2|t|}\right)}{\tilde{\chi}\left(\frac{1}{|t|}\right)} = \left(\frac{2}{\pi}\right)^{\alpha} + \omega_1, \qquad \frac{\tilde{\chi}\left(\frac{3\pi}{2|t|}\right)}{\tilde{\chi}\left(\frac{1}{|t|}\right)} = \left(\frac{2}{3\pi}\right)^{\alpha} + \omega_2,$$

und für alle $|t| \leq \varepsilon$

$$\max\left(|\omega_1|, |\omega_2|\right) < \frac{1}{4}\left[\left(\frac{2}{\pi}\right)^{\alpha} - \left(\frac{2}{3\pi}\right)^{\alpha}\right] = c_0.$$

Hieraus folgt, daß für $|t| \leq \varepsilon$

$$1 - \tilde{f}(t) > 2 c_0 \tilde{\chi}\left(\frac{1}{|t|}\right),$$

und somit

$$\tilde{f}(t) < 1 - 2 c_0 \tilde{\chi}\left(\frac{1}{|t|}\right) \leq e^{-2 c_0 \tilde{\chi}\left(\frac{1}{|t|}\right)}.$$

Da

$$\tilde{f}(t) = |f(t)|^2$$

ist, beweist die erhaltene Ungleichung das Lemma.

Wir können jetzt zur Abschätzung des Integrals I_2 übergehen. Zu diesem Zweck wählen wir $\varepsilon > 0$ derart, daß die Ungleichung (1) in dem Intervall $|t| \leq \varepsilon$ erfüllt wird. Dann gilt für $|t| \leq \varepsilon B_n$

$$\left|f^*\left(\frac{t}{B_n}\right)\right|^n = \left|f\left(\frac{t}{B_n}\right)\right|^n \leq e^{-c_0 n \tilde{\chi}\left(\frac{B_n}{|t|}\right)}.$$

Aber für hinreichend großes n [siehe § 34, (9) und (10)] ist

$$n \tilde{\chi}\left(\frac{B_n}{|t|}\right) \sim c_1 |t|^{\alpha}, \quad (c_1 > 0).$$

Folglich wird in jedem Falle für genügend großes n

$$n \tilde{\chi}\left(\frac{B_n}{|t|}\right) \geq \frac{c_1}{2} |t|^{\alpha}.$$

Also ist für $|t| \leq \varepsilon B_n$ und genügend großes n

$$\left|f\left(\frac{t}{B_n}\right)\right|^n \leq e^{-\frac{c_0 c_1}{2}|t|^{\alpha}}.$$

Jetzt haben wir

$$|I_2| \leq \int_A^{\varepsilon B_n} e^{-\frac{c_0 c_1}{2}|t|^{\alpha}} dt < \int_A^{\infty} e^{-\frac{c_0 c_1}{2}|t|^{\alpha}} dt.$$

Das letzte Integral kann durch Wahl von A beliebig klein gemacht werden. Damit ist der Beweis des Satzes abgeschlossen.

Wir sehen also, daß der lokale Satz für identisch verteilte, unabhängige gitterförmige Summanden dann und nur dann gilt, wenn auf sie der Grenzwertsatz in der Integralform anwendbar ist.

§ 50. Verschärfung der Grenzwertsätze bei Konvergenz gegen die Normalverteilung

Wir wollen jetzt zur Verschärfung der Ergebnisse des § 48 übergehen. Hierbei werden wir den Summanden etwas strengere Bedingungen auferlegen müssen. Die zufälligen Größen ξ_n mögen nur die Werte

$$x_s = a + sh \qquad (s = 0, \pm 1, \pm 2, \ldots)$$

annehmen können, wobei h die maximale Schrittweite der Verteilung[1]) ist. Die Zufallsgröße

$$\eta_n = \frac{1}{B_n} \sum_{k=1}^{n} (\xi_k - \mathsf{E}\,\xi_k)$$

kann dann nur die Werte

$$y = y_{ns} = \frac{h(s - n\bar{p})}{\sigma \sqrt{n}}$$

annehmen, wobei

$$\bar{p} = \sum_{s=-\infty}^{\infty} s p_s \quad \text{und} \quad p_s = \mathsf{P}\{\xi_k = a + sh\}.$$

Daher ist

$$f_n(t) = \sum_{s=-\infty}^{\infty} \mathfrak{p}_n(s)\, e^{ity_{ns}}$$

mit $\mathfrak{p}_n(s) = \mathsf{P}\{\eta_n = y_{ns}\}$. Nun ergibt sich wie im letzten Paragraphen

$$\mathfrak{p}_n(s) = \frac{1}{\tau \sigma \sqrt{n}} \int_{-\frac{1}{2}\tau\sigma\sqrt{n}}^{\frac{1}{2}\tau\sigma\sqrt{n}} f_n(t)\, e^{-ity_{ns}}\, dt.$$

Wie früher ist hier $\tau = \frac{2\pi}{h}$. Wir beweisen jetzt die folgende Behauptung (C. G. Esseen [1]):

Satz 1. *Wenn die identisch verteilten gitterförmigen Zufallsgrößen $\xi_1, \xi_2, \ldots, \xi_n$ unabhängig sind und endliche absolute Momente bis zur Ordnung $k (k \geq 3)$ einschließlich haben, dann ist*

$$\mathfrak{p}_n(s) = \frac{h}{\sigma\sqrt{n}} \left\{ \varphi(y_{ns}) + \sum_{\nu=1}^{k-2} \frac{1}{n^{\frac{\nu}{2}}} P_\nu(-\varphi(y_{ns})) \right\} + o\left(n^{-\frac{k-1}{2}}\right).$$

---

[1]) Wie schon im § 47 bemerkt, können wir uns wie in den §§ 48 und 49 auf den Fall $h = 1$ beschränken. Wir sehen jedoch davon ab, um bessere Vergleichsmöglichkeiten mit den Ergebnissen der §§ 42 und 43 zu haben.

Hierbei wird $\varphi(y_{ns}) = \frac{1}{\sqrt{2\pi}} e^{-\frac{1}{2} y_{ns}^2}$ *und* $P_\nu(-\varphi)$ *als die Funktion* $P_\nu(-\Phi)$ *des* § 37 (28) *definiert, wobei* Φ *durch* φ *zu ersetzen ist.*

Beweis. Wir haben

$$\tau \sigma \sqrt{n}\, p_n(s) = I_1 + I_2 \tag{1}$$

mit

$$I_1 = \int\limits_{-\frac{1}{2}\tau\sigma\sqrt{n}}^{\frac{1}{2}\tau\sigma\sqrt{n}} \left\{ f_n(t) - e^{-\frac{t^2}{2}} \left[1 + \sum_{\nu=1}^{k-2} \frac{1}{n^{\frac{\nu}{2}}} P_\nu(it) \right] \right\} e^{-iyt}\, dt$$

und

$$I_2 = \int\limits_{-\frac{1}{2}\tau\sigma\sqrt{n}}^{\frac{1}{2}\tau\sigma\sqrt{n}} e^{-\frac{t^2}{2}} \left[1 + \sum_{\nu=1}^{k-2} \frac{P_\nu(it)}{n^{\frac{\nu}{2}}} \right] e^{-iyt}\, dt.$$

(Wir schreiben jetzt stets y statt y_{ns}.)

Nun sei $T_{kn} < \frac{\tau\sigma\sqrt{n}}{2}$ angenommen, da sich die Abschätzung anderenfalls noch vereinfacht. Es gilt dann die Gleichung

$$I_1 = I_3 + I_4 \tag{2}$$

mit

$$I_3 = \int\limits_{-T_{kn}}^{T_{kn}} \left\{ f_n(t) - e^{-\frac{t^2}{2}} \left[1 + \sum_{\nu=1}^{k-2} \frac{P_\nu(it)}{n^{\frac{\nu}{2}}} \right] \right\} e^{-ity}\, dt$$

und

$$I_4 = \int\limits_{T_{nk} < |t| \leq \frac{1}{2}\tau\sigma\sqrt{n}} \left\{ f_n(t) - e^{-\frac{t^2}{2}} \left[1 + \sum_{\nu=1}^{k-2} \frac{P_\nu(it)}{n^{\frac{\nu}{2}}} \right] \right\} e^{-iyt}\, dt.$$

Mit Satz 1b, § 40 finden wir

$$I_3 = o\left(n^{-\frac{k-2}{2}}\right). \tag{3}$$

Da, wie früher erwähnt, für $T_{nk} < |t| \leq \frac{1}{2}\tau\sigma\sqrt{n}$ ein $c > 0$ existiert, so daß $|f_n(t)| < e^{-cn}$ ist, erhält man unschwer

$$I_4 = o\left(n^{-\frac{k-2}{2}}\right). \tag{4}$$

Ferner ist

$$\int\limits_{|t|>\frac{1}{2}\tau\sigma\sqrt{n}} e^{-\frac{t^2}{2}}\left[1+\sum_{\nu=1}^{k-2}\frac{P_\nu(it)}{n^{\frac{\nu}{2}}}\right]e^{-ity}\,dt = o\left(n^{-\frac{k-2}{2}}\right),$$

und daher

$$I_2 = \int\limits_{-\frac{1}{2}\tau\sigma\sqrt{n}}^{\frac{1}{2}\tau\sigma\sqrt{n}} e^{-\frac{t^2}{2}}\left[1+\sum_{\nu=1}^{k-2}\frac{P_\nu(it)}{n^{\frac{\nu}{2}}}\right]e^{-ity}\,dt + o\left(n^{-\frac{k-2}{2}}\right). \tag{5}$$

Da

$$\int e^{-\frac{t^2}{2}}\left[1+\sum_{\nu=1}^{k-2}\frac{P_\nu(it)}{n^{\frac{\nu}{2}}}\right]e^{-ity}\,dt = \sqrt{2\pi}\left[e^{-\frac{y^2}{2}}+\sum_{\nu=1}^{k-2}\frac{P_\nu(-\varphi)}{n^{\frac{\nu}{2}}}\right] \tag{6}$$

ist, beweisen die Gleichungen (1)—(6) den Satz.

Als Spezialfall des Satzes 1 für $k = 3$ erhält man den

Satz 2. *Wenn die identisch verteilten gitterförmigen Zufallsgrößen* $\xi_1, \xi_2, \ldots, \xi_n, \ldots$ *mit der maximalen Schrittweite* h *und* $\mathsf{E}\,\xi_k = 0$ *unabhängig sind und endliche dritte Momente haben, dann ist*

$$p_n(s) = \frac{h}{\sigma\sqrt{n}}\,\varphi(y_{ns})\left\{1+\frac{1}{\sqrt{n}}\,\frac{\alpha_3}{\sigma^3}\,(y_{ns}^3 - 3\,y_{ns})\right\} + o\left(\frac{1}{n}\right).$$

Aus diesem lokalen Satz kann man den Integralsatz des § 42 ableiten. Wie bei der Herleitung des Integralsatzes von MOIVRE-LAPLACE aus dem lokalen, wird in der unendlichen Summe

$$F_n(z_{ns}) = \sum_{r<s} p_n(r)$$

die Abschätzung nach Satz 2 unmittelbar auf die Glieder $p(r)$ mit den Index r angewandt, die nicht zu viel von $\overline{p}$ entfernt sind. Die Glieder mit größeren Beträgen $|r - \overline{p}|$ werden besonders abgeschätzt.

Aus dem Satz 1 kann man für $k > 3$ die entsprechenden Abschätzungen für $F_n(z)$ mit einem Restglied der Ordnung

$$o\left(n^{-\frac{k-2}{2}}\right)$$

erhalten. Wir wollen hier nicht weiter darauf eingehen (siehe C. G. ESSEEN [1]).

B. W. GNEDENKO

KURZE ÜBERSICHT ÜBER DIE ARBEITEN ZUR THEORIE DER SUMMATION UNABHÄNGIGER ZUFALLSGRÖSSEN IN DEN LETZTEN ZEHN JAHREN

Da das vorliegende Buch vor zehn Jahren geschrieben wurde und seit der Fertigstellung der deutschen Übersetzung schon vier Jahre vergangen sind, halte ich es für erforderlich, dem Buch diese Ergänzung beizufügen. Sie benutzt hauptsächlich den Text eines Berichtes, den ich auf dem Internationalen Mathematischen Kongreß 1958 in Edinburgh vorgetragen habe. Ich bin mir klar, daß es an der Zeit wäre, den ganzen Text des Buches beträchtlich zu überarbeiten und organisch eine Reihe später gewonnener Resultate einzufügen. Eine solche Lösung würde aber die deutsche Ausgabe mindestens noch zwei Jahre aufhalten. Hierdurch wird diese Halbheit — das Abfassen der vorliegenden Ergänzung — bedingt.

Unter den verschiedenartigsten, in den letzten zehn Jahren stark entwickelten Forschungsrichtungen der Wahrscheinlichkeitsrechnung nehmen die klassischen Summationsprobleme und ihre natürliche Weiterentwicklung einen bedeutenden Platz ein. In den vierziger Jahren, nach den hervorragenden Arbeiten von LINDEBERG, P. LÉVY, S. N. BERNSTEIN, G. CRAMÉR, A. J. CHINTSCHIN, A. N. KOLMOGOROV, G. M. BAWLI, W. FELLER, W. DÖBLIN und einer Reihe anderer Gelehrter schien es, als ob alle grundlegenden Fragen der Summationstheorie schon gelöst wären. Dennoch zeigte es sich, daß die untersuchten Probleme bei anderer Behandlung die Fähigkeit besitzen, neue interessante Probleme und tiefliegende Ergebnisse hervorzubringen. So entstanden die Arbeiten von ESSEEN, DONSKER, J. W. PROCHOROW, A. N. KOLMOGOROV, M. LOÈVE und vieler anderer, die neue Wege auf alten Gebieten wiesen. Und erneut, wie dies wiederholt in der Geschichte der Mathematik der Fall war, waren neue Probleme nicht nur durch die natürliche innere Entwicklung der Wissenschaft, sondern auch durch praktische Aufgaben aus den verschiedensten Wissensgebieten bedingt.

Neben den großen Erfolgen in der Entwicklung der Summationstheorie von Zufallsgrößen selbst ergab sich eine Vielzahl tiefliegender und sehr interessanter Resultate durch Anwendung der Theorie auf die mathematische Statistik, die statistische Mechanik und die Zahlentheorie. Wir wollen hier keine Übersicht über die Forschungen auf diesen Anwendungsgebieten der Wahrscheinlichkeitstheorie geben und beschränken uns darauf, auf die interessante Übersicht von J. P. KUBILIJUS [A 1] hinzuweisen, in der neben einer Darlegung der Fakten auch ein umfangreiches Literaturverzeichnis über die Anwendung der Summationstheorie auf zahlentheoretische Probleme zu finden ist. Wir sehen weiter davon ab, die wichtigen Forschungsrichtungen anzuführen, die sich in den letzten Jahren insbesondere durch den Einfluß der Physik, durch die Grenzwertsätze für Summen mit einer zufälligen Anzahl von Summanden, ergaben.

Im Literaturverzeichnis werden Arbeiten, die sich auf den ursprünglichen Text des Buches beziehen, durch Zahlen in eckigen Klammern, Arbeiten, die zum Anhang gehören, noch durch den der Zahl vorgesetzten Buchstaben A gekennzeichnet.

KONVERGENZ VON VERTEILUNGSFUNKTIONEN VON SUMMEN MIT UNBEGRENZT TEILBAREN VERTEILUNGEN

G. M. BAWLI [1] und A. J. CHINTSCHIN [10] haben bewiesen, daß Verteilungsfunktionen von Summen unabhängiger infinitesimaler Summanden mit wachsender Anzahl der Summanden nur gegen unbegrenzt teilbare Verteilungen konvergieren können. Es ist ferner bekannt, daß Verteilungsfunktionen von Summen unter den vorgenannten Bedingungen bei weitem nicht immer gegen Grenzfunktionen zu konvergieren brauchen. Dennoch ist möglich zu behaupten, daß alle Verteilungsfunktionen von Summen mit unabhängigen Summanden, wenn nur jeder von ihnen klein im Vergleich zur Summe ist, stets durch gewisse unbegrenzt teilbare Verteilungen angenähert werden können. Die erste Lösung dieses Problems wurde von G. M. BAWLI [1] gegeben. Unter gewissen Bedingungen, die wir hier nicht formulieren wollen, zeigt es sich, daß es, wenn keine gewöhnliche Konvergenz vorliegt, eine Konvergenz der Verteilungsfunktionen nach Maß gibt. Später wurden von mir einige Verallgemeinerungen dieses Satzes gegeben, sie waren aber von einer endgültigen Formulierung weit entfernt und ich habe sie deshalb nicht veröffentlicht.

Abgeschlossene Resultate in der genannten Richtung wurden vor kurzem im Falle identisch verteilter Größen von J. W. POCHOROW [A 2] und im allgemeinen Falle von A. N. KOLMOGOROV [A 1] erhalten. Wir führen hier die Ergebnisse von A. N. KOLMOGOROV an.

Seien die Zufallsgrößen $\xi_1, \xi_2, \ldots, \xi_n, \ldots$ voneinander unabhängig;

$$F_k(x) = \mathsf{P}\{\xi_k < x\}$$

und bezeichne $\varepsilon(x)$ die Verteilungsfunktion der uneigentlichen Verteilung, dann existiert eine solche Konstante l, so daß aus den Ungleichungen

$$\varepsilon(x + a_k - l) - \varepsilon \leqq F_k(x) \leqq \varepsilon(x + a_k + l) + \varepsilon \quad (k = 1, 2, \ldots,),$$

die für geeignete Konstanten a_k und beliebiges $\varepsilon > 0, L > 2l > 0$ gelten, die Existenz einer unbegrenzt teilbaren Verteilung $\psi_n(x)$ folgt, die der Ungleichung

$$\psi_n(x - L) - \delta \leqq \Phi_n(x) \leqq \psi_n(x + L) + \delta$$

genügt.

Hierbei bedeutet $\Phi_n(x)$ die Verteilungsfunktion der Summe

$$\xi_1 + \xi_2 + \cdots + \xi_n,$$

und δ wird durch die Beziehung

$$\delta = c \max\left(\frac{l}{L}\sqrt{\log\frac{L}{l}},\, \varepsilon^{\frac{1}{5}}\right)$$

definiert.

Im Falle identisch verteilter Summanden gelang es A. N. KOLMOGOROV noch mehr zu beweisen. Er wies nach, daß die Ungleichung

$$|\psi_n(x) - \Phi_n(x)| \leqq \frac{c}{\sqrt[5]{n}} \tag{1}$$

gilt.

Im *Spezialfall des* BERNOULLI*schen Schemas* entdeckte J. W. PROCHOROW [4] folgendes: Gehören die Verteilungen $\psi_n(x)$ nicht zur Klasse aller unbegrenzt teilbaren Verteilungen, sind es aber nur Normal- und POISSONsche Verteilungen, so kann die Größenordnung des Unterschiedes nicht kleiner als $n^{-1/3}$ sein. Dennoch kann, ebenfalls für das BERNOULLIsche Schema, jedoch bei Auswahl der $\psi_n(x)$ aus der Klasse aller unbegrenzt teilbaren Verteilungen erreicht werden, daß diese Ordnung gleich $n^{-1/2}$ wird. (J. P. ZAREGRADSKI [A 1]). Hierbei kann für die Konstante in der Ungleichung (1) $12\sqrt{7}$ genommen werden.

Natürlicherweise entsteht auch im allgemeinen Fall die Frage nach der besten Abschätzung in der Ungleichung (1). Ist es nicht möglich für diese Abschätzung auch die Ordnung $n^{-1/2}$ zu erhalten?

Vor kurzem fand ESSEEN [A 1] die endgültige Lösung des Problems, welches viele Forscher interessierte. Es besteht im folgenden: Die Größen

$$\xi_1, \xi_2, \dots$$

seien unabhängig und besitzen ein und dieselbe Verteilung

$$F(x) = \mathsf{P}\{\xi_n < x\}.$$

Dabei sei

$$\mathsf{E}\,\xi_n = 0, \quad \mathsf{D}^2\xi_n = \sigma^2 \neq 0,$$

$$\mathsf{E}\,|\xi_n|^3 = \beta_3 < +\infty, \quad z_n = \frac{1}{\sigma\sqrt{n}}\sum_{k=1}^{n}\xi_k,$$

$$\Phi_n(x) = \mathsf{P}\,\{z_n < x\}, \quad \varrho_3 = \frac{\beta_3}{\sigma^3},$$

$$\Phi(x) = \frac{1}{\sqrt{2\pi}}\int_{-\infty}^{x} e^{-\frac{z^2}{2}}\,dz.$$

Bekanntlich gilt für eine beliebige Funktion, die den genannten Bedingungen genügt, die Ungleichung

$$\sqrt{n}\,\sup_x |\Phi_n(x) - \Phi(x)| \leqq c\varrho_3,$$

wobei c eine positive Konstante ist. Hierbei erhebt sich die Frage: Mit welchem kleinsten c kann die angeführte Ungleichung für beliebige n und $F(x)$ erfüllt werden? Auf diese Frage gibt es noch keine Antwort. Eine andere Frage ist folgende: Welches minimale k genügt bei beliebigem $F(x)$ der Ungleichung

$$\limsup_{n\to\infty}\sup_{x} \sqrt{n}\,|\Phi_n(x) - \Phi(x)| \leqq k\varrho_3?$$

Diese Frage wurde von ESSEEN in der obengenannten Arbeit beantwortet. Es zeigte sich, daß

$$k = \frac{\sqrt{10}+3}{6}\,\frac{1}{\sqrt{2\pi}}$$

ist. Für die nachstehenden Fälle des BERNOULLIschen Schemas wird die obere Grenze wie folgt angenommen: Entweder hat $F(x)$ in den Punkten

$$-\frac{4-\sqrt{10}}{2}\,h, \qquad \frac{\sqrt{10}-2}{2}\,h$$

die Sprünge

$$\frac{\sqrt{10}-2}{2}, \qquad \frac{4-\sqrt{10}}{2}$$

oder $F(x)$ ist bezüglich $x=0$ zur genannten Verteilung symmetrisch. Die positive Konstante h ist dabei willkürlich.

Hinsichtlich der Konstanten c in der Ungleichung (2) ist nur bekannt, daß

$$\frac{\sqrt{10}+3}{6\sqrt{2\pi}} \leq c \leq 2{,}890$$

gilt.

Wir bemerken, daß ähnliche Abschätzungen noch nicht erhalten wurden für gewisse Grenzverteilungen von Normalverteilungen und im allgemeinen Falle nicht untersucht sind.

Konvergenz im Mittel

In den letzten Jahren entstanden neben den Grenzwertsätzen, die Konvergenz gegen Grenzverteilungen behandeln, einige Untersuchungen, in denen die Konvergenz im Mittel betrachtet wurde. Es ist nicht überflüssig zu erwähnen, daß diese Aufgabenstellungen durch Probleme hervorgebracht wurden, die in der Approximationstheorie und auch in der Theorie der diophantischen Gleichungen auftraten. Ein solches gegenseitiges Eindringen von Problemstellungen aus einem mathematischen Gebiet in ein anderes war immer charakteristisch für unsere Wissenschaft und brachte eine Vielzahl von Erfolgen mit sich.

Offensichtlich wurde der erste Satz über Konvergenz im Mittel einer Folge von Summenverteilungen von J. W. PROCHOROW [1] erhalten. Er bemerkte, daß die von ihm bewiesenen Sätze mit dem von A. N. KOLMOGOROV [8] eingeführten Begriff der Konvergenz nach Variation zusammenhängen. PROCHOROW interessierten die Bedingungen unter denen ein lokaler Grenzwertsatz im Mittel gilt. Bezeichnen wir mit $p_n(x)$ die Ableitung vom absolut stetigen Teil der Zerlegung $\Phi_n(x)$ in den absolut stetigen und singulären Teil

$$\Phi_n(x) = a_n A_n(x) + b_n S_n(x),$$

wobei $\Phi_n(x)$ die Verteilungsfunktion einer Summe identisch verteilter Zufallsgrößen mit gewissen normierten und zentrierten Konstanten bedeutet, so besteht mit $\psi(x) = \Psi'(x)$ die Limesgleichung

$$\lim_{n\to\infty} \int_{-\infty}^{+\infty} |p_n(x) - \psi(x)|\, dx = 0$$

dann und nur dann, wenn

1. die Beziehung

$$\Phi_n(x) \to \Psi(x) \qquad \text{für} \qquad n \to \infty$$

gilt,

2. eine Zahl n_0 existiert, so daß in

$$\Phi_n(x) = a_n A_n(x) + b_n S_n(x)$$

a_{n_0} größer als Null ist.

Ähnliche lokale Sätze findet man auch in einer Arbeit von SMITH [1]. In zwei Aufsätzen von AGNEW [A 1], [A 2] und einer vor kurzem von ESSEEN [A2] veröffentlichten Arbeit werden Konvergenzgeschwindigkeiten von Integralabschätzungen ähnlich der Normalverteilung $\Phi(x)$ und der Verteilung normierter Summen identisch verteilter Summanden mit zweiten endlichen Momenten abgeschätzt. AGNEW zeigte in [A 1], daß unter den genannten Bedingungen für $p > {}^1/_2$

$$\lim_{n\to\infty} \int_{-\infty}^{+\infty} |\Phi_n(x) - \Phi(x)|^p\, dx = 0$$

gilt.

In der Arbeit [A 2] gab AGNEW eine Abschätzung des Integrals

$$c_n^{(p)} = \int_{+\infty}^{-\infty} |\Phi_n(x) - \Phi(x)|^p\, dx$$

im Falle $p = 2$ für das symmetrische BERNOULLIsche Schema und für die in

$$-\sqrt{3} \leqq x \leqq \sqrt{3}$$

gleichmäßige Verteilung. Entsprechend wurden die Abschätzungen

$$c_n^{(2)} = \frac{1}{6\, n \sqrt{\pi}} + O\left(\frac{1}{n^2}\right)$$

und

$$c_n^{(2)} = \frac{3}{1280\, n^2 \sqrt{\pi}} + O\left(\frac{1}{n^3}\right)$$

erhalten.

Unter der Voraussetzung, daß die dritten Momente

$$\alpha_3 = \mathsf{E}\, \xi_n^3, \quad \mathsf{D}^2 \xi_n = 1$$

existieren, bewies ESSEEN [A 2], daß

$$c_n^{(2)} = \frac{\alpha_3}{96\, n \sqrt{\pi}} + o\left(\frac{1}{n}\right)$$

gilt, wenn die Verteilung $F(x)$ nicht gitterförmig ist und daß

$$c_n^{(2)} = \frac{\alpha_3^2}{96\, n \sqrt{\pi}} + \frac{h^2}{24\, n \sqrt{\pi}} + o\left(\frac{1}{n}\right)$$

gilt, wenn die Verteilung $F(x)$ mit der maximalen Schrittweite h gitterförmig ist.

Für $p = 1$ erhielt ESSEEN

$$c_n^{(1)} = \frac{2|\alpha_3|}{3\sqrt{2\pi c n}} + o\left(\frac{1}{\sqrt{n}}\right),$$

wenn $F(x)$ eine nichtgitterförmige Verteilung ist und

$$c_n^{(1)} = \frac{ch}{\sqrt{n}} + o\left(\frac{1}{\sqrt{n}}\right),$$

wenn $F(x)$ gitterförmig ist. Die Konstante c nimmt in Abhängigkeit von $\gamma = \frac{\alpha_3}{6h}$ verschiedene Werte an. Dabei muß man drei verschiedene Fälle betrachten. Schließlich fand ESSEEN, daß für $p \geqq 1$

$$c_n^{(p)} = \frac{|\alpha_3|^p}{6^p (2\pi n)^{\frac{p}{2}}} \int_{-\infty}^{+\infty} |1 - x^2|^p\, e^{-p\frac{x^2}{2}}\, dx + o\left(\frac{1}{n^{\frac{p}{2}}}\right)$$

ist, wenn $F(x)$ eine nichtgitterförmige Verteilung ist und daß

$$c_n^{(p)} = \frac{h^p \sqrt{2\pi p}}{2^p\, (p+1)\, p (2\pi n)^{\frac{p}{2}}} + o\left(\frac{1}{n^{\frac{p}{2}}}\right)$$

gilt, wenn $F(x)$ eine gitterförmige Verteilung mit $\alpha_3 = 0$ ist.

Es sei noch darauf hingewiesen, daß mit der Untersuchung globaler Grenzwertsätze erst begonnen wurde und daß auf diesem Gebiet noch viele Probleme ungelöst geblieben sind.

Ein lokaler Grenzwertsatz

Nachdem das lokale Grenzwertproblem eine ausreichend vollkommene Lösung erhalten hat (s. §§ 45—50 dieses Buches), lag es auf der Hand, diese Resultate auf den Fall verschieden verteilter Summanden auszudehnen. Dabei wurden die besten Ergebnisse von J. W. PROCHOROW [A 1], W. W. PETROW [A 1] und J. A. ROSANOW [A 1] erhalten. Sowohl ROSANOW als auch PROCHOROW betrachteten den lokalen Satz in „verschärfter Form". Da dieser Begriff nicht allgemein bekannt ist, sei seine Definition angeführt.

Sei

$$\xi_1, \xi_2, \ldots$$

eine Folge unabhängiger Zufallsgrößen, die nur ganzzahlige Werte annehmen. Wir führen die folgenden Bezeichnungen ein:

$$p_{kj} = \mathsf{P}\{\xi_k = j\}, \quad a_k = \mathsf{E}\xi_k, \quad b_k^2 = \mathsf{D}^2\xi_k,$$

$$S_n = \xi_1 + \xi_2 + \cdots + \xi_n, \quad P_n(m) = \mathsf{P}\{S_n = m\}, \quad A_n = \mathsf{E}S_n, \quad B_n^2 = \mathsf{D}^2 S_n.$$

Wir sagen, daß der lokale Satz in der „verschärften Form" vorliegt, wenn die Beziehung

$$\limsup_{n\to\infty} \sup_m \left| B_n P_n(m) - \frac{1}{\sqrt{2\pi}} e^{-\frac{(m-A_n)^2}{2B_n^2}} \right| = 0$$

sowohl für die gegebene Folge als auch für jede andere Folge, die durch Abänderung endlich vieler Glieder aus der gegebenen hervorgeht, erfüllt ist. (Die Forderung der Ganzzahligkeit soll dabei bestehen bleiben.)

Die eben formulierten Begriffe wurden auf Grund der Tatsache eingeführt, daß im Lokalen für die Wahrscheinlichkeiten aufeinanderfolgender Summen mit verschieden verteilten Summanden die einzelnen Summanden eine entscheidende Rolle spielen können. Das erste Beispiel solcher Art wurde in einer Arbeit von B. W. GNEDENKO angeführt (s. auch [16]).

PROCHOROW [A 1] forderte, daß die Summanden ξ_k den folgenden Bedingungen genügen:

A) Es existiert eine Konstante K, so daß $|\xi_n| \leq K$ für alle n ist,

B) Es soll $p_{n0} \geqq p_{nj}$ für alle n sein,

C) $B_n \to \infty$ für $n \to \infty$.

Unter diesen Bedingungen gilt der lokale Satz in verstärkter Form genau dann, wenn der größte gemeinsame Teiler der j, für die

$$\sum_{n=1}^{\infty} p_{nj} = \infty,$$

gleich Eins ist.

J. W. ROSANOW kam zu folgenden Ergebnissen:

Ist die Bedingung C) von PROCHOROW erfüllt, so ist für die Anwendung des lokalen Satzes in verstärkter Form notwendig, daß für beliebiges $h \geq 2$ die Beziehung

$$\prod_{k=1}^{\infty} \left[\max_{0 \leq m \leq h} \mathsf{P}\{\xi_k \equiv m \pmod h\} \right] = 0 \tag{3}$$

gilt.

Wenn außer der Bedingung C) auch erfüllt ist:

D) Es gilt gleichmäßig in k für $N \to \infty$

$$[\mathsf{D}\,\xi_k]^{-1} \sum_{|j-a_k| \leq N} (j - a_k)^2 p_{kj} \to 1,$$

so ist (3) auch eine hinreichende Bedingung für die Gültigkeit des lokalen Satzes in verschärfter Form.

Wenn man außer den Bedingungen C) und D) auch noch die Bedingung B) fordert, so ist für die Anwendbarkeit des lokalen Grenzwertsatzes in verstärkter Form notwendig und hinreichend, daß der größte gemeinsame Teiler einer beliebigen Mannigfaltigkeit U von ganzen Zahlen, für die

$$\prod_{k=1}^{\infty} \mathsf{P}\{\xi_k \in U\} > 0$$

gilt, Eins ist.

Es soll hier nicht die Formulierung des lokalen Satzes bei verschieden verteilten Summanden mit Dichten betrachtet werden und es soll dies auch nicht für die mehrdimensionalen Grenzverteilungen geschehen. Wir erwähnen nur, daß für diese Probleme, auch für normale Grenzverteilungen, noch keine erschöpfenden Lösungen erhalten wurden. Natürlich findet man für andere Grenzverteilungen, die Dichten besitzen, auch Grenzwertsätze. Es interessieren auch lokale Eigenschaften von Summenverteilungen, bei denen Grenzverteilungen fehlen. Besitzt eine Summe eine Verteilungsdichte, so ist es insbesondere immer möglich, eine Folge unbegrenzt teilbarer Dichten passend anzugeben, durch die die Verteilungsdichte angenähert wird. Für einige Probleme ist es nützlich, die Beschränkungen, die den Summanden auferlegt wurden, fallenzulassen — Gitterförmigkeit oder das Vorhandensein von Dichten bei Summen.

Im allgemeinen Fall ist selbstverständlich der sogenannte halblokale Satz zu betrachten und das Grenzverhalten der Beziehung

$$\frac{1}{2\delta_n} \int_{-\delta_n}^{\delta_n} d\Phi_n(x)$$

für $n \to \infty$ zu untersuchen, wenn δ_n gleichzeitig nach Null strebt.

Es sei noch bemerkt, daß beim lokalen Satz genaue Abschätzungen der Form interessieren, wie sie von ESSEEN gefunden wurden. In dieser Hinsicht ist mir nur eine Arbeit von W. W. PETROW [A 1] bekannt.

Große Abweichungen, asymptotische Entwicklungen, Abschätzung der Konvergenzgeschwindigkeit

Die klassischen Grenzwertsätze untersuchen das asymptotische Verhalten von Summenverteilungsfunktionen bei unbegrenzter Vergrößerung der Anzahl der Summanden und geben dabei entsprechende Resultate nur für Argumente an, die in endlichen Intervallen bleiben. Will man jedoch bei unbegrenzt wachsender Anzahl der Summanden das Verhalten von Summenverteilungsfunktionen bei gleichzeitigem Anwachsen des Arguments (bis $+\infty$ oder $-\infty$) untersuchen, so liefern die klassischen Grenzwertsätze nur triviale Ergebnisse: Die Verteilungsfunktion einer Summe konvergiert gegen 1 bzw. gegen Null. Außerdem wird bei einer ganzen Reihe von Problemen die Kenntnis umfangreicher Einzelheiten gefordert. Für das BERNOULLIsche Schema ist dieses Problem in ausreichendem Maße schon in den dreißiger Jahren von A. J. CHINTSCHIN, N. W. SMIRNOW, P. LÉVY und M. FRECHET untersucht worden. Später wurden diese Resultate in einer bekannten Arbeit von CRAMÉR [A 1] im Falle identisch verteilter Summanden verallgemeinert. Unter etwas strengeren Voraussetzungen präzisierte W. FELLER die CRAMÉRschen Resultate und verallgemeinerte sie im Fall verschieden verteilter Summanden. Einen weiteren Erfolg erzielte W. W. PETROW [A 2]: Er verallgemeinerte ebenfalls den CRAMÉRschen Satz im Falle verschieden verteilter Summanden, jedoch ohne dabei weitere einschränkende Bedingungen zu benutzen. Er erhielt dabei auch die FELLERsche Verbesserung. Wir formulieren jetzt das Resultat von W. W. PETROW.

Es mögen die Zufallsgrößen

$$\xi_j, \quad F_j(x) = \mathsf{P}\{\xi_j < x\}$$

den folgenden Bedingungen genügen:

1. Es existieren positive Konstanten A, k, K, so daß im Kreise $|h| < A$ die Ungleichungen

$$k \leqq \left| \int_{-\infty}^{+\infty} e^{hu}\, dF_j(u) \right| \leqq K \qquad (j = 1, 2, \ldots)$$

erfüllt sind.

2. Für alle Werte n soll gelten:

$$\frac{1}{n} \mathsf{D}^2 \sum_{k=1}^{n} \xi_k \geqq \delta > 0.$$

3. Für beliebiges $\varepsilon > 0$ läßt sich ein solches $C > 1$ angeben, so daß für alle n die folgende Ungleichung erfüllt ist.

$$\frac{1}{n} \sum_{j=1}^{n} \int_{|y|>C} y^2 dF_j(y) < \varepsilon.$$

Dann ist für $n \to \infty$, $x = o(\sqrt{n})$, $x > 1$

$$\frac{1 - \Phi_n(x)}{1 - \Phi(x)} = e^{\frac{x^3}{\sqrt{n}} \lambda_n \left(\frac{x}{\sqrt{n}}\right)} \left[1 + O\left(\frac{x}{\sqrt{n}}\right)\right],$$

$$\frac{\Phi_n(-x)}{\Phi(x)} = e^{-\frac{x^3}{\sqrt{n}} \lambda_n \left(-\frac{x}{\sqrt{n}}\right)} \left[1 + O\left(\frac{x}{\sqrt{n}}\right)\right],$$

wobei $\lambda_n(z)$ eine Potenzreihe bedeutet, die gleichmäßig in z bei hinreichend kleinen Werten von z konvergiert.

Einige Sätze wurden unter etwas anderen Voraussetzungen von BERGSTRÖM [A 1] angegeben.

Aus dem eben bewiesenen Satz W. W. PETROWs folgt eine Verallgemeinerung eines Satzes von A. J. CHINTSCHIN [A 2]. Letzterer wurde ursprünglich für das BERNOULLIsche Schema bewiesen. Sei c eine positive Konstante; unter den Voraussetzungen des vorangegangenen Satzes gilt dann

$$\frac{\Phi_n\left(x + \frac{c}{x}\right) - \Phi_n(x)}{1 - \Phi_n(x)} \to 1 - e^{-c} \quad (n \to \infty).$$

Ersetzen wir jetzt die dritte Bedingung des PETROWschen Satzes durch eine andere, einschränkende, Bedingung:

3′. Für eine ausreichend dichte Folge $\{\xi_{jk}\}$ gilt die gleichmäßige Abschätzung

$$\left| \int_{-\infty}^{+\infty} e^{(v + it) y} \, dF_{jk}(y) \right| \leqq \frac{L}{|t|^{\beta}}$$

für $|t| \geqq N$ und $|v| < A$; die positiven Größen β, L, N können dabei von v abhängen. Die Anzahl n^* jener j_k unter den ersten n Summanden, die der eben angeführten Ungleichung genügen, genügt außerdem für ein gewisses $\gamma > 0$ der Ungleichung:

$$\varliminf_{n \to \infty} \frac{n^*}{\left[\mathsf{D} \sum_{k=1}^{n} \xi_k\right]^{\gamma}} > 0.$$

Wenn die Bedingungen 1, 2, 3′ erfüllt sind, so existiert für hinreichend große n die Dichte $p_n(x)$ der Größe

$$\frac{1}{\sqrt{\mathsf{D} \sum_{k=1}^{n} \xi_k}} \sum_{k=1}^{n} (\xi_k - M\xi_k)$$

und für $x > 1$, $x = o(\sqrt{n})$ bei $n \to \infty$ ist die Bezeichnung

$$\frac{p_n(x)}{\varphi(x)} = e^{\frac{x^3}{\sqrt{n}} \lambda_n \left(\frac{n}{\sqrt{n}}\right)} \left[1 + O\left(\frac{x}{\sqrt{n}}\right)\right]$$

erfüllt.

Das angeführte Resultat stammt von W. RICHTER [A 1]. Mehrdimensionale Verallgemeinerungen des angegebenen Satzes wurden von demselben Autor veröffentlicht [A 2].

Wir bemerken, daß bis jetzt Grenzwertsätze für große Abweichungen nur für normale Grenzverteilungen untersucht wurden. Dabei wurden jedoch an die Ausgangsverteilungen stark einschränkende Forderungen gestellt. Es ist interessant, diese Probleme für andere mögliche Grenzwertverteilungen zu untersuchen und auch die Voraussetzungen der schon entdeckten Sätze zu erweitern.

Asymptotische Entwicklungen von Verteilungsfunktionen für Summen, die schon in Betrachtungen von P. L. TSCHEBYSCHEW eingeführt wurden, sind später von BRUNS, SCHARLIER, EDGEWORTH, H. CRAMÉR, ESSEEN, H. BERGSTRÖM [A 2], J. W. PROCHOROW [2] u. a. untersucht worden. Es steht außer Zweifel, daß dieses Forschungsgebiet gegenwärtig eines der anziehendsten ist und beträchtliche Erfolge verspricht. Es ist dennoch bemerkenswert, daß die Untersuchungen bis heute sich nur auf die Fälle beschränken, in denen die Grenzverteilungen für normierte Summen existieren und normal sind. Hinsichtlich anderer Grenzverteilungen, auch in den Fällen, in denen keine Konvergenz gegen eine Grenzverteilung vorliegt, aber eine genauere Annäherung der Verteilungsfunktion für Summen mit begleitenden unbegrenzt teilbaren Verteilungen gefordert wird, liegen bis heute noch keine Ergebnisse vor. Aufmerksamkeit verdienen zwei Arbeiten, in denen Fragen asymptotischer Entwicklungen etwas anders aufgeworfen werden. Es handelt sich um die Arbeit von DANIELS [A 1], in denen eine asymptotische Entwicklung der Verteilung des arithmetischen Mittels untersucht und diese Entwicklung ausführlich für konkrete Ausgangsverteilungen studiert wurde. Eine andere Arbeit stammt von I. I. GICHMANN [A 1]. In ihr wird die asymptotische Entwicklung des Erwartungswertes einer willkürlichen, hinreichend glatten Funktion des arithmetischen Mittels identisch verteilter Zufallsgrößen betrachtet.

Mögen die Zufallsgrößen ξ_k Momente bis zur dritten Ordnung besitzen:

$$a_\tau = \mathsf{E}\, \xi_k^\tau \quad \tau = 1, 2, 3,$$

die Funktion $f(x)$ sei beschränkt und zusammen mit ihren Ableitungen bis zur fünften Ordnung gleichmäßig stetig. Dann gilt

$$\mathsf{E} f\left(\frac{1}{n} \sum_{k=1}^{n} \xi_k\right) = f(a_1) + \frac{1}{2n} (a_2 - a_1^2) f''(a_1) +$$

$$+ \frac{1}{n^2} \left\{\left[\frac{a_3 - a_1^3}{3!} - \frac{a_1(a_2 - a_1^2)}{2!}\right] f'''(a_1) + \frac{(a_2 - a_1^2)^2}{(2!)^3} f^{\mathrm{IV}}(a_1)\right\} + o\left(\frac{1}{n^2}\right).$$

In den letzten Jahren tauchte eine große Anzahl von Arbeiten auf, in denen Abschätzungen der Konvergenzgeschwindigkeit von Verteilungsfunktionen für Summen bei Konvergenz gegen normale Grenzverteilungen verbessert werden. Für besonders bedeutend halte ich die Resultate von J. W. LINIK [A 1], der dazu Methoden benutzte, die in der Zahlentheorie ausgearbeitet wurden. Diese Verbesserungen, die fast genau mit den LINIKschen Methoden ausgeführt wurden, finden sich in einem Aufsatz von W. W. PETROW [A 3]. Es sei bemerkt, daß sich auf den angeführten Fragenkomplex auch die Arbeiten von G. BERGSTRÖM [A 1], J. W. PROCHOROW [A 1] und J. P. STUDNEW [A 1] beziehen. Die Untersuchungen, die der Klärung der Konvergenzgeschwindigkeit bei Konvergenz von Summenverteilungen gegen Grenzverteilungen gewidmet waren, ergaben alle noch keine Gesetzmäßigkeiten. Wahrscheinlich wird die systematische Anwendung der in der Zahlentheorie und in der Approximationstheorie ausgearbeiteten Methoden es schon in der nächsten Zeit gestatten, abgeschlossene Resultate für normale Grenzverteilungen zu erhalten. Diese Methoden werden es aber auch möglich machen, die Untersuchungen von Konvergenzgeschwindigkeiten bei Konvergenz gegen andere Grenzverteilungen voranzutreiben. In der zuletzt genannten Richtung wurde der erste Schritt bereits getan (s. M. FORTUS [A 1]).

Der Zusammenhang zwischen Grenzwertsätzen für Summen mit unabhängigen Summanden und für Glieder der Variationsreihe

Betrachten wir eine Doppelfolge unabhängiger Zufallsgrößen

$$\xi_{n1}, \xi_{n2}, \ldots, \xi_{nk_n} \quad (n = 1, 2, 3, \ldots).$$

Wir ordnen die Größen in der n-ten Zeile in der Reihenfolge ihres Wachstums an (ich will hier nicht darlegen, warum dies geschieht).

Sei

$$\eta_{n1} \leqq \eta_{n2} \leqq \cdots \leqq \eta_{nk_n}$$

diese neue Folge.

Bis jetzt wurden die Grenzverteilungen für die Summen

$$S_n = \sum_{k=1}^{k_n} \xi_{nk}$$

und für die Glieder der Variationsreihe η_{ns} getrennt untersucht. Hierbei fiel beständig die Analogie zwischen den für beide Untersuchungen erhaltenen Sätzen auf. Wie vor kurzem in den Arbeiten von DARLING [A 1], B. W. GNEDENKO [14], M. LOÈVE [A 1] und [A 2] geklärt wurde, existieren zwischen den beiden genannten Forschungsrichtungen tatsächlich tiefe Zusammenhänge. In den Aufsätzen von DARLING und GNEDENKO wurden zwei Behandlungsmöglichkeiten für das Studium von Grenzwertsätzen für Summen und für maximale Glieder der Variationsreihe in dem Fall entwickelt, in dem identisch verteilte

Größen ξ_{nk} $(k = 1, 2, \ldots, n)$ in jeder Zeile stehen. DARLING gelang es, Grenzverteilungen für Summen unter der Voraussetzung der Normierung des maximalen Gliedes ihrer *Variationsreihe* zu finden. GNEDENKO bewies folgendes: Konvergieren die Verteilungsfunktionen für Summen gegen eine Grenzfunktion, so konvergiert auch die Verteilungsfunktion des maximalen Gliedes der Variationsreihe gegen eine Grenzverteilung. Eine weitgehende Verallgemeinerung dieser zuletzt genannten Forschungen ist in einem Aufsatz von LOÈVE [A 1] und in einer zusammenfassenden Arbeit [A 2] vom selben Autor enthalten. Einige Verbesserungen der DARLINGschen Resultate finden sich in einem Aufsatz von BOBROW [A 1].

Studium von Eigenschaften unbegrenzt teilbarer Verteilungen, neue Formen der Konvergenzbedingungen bei Konvergenz gegen Grenzverteilungen

Viele Forscher schenkten dem genauen Studium der Eigenschaften stabiler Verteilungen, aber auch in etwas geringerem Maße dem der unbegrenzt teilbaren Verteilungen, große Aufmerksamkeit. Die Literatur, die bis zur Gegenwart über stabile Verteilungen geschrieben wurde, ist so umfangreich, daß man ihr eine spezielle Monographie widmen könnte. Wir beschränken uns hier auf einen Hinweis auf die Arbeiten von BERGSTRÖM [A 3] und [A 4], W. M. ZOLOTAREW [A 1] und [A 2], J. W. LINIK [A 1], A. W. SKOROCHOD [1], [A 1] und TSCHAO-TSCHUN TSCHE [A 1]. In ihnen sind viele interessante analytische Probleme der Theorie stabiler Verteilungen untersucht worden.

J. W. LINIK [A 2] dehnte die Ergebnisse H. CRAMÉRs und D. A. RAIKOWS über die Zerlegung GAUSSscher und POISSONscher Verteilungen im ersten Fall auf die GAUSSsche Verteilung und im zweiten auf die POISSONsche Verteilung aus. Von ihm wurde gezeigt, daß eine Faltung einer Normalverteilung und einer POISSONschen Verteilung nur in eine Faltung von derselben Art zerfällt.

In einer umfangreichen Arbeit [A 3] betrachtet J. W. LINIK ganz allgemein die Zerlegbarkeitsbedingungen unbegrenzt teilbarer Verteilungen in unbegrenzt teilbare Komponenten. In dem Falle, in dem die Verteilung eine GAUSSsche Komponente besitzt, ist eine solche Zerlegung nur möglich, wenn ihr POISSONsches Spektrum endlich oder abzählbar ist. Dabei müssen die Frequenzen des POISSONschen Spektrums einer zusätzlichen Bedingung genügen. In der Formel für die Darstellung des Logarithmus der charakteristischen Funktion

$$\ln \varphi(t) = i\beta t - \gamma t^2 + \sum \lambda_m (e^{it\mu_m} - 1) + \sum \lambda_{-n} (e^{-it\gamma_n} - 1)$$

müssen nämlich die Frequenzen λ_m und λ_{-n} mit den Zahlen

$$\ldots, k_{-2}\, k_{-1}\, \mu, k_{-1}\, \mu, \mu, k_1^{-1}\, \mu, k_1^{-1}\, k_2^{-1}\, \mu, \ldots$$

und

$$\ldots, l_{-2}\, l_{-1}\, \gamma, l_{-1}\, \gamma, \gamma, l_1^{-1}\, l_2^{-1}\, \gamma, \ldots$$

übereinstimmen. Hierbei sind l_i und k_j ganze Zahlen. Ist das POISSONsche Spektrum beschränkt, so ist diese Bedingung für die angeführte Zerlegung auch hinreichend.

J. A. IBRAGIMOW [A 2] bewies den folgenden eleganten Satz. Mit $\mathfrak{F}$ seien alle Funktionen $F(x)$ aus der Klasse der unbegrenzt teilbaren Verteilungsfunktionen bezeichnet, die die folgende Eigenschaft besitzen: Aus der Gültigkeit der Beziehung

$$F(x) * H(x) = \Phi(x)$$

für unbegrenzt teilbares $\Phi(x)$ folgt, daß auch $H(x)$ unbegrenzt teilbar ist.

Die Klasse $\mathfrak{F}$ stimmt mit der Mannigfaltigkeit aller Normalverteilungen überein.

Die Aufgabe, diese Klasse $\mathfrak{F}$ aufzusuchen, wurde von R. L. DOBRUSCHIN formuliert.

Von I. A. IBRAGIMOW [A 1] wurde ausgeführt, daß unter den Verteilungen der Klasse L nicht unimodale existieren. Damit ist nicht nur gezeigt, daß sich im Beweis meines Satzes über die Unimodalität der Verteilung der Klasse L ein Fehler eingeschlichen hat, wie später KEI LEI CHUNG [1] zeigte, sondern daß auch der Satz selbst falsch ist.

Eine große Anzahl von Arbeiten wurden dem Studium der Konvergenzbedingungen bei Konvergenz gegen verschiedene Grenzverteilungen gewidmet. Im Literaturverzeichnis führen wir einige von ihnen an, dabei beschränken wir uns nicht auf den eindimensionalen Fall. Die Problemstellungen zweier Arbeiten seien hier angeführt. G. N. SAKOWITSCH [A 1] setze sich zum Ziel, die allgemeine Form des Anziehungsgebietes für stabile Verteilungen zu finden. Es zeigte sich, daß die Verteilungsfunktion $F(x)$ dann und nur dann zum Anziehungsgebiet einer stabilen Verteilung gehört, wenn die Grenzwerte

$$\lim_{x\to\infty} \frac{x^2 F(-x)}{\int\limits_{-x}^{+x} z^2\, dF(z)}, \quad \lim_{x\to\infty} \frac{x^2 [1 - F(x)]}{\int\limits_{-x}^{+x} z^2\, dF(z)}.$$

existieren. Die Summe a dieser Grenzwerte ist mit dem Exponenten α des Grenzwertgesetzes durch die Gleichung

$$\alpha = \frac{2}{1 + a}$$

verbunden.

Wie wir aus dem Haupttext des Buches wissen, ergibt der Fall $a = 0$ das Anziehungsgebiet einer Normalverteilung.

E. K. LEBEDINZEWA [A 1] beschäftigte sich mit dem Studium des folgenden Problems: In der Folge

$$\xi_1, \xi_2, \ldots, \xi_n, \ldots$$

seien Größen mit nur k verschiedenen Verteilungsarten vorhanden

$$F_1(x), \ldots, F_k(x).$$

Es ist gefragt, welches die Klasse der möglichen Grenzverteilungen für normierte Summen ist. Unter ziemlich umfangreichen Voraussetzungen wurde in dieser Arbeit die GNEDENKOsche Hypothese bewiesen, daß diese Klasse der Grenzverteilungen aus Faltungen stabiler Verteilungen besteht, deren Anzahl nicht größer als k ist. Für den Fall, daß für die Summanden endliche Streuung vorliegt, ist dieser Satz trivial und folgt aus einem Satz von LINDEBERG.

Sätze vom Invarianztypus

1931 erschienen zwei Publikationen A. N. KOLMOGOROVs [A 2], in denen die Problemstellung für die Erforschung des Grenzverhaltens von Summen verallgemeinert wurde. KOLMOGOROV stellt die Frage in folgender Weise: Die Zufallsgrößen

$$\xi_1^{(n)}, \xi_2^{(n)}, \ldots, \xi_n^{(n)}$$

seien voneinander unabhängig und besitzen absolute Momente dritter Ordnung

$$\mathsf{E}\,\xi_j^{(n)} = 0, \quad \mathsf{D}^2\,\xi_j^{(n)} = b_j; \quad \mathsf{E}\,|\xi_j^{(n)}|^3 = d_j < \infty.$$

Wir führen die Bezeichnungen

$$S_k = \sum_{j=1}^{k} \xi_j^{(n)}, \quad t_k = \sum_{j=1}^{k} b_j \quad (k = 1, 2, \ldots, n), \quad t_n = B$$

ein.

Seien weiter $f_1(t)$ und $f_2(t)$ in $[0, B]$ stetig differenzierbare Funktionen, für die die Ungleichungen

$$f_1(0) < 0 < f_2(0), \quad f_1(t) < f_2(t) \quad (0 \leq t \leq B)$$

gelten. Wenn für jedes $\mu > 0$ ein solches n gefunden werden kann ($n \to \infty$ für $\mu \to 0$), daß

$$d_k \leqq \mu\, b_k \quad (k = 1, 2, \ldots, n)$$

gilt, so unterscheidet sich die Wahrscheinlichkeit P_n, daß die Ungleichungen

$$f_1(t_k) < s_k < f_2(t_k), \quad a < s_n < b \quad (k = 1, 2, \ldots, n)$$

gleichzeitig gelten bei beliebigem $\varepsilon > 0$ für hinreichend große n um weniger als ε von $v(0, 0)$. Hierbei bedeutet $v(t, s)$ eine Lösung der Gleichung

$$\frac{\partial v}{\partial t} + \frac{1}{2}\frac{\partial^2 v}{\partial s^2} = 0,$$

die den Bedingungen

$$v(B, s) = \begin{cases} 1 & \text{für} \quad a < s < b \\ 0 & \text{für} \quad s \notin (a, b) \end{cases}$$

$$f_1(B) < a < b < f_2(B), \quad v(t, f_1(t)) = v(t, f_2(t)) = 0$$

genügt.

Dieser Satz wurde mehrfach auf verschiedene Sonderfälle übertragen. Uns erscheint die Bemerkung wichtig, daß er im bedeutenden Maße zur Ausarbeitung neuer Methoden in der Summationstheorie beitrug und insbesondere den Weg zu neuen Sätzen freilegte, die die Bezeichnung Invarianzsätze erhielten.

Einen bedeutenden Anstoß erhielt die Entwicklung der Grenzwertsätze durch eine Arbeit von DONSKER [1]. Wir bevorzugen es hier, über dieselbe eine Darstellung in Form eines allgemeineren Satzes zu geben, weil in ihm die geometrische Anschauung besonders hervortritt. Dieser Satz wurde etwas später von J. W. PROCHOROW [3] bewiesen. Es sei eine Doppelfolge

$$\xi_{n1}, \xi_{n2}, \ldots, \xi_{nk_n}$$

von Zufallsgrößen gegeben, die in jeder Zeile voneinander unabhängig sind. Diese Zufallsgrößen sollen im folgenden Sinne infinitesimal klein sein: Für jedes $\varepsilon > 0$ gilt

$$\max_{1 \leq k \leq k_n} \mathsf{P}\{|\xi_{nk}| > \varepsilon\} \to 0, \quad (n \to \infty)$$

außerdem sei

$$\mathsf{E}\,\xi_{nk} = 0, \quad b_{nk} = \mathsf{D}^2\,\xi_{nk} > 0, \quad \sum_{k=1}^{k_n} b_{nk} = 1.$$

Wir setzen

$$\zeta_{n,0} = 0, \quad \zeta_{nk} = \sum_{j=1}^{k} \xi_{nj} \quad (1 \leq k \leq k_n), \quad t_{nk} = \mathsf{D}^2\,\xi_{nk}$$

und konstruieren das Zufallspolygon $\zeta_n(t)$ mit den Eckpunkten (t_{nk}, ζ_{nk}). Bezeichne P_n die ihm entsprechende Verteilung. Desweiteren bedeute W die WIENERsche Verteilung, die durch die folgenden Bedingungen charakterisiert wird:

1. bei beliebigen festen $t_1, t_2, \ldots, t_s$ $(0 \leq t_1 < t_2 < \cdots < t_s \leq 1)$ sind die Zufallsgrößen

$$\zeta(t_2) - \zeta(t_1), \zeta(t_3) - \zeta(t_2), \ldots, \zeta(t_s) - \zeta(t_{s-1})$$

voneinander unabhängig,

2. die Differenzen

$$\zeta(t_k) - \zeta(t_{k-1})$$

sind normal verteilt mit der mathematischen Erwartung 0 und der Streuung $t_k - t_{k-1}$,

3. es gilt

$$\mathrm{P}\{\zeta(0) = 0\} = 1.$$

Unter den genannten Bedingungen ist für die Konvergenz von P_n gegen W notwendig und hinreichend, daß die LINDEBERGsche Bedingung erfüllt ist.

Hieraus kann man schließen, daß für jedes Funktional v, das dem Maße nach fast sicher stetig ist, die Konvergenzrelation

$$\mathsf{P}\{v(\zeta_n(t)) < x\} \to \mathsf{P}\{v(\zeta(t)) < x\} \quad (n \to \infty) \tag{1}$$

besteht. (Das Maß ist dabei durch $\zeta(t)$ bestimmt.)

Der Fall, in dem sich der Prozeß $\zeta(t)$ von einem WIENERschen unterscheidet, wurde zuerst von I. I. GICHMANN [A 2] und A. W. SKOROCHOD [A 2] betrachtet und später von J. W. PROCHOROW [A 3], BILLINGSLEY [A 1] und KIMME [A 1] ausführlich untersucht. In der Arbeit von A. W. SKOROCHOD [A 2] ist der Fall betrachtet worden, daß in jeder Zeile identisch verteilte Zufallsgrößen

$$\xi_{nk}(1 \leqq k \leqq k_n)$$

vorliegen. Der Prozeß wurde durch $\zeta_n(t)$ bei Verwendung der Gleichungen

$$\zeta_n(t) = \zeta_{n,\,[t(k_n + 1)]}$$

definiert. Für die Konvergenz der Prozesse $\zeta_n(t)$ gegen einen Prozeß mit unabhängigen Inkrementen ist die Konvergenz der Verteilungsfunktionen der Summen ζ_{n,k_n} gegen eine Grenzverteilung notwendig und hinreichend. (Bekanntlich ist diese unbegrenzt teilbar.) Außerdem sind in dieser Arbeit ausführlich topologische Eigenschaften der Funktionale untersucht worden, für die die Gleichung (1) im allgemeinen Doppelfolgenschema gilt, d. h. für beliebige Prozesse mit unabhängigen Inkrementen.

Eines der wichtigsten und interessantesten Probleme, die jetzt in der Summationstheorie vorliegen, ist das Studium asymptotischer Entwicklungen und die Untersuchung von Konvergenzgeschwindigkeiten bei Konvergenz gegen die Verteilung eines Grenzprozesses. Auf diesem Gebiet wurde bis jetzt nur wenig getan. Wahrscheinlich sind dabei die besten Resultate von J. W. PROCHOROW erreicht worden. Dieser Autor fand eine Abschätzung für die Konvergenzgeschwindigkeit der Verteilung $\zeta(t)$ gegen eine Verteilung des WIENERschen Prozesses unter der Voraussetzung, daß die ξ_{nk} endliche dritte Momente besitzen.

Ein zweites Problem, das jetzt auf der Tagesordnung steht, ist der Aufbau einer Summationstheorie von unabhängigen Zufallsprozessen. Zu diesem Problem führt eine große Anzahl wichtiger Aufgaben aus Physik, Technik und mathematischer Statistik.

Summation von Zufallsgrößen mit Werten auf Gruppen

Der Aufbau einer Summationstheorie von Zufallsgrößen mit Werten aus der einen oder anderen speziellen Gruppe begann mit einer Arbeit von P. LÉVY [A 1]. In ihr wurde die Gruppe der komplexen Zahlen betrachtet, die gleich modulo 1 sind. Später betrachteten DVORETZKY und WOLFOWITZ [A 1] und auch DIRESCH [A 1] Grenzwertsätze auf zyklischen Gruppen. N. N. WOROBJEW [A 1] konstruierte eine Summationstheorie für Zufallsgrößen mit Werten aus einer endlichen abelschen Gruppe. In dieser Arbeit wurde die Bedeutung unbegrenzt teilbarer und stabiler Verteilungen klargestellt und auch eine kanonische Darstellung unbegrenzt teilbarer Verteilungen gefunden. ZUCKERMANN [A 1] übertrug teilweise die WOROBJEWschen Resultate auf endliche kommutative

Halbgruppen, die die Eigenschaft besitzen, daß für alle Elemente der Halbgruppe eine Zahl $m > 1$ existiert, so daß $x^m = x$ ist. Von ihnen wurde festgestellt, daß Grenzverteilungen für Summen unabhängiger identisch verteilter Summanden mit Werten aus einer Halbgruppe idempotente Elemente in dem linearen Raum sind, der aus allen Funktionen besteht, die auf der Halbgruppe definiert sind. Die Autoren bemerkten, daß es ihnen nicht gelungen ist, alle Ergebnisse N. N. WOROBJEWS zu übertragen. B. M. KLOSS [A 1] untersuchte die Summation unabhängiger identisch verteilter Summanden mit Werten auf einer bikompakten Gruppe. Der Satz wurde bewiesen, daß jede Grenzverteilung eine stabile ist und jede stabile Verteilung eine Grenzverteilung in diesem Sinne ist. PREKOPA, RÉNY und URBANIK [A 1] haben bewiesen, daß die Folge der Maße μ_n, die durch die Gleichungen

$$\mu_n(E) = \mu(\xi_1 + \cdots + \xi_n \in E)$$

für beliebiges meßbares E definiert sind, schwach gegen das normierte HAARsche Maß konvergiert. Dabei ist vorausgesetzt, daß die Summanden identisch verteilt und unabhängig sind und ihre Werte aus einer kommutativen bikompakten topologischen Gruppe genommen wurden. Außerdem wurde vorausgesetzt, daß für jede nicht leere offene Menge die Wahrscheinlichkeit dafür, daß ein Summand einen Wert aus ihr annimmt, verschieden von Null ist. Gleichzeitig haben die Autoren einen neuen Beweis, der auf wahrscheinlichkeitstheoretischen Überlegungen beruht, für die Existenz des HAARschen Maßes auf kommutativen separablen bikompakten Gruppen erhalten. J. I. RIWKIND [A 1] wies die Konvergenz von Summenverteilungen gegen ein normiertes zweiseitiges invariantes Maß für kompakte topologische Gruppen nach, die dem zweiten Abzählbarkeitsaxiom genügen.

Die Ausdehnung der Summationstheorie auf Zufallsgrößen mit Werten aus kompakten, aber auch aus nicht kompakten Gruppen und Halbgruppen wird zum Eindringen algebraischer Methoden in diesen Teil der Wahrscheinlichkeitsrechnung beitragen. Man kann annehmen, daß es auf diese Weise gelingen wird, viele Beweise zu algebraisieren und wenigstens teilweise von analytischen Schwierigkeiten zu befreien, mit denen jetzt ihre Ausführung verbunden ist.

LITERATURVERZEICHNIS

[A 1] Agnew, R. P.,
Global versions of the central theorem. Proc. Nat. Acad. sci., 1954, **40**, 800—804.

[A 2] Estimates for global central limit theorems. Ann. Math. Stat., 1957, **28**, 26—42.

[1] Бавли, Г. М. — Bawli, G. M.
Über einige Verallgemeinerungen der Grenzwertsätze der Wahrscheinlichkeitsrechnung. Mathem. Sammelbd., **1** (43), 917—930 (1936).

[2] О локальной предельной теореме теории вероятностей. Учёные записки Свердловского университета. (Über einen lokalen Grenzwertsatz der Wahrscheinlichkeitsrechnung. Wiss. Ber. Swerdlowsker Univ.), **2**, 7—24 (1937).

[1] Bergström, H.
On some expansions of stable distribution functions. Arkiv för Mathematik, **2**, 18, 375—378 (1952).

[A 1] On the central limit theorem in the case of not equally ditributed random variables. Skandinavisk Aktuarietidskrift, **32**, 37—62, 1949.

[A 2] On some expansions of stable distribution functions. Arkiv math., 1952, **2**, N 4, 375—378.

[A 3] Eine Theorie der stabilen Verteilungsfunktion. Ark. Math., 1953, **4**, N 5—6, 380—391.

[A 4] On distribution functions with a limiting stable distribution function. Ark. Math., 1953, **2**, 463—474.

[A 5] On limiting distributions for normed sums. Proc. Inter. Congr. Math., Amsterdam 1954, **2**, 276—278.

[1] Bernoulli, J.
Ars Conjectandi. 1713.

[1] Бернштейн, С. Н. — Bernstein, S. N.
О законе больших чисел. Сообщ. Харьк. матем. о-ва. (Über das Gesetz der großen Zahlen. Rep. der mathem. Ges. Charkow), **16**, 82—87 (1918).

[2] Распространение предельной теоремы теории вероятностей на суммы зависимых величин. Успехи матем. наук. (Die Ausdehnung eines Grenzwertsatzes der Wahrscheinlichkeitsrechnung auf abhängige Größen. Fortschr. mathem. Wiss.), **10**, 65—114 (1944);
Sur l'extension du thêorème limite du calcul des probabilités aux sommes de quantités dépendantes. Mathem. Ann., **97**, 1—59 (1926).

[3] Несколько замечаний по поводу предельной теоремы Ляпунова. ДАН СССР. (Einige Bemerkungen zum Ljapunowschen Grenzwertsatz. Ber. Akad. Wiss. UdSSR), **24**, 3—7 (1939).

[4] О работах П. Л. Чебышева по теории вероятностей. Научное наследие П. Л. Чебышева. (Über die Arbeiten P. L. Tschebyschews in der Wahrscheinlichkeitsrechnung. Der wissenschaftliche Nachlaß P. L. Tschebyschews), 1945, Bd. 1, S. 43—68.

[5] Теория вероятностей. (Wahrscheinlichkeitsrechnung), ГТТИ, 4. Aufl. 1946.

[6] О предельной теореме теории вероятностей. Изв. НИИ мат. и мех. Томского университета. (Über einen Grenzwertsatz der Wahrscheinlichkeitsrechnung.

Nachr. des Wiss. Forsch. Inst. Math. u. Mech. der Tomsker Univ.), **3**, 1, 174—190 (1946).

[1] Berry, A. C.
The accuracy of the Gaussian approximationen to the sum of independent variates. Trans. Amer. Math. Soc., **49**, 122—136 (1941).

[1] Бобров, А. А. — Bobrow, A. A.
Об относительной устойчивости сумм в одном частном случае. Матем. сборник. (Über die relative Stabilität von Summen in einem speziellen Falle. Mathem. Sammelbd.), **4** (46), 99—104 (1938).

[2] Об относительной устойчивости сумм положительных случайных величин. Учёные записки Московского университета. (Über die relative Stabilität von Summen positiver Zufallsgrößen. Wiss. Ber. Moskauer Univ.), **15**, 191—202 (1939).

[A 1] Бобров, О. О. — Bobrow, O. O.
Роль максимального доданка в зумі незалежних випадкових величин, що мають функцію розподілу регулярного зростання. Математ. збірник Київського ун-та. (Die Bedeutung des maximalen Gliedes in einer Summe unabhängiger Zufallsgrößen, die eine Verteilungsfunktion regulären Wachstums besitzt) Math. Sammelbd. Kiewer Univ.), Nr. **5**, 15—38, 1954.

[1] Bochner, S., and Chandrasekharen, K.
Fourier transforms. Annals of Mathematics Studies, **19** (1949).

[1] Bruns, H.
Wahrscheinlichkeitsrechnung und Kollektivmaßlehre. Leipzig 1906.

[1] Cauchy, A. L.
Sur les résultats moyens d'observations de même nature et sur les résultats les plus probables. C.R., **37**, 198 (1853).

[1] Charlier
Über das Fehlergesetz. 1905.

[A 1] Cheng-Tseng-Tung
On asymptotic expansions connected with the sums of independent random variables. Acta math. Sinica, **5**, 91—108, 1955.

[1] Хинчин, А. Я. — Chintschin, A. J.
Основные законы теории вероятностей. (Grundgesetze der Wahrscheinlichkeitsrechnung), 1926, 1932.

[2] Begründung der Normalkorrelation nach der Lindebergschen Methode. Изв. ассоц. инст. Моск. ун-та. (Nachr. der Vereinig. der Institute der Moskauer Univ.), **1—2**, 37—45 (1928).

[3] Sur la loi des grands nombres. C.R. Acad. Sc, Paris, **188**, 477—479 (1929).

[4] Sul dominio di attrazione della legge di Gauss. Giorn. Ist. Ital. Attuari, **6**, 371—393 (1935).

[5] Asymptotische Gesetze der Wahrscheinlichkeitsrechnung. Berlin 1933.

[6] Su una legge dei grandi numeri generalizzata. Giorn. Ist. Ital. Attuari, **7**, 365—377 (1936).

[7] Über Klassenkonvergenz von Verteilungsgesetzen. Изв. НИИ мат.-мех. Томского университета. (Nachr. des Wiss. Forsch. Inst. Math. u. Mech. der Tomsker Univ.), **1**, 261—265 (1937).

[8] Новый вывод формулы П. Леви. Бюлл. Моск. ун.-та. (Neue Ableitung der Formel von P. Lévy. Bull. Moskauer Univ.), **1**, 1, 1—5 (1937).

[9] Об арифметике законов распределения. Бюлл. Моск. ун-та. (Über die Arithmetik der Verteilungsgesetze. Bull. Moskauer Univ.), **1**, 1, 6—17 (1937).

[10] Zur Theorie der unbegrenzt teilbaren Verteilungen. Матем. сборник. (Mathem. Sammelbd.), **2**, 44, 79—120 (1937).

[11] Предельные теоремы для сумм независимых случайных величин. (Grenzwertsätze für Summen unabhängiger Zufallsgrößen), ГОНТИ, 1938.

[12] Об унимодальных рапределениях Изв. НИИ мат.-мех. Томского Университета. (Über die unimodalen Verteilungen. Nachr. des Wiss. Forsch. Inst. Math. u. Mech. der Tomsker Univ.), **2**, 2, 1—7 (1938).

[13] Математические основы статистической механики. (Die mathematischen Grundlagen der statistischen Mechanik), ГТТИ, 1938.

[14] Предельные теоремы для сумм положительных случайных величин. Украинский матем. журнал. (Grenzwertsätze für Summen positiver Zufallsgrößen. Ukrain. mathem. J.), **2**, 4, 3—17 (1950).

[15] Математические основания квантовой статистики. (Mathematische Grundlagen der Quantenstatistik), ГТТИ, 1951.

[1] Chintschin, A. J. und Lévy, P.
Sur les lois stables. C.R. Ac. Sc. Paris, **202** (1936).

[A 1] Хинчин, А. Я. — Chintschin, A. J.
Über die positiven und negativen Abweichungen des arithmetischen Mittels. Mathem. Ann., 101, H. **2—3**, 1929, 381—385.

[A 2] Über einen neuen Grenzwertsatz der Wahrscheinlichkeitsrechnung. Math. ann. 101, H. **5**, 1929, 745—752.

[1] Cramér, H.
Mathematical Methods of Statistics. Princeton 1946.

[2] On the composition of elementary errors. Skand. Aktuarientidiskrift, 13—74, 141—180 (1928).

[3] Über eine Eigenschaft der normalen Verteilungsfunktionen. Math. Z., **41**, 405—414 (1936).

[4] Random variables and probability distributions. Cambrigde 1937.

[A 1] Sur un nouveau théorème limite de la théorie des probabilités. Actual. sci. et ind., n° 736, III, 5—23, Paris 1938.

[A 1] Daniels, H. E.
Saddlepoint approximations in statistics. Am. Math. Stat., **25**, 631—650, 1954.

[A 1] Darling, D. A.
The influence of the maximum term in the addition of independent random variables. Trans. Amer. Math. Soc., **73**, 95—107, 1952.

[A 2] The maximum of sums of stable random variables. Trans. Amer. math Soc., 1956, **83**, N 1, 164—169.

[A 1] Дьиреш, Б. — Diresch, B.
Предельные распределения для сумм независимых случайных величин. Сообщения первого конгресса Венгерских математиков. (Grenzverteilung für Summen unabhängiger Zufallsgrößen. Mitteilungen des Ersten Kongresses Ungarischer Mathematiker), 741—758, 1952.

[1] Doeblin, W.
Sur les sommes d'un grand nombre de variables aléatoires indépendantes. Bull. Sc. Math., **63**, 1, 2, 23—32, 35—64 (1939).

[1] Donsker, M. D.
An invariance principle for certain probability limit theorems. Mem. of Amer. Math. Soc., **6**, 1—12 (1951).

[A 1] Dvoretzky, Wolfowitz
Sums of random integers reduced modulo m. Duke Math. Journal, **18**, 501—507, 1951.

[1] Edgeworth, F. Y.
The law of error. Camb. Phil. Soc. Proc., **20**, 36—65, 113—141 (1905).

[1] Esseen, C. G.
Fourier analys of distribution functions. A mathematical study of the Laplace-Gaussian law. Acta Math., **77**, 1—125 (1945).

[A 1] ESSEEN, C. G.
A moment inequality with an application to the central limit theorem. Skand. aktuarietidskrift, H. 3–4, 160–170, 1956.

[A 2] On mean central Theorems. Trans. Inst. Techn., Stockholm, N 121. 1958, 3–30.

[1] FELLER, W.
Über den zentralen Grenzwertsatz der Wahrscheinlichkeitsrechnung. Math. Z., 40, 521—559 (1935); 42, 301—312 (1937).

[2] Über das Gesetz der großen Zahlen. Acta litteratum ac scientiarum, 8, 4, 191—201 (1937).

[3] Generalization of a probability limit theorem of Cramér. Trans. Amer. Math. Soc., 54, 3, 361—372 (1943).

[4] The fundamental limit theorems in probability. Bull. Amer. Math. Soc., 51, 11, 800—832 (1945).

[A 1] FELLER, W.
Generalization of a probability theorem of Cramér. Trans. Amer. Math. Soc., 54, 361–372, 1943.

[1] DE FINETTI, BRUNO
Sulla funzione a incremento aleatorio. Rend. R. Accad. Lincei., 6, 10, 163—168 (1929).

[2] Le funzione caratteristische di legge istantanea. Rend. R. Accad. Lincei., 6, 12, 278—282 (1930).

[1] FISZ, M.
The limiting distributions of sums of arbitrary independent and equally distributed r-point variables. Studia Math., 14, 1, 111—123 (1953).

[A 1] Фортус, М. – FORTUS, M.
Равномерная предельная теорема для распределений притягивающихся к устойчивому закону с показателем меньшим единицы. Теория вероять. (Ein gleichmäßiger Grenzwertsatz für Verteilungen, die zum Anziehungsgebiet einer stabilen Verteilung mit einem Exponenten kleiner als 1 gehören. Wahrscheinlichkeitstheorie), Bd. 2, T. 4, 486–487, 1957.

[A 1] Гихман, И. И. – GICHMANN, I. I.
Об одном уточнении закона больщих чисел. Математич. сборник Киевского ун-та. (Über eine Präzisierung des Gesetzes der großen Zahlen. Math. Sammelbd. Kiew. Univ.), Nr. 6, 59–65, 1952.

[A 2] Об одной теореме А. Н. Колмогорова. Матем. сборник Киев. ун-та. (Über einen Satz von A. N. Kolmogorow. Math. Sammelbd. Kiew. Univ.), Nr. 7, 75–94, 1953.

[1] Гнеденко, Б. В. — GNEDENKO, B. W.
Об одном характеристическом свойстве безгранично делимых законов распределения. Бюлл. Моск. ун-та. (Über eine charakteristische Eigenschaft der unbegrenzt teilbaren Verteilungsgesetze. Bull. Moskauer Univ.), 1, 5, 10—16 (1937).

[2] О сходимости законов распределения сумм независимы слагаемых. ДАН СССР. (Über die Konvergenz der Verteilungen von Summen unabhängiger Summanden. Ber. Akad. Wiss. UdSSR), 18, 231—234 (1938).

[3] К теории предельных теорем для сумм независимых случайных величин. Изв. АН СССР, серия матем. (Zur Theorie der Grenzwertsätze für Summen unabhängiger Zufallsgrößen. Nachr. Akad, Wiss. UdSSR, Ser. Math.), 181—232, 643—647 (1939).

[4] К теории областей притяжения устойчивых законов. Учёные записки Московского университета. (Zur Theorie der Anziehungsgebiete stabiler Verteilungen. Wiss. Ber. Moskauer Univ.), 30, 61—82 (1939).

[5] Несколько теорем о степенях функций распределения. Учёние записки Московского университета. (Einige Sätze über die Potenzen einer Verteilungsfunktion. Wiss. Ber. Moskauer Univ.), **45**, 61—72 (1940).

[6] Предельные теоремы для максимального члена вариационного ряда. ДАН СССР. (Grenzwertsätze für das maximale Glied einer Variationsreihe. Ber. Akad. Wiss. UdSSR), **32**, 7—9 (1941).
Sur la distribution Limite du terme maximum d'une série aléatoire. Ann. of Math., **44**, 423—453 (1943).

[7] Предельные законы для сумм независимых случайных величин. Успехи матем. наук. (Grenzwertsätze für Summen unabhängiger Zufallsgrößen. Fortschr. Math. Wiss.), **10**, 115—165 (1944).

[8] О локальной предельной теореме теории вероятностей. Успехи матем. наук. (Über den lokalen Grenzwertsatz der Wahrscheinlichkeitsrechnung. Fortschr. Math. Wiss.), **3**, 3, 187—194 (1948).

[9] О локальной предельной теореме для случая бесконечной дисперсии. Труды матем. ин-та Акад. наук УССР. (Über den lokalen Grenzwertsatz im Falle einer unendlichen Streuung. Arb. mathem. Inst. Akad. Wiss. Ukrain. SSR), **12**, 22—30 (1949).

[10] О некоторых свойствах предельных распределений для нормированных сумм. Украинский матем. журнал. (Über einige Eigenschaften der Grenzverteilungen normierter Summen. Ukrain. mathem. J.), **1**, 3—8 (1949).

[11] О локальной теореме для устойчивых распределений. Украинский матем. журнал. (Über einen lokalen Satz für stabile Grenzverteilungen. Ukrain. mathem. J.), **4**, 3—15 (1949).

[12] Об области притяжения нормального закона. ДАН СССР. (Über den Anziehungsbereich der Normalverteilung. Ber. Akad. Wiss. UdSSR), **71**, 3, 425—428 (1950).

[13] Несколько замечаний о локальной предельной теореме для плотностей. Матем. сборник Киев. университета. (Einige Bemerkungen zum lokalen Grenzwertsatz für Dichten. Mathem. Sammelbd. der Kiewer Univ.) **5**, 21—28 (1951).

[14] О роли максимального слагаемого при суммировании независимых случайных величин. Украинский матем. журнал. (Über die Rolle des maximalen Summanden bei der Summation unabhängiger Zufallsgrößen. Ukrain. mathem. J.), **5**, 3, 291—298 (1953).

[15] Локальная предельная теорема для плотностей. ДАН СССР. (Lokaler Grenzwertsatz für Dichten. Ber. Akad. Wiss. UdSSR), **95**, 1, 5—7 (1954).

[16] О локальной предельной теореме для одинаково распределенных независимых слагаемых. (Über den lokalen Grenzwertsatz für identisch verteilte unabhängige Summanden), Wiss. Zeitschr. der Humbold-Univ. Berlin, Math.-Nat. Reihe, **3**, 287—293 (1954).

[1] Гнеденко, Б.В. и Грошев, А.В. — Gnedenko, B. W. und Groschew, A. W.
О сходимости законов распределния нормированных сумм независимых случайных величин. Матем. сб. (Über die Konvergenz der Verteilungsgesetze normierter Summen unabhängiger Zufallsgrößen. Mathem. Sammelbd.), **6** (48), 521—541 (1939).

[1] Гнеденко, Б.В. и Королюк, В. С. — Gnedenko, B. W. und Koroljuk, B. S.
Декілька зауважень до теорії областей притягання стійких розпіділів. ДАН УССР. Einige Bemerkungen zur Theorie der Anziehungsgebiete stabiler Verteilungen. (Ber. Akad. Wiss. Ukrain. SSR), **4**, 275—278 (1950).

[1] Грошев, А. В. — Groschew, A. W.
Область притяжения зокона Пуассона. Изв. АН СССР, серия матем. (Der Anziehungsbereich der Poissonschen Verteilung. Nachr. Akad. Wiss. UdSSR, Ser. Math.), **5**, 165—172 (1941).

[1] Hardy, G. H., Littlewood, F., Pólya, G.
Inequalities. Cambridge 1934 (1. Aufl.), 1952 (2. Aufl.).

[A 1] Hewitt, E., Zuckerman, K.
Arithmetic and limit theorems for a class of random variables. Duke Math. Journal, 22, Nr. 4, 595–615, 1955.

[A 1] Ибрагимов, И. А. — Ibragimow, I. A.
Одна теорема из теории безгранично делимых законов. Теория вероят. и её применения. (Ein Satz aus der Theorie der unbegrenzt teilbaren Verteilung. Wahrscheinlichkeitsrechnung und ihre Anwendungen), 1956, Bd. 1, H. 4, 485 bis 489.

[A 2] Замечание о вероятностных распределениях класса L. Теория вероятн. и её применения. (Bemerkungen über die Wahrscheinlichkeitsverteilungen der Klasse L. Wahrscheinlichkeitsrechnung und ihre Anwendung), 1957, Bd. 2, H. 1, 121–124.

[1] Kei lei Chung
Sur les lois de probablité unimodales. C.R. Acad. Sc., Paris, 236, 583—584 (1953).

[A 1] Kimme, E.
On the convergence of sequences of stochastic processes. Trans. Amer. Math. Soc., 84, Nr. 1, 208–229, 1957.

[A 1] Kinsaku Takano
On some limit theorems of probability distributions. Ann. Inst. Statist. Mathematics, VI, Nr. 1, 1954, 37–113.

[A 2] Multidimensional central limit criterion in the case of bounded variances. Ann. Inst. Statistic. Mathem., VII, Nr. 2, 1957, 81–93.

[A 3] Central convergence criterion in the multi-dimensional case. Ann. Inst. Statistical Mathem., VII, Nr. 2, 1957, 95–102.

[A 1] Клосс, Б. М. — Kloss, B. M.
Предельные распределения для сумм независимых случайных величин, принимающих значения из бикомпактной группы. ДАН СССР. (Grenzverteilungen für Summen unabhängiger Zufallsgrößen, die Werte aus bikompakten Gruppen annehmen. Ber. Akad. Wiss. UdSSR), Bd. 109, Nr. 3, 453–455, 1956.

[1] Колмогоров, А. Н. — Kolmogorov, A. N.
Über die Summen durch den Zufall bestimmter unabhängiger Größen. Mathem. Ann., 99, 309—319 (1928); 102, 484—488 (1929).

[2] Sulla forma generale die un processo stocastico omogeneo. Atti Acad. naz. Lincei, 15, 805—808, 866—869 (1931).

[3] Основые понятия теории вероятностей. (Grundbegriffe der Wahrscheinlichkeitsrechnung), ОНТИ, 1936.

[4] Eine Verallgemeinerung des Laplace-Ljapunowschen Satzes. Изв. АН СССР, серия физ.-мат. (Nachr. Akad. Wiss. UdSSR, Ser. Phys.-Math. 956—962 (1931).)

[5] Über die Grenzwertsätze der Wahrscheinlichkeitsrechnung. Изв. АН СССР, серия физ. мат. (Nachr. Akad. Wiss. UdSSR, Ser. Phys. Math.) 363—372 (1933).

[6] Об аналитических методах в теории вероятностей. Успехи матем. наук. (Über die analytischen Methoden in der Wahrscheinlichkeitsrechnung. Fortschr. Math. Wiss.), 5, 5—41 (1938); Mathem. Ann., 104, 415—458 (1930).

[7] Некоторые работы последних лет в области предельных теорем теории вероятностей. Вестник Московского университета. (Einige Arbeiten der letzten Jahre auf dem Gebiet der Grenzwertsätze der Wahrscheinlichkeitsrechnung. Nachr. Moskauer Univ.), 10, 29—38 (1953).

[A 1] Две равномерные предельные теоремы для сумм независимых слагаемых. Теория вероят. (Zwei gleichmäßige Grenzwertsätze für Summen unabhängiger Summanden. Wahrscheinlichkeitstheorie), Bd. 1, H. 4, 426–236, 1956.

[A 2] Eine Verallgemeinerung des Laplace-Liapounoffschen Satzes. Изв. АН СССР, сер. физ. мат. (Nachr. Akad. Wiss., Ser. Phys.-Math.), 959–962, 1931.

[A 3] Über die Grenzwertsätze der Wahrscheinlichkeitsrechnung. Изв. АН СССР, сер. физ. матем. (Nachr. Akad. Wiss. UdSSR, Ser. Phys.-Math.), 363—372, 1933.

[1] Козуляев, П. А. — KOSULJAJEW, P. A.
Асимптотический анализ одной основной формулы теории вероятностей. Учёные записки Московского университета. (Asymptotische Analyse einer Grundformel der Wahrscheinlichkeitsrechnung. Wiss. Ber. Moskauer Univ.), 15, 179—182 (1939).

[A 1] Кубилюс, И. П. — KUBILJUS, I. P.
Вероятностные методы в теории чисел. Успехи математических наук. (Wahrscheinlichkeitsmethoden in der Zahlentheorie. Fortschr. Math. Wiss.), 1956, XI, H. 2, 31—66.

[1] Лапин, А. И. — LAPIN, A. I.
О некоторых свойствах устойчивых законов распределения. Дипломная, рукопись. (Über einige Eigenschaften der stabilen Verteilungen. Diplomarbeit, Handschrift), Moskau 1947.

[1] LAPLACE, P.
Théorie analitique des probabilités. 1812, 1814, 1820.

[A 1] Лебединцева Е. К. — LEBEDINZEWA, E. K.
О предельных распределениях для нормированных сумм независимых случайных величин. Доклады Акад. наук Украинской ССР. (Über Grenzverteilungen für normierte Summen unabhängiger Zufallsgrößen. Ber. Akad. Wiss. Ukrain. SSR), 1955, Nr. 1, 12—15.

[1] LÉVY, P.
Calcul des probabilitès. Paris 1925.

[2] Sur les intégrales dont les éléments sont des variables aléatoires indépendentes. Annali R. Sc. Sup. Pisa, (2), 3, 337—366 (1934).

[3] Propriétés asymptotiques des sommes de variables aléatoires indépendentes ou enchainées. J. Math. pures et app., (7), 14, 347—402 (1935).

[4] Théorie de l'addition des variables aléatoires. Paris 1937.

[A 1] L'addition des variable aléatoires définies sur une circonférence. Bull. soc. math. France, 67, 1—40, 1939.

[1] LINDEBERG, Y. W.
Eine neue Herleitung des Exponentialgesetzes in der Wahrscheinlichkeitsrechnung. Math. Z., 15, 211—225 (1922).

[1] Линник, Ю. В. — LINNIK, J. W.
Об устойчивых вероятностных законах с показателем меньшим единицы. ДАН СССР. (Über stabile Verteilungsgesetze mit einem Exponenten kleiner als Eins. Ber. Akad. Wiss. UdSSR), 94, 4, 619—621 (1954).

[A 1] Об устойчивых вероятностных законах с показателем меньшим единицы. ДАН СССР. (Über stabile Wahrscheinlichkeitsgesetze mit Exponenten kleiner als 1. Ber. Akad. Wiss. UdSSR), 1954, 94, Nr. 4, 619—621.

[A 2] О разложении композиции законов Гаусса и Пуассона. Теория вероятн. и её применения. (Über eine Faltungszerlegung von Gaußschen und Poissonschen Gesetzen. Wahrscheinlichkeitsrechnung und ihre Anwendungen), Bd. 2, Nr. 1, 34—59 1957.

[A 3] Общие теоремы о разложении безгранично делимых законов. Теория вероят. и её применения. (Ein allgemeiner Satz über die Zerlegung unbegrenzt teilbarer Verteilungen. Wahrscheinlichkeitsrechnung und ihre Anwendungen), Bd. 3, Nr. 1, 3—40.

[1] LJAPUNOW, A. M.
Sur une proposition de la théorie des probabilités. Bull. de l'Acad. des Sc. St. Pétersbourg, (5), 13, 4, 359—386 (1900).

[2] Nouvelle forme du théorème sur la limite de probabilites. Mém. Ac. St. Pétersbourg, (8), 12, 5 (1901).

[A 1] Loève, M.
Termes variationnels dans le modele limite central. C. R. Acad. sc. Paris 1955, 240, N 7, 722—724.
[A 2] Ranking limit problem. Proc. Third Berkeley Symp. on Math. Stat. and Probability. Bd. II, 177—194, 1956.
[1] Марков, А. А. — Markow, A. A.
Закон больших чисел и метод наименьших квадратов. Изв. физ.-мат. общества Казанского университета. (Gesetz der großen Zahlen und die Methode der kleinsten Quadrate. Nachr. phys.-mathem. Ges. Kasaner Univ.), 8 (1898).
[2] Sur les racines de l'équation $e^{x^2} \frac{d^m e^{-x^2}}{d x^m} = o$. Bull. de l'ac. St. Pétersbourg, 1898.
[3] Исчисление вероятностей. (Wahrscheinlichkeitsrechnung), 1900, 1913, 1924.
[A 1] Марушин, М. Н. — Maruschin, M. N.
О необходимых и достаточных условиях применимости предельной теоремы порядка $2p$, ДАН СССР. (Über notwendige und hinreichende Bedingungen für die Anwendbarkeit eines Grenzwertsatzes der Ordnung $2p$. Ber. Akad. Wiss. UdSSR), 1953, 90, Nr. 5, 727—730.
[1] Marzinkiewicz, J.
Sur les fonctions indépendentes. Fund. Math., 30, 354 (1938).
[1] Мейзлер, Д. Г., Парасюк, О. С., Рвачёва, Е. Л. — Meisler, D. G., Parasjuk, O. S., Rwatschowa, E. L.
О многомерной локальной предельной теореме теории вероятностей. (Über den mehrdimensionalen lokalen Grenzwertsatz der Wahrscheinlichkeitsrechnung), ДАН СССР (Ber. Akad. Wiss. UdSSR), LX, 7, 1127—1128; Украинский матем. журнал (Ukrain. mathem. J.), 1, 9—20 (1949).
[1] Mieses, R.
Generalizzazione di un theorema sulla probabbilitá della somma di un numera illimitato di variabilicasuali. Giornali dell'Istituto degli Attuari, 5, 483—495(1934).
[1] de Moivre, A.
Miscellanea Analytica Supplementum. 1730.
[A 1] Петров, В. В. — Petrow, W. W.
Локальная теорема для решетчатых распределений. ДАН СССР. (Ein lokaler Satz für gitterförmige Verteilungen. Ber. Akad. Wiss. UdSSR), 1957, 115, Nr. 1, 49—52.
[A 2] Обобщение предельной теоремы Крамера. Успехи матем. наук. (Eine Verallgemeinerung des Cramérschen Grenzwertsatzes. Fortschr. Math. Wiss.), Bd. 9, 4, 195—202, 1954.
[A 3] О точных оценках в предельных теоремах. ДАН СССР. (Über genaue Abschätzungen in Grenzwertsätzen. Ber. Akad. Wiss. UdSSR), Bd. 104, Nr. 2, 180—182, 1956.
[A 4] О точных оценках в предельных теоремах. Вестник Ленинградского университета. (Über genaue Abschätzungen in Grenzwertsätzen. Nachr. Leningr. Univers.) 1955 Nr. 11, 57—58.
[A 5] Локальная теорема для плотностей сумм независимых случайных величин. 1956, Теориа вероятн. и её применения. (Ein lokaler Satz für Dichten von Summen unabhängiger Zufallsgrößen. 1956. Wahrscheinlichkeitsrechnung und ihre Anwendungen), Bd. 1, 3, 349—357.
[1] Poisson
Recherches su la probabilité des jugements. 1737.
[A 1] Прекопа, А., Реньи А., Урбаник, К. — Prekopa, A., Rény, A., Urbanik, K.
О предельном распределении для сумм независимых случайных величин на бикомпактных коммутативных топологических группах. (Über Grenzverteilungen für Summen unabhängiger Zufallsgrößen auf bikompakten kommutativen topologischen Gruppen. Acta Math. Acad. Sci. Hungaricae), Bd. VII, H. 1, 11—16, 1956.

[1] Прохоров, Е. В. — Prochorow, J. W.
Локальная теорема для плотностей. ДАН СССР. (Der lokale Satz für Dichten. Ber. Akad. Wiss. UdSSR), **83**, 6, 797—800 (1952).
[2] Некоторые уточнения теоремы Ляпунова. Изв. АН СССР, сер. матем. (Einige Verfeinerungen des Ljapunowschen Satzes. Nachr. Akad. Wiss. UdSSR, Ser. Math.), **16**, 2, 281—292 (1952).
[3] Распределение вероятностей в функциональных пространствах. Успехи матем. наук. (Wahrscheinlichkeitsverteilungen in Funktionalräumen. Fortschr. mathem. Wiss.), **8**, 3, 165—167 (1953).
[4] Асимптотическое поведение биномиального распределения. Успехи матем. наук. (Das asymptotische Verhalten der Binomialverteilung. Fortschr. mathem. Wiss.), **8**, 3, 135—142 (1953).
[A 1] О локальной предельной теореме для реметчатых распределений. ДАН СССР. (Über eine lokalen Grenzwertsatz für gitterförmige Verteilungen. Ber. Akad. Wiss. UdSSR), Bd. 98, Nr. 4, 535—538, 1954.
[A 2] О суммах одинаково распределенных слагаемых. ДАН СССР. (Über Summen identisch verteilter Summanden. Ber. Akad. Wiss. UdSSR), Bd. 105, Nr. 4, 645—647, 1955.
[A 3] Сходимость случайных процессов и предельные теоремы теории вероятностей. Теория вероятн. (Konvergenz von Zufallsprozessen und Grenzwertsätze in der Wahrscheinlichkeitsrechnung. Wahrscheinlichkeitstheorie), Bd. 1, 2, 177—238, 1956.
[1] Райков, Д. А. — Raikow, D. A.
О разложении законов Гаусса и Пуассона. Изв. АН СССР, серия матем. (Über die Entwicklung des Gaußschen und des Poissonschen Gesetzes. Nachr. Akad. Wiss. UdSSR, Ser. Math.), 91—124 (1938).
[2] О связи между центральным предельным законом теории вероятностей и законом больших чисел. Изв. АН СССР, серия матем. (Über den Zusammenhang zwischen dem zentralen Grenzwertsatz der Wahrscheinlichkeitsrechnung und dem Gesetz der großen Zahlen. Nachr. Akad. Wiss. UdSSR, Ser. Math.), 323-338 (1938).
[A 1] Рихтер, В. — Richter, W.
Локальные предельные теоремы для больших уклонений. Теория вероятн. (Lokale Grenzwertsätze für große Abweichungen. Wahrscheinlichkeitstheorie), Bd. 2, Teil 2, 214—229, 1957.
[A 2] Многомерные докальные теоремы для больших услонений. Теория вероятн. (Mehrdimensionale lokale Sätze für große Abweichungen. Wahrscheinlichkeitstheorie), Bd. 3, 1, 107—114, 1958.
[A 1] Ривкинд Я. И. — Riwkind, J. I.
Предельная Теорема теории вероятностей на компактных топологических группах. Ученые записки Гродненского Педагогического ин-та. (Ein Grenzwertsatz der Wahrscheinlichkeitsrechnung auf kompakten topologischen Gruppen. Wissenschaftliche Berichte des Grodnensker Pädagogischen Instituts), H. 1, 51—58, 1955.
[A 1] Рогозин, Б. А. — Rogosin, B. A.
Некоторые задачи из области предельных теорем. Теория вероятностей и её применения. (Einige Probleme aus dem Gebiet der Grenzwertsätze. Wahrscheinlichkeitsrechnung und ihre Anwendung), 1958, Bd. 3, Teil 2, 186—196.
[1] Романовский, В. И. — Romanowski, W. I.
Sur une extension du théorème de A. Liapounoff sur la limite de probabilité. Изв. АН СССР, серия матем. (Nachr. Akad. Wiss. UdSSR, Ser. Math.), 209—225 (1929).
[A 1] Розанов Ю. А. Rosanow, J. A.
О локальной предельной теореме для решетчатых распределений. Теория вероятн. (Über den lokalen Grenzwertsatz für gitterförmige Verteilungen. Wahrscheinlichkeitstheorie), Bd. 2, H. 275—280, 1957.

[1] Рвачова, Е. Л. — Rwatschowa, E. L.
Області притягання богатомірных стійких розподілів. ДАН УССР. (Über das Anziehungsgebiet stabiler Verteilungen. Ber. Akad. Wiss. Ukrain. SSR), **3**, 179—181 (1950).

[2] Багатомірна локальна теорема для граничних стіких розподілів. ДАН УССР. Der mehrdimensionale lokale Satz für stabile Grenzverteilungen. Ber. Akad. Wiss. Ukrain. SSR), **3**, 183—189 (1950).

[3] Многомерная локальная теорема для предельных устойчивых распределений. Труды ин-та математики и механики АН УССР. (Der mehrdimensionale lokale Satz für stabile Grenzverteilungen. Arb. mathem. Inst. Akad. Wiss. Ukrain. SSR), X, **1**, 106—121 (1953).

[A 1] Рвачева, Е. Л. — Rwatschewa, E. L.
Об областях притяжения многомерных устойчивых законов. Науч. записки Львов. ун-та. (Über die Anziehungsgebiete mehrdimensionaler stabiler Verteilungen. Wiss. Nachr. Univ. Lwow), 1955, 29, Nr. 6, 5—44.

[A 1] Сакович, Г. Н. — Sakowitsch, G. N.
Единая форма условий притяжения к устойчивым законам. Теория вероятн. и её применения. (Die einheitliche Form der Bedingungen für Funktionen, die zum Anziehungsgebiet einer stabilen Verteilung gehören. Wahrscheinlichkeitsrechnung und ihre Anwendung), Bd. 1, T. 3, 1956, 357—361.

[1] Сапогов, Н. А. — Sapogow, N. A.
О многомерной предельной теореме теории вероятностей. Успехи матем. наук. (Über den mehrdimensionalen Grenzwertsatz der Wahrscheinlichkeitsrechnung. Fortschr. mathem. Wiss.), **5**, 3, 137—151 (1950).

[1] Журавский, А. М. — Shurawskij, A. M.
О предельной теореме исчисления вероятностей. Труды физ.-матем. ин-та им. Стеклова. (Über einen Grenzwertsatz der Wahrscheinlichkeitsrechnung. Arb. phys.-mathem. Stecklow-Inst.), **4**, 9—36 (1933).

[1] Скороход, А. В. — Skorochod, A. W.
Об одной теореме относительно устойчивых распределений. Успехи матем. наук. (Über einen Satz der relativen stabilen Verteilungen. Fortschr. mathem. Wiss.), **9**, 2, 189—190 (1954).

[A 1] Скороход, А. В. — Skorochod, A. W.
Асимптотические формулы для устойчивых законов распределения. ДАН СССР. (Asymptotische Formeln für stabile Verteilungen. Ber. Akad. Wiss. UdSSR), 1954, 98, Nr. 5, 731—734.

[A 2] О связи между последовательностью сумм независимых случайных величин и однородными случайными процессами с независимыми приращениями. ДАН СССР. (Über den Zusammenhang zwischen einer Folge von Summen unabhängiger Zufallsgrößen und gleichartigen Zufallsprozessen mit unabhängigen Inkrementen. Ber. Akad. Wiss. UdSSR), Bd. **104**, Nr. 3, 364—367, 1955.

[1] Sluzki, E. E.
Über stochastische Asymptoten und Grenzwerte. Metron, **5**, 1—90 (1925).

[A 1] Смирнов, Н. В. — Smirnow, N. W.
О вероятностях больших уклонений. Математический сборник. (Über Wahrscheinlichkeiten großer Abweichungen. Math. Sammelband), Bd. 40, Nr. 4, 1933, 443—454.

[1] Smith, W. L.
A frequency function form of the central limit theorem. Proc. Cambridge Philos. Soc., **49**, 3, 462—472 (1953).

[A 1] Золотарев, В. М. — Zolotarew, W. M.
Выражение плотности устойчивого распределения с показателем α, большим единицы через плотность с показателем α. ДАН СССР. (Darstellung der Dichte

einer stabilen Verteilung mit einem Exponenten α größer als 1 durch eine Dichte mit dem Exponenten 1/α. Ber. Akad. Wiss. UdSSR), 1954, **98**, Nr. 5, 735—738.

[A 2] Об аналитических свойствах устойчивых законов распределения. Вестник Ленинградского ун-та. (Über analytische Eigenschaften stabiler Verteilungen. Nachr. Leningrad. Univ.), 1956, Nr. 1, 49—52.

[A 3] Преобразования Меллина-Стильтьеса в теории вероятностей. Теория вероятностей и её применения. (Mellin-Stieltjessche Transformationen in der Wahrscheinlichkeitsrechnung. Wahrscheinlichkeitsrechnung und ihre Anwendung), 1957, Bd. 2, 4, 444—469.

[A 4] Распределение суперпозиции безгранично делимых процессов. Теория вероятностей и её применения. (Eine Verteilung von Superpositionen unbegrenzt teilbarer Prozesse. Wahrscheinlichkeitsrechnung und ihre Anwendung), 1958, Bd. 3, 2, 197—200.

[A 1] Золотарев, В. М. и Скороход, А. В. — Zolotarew, W. M. und Skorochod, A. W.
О некоторых аналитических свойствах устойчивых законов распределения. Успехи математических наук. (Über einige Eigenschaften analytischer stabiler Verteilungen. Fortschr. Math. Wiss.), 1955, **10**, Nr. 4, 181.

[A 1] Студнев, Ю. П. — Studnew, J. P.
Про роль умови Линдеберга. ДАН УРСР. (Über die Bedeutung der Lindenbergschen Bedingung. Ber. Akad. Wiss. Ukr. SSR.), Nr. 3, 238—242, 1953.

[A 1] Чжао-чжун Чже — Tschao-Tschun Tsche
Явная форма устойчивого закона распределения. Шусюэ Сюэбао. (Die explizite Form einer stabilen Verteilung. Acta math. sinica), 1953, 3, Nr. 3, 177—185.

[1] Чебышев, П. Л. — Tschebyschew, P. L.
О средних величинах. (Über Mittelwerte), Матем. сборник (Mathem. Sammelband), **2**, 1—9 (1867); Сочинения (Werke), 2, 431—437 (1947).

[2] О двух теоремах относительно вероятностей. (Über zwei Sätze bezüglich Wahrscheinlichkeiten), Приложение к 55 т. Записок Акад. наук. (Anhang zum 55. Bd. der Schriften der Akad. Wiss.), 6 (1887); собр. соч. (Sämtliche Werke), **3**, 229—239; Sur deux théorèmes relatifs aux probabilités. Acta Math., XIV, 305—315 (1890—1891).

[3] Sur le dévoloppement des fonctions à une seule variable. Bull. de la Classe phys. Math. de l'Acad. Imp. des Sc. St. Pétersbourg, **1**, 193—200 (1890); Собр. соч. (Sämtliche Werke), 2 (1947).

[A 1] Udagava Masatomo
On some limit theorems for the sums of independent random variables. Kodai math. Semin. Repos, 1956, 8, Nr. 2, 85—92.

[A 1] Воробьев — Worobjew
Сложение независимых случайных величин на конечных абелевых группах. Математический сборник. (Addition unabhängiger Zufallsgrößen auf endlichen abelschen Gruppen. Math. Sammelbd.), **34**, Nr. 1, 89—126, 1954.

[A 1] Цареградский И. П. — Zaregradski, I. P.
О равномерном приближении биномиального распределения неограничено делимыми законами. Теория вероятн. и её применения. (Über eine gleichmäßige Annäherung der Binomialverteilung durch unbegrenzt teilbare Gesetze. Wahrscheinlichkeitstheorie und ihre Anwendungen), Bd. 3, Teil 4, 1958, 470—474.

[A 1] Zaremba, S. K.
Note on the Central Limit Theorem. Math. Zeitschr., Bd. 69, 1958, 295—298.

NAMENSVERZEICHNIS

SCHLAGWORTVERZEICHNIS

Bei Fragen zur Produktsicherheit wenden Sie sich bitte an:
If you have any questions regarding product safety,
please contact:

Walter de Gruyter GmbH
Genthiner Straße 13
10785 Berlin
productsafety@degruyterbrill.com